인체생명과학

Human Biology

- 2판 -

월드사이언스
worldscience.co.kr

인체생명과학 -2판-

인　　쇄 | 2011년 2월 15일
발　　행 | 2011년 2월 25일
저　　자 | 강성만 · 김평현 · 심용희 · 안태인 · 오상욱 ·
정해문 · 최의열 · 한평림 · 황수연
발 행 인 | 박선진
발 행 처 | 도서출판 월드사이언스
등록번호 | 제16-1601호
등록일자 | 1988년 2월 12일
인　　쇄 | 서울특별시 서초구 방배동 864-31 월드빌딩 1층
전　　화 | 02) 581-5811~3
F A X | 02) 521-6418
E-mail | worldscience@hanmail.net
U R L | http://www.worldscience.co.kr

정가 20,000원
ISBN 978-89-5881-172-5

이 도서의 국립중앙도서관 출판시 도서목록 (CIP)은 e-CIP 홈페이지
(http://www.nl.go.kr/cip.php)에서 이용하실 수 있습니다.
(CIP 제어번호 : CIP2011000862)

인체생명과학

Human Biology

– 2판 –

공저

강성만 · 김평현 · 심용희

안태인 · 오상욱 · 정해문

최의열 · 한평림 · 황수연

월드사이언스
worldscience.co.kr

PREFACE

새 천년을 들어서면서 생명과학 그 중에도 인체의 이해는 새로운 과제로 등장하고 있다. 인간 유전체의 분석이 종결되면서, 많은 생명과학자들은 그 활용으로 맞춤의학 연구를 비롯한 새로운 포스트 제놈(Post Genomics) 시대를 열어가고 있다. 그러나 유전체의 분석이 종결되어도 그 지식 정보를 활용하려면 많은 연구가 더 필요하다. 그 이유는 아직까지 인체의 구조와 기능에 대하여 세부적으로 규명되지 못한 부분이 너무나 많기 때문이다.

현대과학 기술이 생명과학에 거는 기대가 큰 만큼 현대인의 교양으로 이에 대한 이해가 필수적이라고 할 수 있다. 그 중에도 인체에 대한 이해는 생명과학을 전공하지 않더라도 자신의 건강에 관심이 있다면 반드시 이해하여야 할 필수 교양이라고 할 것이다.

이 책은 저자들이 교양과정에서 인체생물학을 강의하면서 사용한 자료를 바탕으로 저술하였으며, 교재는 3부로 구성되어 있다. 제1부 생명과학에서는 현대 생명과학의 주요 개념을 이해하기 위하여 생명과학의 역사적 고찰, 생명체의 구성 및 생명의 기원, 생명의 정보체계, 유전과 유전형질, 생식과 발생에 대하여 정리하였으며, 이를 기초로 현대 생명과학의 꽃이라고 할 수 있는 생명공학에 대하여 유전자 재조합, 복제 생물, 종간 잡종, 생식 공학, 그리고 생명 공학의 우려를 다루었다. 그리고 제2부 신경계의 구성 체계와 실행기에서는 우리가 인간으로 생각하고 행동할 수 있는 인지 정보 체계의 운용이 어떻게 이루어지는 것인지 이해하기 위하여 신경계의 기본 구조와 작동 원리, 정보의 수용체계, 중추신경계와 정신 건강에 대하여 다루었으며 그 실행기에 해당하는 골격과 근육의 구조, 운동의 원리와 운동의 효과에 대하여 정리하였으며, 신경계와 밀접한 관계에 있는 호르몬의 조절에 의한 항상성의 원리를 다루었다. 그리고 제3부에서는 영양과 건강을 주제로 인체가 운용되는데 필수적인 물질적 기초가 어떻게 획득되고 조절되는지를 이해하기 위하여 소화, 순환, 호흡, 배설에 대하여 다루었으며, 끝으로 면역과 감염성 질환, 암과 암 유발 물질에 대하여 정리하였다. 이와 같은 단원의 구성은 여러 저자들의 강의 경험에 따른 것이다.

이 책은 생명과학 입문을 위한 저서이기보다는 교양을 목적으로 저술되었기 때문에 심층적이고 세부적인 원리는 가능한 제외하였으며, 핵심적인 원리에 대한 이해를 바탕으로 인체를 이해하고 건강을 유지하는 것과 관련된 내용을 중심으로 다루었다. 그러므로 독자들이 일상생활에서 접하게 되는 현대 생명과학 및 건강과 관련된 주제들을 생물학적 원리 면에서 평이하게 설명하였기 때문에 부분적으로 완전하게 기술되지 못한 부분이 많을 것으로 생각한다. 앞으로 이 교재를 사용하는 교수, 학생 및 일반 독자 여러분의 성의 있는 지적은 언제든지 접수하여 수정 보완할 것을 약속드리며 독자 여러분의 조언을 기대한다.

끝으로 이 책의 출판을 맡아주시고, 편집과 교정에 성의를 다한 월드사이언스 박선진 사장님을 비롯한 편집부 여러분의 노고에 진심으로 사의를 표한다.

2011년 2월

대표 저자 안태인

CONTENTS

PART 01 생명과학

CONTENTS

CONTENTS

CONTENTS

| 저자 소개 |

강성만 KAIST 생물공학과(이학석사), 알라바마대학교 생화학과(이학박사)
고려대학교 생명과학대학 교수, E-mail: skang@korea.ac.kr

김평현 서울대학교 과학교육과(생물)(이학석사), 텍사스공과대학 미생물학과(이학박사)
강원대학교 자연과학대학 생명과학부 교수, E-mail: phkim@kangwon.ac.kr

심용희 웨스턴온타리오대학 생화학과(이학석사), 인디아나대학교 생물학과(이학박사)
건국대학교 이과대학 생명과학과 조교수, E-mail: yshim@konkuk.ac.kr

안태인 테네시대학교 동물학과(이학석사), 테네시대학교 동물학과(이학박사)
서울대학교 자연과학대학 생명과학부 교수, E-mail: ahntaein@snu.ac.kr

오상욱 서울대학교 과학교육과(생물)(이학석사), 테네시대학교 동물학과(이학박사)
전북대학교 사범대학 과학교육학부(생물) 교수, E-mail: sangwoh@chonbuk.ac.kr

정해문 인디아나대학교 동물학과(이학석사), 인디아나대학교 동물학과(이학박사)
서울대학교 자연과학대학 생명과학부 명예교수, E-mail: hmchung@snu.ac.kr

최의열 서울대학교 과학교육과(생물)(이학석사), 테네시대학교 동물학과(이학박사)
한림대학교 자연과학대학 유전공학과 교수, E-mail: euichoi@hallym.ac.kr

한평림 서울대학교 과학교육과(생물)(이학석사), 베일러 의과대학 신경과학과(이학박사)
이화여자대학교 의과대학 뇌신경과 부교수, E-mail: plhan@ewha.ac.kr

황수연 서울대학교 과학교육과(생물)(이학석사), 럿거스대학교 세포발생학과(이학박사)
한경대학교 생물정보통신대학원 조교수, E-mail: dutuya@hknu.ac.kr

PART 01

생명과학

생물학을 최근에는 생명과학이라고 한다. 이는 현대 생물학이 생명 현상의 분자 메커니즘에 초점이 맞추어지고 있기 때문일 것이다. 현대 생명과학의 발달은 19세기 말에 불과 십 수 년 사이에 이루어진 몇 가지 중대한 발견에서 비롯되었다. 생명과학은 자연과학의 한 분야로서 물리, 화학, 지구과학 등의 발전과 그 궤를 같이하고 있다. 특히 1950년대는 자연과학 중에서도 생명과학의 혁명기로 일컬어진다. 이 시기에 이루어진 일련의 생물학적 발견을 통하여 유전 정보의 실체가 핵산임이 밝혀졌으며, 이로부터 발현되는 유전 현상이 해명되었기 때문이다. 또한 이 시기에 분자생물학의 결정체라고 할 수 있는 DNA 모델이 제시되어 생물학의 새로운 지평을 열게 되었다. 이를 바탕으로 20 세기말에 유전공학이 탄생되었으며, 새 천년을 맞이하면서 인간 유전체가 해명되기에 이르렀다.

이와 같은 생명과학의 발전은 생명 현상에 대한 개념의 변화에서 비롯되었다. 모든 생물은 단세포로 일생을 살거나, 단세포인 수정란에서 유래하여 다세포로 구성된 개체에 이른다. 그러므로 생명의 기본 과정을 이해하려면 세포의 생명 현상을 이해하는 것이 필수적이다. 제1부에서는 먼저 세포설을 기반으로 한 생명과학의 개념적 발전, 생물체의 구성, 유전 정보 체계, 유전 정보의 발현 기작을 이해하고 이를 응용한 첨단 생명공학 기술을 살펴보기로 한다.

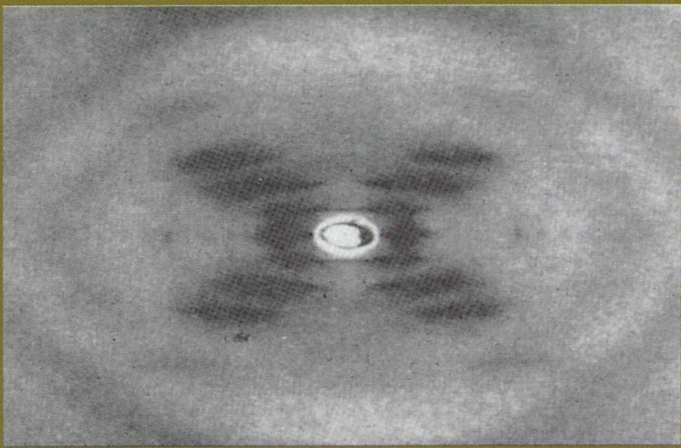

CHAPTER 01
생명과학의 발달

인간이 자연계의 여러 현상들을 보고 해석하는 인식 및 견해의 변화는 과학의 발전에 지대한 영향을 미쳤다. 일찍이 코페르니쿠스(N. Copernicus: 1473-1543)는 "Tremendous consequences that can follow a very slight change in our way of looking at things.", 즉 '우리가 사물을 보는 견해를 조금만 달리하여도 엄청난 결과가 초래될 수 있다.'라고 갈파하였다. 과학사적으로 본다면 천동설과 지동설, 창조론과 진화론, 생물의 자연 발생설과 생물 속생설은 모두 서로 상반된 견해에서 비롯된 것이다. 이와 같은 인식의 변화는 자연 및 사물에 대한 새로운 지평을 열어 많은 과학적 발견이 이루어지게 하였으며, 현대 과학 문명의 발전은 과거의 고정된 관념을 타파하고 새로운 견해를 주창한 선각자들에 의해서 선도되어 왔다.

자연과학의 거시적 발견뿐만 아니라, 연구실에서 또는 사소한 가정생활에서도 우리가 가지고 있는 선입관, 견해의 차이는 매우 다른 결과를 초래하는 경우가 많다. 흔히 잘못된 견해는 무지의 소치에서 오는 반면 명철은 아는데서 온다. 아내의 입덧을 멀미로 알고 약물을 먹게 하였을 경우를 상상해 보라. 입덧은 지극히 정상적인 생리적 변화로 인한 것인데 약물을 계속 복용한다면 태아의 생장이 정상적으로 이루어 질 수 있을까? 이것만 보아도 기형아와 정상아는 한 순간의 판단에 의해서 결정될 수 있다는 사실을 알 수 있다.

1. 생명관의 변화

생명과학 발전의 역사를 보면 생기론적 생명관에서 기계론적 생명관으로의 변화가 분기점이었다고 할 수 있다. **생기론(生氣論, vitalism)**은 고대 그리스에서 시작된 논리로, 19세기 초반까지 많은 지식인들의 지지를 받아왔다. 아리스토텔레스(Aristotle)는 지상의 사물이 토양(土), 물(水), 공기(氣), 불(火)의 4가지로 구성되어 있으며, 그중 토양과 물은 중력을 가지고 있어서 가라앉는 **질료**(質料)인 반면 공기와 불은 솟구치는 **원리**라 하였다. 그는 또 움직이는 실체들은 그 속에 혼을 가지고 있으며, 특히 인간은 영양적 영혼, 감각적 영혼, 이성적인 영혼이 있어서 다른 사물과 구분된다고 생각하였다. 생기론은 1300년대에 들어와 단테에 의해서 더욱 보편화되는데, 그는 이 4가지 질료가 우주를 구성하는 본질이라고 해석하였다. 17세기에 이르기까지 세상 사람들의 사고방식은 이와 같은 생기론적 견해로 굳어 있었고, 그 결과 생명 현상을 물리, 화학적 현상과는 다른 법칙에 의하여 지배되는 유기적 과정 특유의 자율성으로 해석하였다.

이와 같은 사물관은 동양 철학의 이기론(理氣論)과도 비유될 수 있다. 이(理)는 인간에게 있어서는 사람 된 도리를 의미하지만 그 근본 개념은 사물의 이치를 의미하는 것으로 물질적 원리에도 적용 될 수 있다. 이에 비하여 기(氣)는 준동하는 힘의 본질로 생물학적 에너지를 의미한다. 그러고 보면 동양과 서양의 고전적 사물관은 일맥상통하는 부분이 있었다고 할 것이다.

중세에는 우주 및 생명의 본질을 신의 의지(as the will of God)로 받아들였고, 그 결과 생명은 초자연적인 절대자에 의해서 창조되었으며 영적 존재에 의해서 지배된다는 합목적적 견해를 낳았다. 이로써 생명체는 인간의 지혜로는 이해나 분석이 불가능한 신비의 영역으로 간주되었으며 따라서 생물학 연구는 분류학, 해부학, 조직학 등 형태적 학문에 한정되었다.

16-17세기에 이르러 베이컨(F. Bacon)에 의해서 **자연법**이 주창된 이래로 자연 법칙의 정립과 자연 정복을 목적으로 **실험 방법론**이 대두되었다. 이 논리는 데카르트(R. Descartes) 등의 지지를 받으면서 자연과학의 새로운 길을 열게 하였다. 16세기에 코페르니쿠스는 르네상스의 영향을 받아 아리스토텔레스보다는 플라토닉하게 이상적인 완성을 추구하였으며, 17세기에 이르러 갈릴레오(G. Galileo)의 중력 실험, 케플러와 뉴턴 등에 의해서 움직이는 실체에 대한 수학적 법칙이 발견되면서 기계론적 사물관이 터를 잡음에 따라 과학 혁명이 정점을 이룬다.

생물학 분야에서는 1628년 하비(W. Harvey)가 혈액 순환의 원동력이 심장의 박동이라는 것을 입증한 일을 필두로 하여 레벤후크(A. van Leeuwenhoek), 후크(R. Hooke) 등에 의해서 미생물 및 미시적인 생물 세계가 발견되었고, 물질에 기초한 **기계론적 생명관**이 태동되었다. 1668년 이탈리아의 레디(F. Redi)는 삶은 고기 국에 무명천을 덮어놓으면 파리가 생기지 않는다는 것을 보여줌으로써 생물의 자연 발생성을 부인하였고, 이어서 1729년 스팔란차니(L. Spallanzani), 1862년 파스퇴르(L. Pasteur)에 의하여 미생물도 자연 발생은 불가능함이 입증되었다. 이와 같은 발견을 토대로 비르효(R. Virchow)는 모든 세포가 기존의 세포로부터 생겨난다(Omnis cellula e cellula)는 **세포 속생설**을 제창하게 되었다.

기계론적 생명관은 19세기에 이르러 일대 혁신을 이루는데, 파스퇴르, 제너(E. Jenner), 멘델(G. J. Mendel), 다윈(C. Darwin) 등의 업적으로 건강과 관련된 면역, 진화 및 질병의 원인을 규명하게 되었다. 1859년 다윈은 현존하는 생물들이 적자생존의 유기체 상호 작용으로 생성된 결과라는 **진화론**을 주장하였으며, 1924년 오파린(A. I. Oparin)은 생명체가 물질 상호 작용의 결과로 생성되었다는 **생명 기원설(화학 진화설)**을 제창하기에 이른다. 1953년 시카고 대학의 유레이(H. C. Urey)와 밀러(S. L. Miller)가 생체 유기물의 화학적 합성에 성공함으로써 오파린의 가설은 실험적 근거를 가지게 되었다. 많은 생물학자들은 이처럼 무기 합성된 유기물이 축적되어 **코아세르베이트**와 같은 원시 생명체를 낳고, 이로 부터 원핵생물, 그리고 진핵 생물이 탄생했을 것으로 본다.

2. 19세기 말의 4대 발견

19세기 말, 불과 십 수 년 사이에 이루어진 몇 가지 중대한 발견으로 인하여 오늘날과 같은 생명과학의 발달이 가능하게 되었다. 그 첫 번째가 **파스퇴르**의 업적이다. 그는 미생물의 자연 발생설을 부정한 업적 외에도, 질병의 원인이 세균 감염에 의한 것이라는 **세균설**을 주창하였다. 그는 또한 술이 만들어지는 원리가 미생물에 의한 **발효 현상**임을 밝혔으며, 이는 장차 생물의 다양한 에너지 대사를 밝히는 발단이 되었다. 이처럼 현대 미생물학의 기초를 다진 공로로 파스퇴르는 발효 미생물학의 아버지로 존중된다. 발효 미생물학은 인간 생활에도 많은 영향을 미쳤으며, 오늘날 우리가 즐기는 술, 치즈, 빵, 김치 등은 모두 발효 과정을 거친 것이다. 발효 미생물학은 현대 생물학에서도 활발하게 연구되고 있는 생명공학의 주요 주제중의 하나이다.

두 번째로 **다윈**의 **종의 기원설**은 생물학뿐만 아니라 철학 및 사회 과학에도 지대한 영향을 미쳤다. 비글호의 기적이라고도 일컬어지는 탐험에서 20대 청년 박물학자였던 다윈은 다른 진화론자의 견해에 영향을 받지 않고 독자적으로 다양한 생물들을 관찰을 할 수 있었으며, 이것이 훗날 그의 독창적인 이론 전개의 발단이 되었다. 그는 남미 에콰도르의 서쪽 950 km 떨어진 갈라파고스 군도에서 각 섬마다 멧새들의 모양이 조금씩 차이가 있으며, 다른 먹이를 먹고사는 것을 관찰하였다. 당시에 남미 대륙을 돌아서 태평양을 횡단하려면 이 군도가 마지막 보급을 받을 수 있는 곳이었다. 그러나 냉장 시설이 없었기 때문에 항해 중 육류 공급원으로 배 밑창에 바다거북을 싣고 다녔다고 한다. 일설에 따르면 다윈은 그 지역 행정관이 배 밑창에 싣고 있는 거북의 생김새만으로도 그 거북이 군도의 어느 섬에서 온 것인지를 척척 맞히는 것을 보고 장차 그의 진화론의 핵심이 되는 자연 선택에 대한 커다란 힌트를 얻었다고 한다. 이처럼 과학은 명망 높은 학자에게서만 배우는 것이 아니라 자연 속에서 삶을 영위하는 사람들로부터도 깨우침을 얻을 수 있다.

다윈의 **진화론**의 핵심은 첫째로 한 어버이에서 태어난 자손일지라도 개체간의 다양성이 있으며, 둘째로 이들이 제한적인 환경조건에서 **생존 경쟁**을 하며, 셋째로 다양한 개체마다 각기 환경 적응 능력에 차이가 있어 그것이 결국 번식력의 차이로 연계되고, 넷째 이로 인하여 특정 형질을 가진 자손들만이 환경에 의해 **자연 선택**된다는 것이다. 이처럼 환경의 변화에 따라서 조상의 형질 집단에서 분리되어 특정의 형질을 가진 새로운 집단이 생겨나면 이것이 **종**을 형성하는 기원이 된다. 그러므로 종은 불변하는 것이 아니라 변할 수 있으며 환경 변화에 따라 하나의 모집단으로부터 다양한 종이 생겨날 수 있는데 이것이 진화의 원리라는 것이다. 그런데 아이러니컬하게도 다윈은 자연 선택의 원리를 자연에서 칮지 못하고, 당시 영국의 농가에서 인위적인 육종 교배를 통하여 다양한 품종의 양을 개발하는 데에서 배웠다고 전해진다. 1859년 크리스마스 직전 "종의 기원"이라는 그의 저서의 초판이 나오던 날, 다윈은 그의 진화론이 몰고 올 파장을 걱정하여 직장을 그만두고 여행길에 올랐다. 책이 출간 된 후 그의 진화론은 대 토론을 거쳐서 학자들 사이에서는 판정승을 거두었으나 사회 전체의 통념을 바꾸기까지는 상당한 기간이 걸렸으며 오늘날에도 그의 이론은 믿지 않는 사람들이 상당수 있다.

다윈의 진화론은 화석에 의한 증거와 발생학적 증거로도 뒷받침되지만, 더욱 구체적인 증거가 현대 생물학에서 유전자 화석이라 일컬어지는 유전암호, 즉 현존하는 생물들의 유전 정보에서도 발견되며, 산화적 인산화 반응, 콜레스테롤 합성, 지방산 합성 등 생화학적 반응 회로에서도 찾아 볼 수 있다.

세 번째로 현대 **유전학**의 창시자인 **멘델**은 가톨릭 사제로서 요즘으로 치면 중학교 생물 교사에 해당되는 직책을 맡고 있었다. 그는 수도원의 농장에서 9년간 완두를 재배하면서 다양한 형태의 완두, 즉 잡종이 만들어지는 원리를 연구하였다. 그는 이 완두 교배 실험의 결과를 오늘날의 유전자에 해당하는 **개뮬(gammule)**이란 용어를 사용하여 해석하였다. 대립 형질을 결정하는 유전자들 사이에는 우열이 있으며, 유전자는 소멸되지 않고 후손에 가서 언젠가는 나타날 수 있으며, 다른 형질의 유전에 영향을 받지 않고 독립적으로 전달된다는 것이 멘델이 발견한 유전 법칙들이다. 그의 연구는 1865년 브르노(Bruno)

그림 1-1
갈라파고스의 4종 핀치

학회에서 발표된 후 35년이나 지난 1900년에 이르러 그가 밝힌 유전 법칙들이 체르마크 등에 의하여 재발견되면서 세상의 주목을 받게 되었다. 돌이켜 보면 멘델의 연구에는 대단한 행운도 있었다. 그가 선택한 완두의 7가지 외형적 형질을 결정하는 유전자들은 동일한 염색체에 있지 않고 각기 다른 염색체에 있었기 때문에 그가 밝힌 유전 법칙들이 성립될 수 있었던 것이다. 실험 연구에 있어서 재료 선택의 행운은 오늘날의 생물학연구에서도 대단히 중요하다.

이 멘델의 유전 법칙은 다윈의 진화론을 뒷받침하는 계기가 되었으며 오늘날까지도 의심의 여지가 없이 받아들여지고 있다. 그러나 이들 두 이론의 극단적인 결합으로 우생학이라는 새로운 학문이 탄생되었는데, 나치 정권과 같이 그 이론을 비윤리적으로 적용하는 사례가 있었는가 하면 오늘날에도 사회적인 물의를 빚는 경우가 간혹 발생하곤 한다.

네 번째 발견으로 **미쉐르**(J. F. Miescher)는 1869년 현대 생명과학의 핵심 물질이라 할 수 있는 **핵산**을 처음으로 순수 분리하였다. 그러나 그는 핵산이 유전 물질일 가능성에 대하여는 전혀 생각지 못하고 단지 라인강의 연어의 정자에서 가성소다에 녹지 않는 인을 함유하는 새로운 물질을 발견하여 이를 뉴클레인(nuclein, 오늘날의 핵산)으로 명명하였다. 그가 추출한 이 물질은 그로부터 60년이 지난 후에야 유전의 근본 물질인 DNA로 판명되었다.

3. 생명과학의 혁명

1950년대를 생명과학의 혁명기라고 한다. 이는 이 시기에 이루어진 일련의 생물학적 발견을 통하여 비로소 멘델의 유전 법칙을 지배하는 "개뮬"의 실체가 바로 미쉐르가 발견한 핵산이라는 것이 밝혀지고, 이로부터 단백질 산물이 발현되는 유전 현상이 해명되었기 때문이다. 이 유전 물질이 세포의 핵 속에 있는 염색체를 관찰할 때 나타나는 띠(band)에 해당된다는 것을 해명한 사람은 콜롬비아 대학의 **모간**(T. H. Morgan)이다. 그는 **초파리**의 유전 연구에서 **초파리**의 눈 색깔, 날개 모양, 배에 난 강모의 생김새 등을 결정하는 유전 요소가 염색체의 특정 부위에 위치하고 있음을 발견한 업적으로 1933년 노벨상을 수

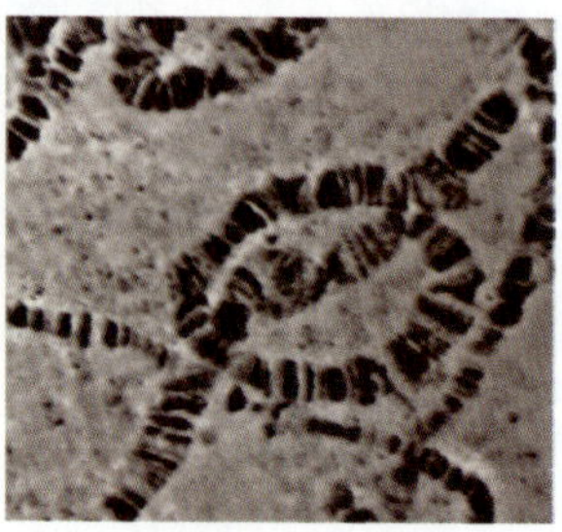

그림 1-2

초파리의 침샘 염색체

상하였다. 초파리는 다른 생물에 비하여 유전 연구에 적절한 몇 가지 장점을 가지고 있다. 한 세대가 짧고, 값싸게 배양할 수 있으며, 자손을 많이 낳고, 염색체의 수가 적다. 이 외에도 모간의 유전 연구에서 초파리가 더욱 적절하였던 것은 그 침샘 염색체의 특성 때문이다. 초파리의 침샘 세포는 DNA의 복제는 반복하더라도 세포질 분열을 하지 않으므로 염색체가 다른 체세포에 비하여 매우 굵다. 이 거대한 침샘 염색체를 광학 현미경으로 관찰하면 많은 띠가 보이는데, 모간은 다른 형질을 나타내는 초파리에서 띠의 모양이 차이가 난다는 것을 발견했다.

이어서 모간의 제자였던 **뮐러**(H. J. Muler)는 초파리에 X-선을 쪼여서 나타나는 염색체의 이상과 유전 현상을 연구하였다. 이 실험 이전의 유전 연구는 자연적으로 발생하는 돌연변이 개체에만 의존하고 있었기 때문에 제한이 많았다. 자연 돌연변이는 다양하지도 않으며, 돌연변이체를 확보하기도 어렵다. 그러나 뮐러의 연구로 X-선에 의한 **인공 돌연변이** 형성이 가능해 짐에 따라 인위적으로 다양한 종류의 변이 개체를 얻을 수 있었고, 이들의 변이 형질과 염색체의 변화를 연관시켜 보다 다양한 유전 현상을 해명할 수 있는 길이 열리게 되었던 것이다. 뮐러는 이 공로를 인정받아 1946년 노벨상을 수상하였다. 이후 인공 돌연변이는 대장균, 초파리, 곰팡이 등 다양한 생물의 유전연구에 활용되었으며, X-선 이외에도 다양한 화학물질을 이용한 돌연변이 형성 방법이 개발되어 유전 연구에 박차를 가할 수 있게 되었다.

비들(G. W. Beadle)과 **테이텀**(E. L. Tatum)은 이와 같은 인공 돌연변이 기법을 빵곰팡이의 일종인 뉴로스포라에 적용하여 많은 대사 돌연변이체를 만들었다. 뉴로스포라의 균사체는 반수체(n)이기 때문에 상동염색체가 없어서 염색체의 유전자에 돌연변이가 생기면 표현형으로 직접 나타난다. 생물체에서 영양분의 분해 및 합성은 일반적으로 여러 단계를 거치는 긴 연쇄 반응이며, 각 단계는 효소에 의해서 촉매된다. 따라서 그중 한 특정 단계를 촉매하는 효소가 없으면 그 다음 단계의 물질이 합성되지 못하므로 그 생물체는 해당 영양소의 결핍으로 살지 못하는데, 이를 **대사 돌연변이**라고 한다. 비들과 테이텀은 여러 가지 대사 돌연변이체들의 생존에 요구되는 필수 영양소를 단계적으로 분석하여 각 영양소의 합성에 참여하는 효소가 특정 유전자에서 비롯된다는 사실을 밝혔다. 즉 각 단계의 반응을 촉매하는 효소는 한 유전자의 산물임을 밝혔는데 이를 **1 유전자 1 효소 학설**이라 한다. 이 연구를 통하여 유전 현상은 육안으로 관찰될 수 있는 외형적 형질뿐만 아니라 세포 내 물질 대사 과정도 관장한다는 사실이 밝혀졌다. 그들은 이와 같은 업적으로 1958년 노벨상을 공동 수상하였다.

멘델에서 모간, 뮐러, 비들, 테이텀으로 이어지는 연구를 통하여 유전 현상을 지배하는 유전자가 염색체에 있음은 밝혀졌으나 그 물질의 특성은 규명되지 못하였다. 유전물질의 실체는 **그리피스**(J. Griffith)의 폐렴 쌍구균 실험을 1946년 **아베리**(O. T. Avery) 등이 확인하면서 밝혀졌다. 이들은 병원성이 없던 세균이 병원성을 회복하는데 필요한 원인 물질이 **DNA**임을 증명하였고, 이로 말미암아 1869년 미쉐르가 처음으로 추출했던 뉴클레인이 바로 유전 물질의 실체

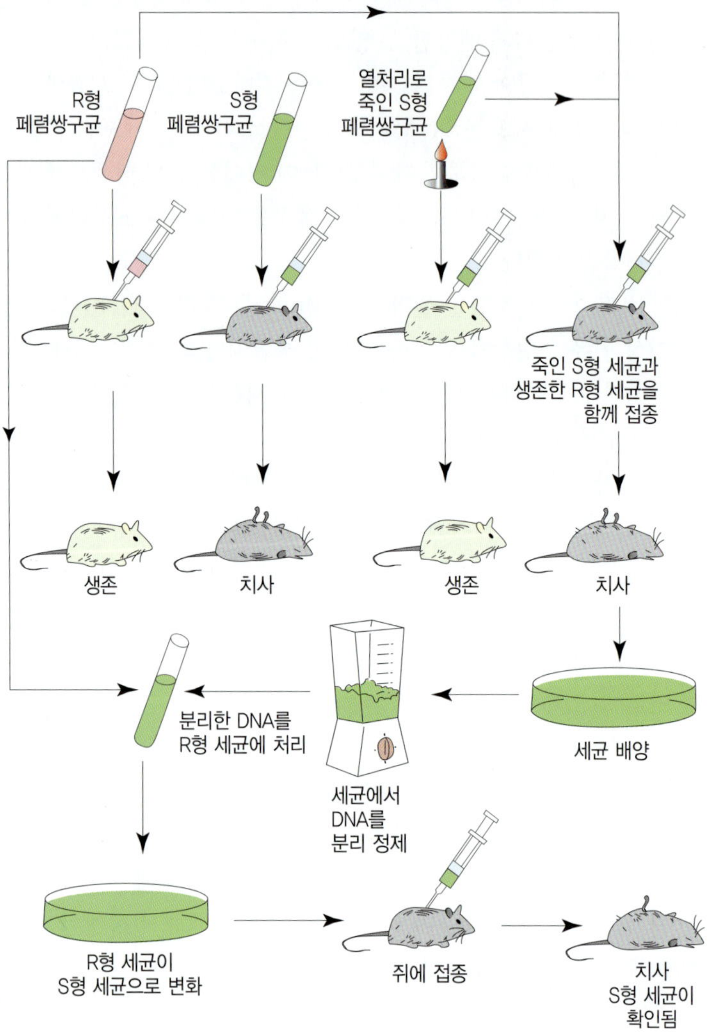

그림 1-3
그리피스의 실험

인 DNA라는 것이 알려지게 되었다.

유전 물질인 DNA의 분자 구조는 1953년 **왓슨**(J. D. Watson)과 **크릭**(F. H. C. Crick)의 공동 연구로 밝혀졌다. 왓슨은 그가 25세에 발표한 이 DNA 분자의 구조에 대한 연구의 업적으로 34세가 되던 1962년에 노벨상을 수상하는 영예를 안았다. 20세기 생명과학의 결정체라 할 수 있는 DNA 모델의 주요 내용은 다음과 같다.

DNA는 **G**, **A**, **T**, **C** 4종류의 **염기**, 5탄당인 **디옥시리보오스** 및 인산으로 구성되어 있다. DNA를 구성하는 4종 염기의 함량 비율은 생물 종마다 일정하며, **G = C**, **A = T**라는 관계식이 성립한다는 사실이 **샤가프**(E. Chargaff)에 의해서 밝혀졌다. 왓슨과 크릭은 이에 더하여 **윌킨스**(M. H. F. Wilkins)와 **프랭클린**(R. Franklin)이 연구한 DNA 결정체의 **X-선**

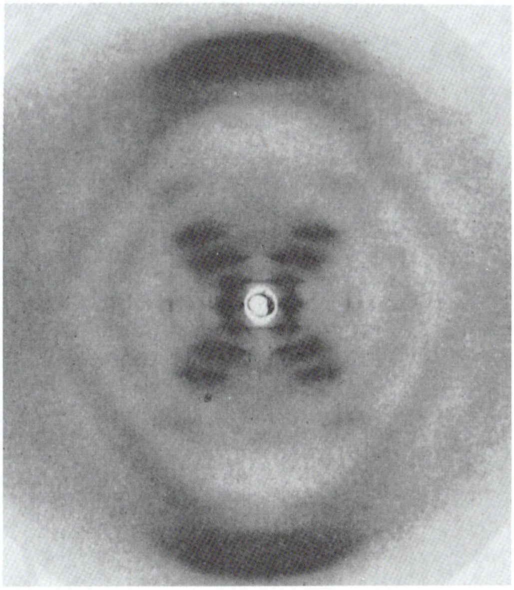

그림 1-4

DNA의 X-선 회절 사진

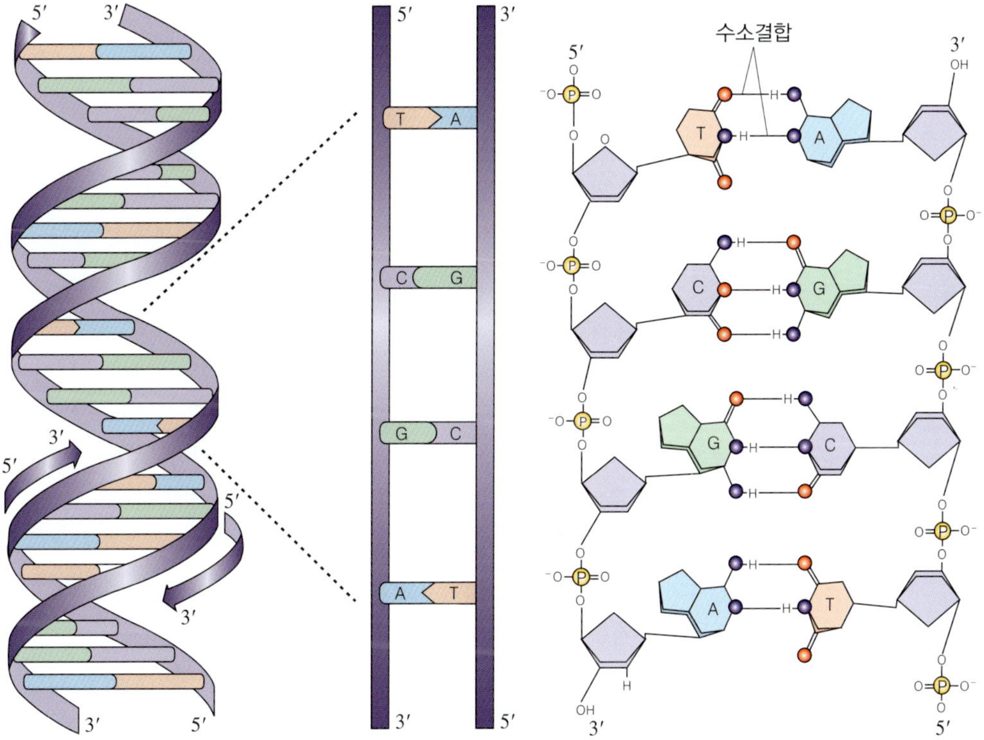

그림 1-5

DNA 이중나선 구조

회절분석에 근거하여 염기들 간에는 **수소 결합**으로 G≡C, A=T **염기쌍**을 이루는 법칙이 있으며, 각 염기는 디옥시리보오스와 공유 결합으로 연결되고, 외곽에서 이 5탄당이 인산과 연결되어 두 가닥의 기다란 **역평행 사슬**을 이루며, 이 사슬이 **이중 나선**으로 꼬여 있음을 제안하였다. 따라서 DNA는 한쪽 사슬의 염기 순서를 알면 반대쪽 사슬의 염기 서열은 자동적으로 결정되는 **상보성**이 있다. 그러므로 유전 정보는 한쪽 사슬에 손상이 발생하더라도 반대쪽 사슬의 정보를 이용하여 회복될 수 있다.

DNA 이중나선은 세포주기의 합성기(S기)에 두 가닥의 사슬이 풀어져 각 사슬이 상보적으로 복제되어서 동일한 두 분자의 DNA를 만든다. 이어지는 분열기(M기)에서는 이들이 각각 딸세포로 나뉘어가므로 다세포 생물의 몸을 이루는 여러 체세포는 근본적으로 동일한 유전 정보를 가지고 있다.

이 DNA 분자는 어떻게 유전 정보를 암호화 하고 있을까? 그리고 그 정보는 어떻게 유전 현상(표현형)을 낳게 되는 것일까? 이에 대한 해답은 1960년대에 **니렌버그**(M. W. Nirenberg), **홀리**(R. W. Holley), **코라나**(H. G. Khorana)등에 의하여 **유전 암호**가 판독됨으로 해명되었다. 유전자의 발현 과정에서 제 1단계는 DNA의 유전 정보가 mRNA로 **전사**된다. 이어서 제 2단계에서는 이 mRNA가 리보솜에 의하여 **번역(해독)**되어 단백질을 합성한다. 이렇게 합성된 단백질은 머리카락과 같은 생물체의 구조를 형성하거나 대사 과정에서 효소의 기능을 하여 표현형이 나타내게 된다.

mRNA는 DNA와 마찬가지로 뉴클레오티드로 이루어져 있으며, DNA의 두 사슬 중 한 사슬에 상보적으로 염기들(G, A, U, C)을 결합하여 합성되므로 별도의 암호가 필요하지 않다. 다만 DNA에서 T 염기가 있는 자리에 U 염기가 대신 들어가며, 디옥시리보오스 대신에 **리보오스** 5탄당이 사용되고, 두 가닥이 아닌 외가닥 사슬로 합성된다는 점이 다르다. 유전 암호는 이 mRNA의 염기 서열 속에 저장된 정보를 이용하여 단백질을 합성하는 단계에서 필요하다. 즉 유전 정보의 언어가 뉴클레오티드에서 아미노산으로 전환되는 과정에서 암호의 해독이 필요한 것이다.

생물체의 모든 단백질은 20종의 아미노산으로 구성되어 있다. 그렇다면 4종의 염기 서열로 구성된 언어가 어떤 방식으로 사용될 때 20종의 아미노산을 혼동이 없이 암호화할 수 있을까? 만약 4종의 염기 각각을 하나의 암호로 사용한다면 기껏해야 4종의 암호밖에 만들 수 없다. 염기 두 개를 하나의 암호로 사용한다면, 16종의 암호가 만들어질 수 있지만 이 역시 20종 아미노산에 미달된다. 그러므로 유전 암호는 최소한 염기 3개를 하나의 단위로 사용 해야만 4의 중복 순열에 해당하는 64가지 조합이 만들어질 수 있으며 20개 아미노산의 모든 종류를 지정할 수 있다.

이들이 해명한 유전 암호를 살펴보면 64개의 암호들 중 3개는 특정 아미노산을 지정하지 않고 있으며, 해독 과정에서 **종결 암호**로 사용된다. 세 개의 종결 암호를 제외한 61개의 암호는 중복을 허용하여 20종의 아미노산을 암호하고 있다. 즉 mRNA상에 4가지 염기 배열로 수록된 정보는 3개씩을 하나의 단위로 하여 읽혀지며, 이것이 그 유전자가 암

표 1-1 유전 암호

첫번째 염기 (5'말단)	두번째 염기				세번째 염기 (3'말단)
	U	C	A	G	
U	Phe	Ser	Tyr	Cys	U
	Phe	Ser	Tyr	Cys	C
	Leu	Ser	Stop	Stop	A
	Leu	Ser	Stop	Trp	G
G	Leu	Pro	His	Arg	U
	Leu	Pro	His	Arg	C
	Leu	Pro	Gln	Arg	A
	Leu	Pro	Gln	Arg	G
A	Ile	Thr	Asn	Ser	U
	Ile	Thr	Asn	Ser	C
	Ile	Thr	Lys	Arg	A
	Met	Thr	Lys	Arg	G
G	Val	Ala	Asp	Gly	U
	Val	Ala	Asp	Gly	C
	Val	Ala	Glu	Gly	A
	Val	Ala	Glu	Gly	G

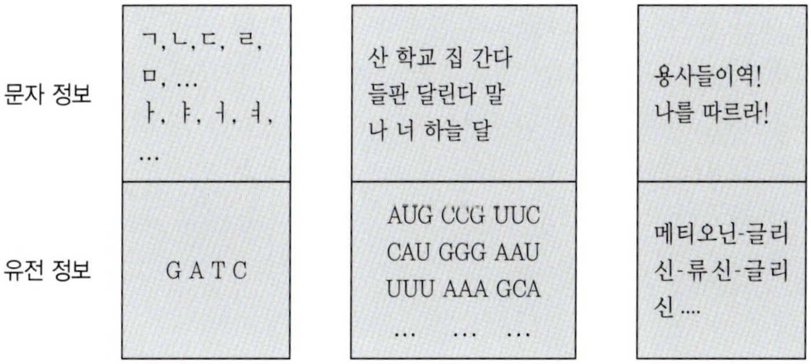

그림 1-6
유전 정보와 문자 정보의 비유

호화 하는 단백질 산물의 아미노산 순서를 지정한다. 다시 말하자면 4문자를 사용하여 형성할 수 있는 64개의 단어중 상당수는 동의어이고 의미가 다른 단어는 20가지인 셈이다. 이 때 아미노산의 연쇄로 구성된 단백질은 20종의 단어를 배열하여 형성된 하나의 문장에 비유될 수 있다. 생물체의 단백질은 아미노산의 수가 적게는 50 여 개이지만 많게는 수 천 개이다. 그러므로 20종의 아미노산을 오십 내지 수천 개를 배열하여 작성할 수 있는 문장의 수는 무한히 많다.

우리글의 ㄱ, ㄴ, ㅏ, ㅑ, ㅓ 등이 의미를 가지지 못하듯이 G, A, T, C 염기 자체는 의미를 가지지 못한다. 또한 이들로 구성된 각각의 단어 즉 학교, 팔, 그네 등에 해당하는 글리신, 류신, 메치오닌과 같은 아미노산 자체는 하나의 독립된 물질이기는 하지만 그 자체로 생물학적 기능을 담당 할 수는 없다. 그러나 "나는 학교에 간다"와 같이 단어의 연결로 이루어진 문장이 우리에게 의미가 있는 것처럼 "메치오닌-글리신-류신-글리신 등"으로 연쇄된 아미노산의 사슬(=**폴리펩티드**)은 생물학적으로 특정 기능을 가지는 효소가 될 수도 있으며, 곱슬머리 또는 쌍거풀 눈과 같은 특정 표현형이 될 수도 있다. 그런데 언어의 문장과는 달리 단백질은 아미노산의 순서만 바뀌어도 전혀 다른 기능을 가지게 된다. 즉 우리 언어에서 "나는 학교에 간다"와 "학교에 나는 간다"는 동일한 의미로 통할 수 있지만 생물의 유전정보에서는 아미노산의 배치 순서가 다르게 되려면 그 유전 정보의 염기 서열부터 달라야 하고, 또한 그로부터 합성된 단백질은 기능적으로 다른 단백질이 된다.

생물은 종마다 가지고 있는 DNA 정보량에 차이가 있으며, 합성할 수 있는 단백질의 레퍼토리도 다르다. 그러나 유전 암호는 생물계를 통틀어 세균에서부터 인간에 이르기까지 동일하다. 생물은 서로 다른 종이라 할지라도 이 암호 체계가 동일하기 때문에 정보의 **호환성**이 100% 보장되고, 바로 그 때문에 오늘날의 유전공학이 가능하다. 즉 인간의 유전자를 세균에 옮겨 넣어주더라도 동일한 유전 암호 체계가 사용되기 때문에 그 유전자 산물로서 아미노산 순서가 동일한 단백질을 생산할 수 있다. 만약에 생물들마다 서로 다른 암호 체계를 가지고 있다면 오늘날의 유전공학은 불가능 했을 것이다.

이와 같이 1950년대를 중심으로 유전물질의 실체와 유전정보의 수록 및 발현 체계가 해명됨에 따라서 20세기 말에 이르러 이를 기초로 한 생명공학이 탄생하게 된다. 그 뿐만 아니라 왓슨과 크릭이 DNA 이중 나선을 발견한 50주년인 2003년에 이르러 인간 유전체 해독을 완성하는 쾌거를 이루었다.

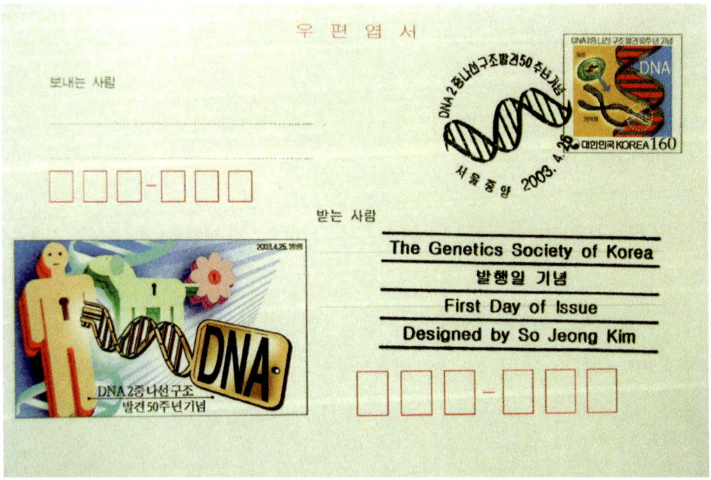

그림 1-7

DNA 발견 50주년 우편엽서

Exercise

1. 생기론과 기계론적 생명관을 비교하여 설명하여라.

2. 생물의 자연발생설은 어떤 실험적 증거들에 의해서 부정되었는가?

3. 19세기 말의 4대 발견을 설명하여라.

4. 1950년대를 생명과학의 혁명기라고 하는 이유를 설명하여라.

5. 참고문헌에 나열된 서적들을 읽어보고 과학의 발견은 어떻게 이루어졌으며, 그와 같은 발견이 가지는 의미를 정리하여보자.

참고문헌

[멘델-그의 인생과 학문], 한국유전학회 번역, 전파과학사, 2008.
[모건], 한국유전학회 번역, 전파과학사, 2000.
[생물과학 3판], 강신성 등 공저, 아카데미서적, 2001.
[세포의 세계 7판], 안태인 대표역자, 바이오사이언스, 2010.
[이기적인 유전자], 리처드 도킨스 지음, 이용철 번역, 동아출판사, 1992.
[이중나선], 하두봉 번역, 전파과학사, 2001.
[찰스 다윈], 피터 J. 보울러 지음, 한국동물학회 옮김, 전파과학사, 1999.
Nature, 2003년 1월호 부록

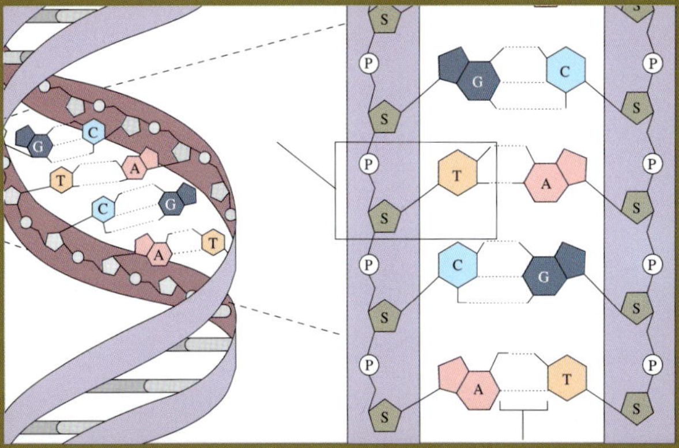

CHAPTER

02 생명체의 화학적 기초

인체의 생리 활성 기작에는 소금과 같은 단순 무기물질에서부터 효소와 같은 복잡한 유기물 고분자에 이르기까지 다양한 화학물질이 필수적이다. 무기물이건 유기물이건 모든 화학물질은 원소로 구성되어 있다. 이 장에서는 원자의 구조와 어떻게 원자가 결합하여 무기 및 유기 화학물질을 이루는지에 대해 알아보자.

생명체의 기본 구성 단위는 세포이다. 그러므로 세포의 구조, 생리 및 생화학적 특성을 이해하는 것은 인체의 기능을 이해하는 근본이 된다. 자연계의 다른 물질들과 마찬가지로 세포 역시 화학적 단위인 원자와 분자로 이루어져 있다. 과거의 생물학은 생명체에 대한 물리 및 화학적 이해가 부족하였기 때문에 상당부분 서술적 학문으로 인식되어왔다. 그러나 현대 생명과학은 생물체를 구성하는 분자의 화학적 특성에 기초를 두고 정립되고 있다. 세포의 구조에 대한 설명에 앞서 먼저 생명체를 구성하고 있는 주요 물질의 화학적 특성에 대하여 알아보자.

1. 원소와 원자

원소

생물과 무생물을 막론하고 모든 물질은 원소라는 기본 단위체로 구성되어 있다. 생물체의 종류가 매우 다양한 반면 그 생물체를 구성하는 자연 상태의 원소는 단지 92가지이다. 더욱 놀라운 것은 인체의 90% 이상이 탄소, 수소, 산소 3가지의 원소로 구성되어 있다는 사실이다. 모든 원소는 이름이 있으며 기호로 표시한다. 이를테면 칼슘은 Ca로, 나트륨은 Na로 표시한다.

원자

어떤 원소의 화학 및 물리적 특성을 가지고 있는 최소 단위를 원자라고 한다. 물리적인 방법으로 원소를 더 작은 단위로 쪼갤 수는 있지만 원소는 화학적 반응을 일으키는 최소한의 단위이다. 이 교재에서 다루는 주제들을 이해하기 위해서는 원자가 양성자와 중성자라는 입자가 모인 핵과 전자가 회전하는 피층으로 되어 있다는 정도만 기억하면 충분하리라고 본다. 원자를 축구 경기장 크기로 그린다면 핵은 경기장 가운데 풍선을 하나 띄운 정도이고 전자는 얼룩점 정도가 스텐드를 돌고 있는 형상이다. 따라서 원자의 거의 대부분은 텅 비었다고 볼 수 있다.

원자는 원자 번호와 질량 단위를 함께 표시한다. 원자 번호는 양자의 수를 나타내며 전기적으로 중성인 상태에서 전자의 수는 양자의 수와 동일하다. 중성자는 전하를 띠지 않으며, 중성자의 질량은 양자와 같다. 이에 비하여 전자의 질량은 극소하기 때문에 일반적으로 원자량은 양자와 중성자를 합한 값으로 나타낸다. 예를 들어 $_{6}C^{12}$는 원자 번호 6인 탄소를 나타내며, 탄소는 6개의 양자와 6개의 중성자를 가지고 있어서 질량이 12이다. 그리고 중성인 상태에서 전자 수는 양자와 같은 수인 6개이며 전자는 첫 번째 궤도에 2개, 두 번째 궤도에 4개가 배치되어 있다.

동위원소

주기율표에 있는 각 원자의 원자량은 평균 질량을 나타낸 것이다. 같은 수의 양자를 가지는 원소라도 중성자 수가 다른 경우를 **동위원소**라고 한다. 이를테면 $_{6}C^{13}$나 $_{6}C^{14}$은 각각 7개, 8개의 중성자를 가지고 있으며 $_{6}C^{12}$의 동위원소이다. 대부분의 동위원소는 안정하다. 그러나 상대적으로 불안정하여 자연 상태에서 일정 비율로 붕괴되면서 방사에너지 형태로 방사선을 내는 것도 있는데 이를 **방사성 동위원소**라고 한다.

자연 산물에 포함된 동위원소는 다양한 측면에서 유용한 정보를 제공한다. 예를 들어 음식물에는 일정 비율의 동위원소가 포함되어 있으므로 미라 또는 화석화된 인체 조직의 동위원소 비율을 분석하면 그 주인공의 연대를 추정할 수 있다. 또 $_{6}C^{14}$는 그 붕괴율이 알려져 있기 때문에 시료에 남아있는 방사선량으로부터 화석의 연대를 계산할 수 있다. 방사성 동위원소는 생물학 및 의학 연구에도 광범위하게 사용된다. 예로서 갑상선은 요오드(I)를 사용하여 호르몬을 합성하는데, 요오드의 방사성 동위원소를 투여한지 24시간 후에 보면 갑상선에서 방사선이 나타나는 것을 볼 수 있다.

표 2-1 생물체를 구성하는 주요 원소

원소	원자 기호	원자 번호	원자량	비고
수소	H	1	1	대부분의 생체 분자를 구성하는 원소임.
탄소	C	6	12	
질소	N	7	14	
산소	O	8	16	
인	P	15	31	
황	S	16	32	
나트륨	Na	11	23	대부분이 용해된 염의 상태로 존재 하는 원소임.
마그네슘	Mg	12	24	
염소	Cl	17	35	
칼륨	K	19	39	
칼슘	Ca	20	40	

2. 분자와 화합물질

원자는 상호간의 결합을 통하여 분자라는 화학적 단위를 형성한다. 산소 원자 둘이 결합하여 산소(O_2) 기체 분자를 형성한다거나 산소 원자 하나와 수소 원자 둘이 결합하여 물(H_2O) 분자를 형성한다. 원자들이 이와 같은 분자를 형성하는 데에는 이온결합과 공유결합이라는 두 가지의 결합방식이 있다.

이온결합

원자는 2개 이상의 전자 외곽을 가질 경우 최 외곽의 전자가 8개일 때 가장 안정하다. 그러나 그렇지 못할 경우에는 최외곽 전자를 버리거나, 다른 원자의 전자를 받아들여 최외곽 전자를 8개로 채우려는 경향이 있다.

그림 2.1은 염화칼슘의 이온결합을 나타낸 것이다. 그림에서 칼슘은 최외곽 전자 두개를 버림으로써 최외곽 전자가 8개로 안정화 되었으나 전자의 수는 양자 수보다 2개가 적어 +2 양전하를 띠는 **양이온**이 된다. 이에 비하여 최외곽 전자가 7개인 염소는 1개를 받아들여서 8개로 안정화되어 전자의 수가 양자의 수보다 1개가 더 많은 -1의 음전하를 띠는 **음이온**이 되었다. 이와 같이 전하를 띠는 양이온과 음이온사이에는 전기적 인력이 작용하여 서로 결합하게 되는데 이를 **이온결합**이라고 한다.

이온결합을 하고 있는 화합물질은 물에 녹으면 이온결합이 파괴되면서 각각의 이온으로 분리된다. 이 이온들 중에는 표 2.2에 보는 바와 같이 우리 몸의 생리조절에서 중요한 역할을 하는 것들도 있다. 체내에서 이들 이온의 농도가 일정하게 유지되지 않을 경우에는 심각한 질환이 야기될 수도 있다. 혈중 염분 농도가 너무 높으면 고혈압을, 어린이에게 칼슘이 부족하면 구루병(곱사등)을 초래하며, 칼륨이 과다 또는 부족한 경우에는 불규칙한 심장 박동의 원인이 된다. 또한 우리 몸속의 산-염기 항상성이 파괴되면 체세포가 정상

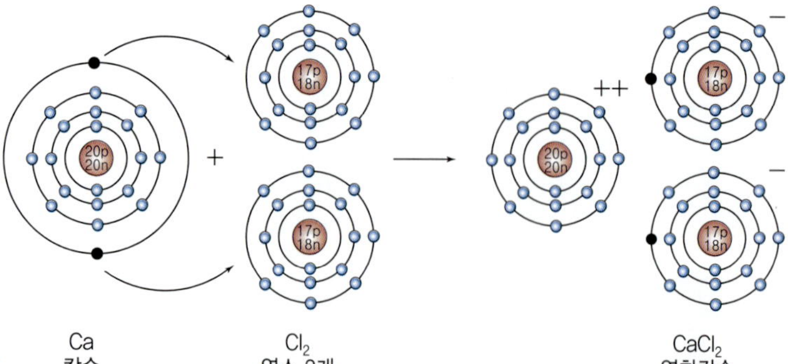

그림 2-1
염화칼슘의 이온결합

표 2-2 신체의 기능을 유지하는데 필요한 주요 이온들

이온 명칭	기호	소재 및 작용
나트륨	Na^+	세포외액 ; 삼투압 유지, 물질 수송, 세포막의 흥분성 및 신경 전도
칼륨	K^+	세포액 ; 휴지전위 유지 및 신경 전도
칼슘	Ca^{2+}	뼈, 치아 ; 외포작용, 단백질 활성, 제2전령, 근 수축
수소	H^+	산-염기 평형
염소	Cl^-	체액, 위액 ; 무기 양이온 대응 음이온
인산	PO_4^{3-}	뼈, 치아 ; 세포액 완충제, ATP 형성
중탄산	HCO_3^-	혈액 ; 완충제, 산-염기 평형
수산	OH^-	체액 ; 산-염기 평형

적인 기능을 수행할 수 없게 되는데, 중탄산, 수소 및 수산이온 등은 우리 몸의 산-염기 항상성에 기여한다.

공유결합

원자 상호간의 작용으로 전자를 잃거나 획득하는 것이 아니라 전자를 공유함으로써 최외곽 전자 8개를 충족하는 방식의 결합을 **공유결합**이라고 한다. 공유결합은 그림 2.2와 같이 여러 가지 형태가 있다. 구조식으로 나타낼 때 원자간에 한 개의 전자를 공유하는 경우에는 하나의 선으로 표시하며, 2 또는 3개의 전자를 공유할 때는 이중 공유결합, 삼중 공유결합이라고 하며 각각 2개, 3개의 선으로 나타낸다. 공유결합은 원자 상호간의 결합력이 이온결합에 비하여 매우 크기 때문에 물에 녹더라도 파괴되지 않는다.

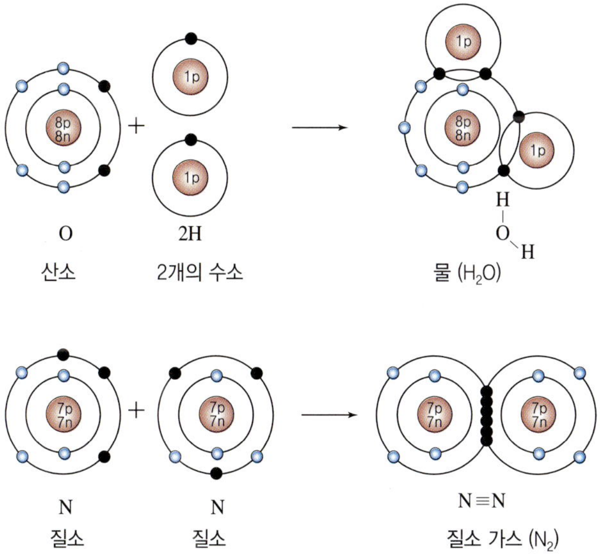

그림 2-2
공유결합

3. 물과 생명체

대부분 생물에서 물은 체중의 60~70%를 차지한다. 그러므로 생물체에서 가장 풍부한 물질은 물이라고 할 수 있으며, 다음과 같은 물의 물리 및 화학적 특성으로 인해서 생명현상의 유지가 가능하다.

수소결합

물은 산소와 2개의 수소 원자사이에 공유결합으로 형성되어 있다. 그러나 하나밖에 없는 수소의 외곽 전자를 산소와 공유하면서 산소 핵의 양자의 인력 때문에 공유전자가 불균등하게 산소에 치우치게 된다. 이와 같이 공유전자가 불균등하게 분포하는 공유결합에서 수소의 핵이 있는 부분은 약한 양전하를, 산소 핵이 있는 부분은 약한 음전하를 띠게 되어 극성이 나타나는데 이를 **극성 분자**라고 한다. 따라서 물 분자 사이에는 약한 음전하와 양전하의 극성으로 인하여 상호결합이 형성되는데 이를 **수소결합**이라고 한다. 물은 온도에 따라서 분자들 사이에 수소결합의 수가 달라지며, 그에 따라서 고체가 되기도 하고 액체가 되기도 한다. 온도가 높아져서 수소결합이 모두 파괴되면 물은 기체, 즉 수증기가 된다.

물의 성질

물 분자는 그 극성과 수소결합으로 인하여 생명 현상의 유지에 필요한 몇 가지 특성을 지닌다. 첫째로 분자량이 작은 대부분의 화합물이 상온에서 기체인데 반하여 물은 상온에서 액체로 존재하므로 우리가 마시거나 그것을 이용하여 요리를 할 수도 있고 목욕을 할

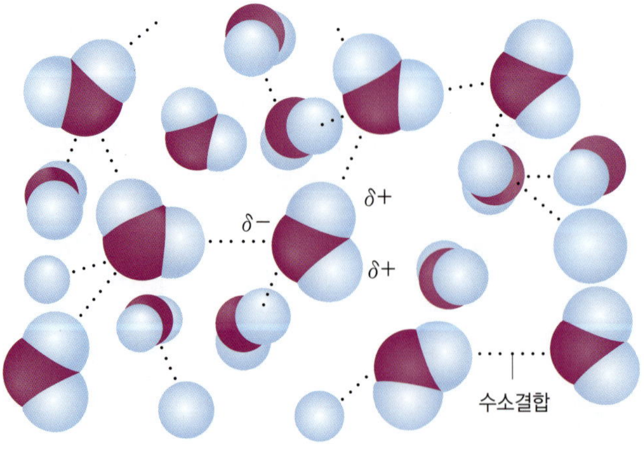

그림 2-3
물 분자의 극성과 수소결합

수도 있다. 산소는 분자량이 32나 되지만 기체인데 분자량이 18에 불과한 물은 그 분자 상호간에 일시적인 수소결합을 이루기 때문에 상온에서 액체 상태를 유지한다. 같은 이유로 물은 섭씨 100도 이하에서는 끓지 않으며 기체로 변하지도 않는다. 물 분자들 간에 수소결합이 없다면 우리 몸의 체액은 모두 기체로 변하고 말 것이다.

둘째로 물은 극성 화합물에 대한 **만능 용매**여서 몸 안팎의 여러 화학반응을 가능하게 한다. 소금을 물에 넣으면 물 분자의 음전하를 띠는 부위는 양전하를 가진 나트륨 이온과 상호작용하며, 양전하를 띠는 부위는 음전하를 가진 염소 이온과 작용한다. 그 결과 물에 들어간 소금은 나트륨 이온과 염소 이온이 분리되어 녹게 된다. 이와 같이 이온이나 분자가 물에 분산되면, 상호 충돌에 의해서 화학 반응이 일어날 수 있게 된다. 물과 상호작용하는 이온이나 분자를 **친수성**이 있다고 말하며, 반대로 물에서 이온화되지 않고 물과 상호작용하지 않는 비극성 분자를 **소수성**이라고 한다.

셋째로 물 분자는 수소결합으로 인한 상호 **응집력**이 있어 혈관이나 도관을 채운다. 물은 응집력을 가지고 있기 때문에 중력에 따라서 자유자재로 흐를 수 있다. 그러므로 물에 녹은 분자가 온 몸으로 퍼질 수 있으며 운반매체로 작용할 수 있는 것이다. 우리 몸에서 혈액은 92%가 물이기 때문에 산소와 영양분, 이산화탄소와 노폐물을 운반하는 매질의 역할을 한다.

넷째로 물은 **비열**이 커서 온도가 서서히 증가하고 감소하므로 온도의 급격한 변화를 방지한다. 이것은 많은 열을 흡수해야만 물 분자들 사이의 수소결합을 끊을 수 있기 때문이다. 우리가 사용하는 열량의 단위인 **칼로리**는 섭씨 14.5도의 물 1 g의 온도를 1도 높이는데 필요한 열량을 말한다. 이는 공유결합을 하는 다른 액체에 비하여 약 두 배에 해당한다. 또한 물은 열량을 보존하고 있기 때문에 온도가 서서히 내려간다. 그러므로 물은 체온이 급격히 변하는 것을 방지해주는 완충제 역할을 하여 체온 항상성을 유지하는데 도움을 준다.

다섯째로 물은 **기화열**이 크기 때문에 우리 몸이 과열되는 것을 방지한다. 끓는 물 1 g이 수증기로 변화되는 데에는 540 칼로리의 열량이 필요하다. 물의 이와 같은 특성 덕분에 지구가 적절히 유지되어 생명체가 살아갈 수 있는 것이다. 또한 더운 환경에서 동물은 피부로 땀을 분비하며 이 땀이 피부에서 증발되는 동안 열을 빼앗아가기 때문에 체온을 낮출 수 있다.

여섯째로 얼음은 액체인 물보다 **밀도**가 작기 때문에 물 위에 뜬다. 물은 온도가 내려감에 따라서 수소결합의 수가 증가하며, 섭씨 4도가 되었을 때 수소결합의 수가 최고에 달하면서 밀도가 가장 크지만 이 상태에서도 물 분자는 운동성을 가진다. 그러나 온도가 영하로 내려가면 물 분자는 운동성을 잃게 되며, 분자 상호간의 수소결합이 견고해지면서 밀도는 오히려 감소한다. 얼음이 물 위에 뜨는 것은 이 때문인데, 물위에 뜬 얼음은 열전도를 차단해주는 효과가 있어서 얼음 밑에 생긴 보온 공간에서 생물들이 추위를 피해 살 수 있게 해 준다.

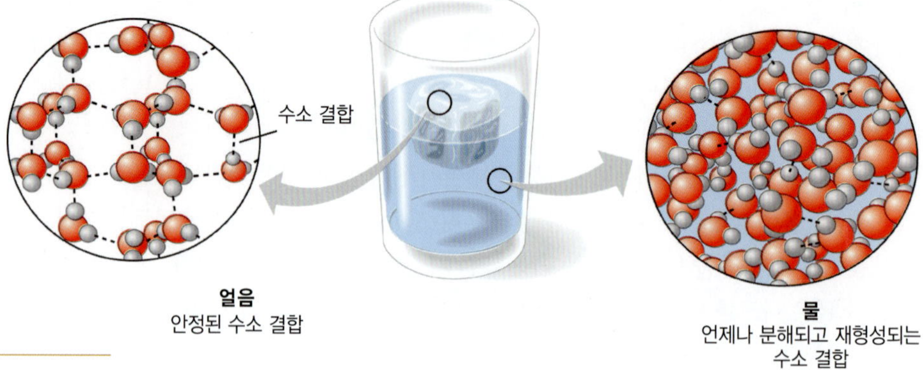

그림 2-4
물과 얼음

4. 생명체의 분자

무기 분자는 주로 무생물의 구성 성분이지만 소금이나 물과 같은 무기 분자는 생물체에서도 중요한 역할을 한다. 생명체를 구성하는 분자들은 C, H, O, N, S, P 등으로 구성되어 있으며, 생명체가 합성한 분자를 **유기 분자**라고 한다. 유기 분자는 탄소를 골격으로 하는 것이 특징인데, 탄소는 최외곽에 4개의 전자를 가지고 있기 때문에 8개를 채워서 안정화되려면 자그만치 4개의 다른 원자와 공유결합을 할 수 있다. 이와 같은 탄소의 특성으로 인하여 생물체는 매우 다양한 종류의 유기화합물을 형성 할 수 있다. 메탄은 탄소 원자 하나에 4개의 수소 원자가 공유결합을 하고 있는 것이며, 이와 같은 공유결합은 탄소와 수소의 수가 증가하면서 길게 연쇄되어 사슬을 이루거나 고리를 형성할 수도 있다. 이와 같이 탄소와 수소간의 공유결합으로 형성된 사슬을 **탄화수소 사슬**이라고 한다.

탄소 사슬이나 고리에는 특정 원자들의 집합체인 **작용기**가 결합하여 다양성이 더욱 증가되는데, 바로 이 작용기들이 유기 분자의 작용 특성을 결정짓는다. 이를테면 카르복실기 (-COOH)는 산성을 나타내는 작용기로, 물에서 이온화하여 H^+를 내보내고 음이온인 $-COO^-$이 된다. 탄화수소 사슬은 극성이 없기 때문에 소수성인데 비하여 이온화할 수 있는 작용기가 탄화수소 사슬에 공유결합을 하면 극성을 부여하게 되어 친수성이 된다.

생명체를 구성하는 분자들은 탄수화물, 지방, 단백질, 핵산 4종류로 구분된다. 이들 중 탄수화물, 지질, 단백질은 각각 감자, 참기름, 달걀 등과 같이 우리가 매일 섭취하는 친숙한 음식물들 속에 많이 포함되어 있다. 핵산인 DNA는 우리 몸의 세포와 신체의 구조를 조절하는 유전현상을 지배하는 유전정보를 담고 있는 물질이다.

생명체를 구성하는 물질은 대부분 고분자이다. 마치 원자가 결합하여 분자를 이루

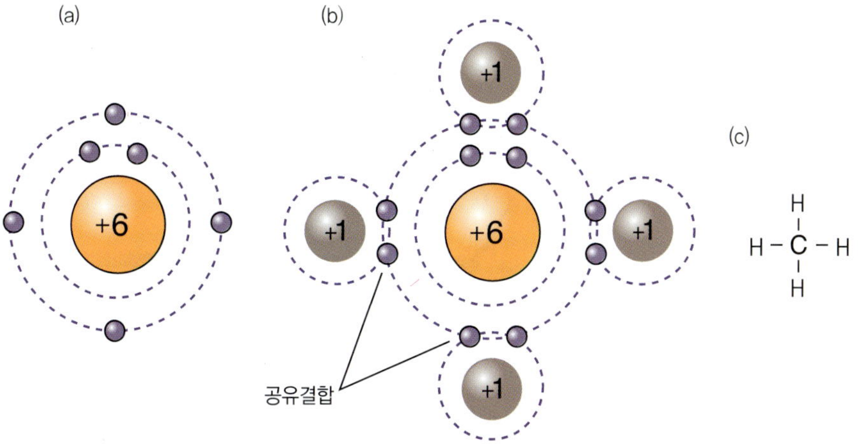

그림 2–5

탄소의 공유결합: 메탄 (CH_4)은 1개의 탄소와 4개의 수소원자들 간의 공유결합
(a) 탄소는 바깥 전자 궤도에 4개의 전자를 가지고 있기 때문에 4개의 공유결합을 할 수 있다.
(b) 수소원자 4개와 공유결합을 이루어 메탄가스가 된다. (c) 메탄가스의 구조식

듯이 작은 분자들이 결합하여 고분자를 형성한다. 이때 고분자를 이루는 단위분자를 **단위체**(**monomer**)라고 하며 고분자를 **중합체**(**polymer**)라고 한다. 즉 중합체는 단위체가 연쇄되어 사슬을 이룬 것이다. 단백질은 아미노산이라는 단위체의 중합체이며, 다당류는 단당류의 중합체이고, 핵산은 뉴클레오티드 단위체의 중합체이다.

5. 탄수화물

탄수화물은 인간을 포함하여 모든 생물에서 신속한 단기간의 에너지원으로 가장 중요하다. 탄수화물은 $C(H_2O)$를 기본 조성으로 하고 있으므로 물을 포함하는 탄소화합물이라는 의미에서 탄수화물이라고 한다.

단당류

탄수화물의 탄소 수가 3-7개인 경우 이를 단순 당, 또는 단당류라고하며 탄소 수에 따라서 5탄당, 6탄당 등으로 부른다. 5탄당으로 리보오스와 디옥시리보오스는 각각 핵산인 RNA와 DNA의 구성요소로 중요하다. 포도당은 대표적인 6탄당으로 혈당의 유효성분이며 우리 몸이 사용하는 가장 직접적인 에너지원이다. 그밖에도 6탄당에는 과일에 많이 포함되어 단맛이 나게 하는 과당, 우유 등에 포함된 갈락토오스 등이 있다.

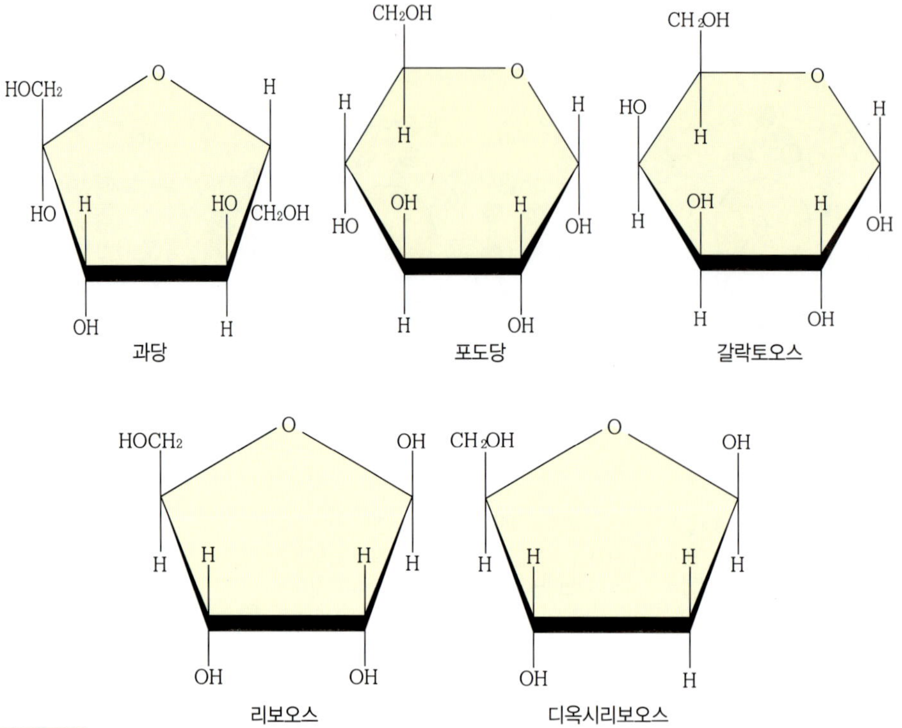

그림 2-6
단당류

이들 세 가지의 6탄당은 분자식은 공통적으로 $C_6H_{12}O_6$이지만 고리의 구조, 수소 및 알콜기 배치는 서로 다르다. 단당류는 물 분자 하나가 빠져나가는 **탈수축합** 반응으로 연쇄되며, 중합체를 이루는 단당류가 잘리어 나갈 때에는 물 한 분자가 들어가면서 분리되기 때문에 이를 **가수분해**라고 한다.

단당류 두 분자가 탈수축합된 것을 **이당류**라고 한다. 말토오스는 우리가 먹은 음식물의 전분이 소화되어 만들어지며 포도당 두 분자가 연쇄되어 있다. 설탕은 사탕수수에서 추출한 것으로, 가수분해 되면 포도당과 과당이 된다.

전분과 글리코겐

전분과 글리코겐은 포도당이 중합체를 이룬 **다당류**로 각각 식물과 동물의 포도당 저장물질이다. 전분 중에는 포도당 단위체 4000여개가 긴 사슬을 이룬 것도 있으며, 글리코겐은 많은 가지를 치는 구조로 되어있다. 전분은 글리코겐에 비하여 주 사슬에서 가지를 친 곁사슬이 많지 않다.

글리코겐은 사람의 간이나 지방조직에 저장되었다가 포도당으로 분해되어 활동의 에너지원으로 사용된다. 반면 밀을 갈아서 만든 밀가루나 쌀과 같은 곡류에는 식물의 글리

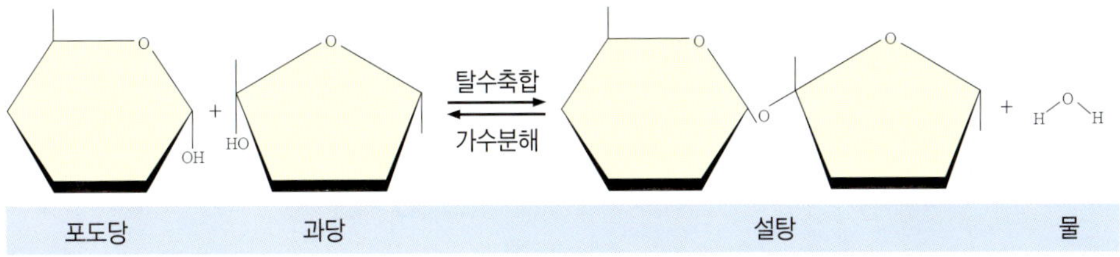

그림 2-7
탈수축합반응과 가수분해

코겐에 해당하는 전분이 많이 들어있다. 우리가 밥이나 감자, 빵 등을 먹으면 전분은 포도당으로 가수분해 되어 소장에서 흡수 된 뒤 혈액을 통하여 온 몸으로 운반되며, 여분은 간이나 근육에 글리코겐으로 저장된다.

셀룰로오스

식물의 세포벽은 다당류인 셀룰로오스가 주성분이다. 셀룰로오스는 지구상에서 가장 풍부한 유기물로, 포도당 단위체가 전분이나 글리코겐과는 약간 다른 구조로 연결되어 있다. 이 때문에 셀룰로오스는 우리 몸에서 소화되지 않으며 섬유질 상태로 소화관을 통과

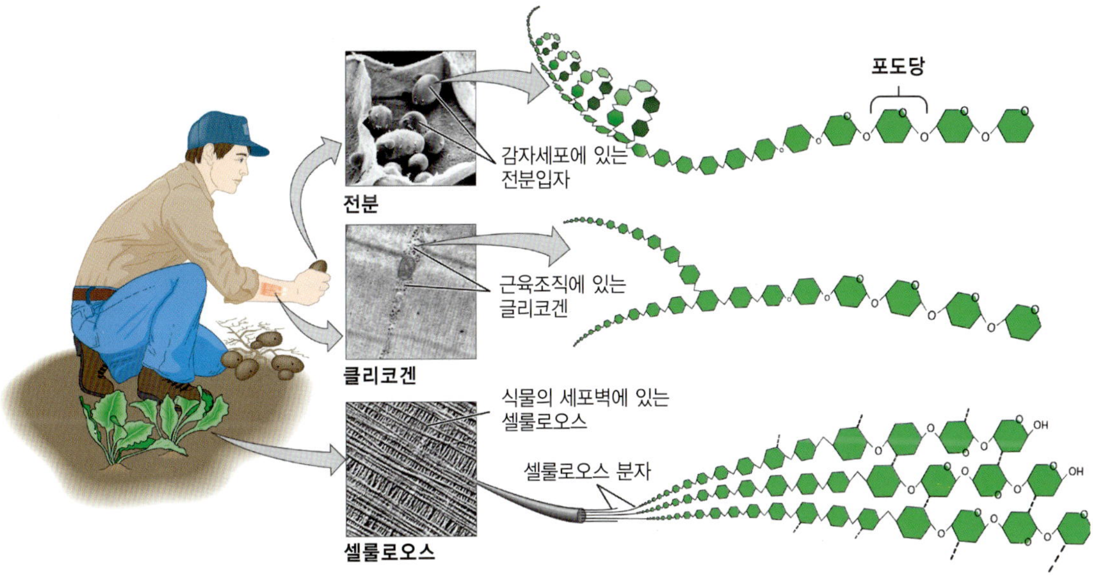

그림 2-8
전분, 글리코겐과 셀룰로오스

한다. 최근에는 음식물에 포함된 섬유질이 대장 청소가 잘되게 하며 대장암을 예방하는 효과가 있는 것으로 보고되었으므로 셀룰로오스가 많이 함유된 채식을 하는 것이 건강에도 좋다.

6. 지질

지질은 구조와 기능이 다양하지만 물에 녹지 않는 것이 공통적 특징이다. 가장 일반적인 지질에는 **지방**과 **기름**이 있다. 지방은 동물성 지질이며 실온에서 고체 상태이다. 기름은 콩이나 땅콩 기름과 같이 식물성 지질이며 실온에서 액체 상태이다. 동물에서 지방은 장기간 저장할 수 있는 에너지원이며, 열 손실을 방지하고 주요 장기를 보호하는 쿠션작용을 한다.

지방과 기름은 글리세롤 한 분자에 3분자의 지방산이 에스테르 결합을 하고 있는데 이를 **트리글리세리드(triglyceride)**, 또는 극성이 없다는 의미에서 **중성지질**이라고도 한다.

포화 지방산과 불포화 지방산

지방산은 탄화수소 사슬이며, 한쪽 끝에는 카르복실기가 달려 있다. 세포에서 대부분 지방산은 한 분자당 16~18개의 탄소를 가지고 있다. 지방산을 이루는 탄화수소 사슬에 수소가 충분히 결합하여 탄소와 탄소사이에 이중결합이 없는 지방산을 **포화 지방산**이라고 한다. 포화 지방산을 많이 포함하고 있는 지방은 실온에서 고체이며 가열하면 녹는다. 반면 탄화수소 사슬의 탄소가 수소로 포화되지 않은 경우에는 탄소와 탄소사이에 이중 공유결합이 있으며, 수소로 포화되지 않았다고 해서 **불포화 지방산**이라고 한다. 기름은 불

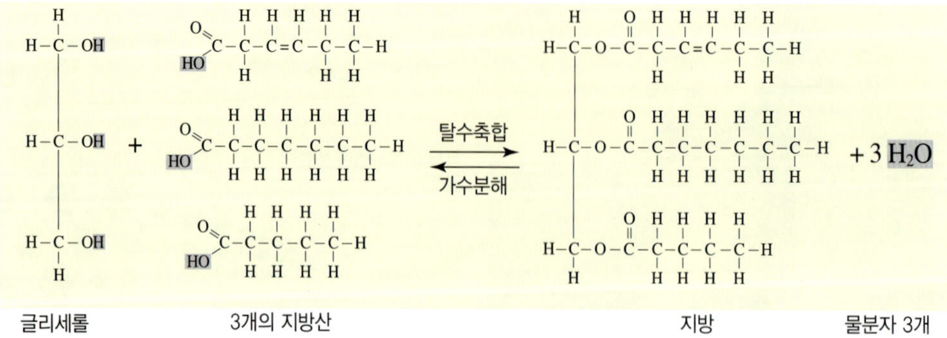

그림 2-9
지방의 축합반응과 가수분해

포화 지방산을 많이 함유하고 있어서 실온에서 액체이다. 마가린은 이와 같은 불포화 지방산으로 된 식물성 기름을 수소화 반응을 통하여 포화 지방산으로 만들어 고체화시킨 것이다.

인지질

인지질은 그 이름이 암시하는 것처럼 인산군을 가지고 있는 지질이다. 글리세롤을 기본 골격으로 한다는 점은 지방과 같으나 글리세롤의 제3의 탄소에 지방산 대신 인산기 또는 인산기를 포함하는 다른 분자가 에스테르 결합(산과 알콜기 사이의 공유결합)으로 부착되어 있는 것이 주된 차이점이다. 인지질의 인산기를 포함하는 머리 부위는 극성을 가지고 있기 때문에 물과 결합하는 친수성을 나타내며, 반대로 두개의 탄화수소 꼬리는 소수성으로 유기 용매에 녹는 성질을 가지고 있다. 이와 같이 극성 용매와 비극성 용매 양쪽

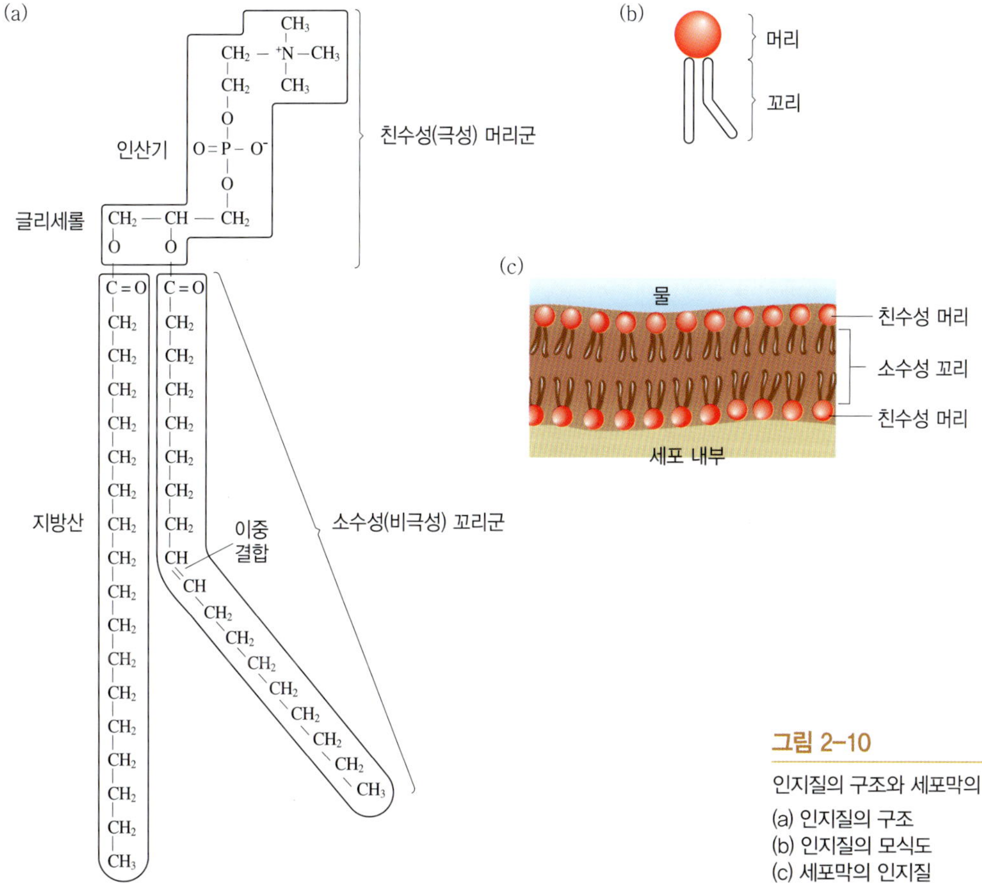

그림 2-10

인지질의 구조와 세포막의 인지질
(a) 인지질의 구조
(b) 인지질의 모식도
(c) 세포막의 인지질

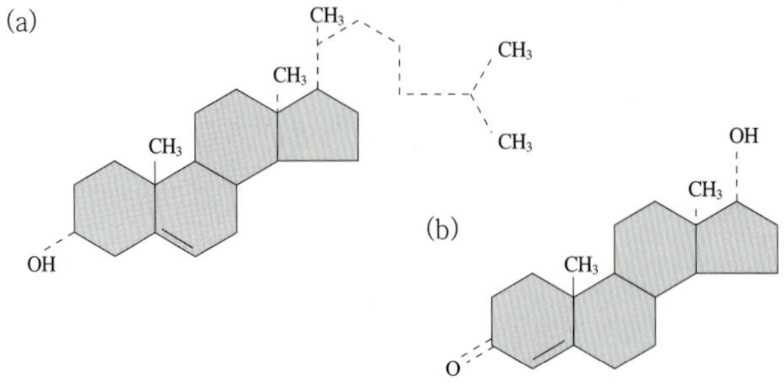

그림 2-11

스테로이드
(a) 콜레스테롤
(b) 테스토스테론

에 녹는 성질을 가진 분자를 **양친매성 분자**라고 한다. 이 양친매성 때문에 인지질은 물에 들어가면 머리는 물속에, 꼬리는 공기 중으로 뻗은 **분자 단층**을 형성하며, 물속에서는 **지질 이중층**(lipid bilayer)으로 구성된 막을 형성한다.

콜레스테롤

콜레스테롤도 지질의 일종이기는 하지만 지방과는 그 구조가 매우 다르다. 콜레스테롤을 비롯한 스테로이드는 4개의 탄화수소 고리로 구성되어 있다. 이들 각각의 고리에는 각각 다른 작용기가 붙어있고 고리의 구조도 다르다. 콜레스테롤은 동물 세포막의 구성요소이며 에스트로겐이나 테스토스테론과 같은 성 호르몬인 스테로이드의 전구물질이기도 하다(그림 2-11).

포화 지방이나 콜레스테롤이 포함된 음식물을 과량 섭취하면 순환기계통에 질환이 생긴다는 것은 잘 알려진 사실이다. 이는 지방성 물질들이 혈관 내벽에 침적하여 혈관을 좁아지게 하므로 혈류의 흐름을 방해하기 때문이다.

7. 단백질

생물체를 구성하는 단백질의 구조와 기능은 매우 다양하다. 머리카락과 손톱은 케라틴이란 단백질로 이루어져 있으며, 인대, 연골, 뼈 등의 모든 결합조직은 콜라겐이 주성분이다. 그리고 액틴과 미오신은 근육의 주요 구성요소이며 운동을 가능하게 하는 단백질이다. 이와 같이 생물체의 구조를 이루는 단백질을 **구조 단백질**이라고 한다.

생물체에서 대부분의 화학적 반응은 효소에 의해서 촉매되며, 대부분의 효소는 단백질이다. **효소**는 몇 시간 또는 수일이 걸려서 일어날 수 있는 화학 반응을 촉진하여 수초 내에 일어나게 한다.

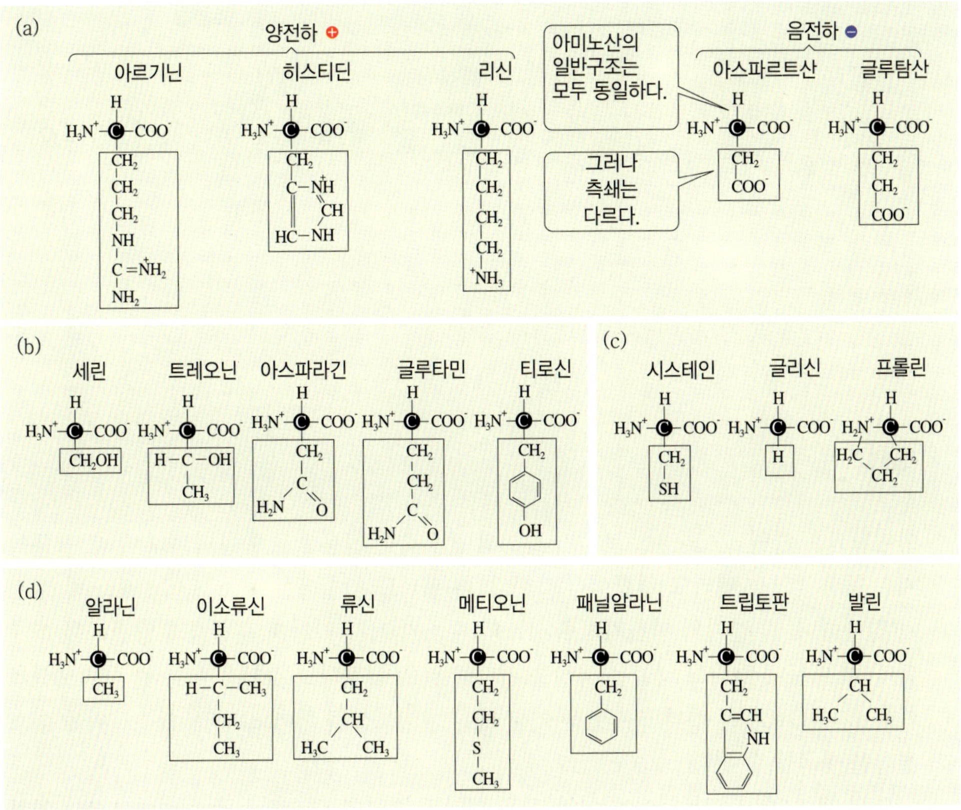

그림 2-12

20종 아미노산의 특성 분류
(a) 측쇄가 전하를 가진 것 (b) 측쇄가 전하는 띠지 않고 극성인 것
(c) 측쇄가 특이종인 것 (d) 측쇄가 소수성인 것

아미노산

단백질은 아미노산을 단위체로 하는 고분자이다. **아미노산**은 중심 탄소에 아미노기와 카르복실기(산기)를 가지고 있다는 의미에서 지어진 이름이다. 아미노기는 수소를 받아들여 $-NH_3^+$ 양 이온으로 작용하며, 카르복실기는 수소를 내보내고 $-COO^-$ 음 이온으로 작용할 수 있기 때문에 아미노산은 **양이온성 분자**이다. 아미노산의 중심 탄소에는 이들 두 작용기 이 외에도 측쇄(R)와 수소가 결합하고 있다. R은 간단하게는 하나의 수소에서부터 복잡한 고리구조에 이르기까지 다양하며 아미노산의 종류는 이 촉매에 따라서 분류한다(그림 2-12).

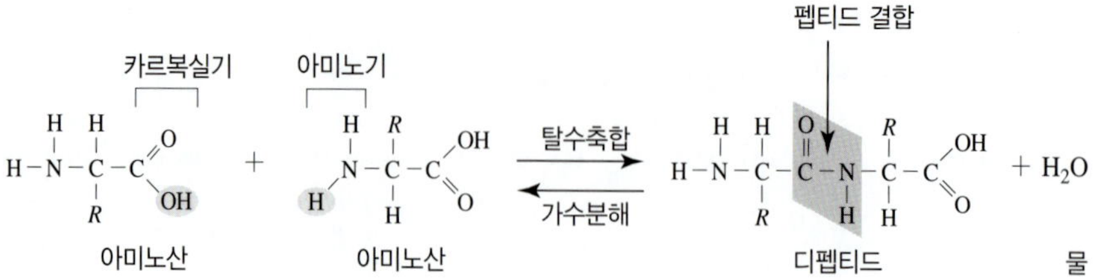

그림 2-13

펩티드 결합의 형성과 가수분해

펩티드

아미노산은 아미노기와 카르복실기 사이의 탈수축합 반응으로 중합되는데 이 때 만들어지는 공유결합을 **펩티드 결합**이라고 한다. 이 펩티드 결합에는 산소, 탄소, 질소 및 수소가 참여하며, 물 분자와 마찬가지로 산소와 수소가 각각 약간의 음전하와 양전하를 띠게 된다. 이 때문에 펩티드 결합은 극성을 가지고 있으며, 펩티드 결합을 이룬 한 아미노산의 카보닐기 $>C=O^{\delta-}$은 펩티드 결합을 이룬 다른 아미노산의 이미노기 $>N\text{-}H^{\delta+}$ 사이에 수소결합을 형성할 수 있다.

여러 개의 아미노산 사이에 이와 같은 펩티드 결합이 연속적으로 형성되어 만들어지는 중합체를 **폴리펩티드**라고 하며, 펩티드 결합을 하지 않은 양 끝의 아미노기 및 카르복실기를 각각 N-말단, C-말단이라고 한다.

단백질의 구조

대부분 단백질은 최소한 3단계의 구조를 이루고 있다. 제1단계인 **1차 구조**는 펩티드 결합으로 연결된 아미노산의 선형 서열이다. 이 폴리펩티드는 하나 또는 두 종류의 포도당이 반복적으로 연쇄를 이룬 다당류와는 매우 다르다. 폴리펩티드는 20종의 아미노산의 중복을 허용하여 배열한 것으로, 각각의 폴리펩티드는 이를 구성하는 아미노산의 숫자 및 R군의 종류에 따라 상당한 차이가 있다.

단백질의 **2차 구조**는 폴리펩티드 사슬이 공간에서 특정한 방향성을 취할 때 형성되는 구조이다. 이 때 그 사슬이 우선성 나선으로 꼬인 것을 **알파 나선**이라고 하며, 사슬이 접힐 경우에는 주름 **병풍 구조**가 된다. 이와 같은 2차 구조는 이미노기와 카보닐기 사이의 수소결합으로 유지된다.

단백질의 **3차 구조**는 폴리펩티드 사슬이 공간에서 취하는 마지막 3차원적 구조이다. 근육에서는 미오신의 나선 사슬이 막대 모양을 이루며 양끝에 구상의 머리를 이루고 있

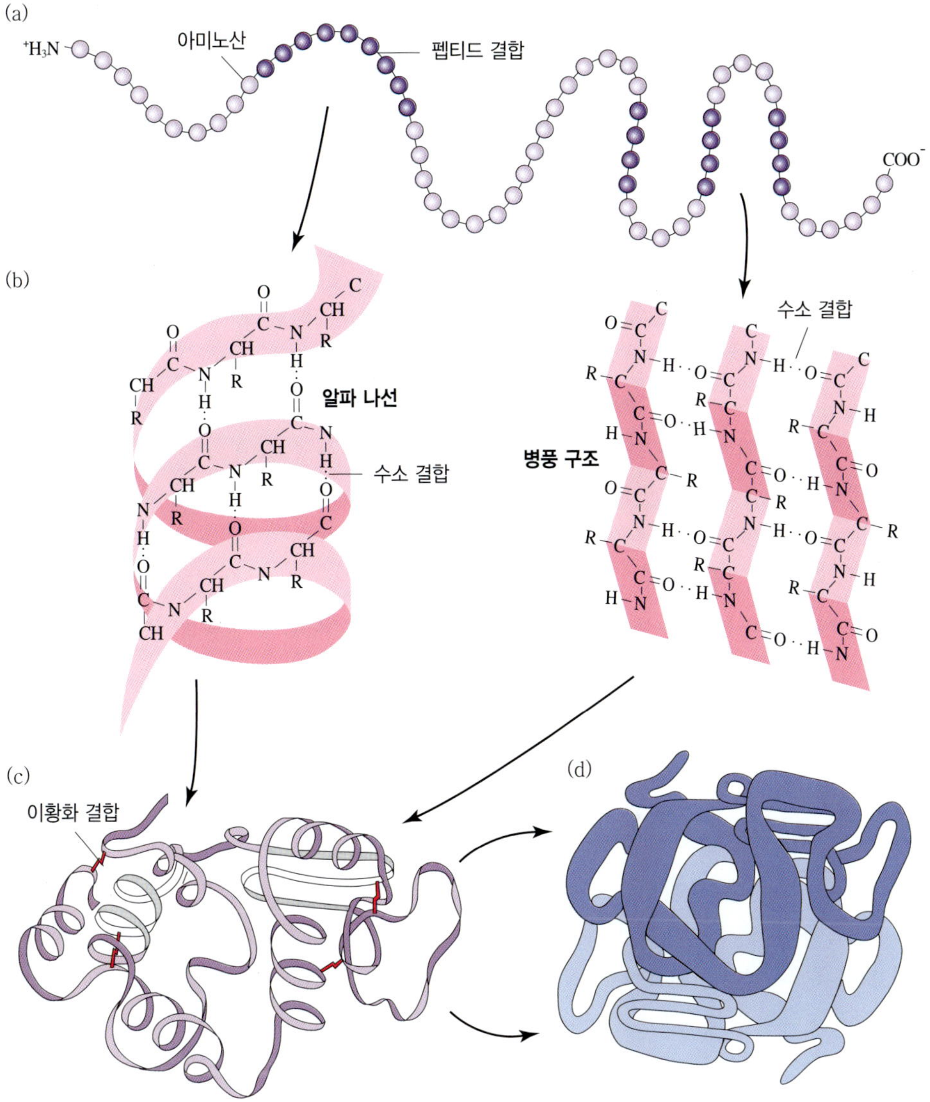

그림 2-14

단백질의 구조

(a) 1차 구조: 폴리펩티드를 이루는 아미노산의 순서에 의해서 결정되는 구조의 단계
(b) 2차 구조: 아미노산의 수소결합으로 알파 나선 또는 병풍 구조를 형성한다.
(c) 3차 구조: 측쇄들 간의 공유결합 등에 의해서 나선의 접혀 구상을 이룬다.
(d) 4차 구조: 둘 이상의 폴리펩티드가 결합하여 한 단백질을 형성할 때 나타나는 구조.

다. 또한 많은 단백질 효소에서는 나선 구조들이 다시 접히고 틀어져서 둥근 공 모양을 이루기도 한다. 이 경우 친수성 R군이 있는 부분은 일반적으로 표면에 분포하여 물 분자와 상호작용을 하는 반면 소수성 R군이 모인 부분은 주로 안쪽에 분포한다. 단백질의 3

차 구조는 R군 사이의 공유결합, 이온결합, 수소결합, 그리고 소수성 상호작용 등 다양한 결합에 의해서 유지된다. 두 개의 시스테인 측쇄간에 형성되는 **이황화 (S–S) 결합**은 R군 사이에 만들어 지는 대표적인 공유결합이다.

단백질들 중에는 하나의 폴리펩티드 사슬로 구성된 것이 있는가 하면 둘 이상 여러 개의 폴리펩티드들로 구성된 것도 있다. 여러 개의 폴리펩티드 사슬로 구성된 단백질은 그 각각이 3차 구조를 이룬 다음 상호간의 결합을 통하여 **4차 구조**를 형성한다. 헤모글로빈은 4개의 폴리펩티드가 합쳐진 4차 구조로 이루어져 있으며 많은 효소들도 4차 구조를 이루고 있다. 4차 구조도 3차 구조와 마찬가지로 각 폴리펩티드의 측쇄간의 결합 또는 말단 아미노기와 카르복실기가 이루는 화학적 결합에 의해서 유지된다.

단백질의 구조는 기능 수행에 있어서 매우 중요하다. 단백질의 구조가 정상이 아닐 경우에는 그 기능이 억제되거나 상실된다. 극단적인 pH 또는 온도 변화를 겪으면 단백질은 비가역적으로 그 구조가 변하게 되는데 이를 **변성**이라고 한다. 단백질 용액에 산, 알칼리를 첨가하거나 열을 가하면 R군간의 화학 결합이 손상되어서 정상적인 구조를 유지하지 못하고 단백질이 변성된다. 우유에 식초를 넣으면 엉기는 것이나 달걀의 알부민에 열을 가하면 하얗게 되는 것은 바로 이 변성 현상 때문이다. 이와 같이 단백질이 정상적인 구조를 벗어나면 본래의 기능을 수행할 수가 없게 된다.

8. 핵산

핵산의 단위체는 뉴클레오티드이다. 각각의 **뉴클레오티드**는 인산, 5탄당, 함질소 염기, 3가지의 단위 분자가 결합해서 형성된 분자 복합체이다. 뉴클레오티드의 중합체인 DNA는 세포의 유전물질이며, RNA는 DNA의 전사물질로서 단백질 합성에 있어서 중요한 역할을 한다. 또한 뉴클레오티드 중에는 ATP, GTP와 같이 세포의 에너지 대사 과정에서 에너지 운반체로 사용되는 것도 있다.

DNA와 RNA

DNA(deoxyribonucleic acid)와 **RNA(ribonucleic acid)**와 같은 핵산은 많은 수의 뉴클레오티드가 탈수축합하여 형성된 거대한 중합체이다. DNA는 유전자를 구성하며 자신의 복제와 단백질을 형성하는데 필요한 아미노산의 순서를 결정하는 정보를 가지고 있다. RNA는 단백질 합성에 있어서 DNA로부터 단백질의 아미노산 서열을 결정하는 정보를 전달하는데 사용된다.

DNA의 뉴클레오티드에는 5탄당으로 디옥시리보오스가 사용되며, RNA에는 리보오스가 사용된다. DNA의 함질소 염기에는 아데닌(A), 티민(T), 구아닌(G), 시토신(C)이 사용되며, RNA에는 T 대신에 우라실(U)이 사용된다.

DNA와 RNA의 뉴클레오티드는 정해진 순서에 따라서 중합되어 긴 사슬을 형성하고 있다. 사슬의 골격은 인산-5탄당-인산-5탄당으로 되어 있으며, 염기는 5탄당에 연결되어 옆으로 나와 있다. RNA는 일반적으로 단일 가닥 사슬인데 비하여 DNA는 이중 가닥 사슬로 되어 있으며, 5탄당-인산 골격을 바깥쪽에 염기를 가운데 두고 마주 꼬여 이중 나선을 이룬다. 이 때 DNA의 두 가닥은 상호 보완적인 염기쌍, G와 C, A와 T사이에 형성되는 각각 3개, 2개의 수소결합에 의해서 맞물려 있다. DNA은 이와 같이 염기쌍이 상보적으

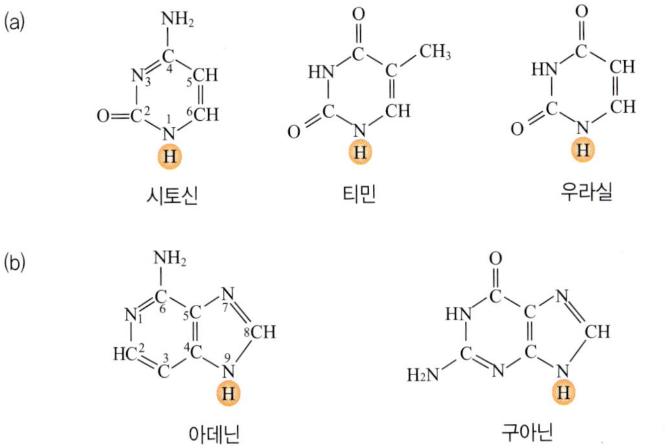

그림 2-15
뉴클레오티드
(a) 피리미딘 염기
(b) 푸린 염기

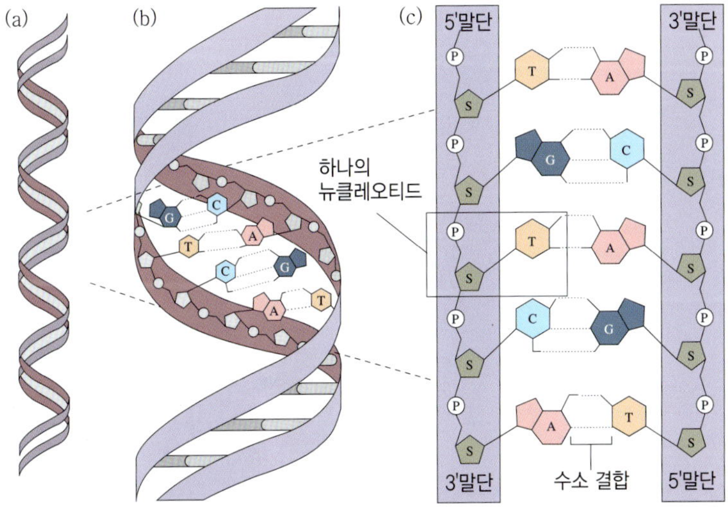

그림 2-16
DNA의 구조
(a) DNA 이중 나선
(b) 상보적인 염기쌍
(c) 골격과 염기쌍

로 맞물려 있기 때문에 한쪽 사슬의 염기 서열을 알면 반대쪽 사슬의 염기서열은 자동적으로 결정된다.

ATP

뉴클레오티드는 핵산의 단위체가 될 뿐만 아니라 세포의 에너지 대사에서 에너지 운반체로 사용되기도 한다. 아데노신(아데닌+리보오스)의 리보오스에 인산기 3개가 결합한 것을 **ATP(adenosine triphosphate)**라고 하며, ATP는 주요 에너지 운반체 역할을 한다.

세포 대사에서 포도당이 가지고 있는 에너지 량은 한 번에 사용하기에는 너무나 많다. 그러므로 세포는 이 포도당으로부터 적절한 에너지 공급 단위인 ATP를 생성하여 생화학 반응의 에너지 공급원으로 사용한다. 이처럼 세포 대사에서 에너지 공급원으로 사용되기 때문에 ATP를 에너지 화폐라고도 한다. ATP는 탄수화물이나 단백질과 같은 고분자의 합성, 근육의 수축, 뉴런의 신경 흥분 전달 등에 사용된다.

ATP가 에너지의 운반체로 적합한 이유는 3개의 인산 중 끝에 있는 두 인산의 결합이 불안정하고 쉽게 파괴되기 때문이다. 맨 끝의 인산이 가수분해 되어 무기 인산으로 떨어져나가면 ADP(adenosine diphosphate)가 되며, 이 때 방출된 에너지는 에너지를 필요로 하는 다른 화학반응에 사용된다.

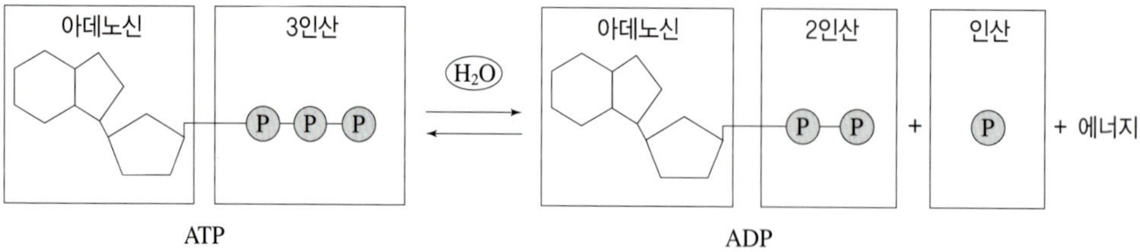

그림 2-17

ATP의 가수분해

Exercise

1. 이온결합과 공유결합에 대하여 설명하여라.

2. 물의 특성에 대하여 설명하여라.

3. 지방과 기름에 포함된 지방산의 차이에 대하여 설명하여라.

4. 단백질의 1, 2, 3차 구조에 대하여 설명하여라.

5. 소수성 아미노산의 종류를 써라.

6. DNA와 RNA의 차이점에 대하여 설명하여라.

Exercise

7. 탈수축합반응에 대하여 설명하여라.

8. 콜레스테롤의 생체내 기능에 대하여 설명하여라.

9. 인지질의 생체내 기능에 대하여 설명하여라.

10. 다음 용어에 대하여 설명하여라.
(1) 동위원소
(2) 친수성과 소수성
(3) 단위체
(4) 양친매성 분자
(5) 펩티드 결합

참고문헌

[생명과학의 원리], 이형환 외, 월드사이언스, 2003.

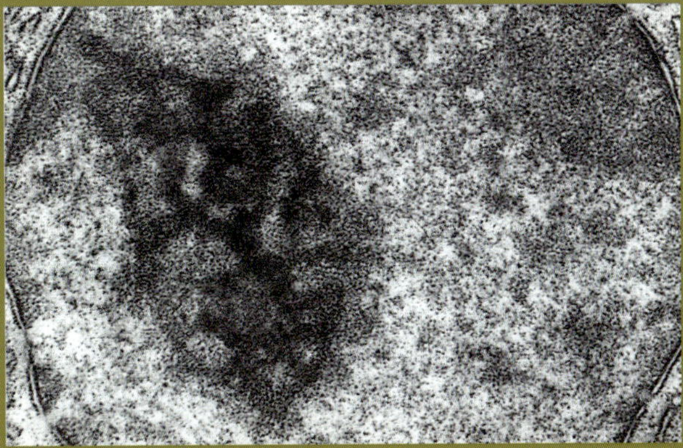

CHAPTER

03 생명체의 구성

지구상의 모든 생물은 세포로 이루어져 있다. 세포는 생명체를 구성하는 구조적이고 기능적인 기본 단위이다. 아메바는 단세포로 일생을 보내는 반면 사람은 하나의 세포인 수정란에서 유래하여 다세포로 구성된 복잡하고 정교한 개체를 형성한다. 그러므로 생물체의 생명 현상을 이해하기 위해서는 그 기본 단위인 세포의 생명현상을 이해하는 것이 필수적이다. 레벤후크를 비롯한 초기의 현미경 학자들에 의하여 단세포 동물이 관찰되었으나 세포를 구성하는 핵, 미토콘드리아, 엽록체 등의 미세구조는 1950년대에 전자현미경이 생물학에 도입된 후에야 규명되었다. 또한 초고속 원심분리기를 활용한 새로운 기술의 도입으로 이들 세포기관들의 순수한 분리가 가능 해졌고, 그 결과 분리된 세포기관을 분석하는 생화학적인 기능 연구가 수행될 수 있었다. 이 장에서는 원핵세포와 진핵세포, 생물체의 구성과 생명의 과정을 살펴보고 이를 토대로 생명의 기원과 진화에 대하여 알아보자.

1. 세포학설

세포학설은 세포는 생물체를 구성하는 구조적, 기능적 기본 단위이며 세포는 세포로부터 유래한다는 세포 속생설을 포괄한다. 이와 같은 세포학설의 태동에 관해서는 **레벤후크**(A. van Leeuwenhoek: 1632~1723)의 업적을 빼놓고 얘기할 수 없다. 그는 취미 생활로 배율 300배의 단안 현미경을 발명하였으며, 그 현미경으로, 세균, 원생동물, 윤형동물, 히드라 등의 미생물들을 최초로 관찰하고 그 결과를 기록으로 남겼다. 그는 시청 청소부로 일하면서 170여 편의 논문을 발표하여 영국 왕립협회 회원이 되었다. 오늘날에도 그의 발견을 기념하는 레벤후크 상이 미생물학자에게 수여되는데 이는 국제적으로 매우 권위 있는 상중의 하나이다.

세포라는 명칭은 영국의 로버트 **후크**(R. Hooke: 1635~1703)가 나무껍질인 코르크를 얇게 잘라서 현미경으로 관찰한 결과 마치 벌집과도 같은 무수한 방들이 있는 것을 관찰하고 이를 **세포**(cell)로 명명한데서 비롯되었다. 그러나 그가 관찰한 것은 오늘날 우리가 알고 있는 세포가 아니라 세포는 죽고 그 바깥에 남아있는 식물의 세포벽이었다. 독일의 식물학자인 **실라이덴**(M. J. Schleiden)이 1838년 식물 세포학설을 주창한데 이어 **시반**(T. Schwann)은 동물의 대사 작용 관찰에 이어 1839년 동물 세포학설을 주창하였다. 비슷한 시기에 **브라운**(R. Brown)은 세포의 핵과 인을 발견하였으며, 독일의 병리학자인 **비르효**(R. Virchow)는 이들의 발견에 세포 속생설을 더하여 1855년 생물 세포학설을 제창하였다.

세포의 미세구조는 1950년대에 이르러 전자 현미경의 발명으로 나노미터 수준의 해상도(解象度)로 규명되었으며, 1970년대 고압 전자 현미경의 발명으로 고해상도의 입체적 관찰이 가능하게 되었다. 그리고 1990년대에 이르러서는 공 초점 레이저 현미경의 발명

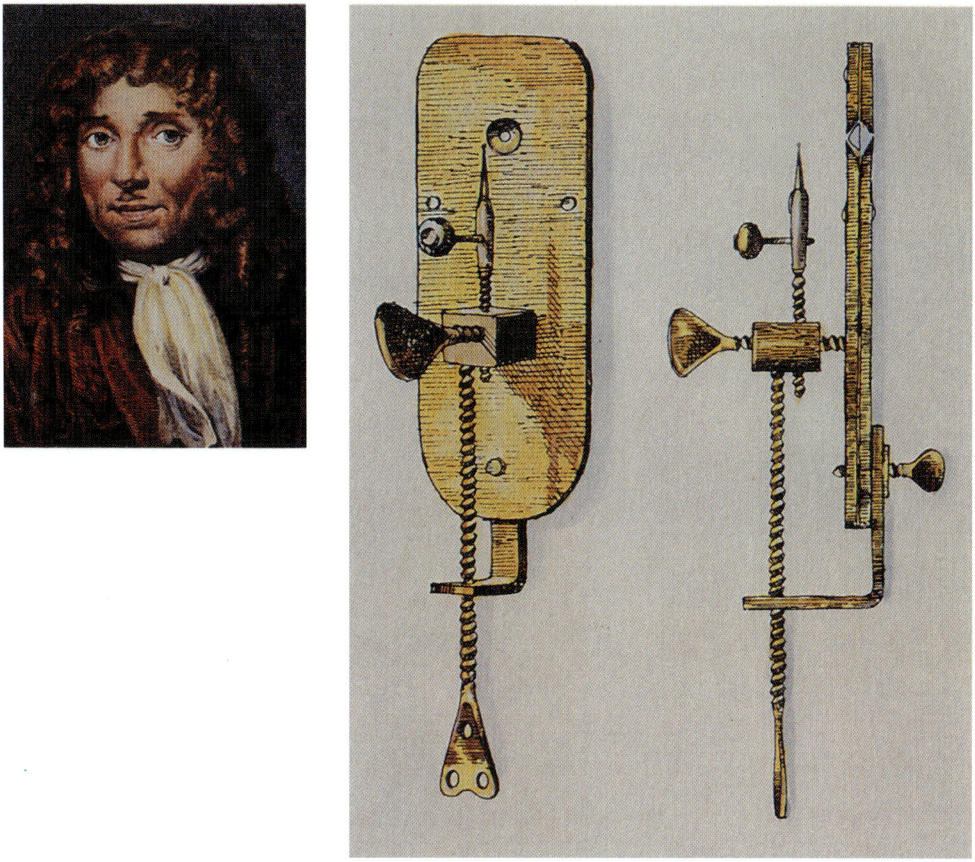

그림 3-1
레벤후크와 그의 현미경

으로 세포의 단층 촬영과 입체적 구성이 가능해져 세포 내 분자의 분포를 관찰 할 수 있게 되었다.

2. 원핵세포

세균, 남조류 등의 단세포 생물은 그 크기가 1~2㎛에 불과하다. 이들 세포는 유전 물질이 진핵세포의 핵과 같은 별도의 구조 속에 들어 있지 않고 세포질에 분산되어 있기 때문에 원핵세포 또는 **원핵생물**이라 한다. 핵이 없다는 점 이외에도 원핵세포는 진핵세포와 달리 세포질의 기능이 분화되지 않고 유전 물질과 세포 대사에 관련된 여러 효소들이 세포질에 혼재되어 있으며 원형질은 세포막과 세포벽으로 싸여 있다. 원핵세포는 구조적으로 단순하기 때문에 지구상에 나타난 최초의 생명체도 원핵생물이었을 것으로 추정된다.

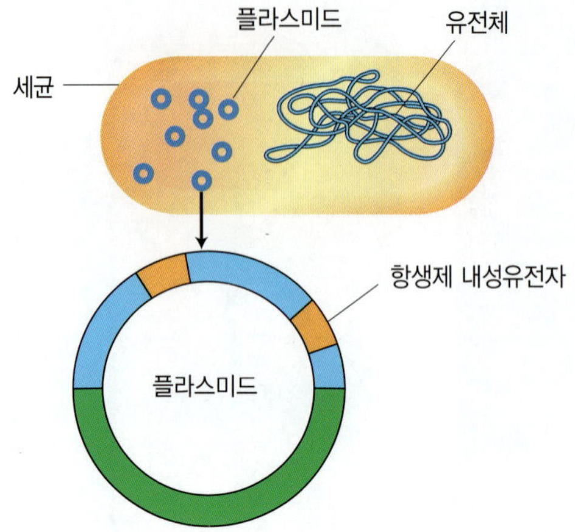

그림 3-2

대장균의 유전체와 플라스미드 DNA

원핵생물은 영양 방식에 따라서 **타가영양**, **자가영양** 형으로 구분하며 자가영양 형에는 화학합성 세균과 광합성 세균이 있다. 또한 호흡 형태에 따라서 산소가 있는 곳에서는 잘 살지 못하고 무기 호흡을 하는 **혐기성 세균**과 산소호흡을 하는 **호기성 세균**, 또한 조건에 따라서 무기 호흡을 하는 **조건혐기성 세균**으로 구분하기도 한다.

원핵 미생물은 현미경상의 모양만으로 구별이 쉽지 않아 다양한 염색법으로 구분하거나 분류한다. 예를 들어 **그람** 염료로 염색되는 **그람 양성균**과 그렇지 않은 **그람 음성균**으로 분류하며, 더 세부적으로는 대사 유형, 대사 산물, 생김새 등에 따라서 분류한다. 유전공학의 숙주로 가장 많이 이용되고 있는 대장균은 우리 몸속에도 있는 장내 세균인데 그람 음성이면서 호기성 세균이다.

원핵생물의 DNA를 전자 현미경으로 관찰해보면 그 모양이 복잡하게 얽힌 실타래와 같다. 그러나 이 실타래를 풀어보면 두 끝이 맞물린 하나의 큰 원형의 분자이다. 이를 세균의 **유전체(genome) DNA**라 한다. 세균에는 이외에도 소수의 유전자를 가진 조그마한 원형의 DNA를 가지고 있는데 이를 **에피솜** 또는 **플라스미드**라 한다. 플라스미드는 세포 내외로 이동이 가능하며, 유전체 DNA와는 달리 한 세포 내에 수십 또는 수백 개가 있기 때문에 쉽게 많은 양을 분리할 수가 있다. 이와 같은 특징으로 인하여 플라스미드 DNA는 재조합된 유전자를 운반하는 벡터로 활용된다.

바이러스

바이러스는 원핵생물보다 더 단순한 하등 구조를 가지고 있다. 이들은 숙주인 생물체에 감염하였을 때에만 생물학적 특징을 나타내며, 생물체 밖에서는 복제나 증식을 할 수 없기 때문에 무생물이나 다름없다. 그래서 바이러스는 생물도 무생물도 아닌 것이라고도

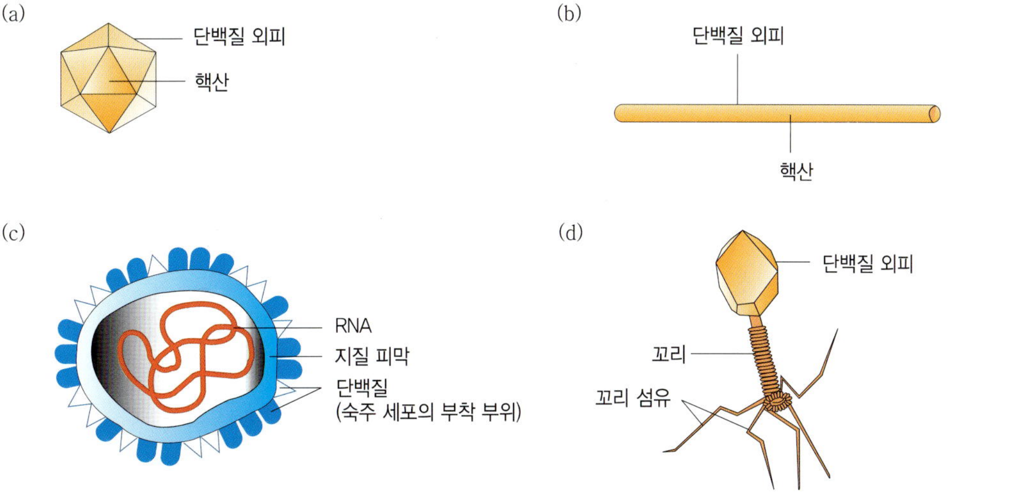

그림 3-3

바이러스의 여러가지 모양

(a) 다면체 바이러스: 부쉬스턴트(Bushy stunt) 바이러스
(b) 나선형 바이러스 : 담배모자이크 바이러스
(c) 피막으로 둘러싸인 다면체 바이러스 : 인플루엔자 바이러스
(d) 나선형과 다면체 모양의 혼합형인 박테리오파지

하지만 유전 정보를 가지고 있다는 점에서 무생물과 구분되며, 가장 단순한 생명체 중의 하나라 할 수 있다. 바이러스들 중에는 외피가 단백질로 구성되어 있으며 세균에 감염하는 **박테리오파지**, 식물 세포에 감염하는 **식물성 바이러스**, 동물 세포에 감염하며 단백질 피막의 바깥에 인지질 막을 가진 **동물성 바이러스**가 있다. 바이러스는 숙주의 체내에서 유전 정보를 복제하며, 유전자 발현을 통하여 외피 단백질 등을 합성하여 증식한다.

바이러스는 DNA뿐 아니라 RNA도 유전정보로 사용하며, 그 유전 물질의 종류에 따라 DNA 바이러스와 RNA 바이러스로 구분한다. 그러나 DNA 바이러스 역시 이중 사슬뿐 아니라 외 사슬 형태의 DNA도 유전 물질로 사용하기 때문에 원핵 또는 진핵생물과 차이가 있다. **후천성 면역 결핍증**을 일으키는 HIV는 RNA를 유전 물질로 사용한다. RNA 바이러스가 증식에 필요한 유전 정보를 합성할 때에는 먼저 RNA를 역전사하여 DNA를 만든 다음 다시 이를 전사하여 많은 RNA를 생산한다. 이처럼 RNA에 유전 정보를 저장하는 바이러스는 숙주 세포에서 역전사 과정을 거치므로 **레트로바이러스**라고 한다.

3. 진핵세포

지구상 최초의 생물이었던 원핵세포는 유전물질인 DNA와 세포질이 분리되어 있지 않고, 따라서 전사된 RNA가 곧바로 리보솜에 의하여 단백질 합성에 사용된다. 진핵세포는 **핵막**이라는 새로운 구조를 만들어 유전물질을 세포질로부터 격리하였고 그 결과 유전자 발현조절, 즉 합성된 RNA를 시간과 공간에 차이를 두고 활용할 수 있게 되었다. 이 밖에도 세포질을 더욱 분화시킨 진핵생물은 이를 기반으로 다세포 생물로 진화했다.

진핵세포는 크기가 30~200 ㎛이며, 원핵세포의 30~100배에 달한다. 진핵세포에는 세포의 유전 물질이 들어있는 **핵**이 있으며, 세포질에도 다양한 **세포소기관**이 있다. 각각의 세포소기관은 생명현상의 유지에 필요한 특수한 기능을 효과적으로 수행할 수 있도록 고도로 분화되어 있다. 이처럼 핵과 세포소기관을 가지고 있는 세포를 진핵세포라 하며, 생물체가 진핵세포로 구성된 생물들을 **진핵생물**이라 한다. 진핵생물에는 원생동물과 조류를 포함하는 단세포 **원생생물**, 효모와 곰팡이를 비롯한 **균류**, **식물** 및 **동물**이 있다. 그 중에도 인간을 비롯한 다세포 진핵생물의 구조는 더욱 복잡한 체계로 발전하여 몸 안에 세포들이 모여서 이루어진 기관의 발달이 뚜렷하다.

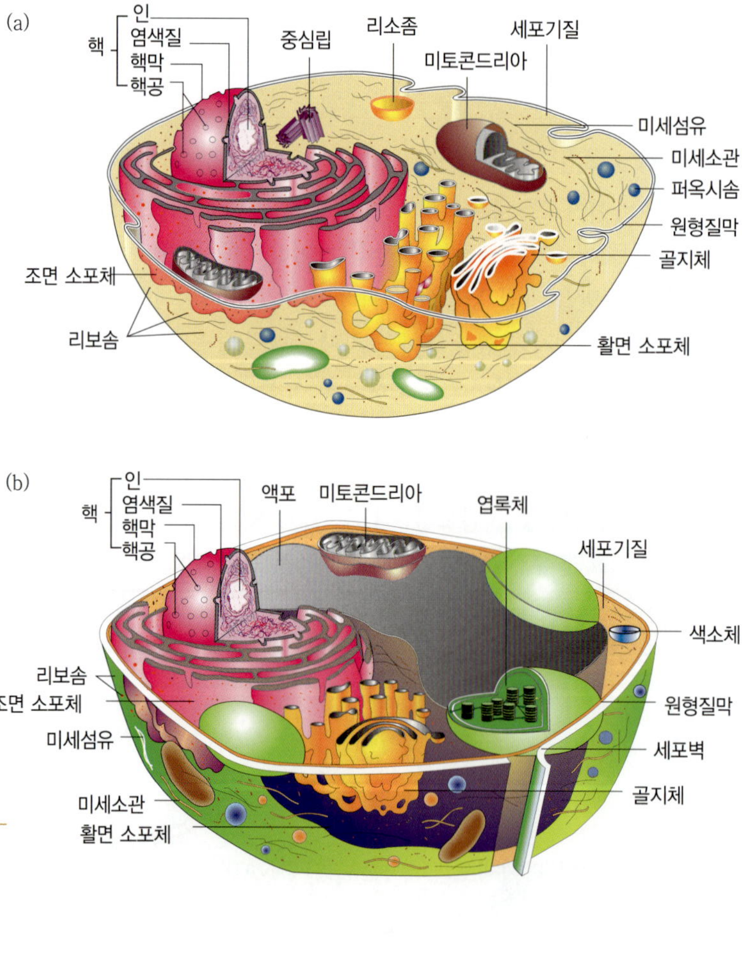

그림 3-4
진핵세포의 구조
(a) 동물세포 (b) 식물세포

세포막

세포막은 세포를 외부 환경으로부터 보호할 뿐 아니라 물질의 교환이 이루어지는 통로의 역할도 한다. 진핵세포의 세포막도 원핵세포와 마찬가지로 인지질의 이중층을 기본 구조로 하는 지질막이며, 이 세포막에는 물질 수송에 관여하는 **수송체**, 세포 외부로부터 오는 신호의 전달에 관여하는 **수용체**, 세포의 골격을 이루는 다양한 필라멘트 구조와 연결된 다양한 세포막 단백질들이 있다. 세포막은 인지질 구성 요소인 지방산의 포화 정도에 따라서 폭넓은 **유동성**을 가진다. 일반적으로 **포화 지방산**은 세포막의 유동성을 감소시키며, **불포화 지방산**은 유동성을 증가시킨다. 인지질은 그 분자의 물리화학적 특성으로 인하여 물속에서는 2겹의 인지질 층으로 구성된 단위막을 형성하는 특성이 있다. 세포는 이 인지질의 막을 이용하여 세포 내부와 바깥쪽 환경을 구분하기 때문에 에너지의 소비가 없이도 원형질을 안정적으로 보호할 수 있다.

세포 표면

세포막의 표면 물질은 동식물 세포에서 많은 차이가 있다. 식물 세포의 표면에는 셀룰로오스로 구성된 **세포벽**이 있어서 세포막을 보호해준다. 이에 비하여 동물의 세포 표면에는 세포벽이 없으며, **뮤코다당**이나 **프로테오글리칸** 같은 고분자인 다당류가 싸고 있어서 보호 기능을 담당하지만 식물 세포처럼 저장액에서 견딜 수 있을 정도로 견고한 세포벽은 없다.

(a) (b)

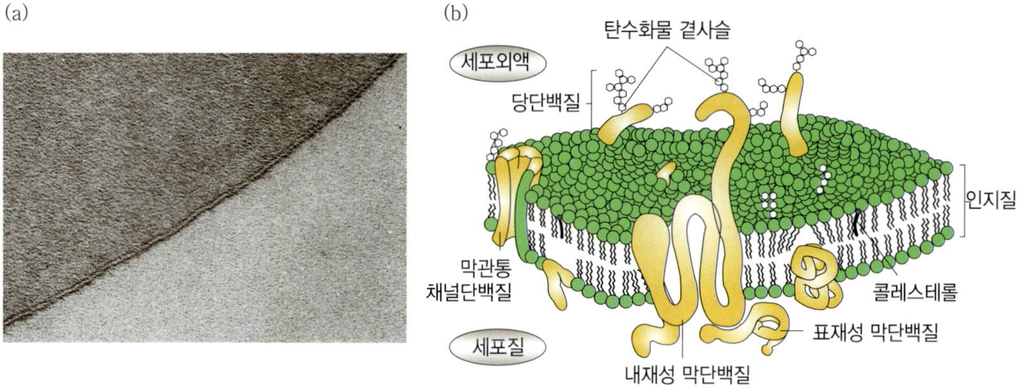

그림 3-5

세포막의 구조
(a) 세포막의 전자 현미경 사진
(b) 유동모자이크 막 모델

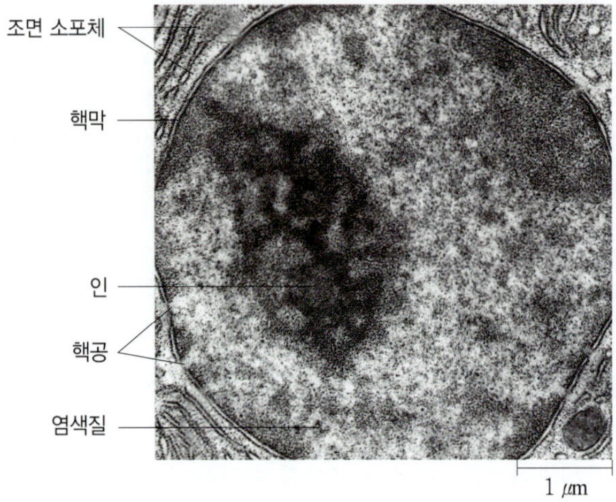

그림 3-6

핵의 구조

핵

핵은 이중막으로 싸여 있으며, 유전 및 세포 대사의 조절에 있어서 중추적 역할을 하는 유전 정보를 저장하고 있다. 진핵세포의 유전 정보는 염기성 단백질과 결합하여 염색사를 형성하며, 분열기에는 염색체로 포장된다. 간기의 DNA는 매 200개의 염기쌍마다 염기성 단백질인 **히스톤** 복합체와 결합하여 **뉴클레오솜**이라는 작은 구슬 모양의 가는 사슬을 이루고 있는데 이를 **염색사**(또는 **염색질**)라 한다. DNA는 간기(間期) 동안에 복제되어 2배가 되고, 세포가 분열기에 들어가면 염색사가 응축하여 염색체를 이룬다. 그러므로 염색체는 세포 분열기에만 관찰된다. 간기의 핵에는 인이 보인다.

인은 DNA에서 전사된 리보솜 RNA(rRNA)와 세포질에서 합성된 리보솜 구성 단백질들이 결합하여 리보솜을 형성하는 부위이다. 그러므로 인에는 리보솜 rRNA의 유전 정보를 가진 DNA가 많이 분포하고 있다. 간기에 염색사는 핵막의 염기성 단백질과 결합하고 있으며, DNA로 부터 전사되어서 형성된 RNA는 **핵공**을 통하여 세포질로 나간다. **핵막**은 소포체에서 유래한 이중막 구조로 되어 있으며 내면은 염기성 단백질인 **라민**으로 코팅되어 있다. 분열기에 접어들면 라민이 분해되면서 핵막이 작은 조각들로 나뉘어 졌다가 분열기가 끝나면 다시 재생된다.

세포질

세포질은 액체성분인 **세포기질**과 고형성분인 소포체, 미토콘드리아 등의 다양한 **세포소기관**으로 구성되어 있다. 세포질을 원심분리하면 무거운 고형성분인 세포소기관은 바닥에 가라앉게 되어 액체성분인 세포기질을 상등액으로 분리할 수 있다. 세포기질은 유기물의 합성 및 분해와 관련된 다양한 효소, 해당 작용을 비롯한 무기 호흡 효소 등을 함유하고 있다. 다음에는 다양한 세포소기관들을 살펴보기로 한다.

미토콘드리아: 대개의 진핵세포는 에너지 사용 정도에 따라 세포 당 수백 개에서 수천 개의 미토콘드리아를 가지고 있다. 진핵생물들은 에너지 생산 공장으로서 미토콘드리아를 활용하여 유기 호흡을 하기 때문에 산소를 사용하지 않는 무기 호흡보다 에너지 효율이 18 또는 19배로 높다. 미토콘드리아는 이중막 구조로 되어 있으며, 내막은 표면적을 넓히기 위하여 안쪽으로 여러 겹으로 주름져 있다. 미토콘드리아의 내막에는 미토콘드리아의 **기질**에서 **삼탄산 회로**의 산물인 NADH 및 FADH2로부터 전자를 전달받아 최종적으로 산소에 전달하는 **전자 전달계**가 있다. 전자 전달계는 그 과정에서 미토콘드리아의 내막과 외막 사이의 공간으로 수소 이온을 퍼내어 **수소 이온 농도 구배**를 형성한다. 이 수소 이온 농도 구배는 전기 화학적 에너지로서 미토콘드리아의 내막 단백질인 F_0F_1-ATPase에 의해서 ATP를 합성하는 데 사용된다. 이와 같이 합성된 ATP는 세포 내에서 모든 대사 작용 및 활동에 필요한 에너지 공급원이 된다.

미토콘드리아는 원핵생물과 비슷한 크기로, 그 자체의 리보솜과 원형의 DNA를 가지고 있다. 그러나 이 DNA의 유전 정보로는 미토콘드리아에서 필요로 하는 모든 단백질을 합성할 수가 없으며, 대부분의 단백질은 핵의 유전 정보에 따라서 세포질에서 합성된 다음 미토콘드리아로 수송되어 사용된다.

리보솜: 리보솜은 다른 세포기관들과는 달리 막으로 둘러 싸여져 있지 않으며 **단백질 합성**이 일어나는 장소이다. 리보솜은 단백질과 rRNA의 복합체로 구성되는데 광학 현미경으로는 식별이 안될 만큼 작은 입자의 모양을 하고 있다. 리보솜은 크고 작은 두 개의 **단위체**로 이루어져 있으며 mRNA의 염기 서열 정보에 따라서 아미노산을 중합시켜 폴리펩티드를 만들기 때문에 세포의 **해독**(또는 번역) **기구**라 할 수 있다. 대부분 리

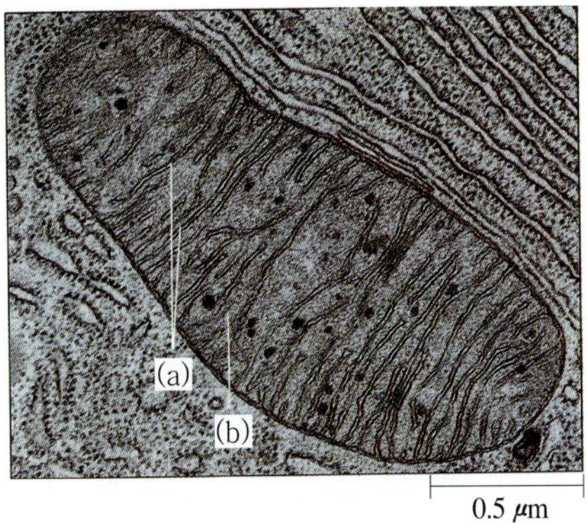

그림 3–7
미토콘드리아의 구조
(a) 크리스테, (b) 기질

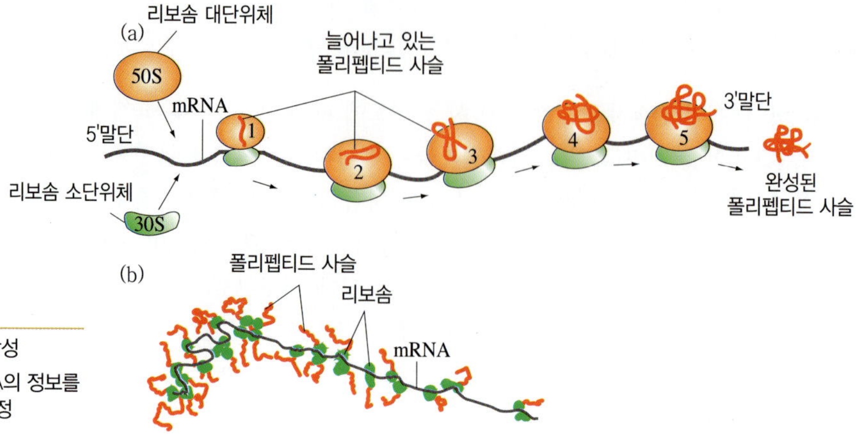

그림 3-8

리보솜과 단백질 합성
(a) 리보솜이 mRNA의 정보를 해독해 가는 과정
(b) 폴리솜

보솜은 세포질에 유리되어 있지만 소포체의 막에 결합된 것들도 있다. 단백질 합성이 활발하게 이루어질 때에는 한 분자의 mRNA에 많은 수의 리보솜이 결합하여 **폴리솜**을 이루기도 한다.

소포체: 소포체는 세포 내막계를 구성하는 다양한 세포기관 중에 정점에 위치하는 중요한 기관이다. 소포체, 골지체, 리소좀, 내포, 세포막 그리고 다양한 분비소낭 등이 이 시스템에 속하고 이들 세포소기관들은 **운반 소낭**(transfer vesicle)을 통하여 서로 유기적으로 연결되어 있다. 소포체는 외분비 단백질, 막 단백질, 리소좀의 가수분해효소 등의 단백질이 일련의 제련과정을 거쳐 성숙 단백질로 만들어 지는 통로이다. 또한 식세포작용을 통하여 세포내부로 들어온 외래성 물질이 배달되고 가공되는 장소이기도 하다.

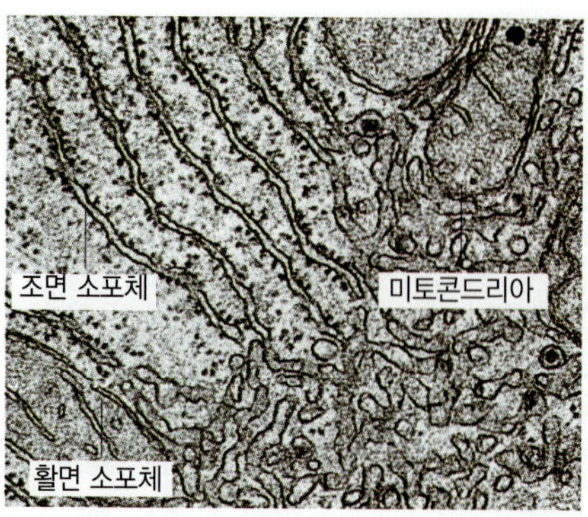

그림 3-9

소포체의 전자현미경 사진

세포질에서 소포체는 자루 모양의 막 구조를 이루고 있으며 일부는 핵막에 연결되어 있다. 소포체에는 표면에 리보솜이 부착되어 있어서 우툴두툴 하게 보이는 **조면 소포체**와 리보솜이 없이 매끈한 표면의 **활면 소포체**로 구분된다. 조면 소포체에서는 세포 밖으로 외분비될 단백질, 리소좀의 가수분해 효소나 세포막 단백질이 합성된다. 이와 같은 단백질들은 합성 초기에 형성되는 N-말단에 소수성 폴리펩티드의 **신호 서열**을 가지고 있다. 이 신호서열이 부착된 단백질은 소포체에서 합성되는 반면 신호서열이 없는 단백질은 세포질에서 만들어 진다. 합성된 단백질은 조면 소포체내로 수송된 다음 골지체로 운반된다. 소포체는 세포가 외분비하는 단백질들을 합성하기 때문에 소화 효소를 분비하는 이자의 랑겔한스 섬을 이루는 세포, 항체를 합성하여 외분비하는 형질세포 등에 많이 발달해 있다. 또한 활면 소포체는 알코올 등의 해독작용과 세포막의 지질을 합성하는 기능도 담당한다. 술을 자주 마시게 되면 간세포의 활면소포체가 늘어나서 알코올에 대한 내성이 생기게 된다.

골지체: 골지체는 소포체에서 합성되어온 단백질들을 받아서 각 단백질들이 최종 목적지에 도달할 수 있도록 표식을 달아주는 역할을 하는 세포 내막계의 일부분이다. 골지체는 호떡을 여러 겹 쌓아 놓은 구조로 되어 있으며 소포체에서 합성된 단백질이 들어오는 쪽의 막 층을 전(前)골지, 세포막을 향해 내보내는 막 층을 후(後)골지, 그리고 그 가운데 층을 중골지라고 한다. 이들 각 층은 서로 다른 효소를 함유하고 있어서 들어온 단백질을 목적지에 따라서 다르게 수식한다. 이외에도 골지체는 세포막에 표출되는 항원의 합성에 있어서 중요한 역할을 한다.

외분비 소낭: 외분비 단백질이나, 많은 수용성 고분자들은 세포의 외분비 소낭에 보관되어 있다가 외부로부터 어떤 신호가 전달되었을 때 일시적으로 방출되기도 하며, 종류에 따라서는 상시적으로 외분비되기도 한다. 이와 같은 세포의 외분비 과정은 외분비 소낭이 세포막과 융합하여 이루어지기 때문에 세포의 식작용과 반대 경로를 가게 되는데 이를 **외포작용**이라 한다. 외분비 소낭은 광학 현미경으로 비만세포나 백혈구들을 관찰할 때 나타나는 것과 같은 과립 모양을 하고 있다.

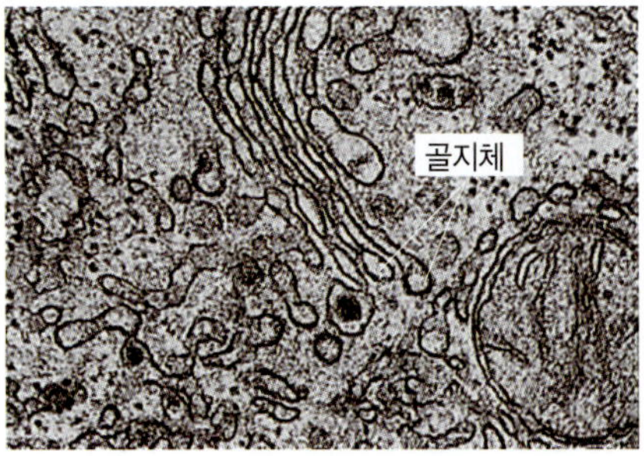

그림 3-10
골지체의 전자 현미경 사진

(a)

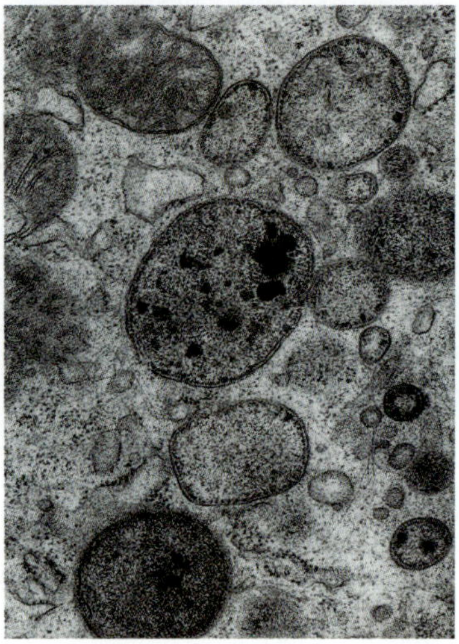

(b)

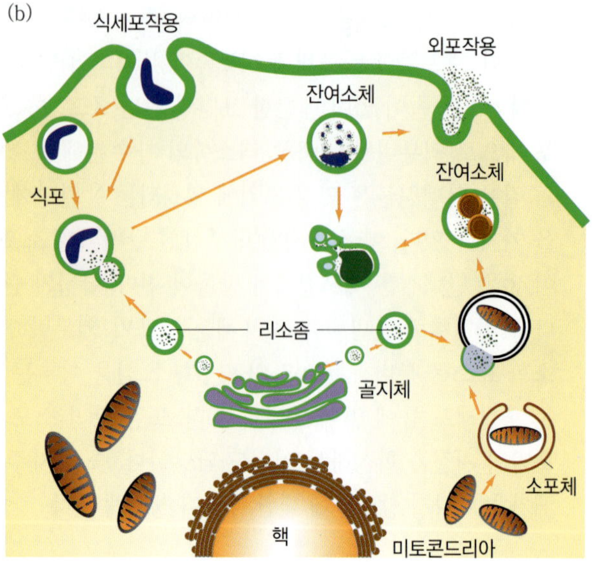

그림 3-11

리소좀과 세포내 소화

(a) 전자 현미경 사진 (b) 세포내 소화 과정

리소좀: 리소좀은 골지체에서 운반되어온 **가수 분해 효소**를 담고 있는 작은 막 구조물로서 **세포내 소화**에 관여하며, 노후된 세포소기관을 분해하는 **자정작용**(autophagy)도 담당한다. 리소좀에는 50여종의 가수 분해 효소가 들어 있어 식작용으로 형성된 **식포**에 핵산, 단백질, 탄수화물, 지방 등을 분해하는 소화 효소를 공급한다. 리소좀 효소의 최적 pH는 산성인 것으로 밝혀져 있다.

식포: 식포는 세포막이 함입하여 형성되는 구조로, 식작용이 활발한 대식세포 등에서 관찰된다. 대식세포가 체내로 들어온 이물질이나 병원균을 잡아먹게 되면 세포내에 식포를 형성한다. 이 식포는 리소좀과 융합하여 가수 분해 효소를 공급받게 되며, 이물질이나 병원균을 분해한다. 그리고 분해 과정에서 항원성이 있는 병원균의 일부 분자도막은 일련의 과정을 거쳐서 세포 표면에 제시되어 면역 반응을 촉진시키는 작용을 한다.

내포: 세포에는 **수용체**에 의하여 매개되는 일종의 식작용으로 형성된 **내포**가 있다. 내포의 형성 과정은 혈장에 포함되어 있는 콜레스테롤 복합체인 **저밀도 지방 단백질**(LDL)의 내포작용에서 가장 잘 밝혀져 있다. 세포막에는 LDL과 같은 리간드에 대하여 특이적으로 결합하는 수용체가 있다. 이들 리간드-수용체가 결합된 복합체는 세포막의 내표면이 특이한 구조로 된 **피복구**에 집결한다. 이어서 **피복 단백질**의 작용으로 세포막이 함입되어 **피복소낭**을 형성하며, 이 피복소낭으로부터 피복 단백질이 벗겨지고

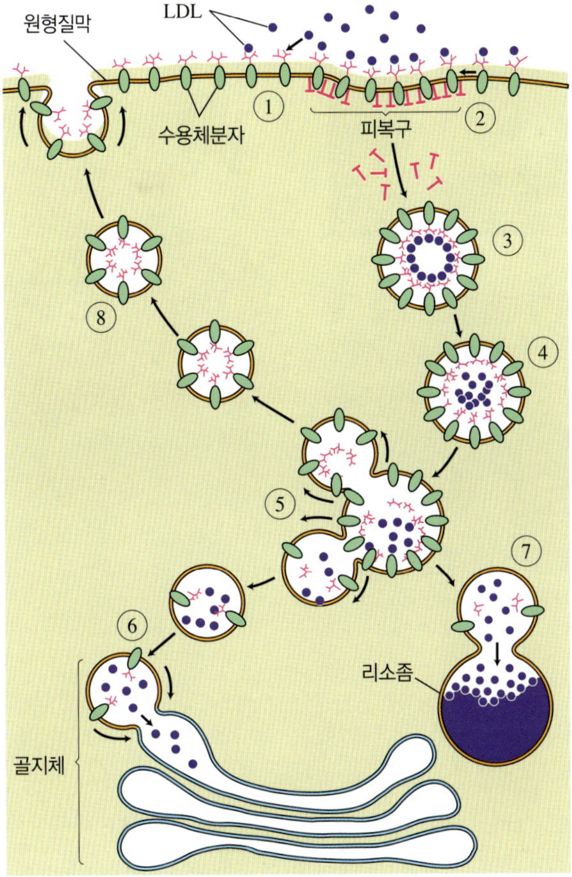

그림 3-12

LDL 내포작용 모식도

나면 내포가 형성된다. 이 내포 막의 수소 이온 펌프가 작동하여 내부가 산성화 되면서 리간드와 수용체 사이의 결합이 파괴되며, 수용체는 세포막으로 되돌아가서 재활용된다. 이어서 내포와 리소좀이 융합하면 그 내용물은 가수분해 되거나 일련의 과정을 거쳐서 목적지에 운반되어 리간드의 기능을 수행한다. 이와 같은 내포작용은 신생아의 선천 면역, 난자 성숙 과정에서 난황의 축적, 장 기관 및 유선에서 항체의 외분비, 헤모글로빈의 파괴에서 철분의 재활용 등 여러 생명과정에 활용되고 있다.

기타 막성 세포소기관: 세포에는 이밖에도 막으로 이루어진 다양한 세포소기관들이 있다. 과산화수소나 산소 라디칼을 제거하는 데 사용되는 효소를 담고 있는 **퍼옥시솜**, 소화 폐기물을 담고 있는 **잔여소체** 등이 그것이다.

세포골격: 동물의 모양을 유지하기 위해서 뼈대와 같은 골격이 있어야 하듯이 세포도 일정한 모양을 유지하고 세포소기관을 원하는 위치에 고정하려면 적절한 지지 구조가

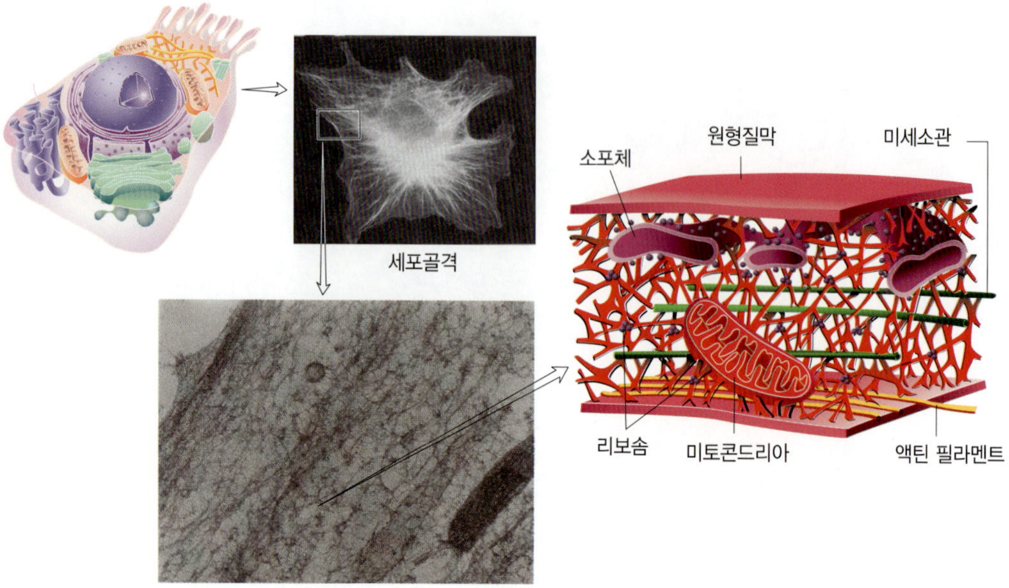

그림 3-13
세포골격

있어야 한다. 세포 내에 이와 같은 역할을 담당하는 지지 구조를 세포골격이라 한다. 세포골격은 구조 단백질로 이루어져 있으며 그 굵기에 따라서 가장 가는 **미세필라멘트**, **중간필라멘트**, 그리고 가장 굵은 **미세소관**으로 분류한다. 이들 중 액틴과 미오신으로 구성된 미세필라멘트는 세포의 탄력성 유지에 관여하며, 미세소관은 외부 압력에 대한 지지 역할과 세포소기관의 이동에 관여한다. 한편 케라틴, 콜라겐과 같은 중간 필

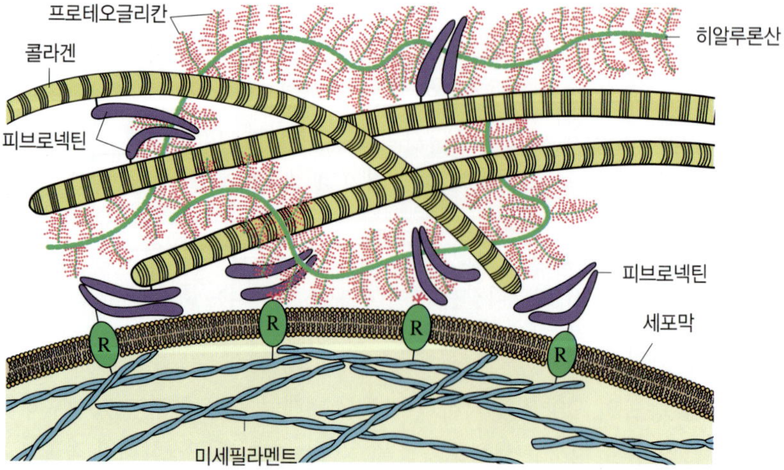

그림 3-14
세포골격과 세포 외기질
세포골격은 세포막 수용체를 통하여 외기질과 결합하고 있다.

라멘트는 세포의 신장에 저항하는 힘을 부여하고 세포 안팎의 결속에 관여한다. 세포골격은 세포막 단백질에 연결되어 있으며, 이들은 다시 세포의 외기질과 결속하고 있다. 그러므로 세포골격과 외기질간의 연결이 파괴되면 그 세포는 결속에서 벗어나 옮겨갈 수 있다. 암세포가 전이될 때 바로 이와 같은 결속이 파괴되는 현상이 일어나는데, 최근에는 이 과정을 저해하는 인자들을 이용하여 암의 치료에 응용하고자 하는 연구가 많이 이루어지고 있다.

4. 진핵세포의 분화

인체를 비롯한 고등한 척추동물의 몸은 많은 세포들로 구성되어 있으며, 각 조직을 이루는 세포들은 그 역할을 수행하는데 알맞도록 분화되어 있다. 여기서는 몇 가지 대표적인 분화된 세포들을 예로 들어 이들이 앞에서 설명한 세포의 기본 구조 이외에 어떤 특징을 나타내는지 알아보기로 한다.

골격근섬유: 골격근섬유는 가는 올로 되어 있기 때문에 근섬유라고 하지만 사실상 섬유가 아니라 골격근섬유는 발달 과정에서 근원세포들이 융합하여 만들어진 다핵 세포이다. 이 세포는 세포골격이 잘 발달되어 있어 **액토미오신**이 빼곡히 배열된 **명대**와 **암대**가 띠 모양으로 나타나며, 수축 활동을 원활히 수행할 수 있도록 발달되어 있다. 근섬유의 세포막은 **가로소관**으로 분화되어 있으며, 신경의 흥분이 전달되면 그 흥분을 섬유 내부 깊숙이 전달할 수 있어 일시에 효과적인 수축이 가능하다.

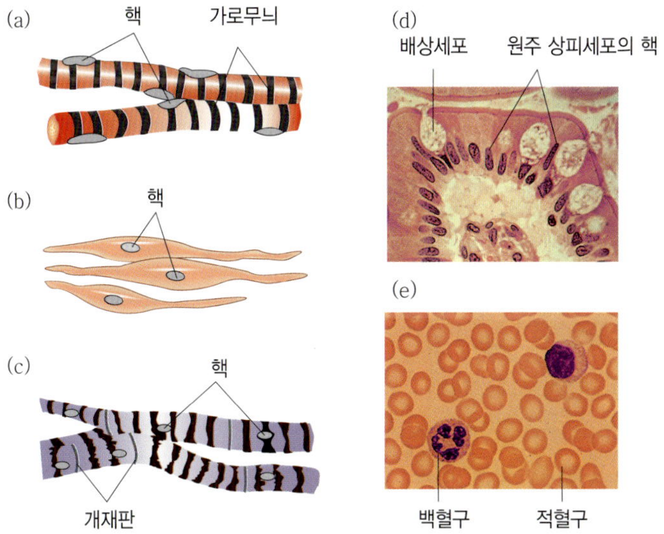

그림 3-15

분화된 여러 가지의 진핵세포

(a) 골격근 섬유
(b) 평활근 섬유
(c) 심근 섬유
(d) 단순 원주 상피
(e) 혈액의 결합조직

배상세포: 배상 세포는 소장의 장샘 조직에서 점액을 분비한다. 이와 같이 분비 작용이 활발한 세포들은 소포체가 발달해 있으며, 소화액이 분비되는 상피 쪽에 많은 외분비 낭이 분포 해 있다.

지방세포: 지방세포는 우리 몸의 피하에 많이 분포하며, 세포질이 세포의 외곽 부분에 아주 얇게 남아 있는 것을 제외하고는 그 대부분이 지방이 꽉 채워져 있다. 이와 같은 피하 지방세포는 우리가 앉거나 누울 때 쿠션 역할을 한다. 우리 몸에서 영양 섭취가 소모량을 초과하는 경우 남는 영양분은 지방으로 전환되어 이들 지방세포에 축적이 된다. 따라서 지방이 적정량 축적된 경우에는 피부 미용, 보온효과, 쿠션 역할 등 우리 몸에 반드시 필요한 기능을 수행하지만 축적이 과다한 경우에는 비만으로 문제가 된다.

적혈구: 적혈구는 순환계에서 산소를 운반하기에 가장 적합하도록 분화되어 있다. 모양은 오목한 원반형을 하고 있으며, 내부는 헤모글로빈으로 채워져 있다. 이 **헤모글로빈**은 산소 분압이 높은 폐에서는 산소와 결합하지만 분압이 낮은 조직의 모세혈관에서는 산소와의 친화력이 약화되어 결합되어 있던 산소를 유리시키는 성질이 있어 산소의 운반에 중요한 역할을 수행한다. 적혈구는 신체 조직의 산소 결핍 신호에 따라서 골수에서 생성되며, 세포 분화 과정에서 핵과 내막계가 소실된다. 그러므로 적혈구는 체세포이기는 하지만 전형적인 진핵세포와는 차이가 있다. 질병이나 출혈 과다 등으로 빈혈이 심한 경우에는 미성숙 적혈구가 핵을 가진 채로 순환계에 나타나는데 이를 **망상적혈구**라고 한다.

정자: 정자 및 난자는 생식에 관여하므로 다른 체세포와 구분하여 생식 세포라고 한다. **생식 세포**는 염색체의 수로 보았을 때 체세포의 1/2에 해당하는 염색체를 가지고 있기 때문에 **반수체**라고도 부른다. 정자는 남성 배우자라고도 하며 헤엄칠 수 있는 긴 편모가 발달한 반면 대부분의 세포질은 소실되었다. 정자의 머리 부분에는 **핵**과 난자의 주변을 싸고 있는 물질을 뚫고 들어가는데 필요한 효소가 담긴 **첨체**가 있다.

5. 생물체의 구성

우리 몸은 소화계, 호흡계, 순환계, 근육계, 골격계, 비뇨 생식계, 내분비계, 신경계 등 여러 **기관계**로 구성되어 있다. 이들 각 기관계는 다시 여러 **기관**(입, 식도, 위, 소장, 항문 등)으로, 그리고 각 기관은 여러 **조직**들(상피조직, 결합조직, 근육조직, 신경조직 등)로 구성되어 있으며, 각 조직은 **세포**로 구성되어 있다. 우리 몸을 이루는 세포들은 다양한 형태로 분화되어 있는데 상피세포, 혈구, 조골 세포, 근세포(근섬유), 뉴런, 선세포, 림프구 등이 그것이다. 이들 세포는 공통적으로 여러 **세포소기관**으로 구성되어 있으며 각각의 세포소기관들은 탄수화물, 지방, 단백질, 핵산과 같은 생체 고분자들로 구성되어 있다. 이들 **생체 고분자**들은 각각 단당류, 지방산, 아미노산, 뉴클레오티드와 같은 **단위 분자**들로 구성되어 있다.

다세포 생물을 구성하는 복잡한 조직과 기관들은 모두 수정란이라는 하나의 세포에서부터 비롯된다. 수정란은 난할을 거듭하여 세포 집단이 되고, 이 세포 집단이 낭배 운동 과정에서 조직의 기원이 되는 배엽을 형성한 뒤 이들이 신체 각 기관을 이루어 태어나게 된다. 이와 같은 생물체의 형성과정은 오늘날 생명공학의 밑바탕을 이룬다. 즉 생명체의 구성단위인 세포에서 유전자 조작, 세포융합 등의 방법으로 그 유전 형질을 전환시킬 수 있으며, 이렇게 형질이 전환된 세포를 조직 배양하면 단세포에서 개체에 이르는 구조의 형성이 가능하다.

현대 생명과학은 개체 및 환경과의 관계를 규명하려는 거시적 학문 영역으로 생태학,

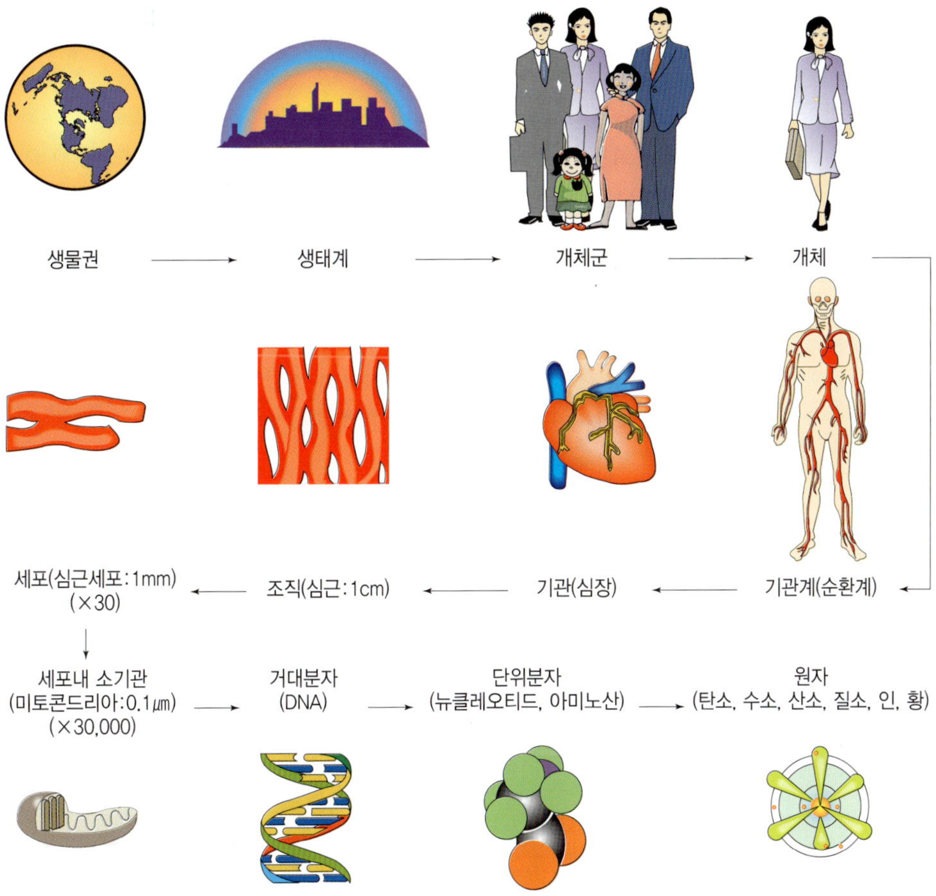

그림 3-16
생물체의 구성 단계

환경 생물학 등이 있다. 그리고 수정란에서 개체로의 발달을 연구 대상으로 하는 발생 생물학, 어버이와 자손간의 형질의 유전을 대상으로 하는 유전학, 생명체의 구성단위인 세포 수준에서 미세 구조와 관련된 생명 현상의 규명을 대상으로 하는 세포 생물학, 구성 분자의 화학적 과정에 대한 규명을 목표로 하는 분자 생물학, 생화학이 있다. 과거의 생물학이 형태 중심의 분류학, 해부학, 조직학이었다면 현대 생명과학은 분자의 작용 기작에 근거를 둔 기계론적 생명 현상의 규명을 추구한다고 볼 수 있다.

생물체 중에서 동물의 특징은 주변 환경의 변화를 수용하는 감각 기관과 중추신경계가 잘 발달되어 있어서 반응기를 통하여 적절한 반응을 함으로써 환경 변화에 신속하게 대처하는 능력을 가지고 있다는 점이다. 달리 말하자면 동물의 신경계는 단순한 세포들의 집합보다 한 차원 더 높은 정보 체계를 갖추고 있다는 것인데, 최근 생물학의 초점이 이에 모아지고 있으므로 인간 두뇌의 신비가 해명될 날도 그리 멀지 않을 것으로 생각된다. 신경계와 더불어 우리 몸에서는 내분비선이 분비하는 호르몬과 자율 신경계의 작용을 통하여 우리가 의식하지 못하는 동안에도 우리 몸에서 일어나는 여러 변화가 조화롭게 조절된다. 이러한 관점에서 볼 때 신경계와 내분비계는 우리 신체의 항상성을 유지하는 수레의 두 바퀴에 비유할 수 있다.

이밖에 생명의 과정으로 자손을 남기는 생식 과정과 하나의 수정란으로부터 완벽한 인간이 만들어 지는 태아의 발생 및 이 과정에 수반되는 유전자 발현의 조절도 생물체의 구성을 이해하는데 있어 빼놓을 수 없는 현상들이다.

6. 세포 호흡

생명현상의 유지에는 에너지가 필요하며, 이는 세포 대사를 통하여 공급된다. 진핵세포의 에너지 대사 작용에는 세포질에서 포도당과 같은 유기물을 무산소 반응으로 분해하는 무

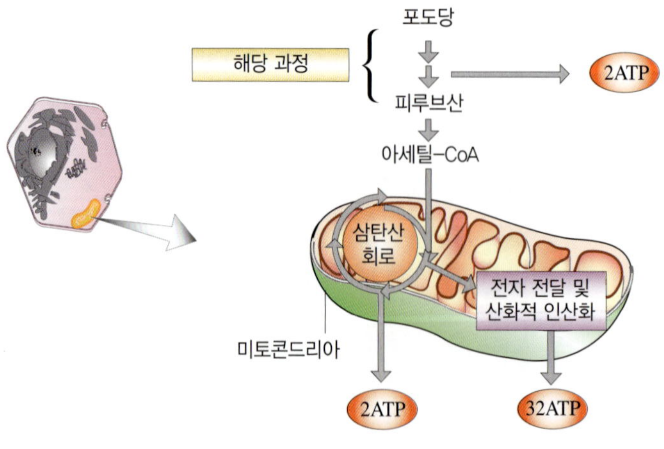

그림 3-17
세포 호흡의 단계

기 **호흡**과정과 특수화된 미토콘드리아에서 유산소 반응으로 분해하는 **유기호흡**이 있다.

세포가 무기호흡으로 포도당을 분해하는 것을 **해당작용**이라 하며, 그 최종 산물로 피루브산이 만들어진다. 미토콘드리아는 이를 받아서 **삼탄산(TCA) 회로**와 **전자 전달계**를 거치는 동안 최종적으로 산소를 소모한다. 세포가 무산소 상태에서 피루브산이 축적되

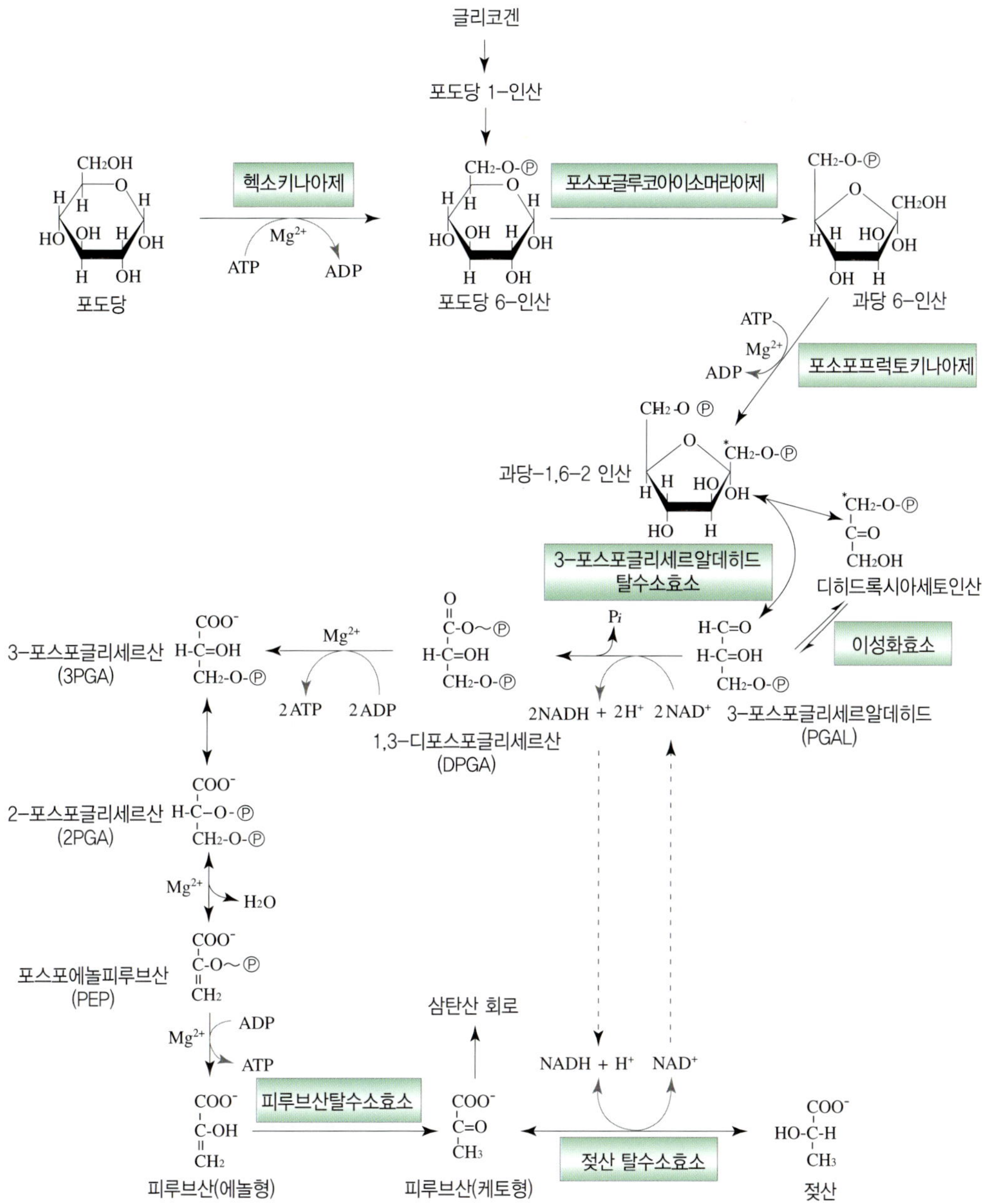

그림 3-18

무기호흡의 과정

면 더 이상 해당과정을 진행 할 수 없게 되어 에너지 대사가 중단된다. 산소 결핍 상태에서 운동을 계속하면 근육 조직은 이 피루브산을 젖산으로 전환하면서 포도당이 있는 한 해당 과정을 계속한다. 이 젖산의 축적이 바로 근육통의 원인이다.

무산소 호흡에서는 포도당 한 분자당 2분자의 ATP가 만들어진다. 이에 비하여 미토콘

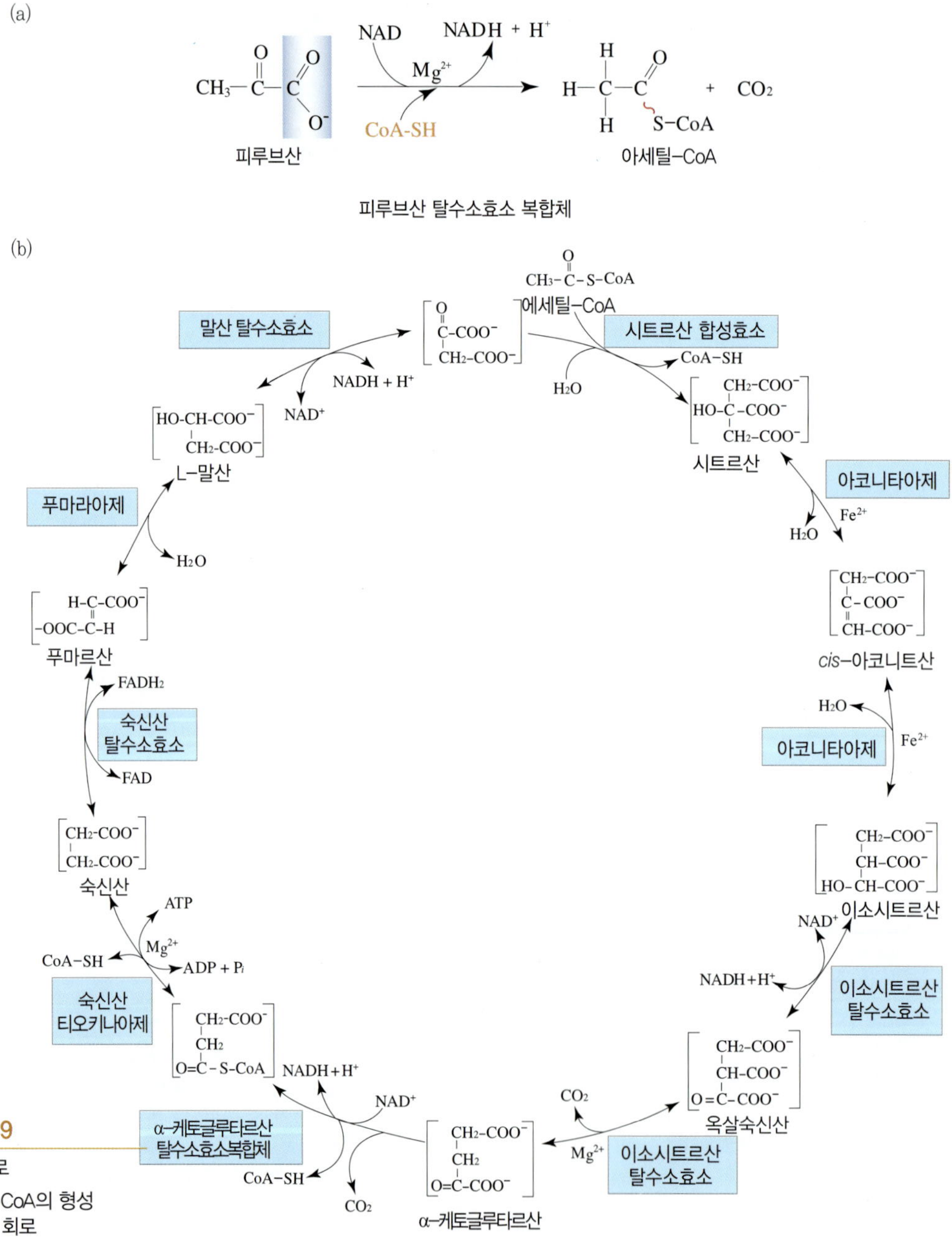

그림 3-19
삼탄산 회로
(a) 아세틸 CoA의 형성
(b) 삼탄산 회로

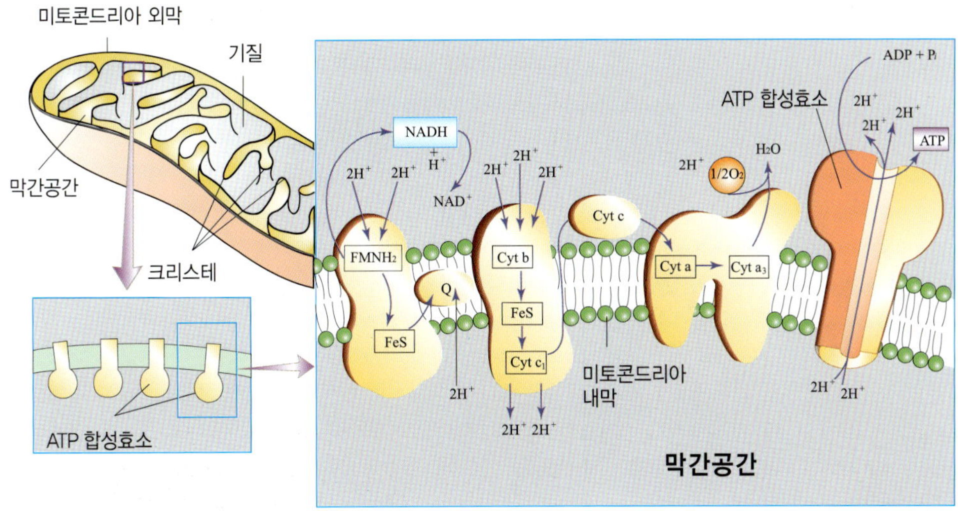

그림 3-20

전자전달과 산화적 인산화

드리아를 통한 유기호흡까지 이루어지는 경우에는 36 또는 38분자의 ATP가 만들어지므로 열효율이 18 또는 19배가 되는 것이다. 이와 같이 생물은 무기호흡 생물에서 유기호흡 생물로 진화하면서 에너지 효율을 크게 향상시킨 셈이다. 우리들이 평소에 몸을 단련하면 근육에 미토콘드리아의 수가 증가하면서 유기호흡이 증대되고 젖산발효가 줄어들기 때문에 근육통이 없게 된다.

7. 생명의 기원

오파린의 **생명 기원설**을 설명하면 다음과 같다. 현존한 생명체를 구성하는 물질의 99% 이상은 C, H, O, N 원소로 구성되어 있으며, 현재의 대기의 조성은 질소 3 산소 1의 비율로 구성되어 있다. 오파린은 이와 같은 화학적 구성 요소를 기초로 원시 대기를 현재와는 다른 환원성 대기로 가정하였다. 즉 **원시 대기**를 이들 생물체의 구성 원소의 환원형으로, 메탄(CH_4), 수소(H_2), 물(H_2O), 암모니아(NH_3)로 가정하였다. 이 원시 대기는 오존층이 생기기 이전이어서 태양의 자외선이 지표면까지 도달 할 수 있었으므로 태초의 화산 활동, 번개, 등이 이들 대기에 작용하는 에너지원이었을 것으로 추정된다. 이 원시 대기에 에너지원 작용하는 무기적 과정으로 유기물이 합성되었을 것이며, 이들 유기물이 빗물에 포함된 다음 호수 및 해양으로 흘러들어 간 뒤 지구의 역사와 더불어 고열, 건조 등의 조건에서 농축되었을 것이다. 그리고 이렇게 농축된 유기물의 상호 작용으로 화학적 대사

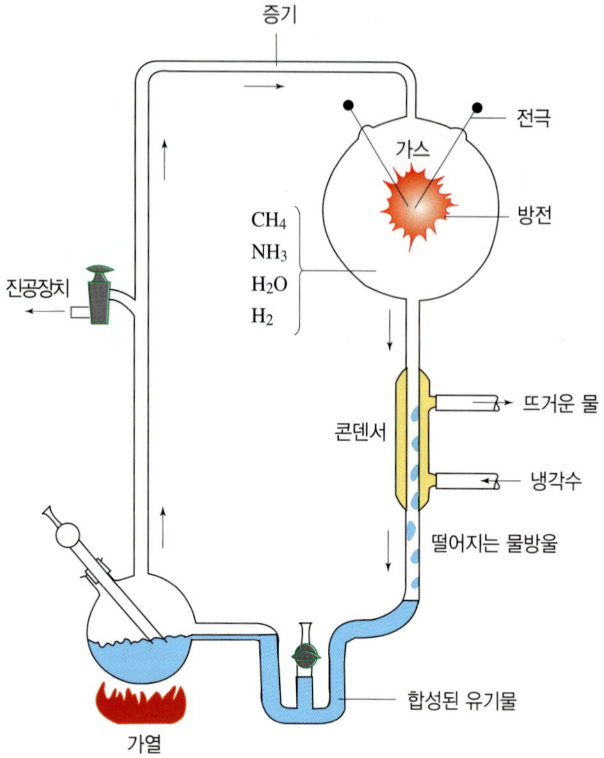

그림 3-21

유레이와 밀러의 실험

작용을 하는 원시적인 최초의 생명체가 태어났으리라고 가정 해 볼 수 있다. 이 가설은 그림 3-21의 **유레이**와 **밀러**의 실험을 통하여 그 핵심 물질인 유기물의 무기 합성이 입증됨으로 더욱 가능성이 높은 것으로 받아들여지고 있다. 기계론적 생명관이란 이처럼 생명체를 구성하는 물질 요소들의 물리 화학적 작용 메커니즘을 통하여 생명 현상을 예측하고 입증하는 학설을 가리킨다.

그러나 유기물 분자들의 화학적 상호작용에도 다윈의 진화론적 개념이 적용되어 보다 적절한 분자들이 선택적으로 반응하여 생명체의 구성 요소가 되었을 것으로 본다. 최초의 생명체에 대해서는 원시적인 세포 대사 기구로서 그림 3-23과 같은 **코아세르베이트**를 가정하는 학설과 유전 물질이 먼저였을 것으로 보는 견해가 있다. 또한 유기물을 농축시키고 여러 화학 반응의 기구 역할을 하였을 물질로 점토를 가정하는 학설도 있다. 점토에는 규소가 0.71 nm의 단층을 이루고 있으며, 1 cm^3 점토는 2,800 m^2의 표면적을 가지고 있다. 이와 같은 점토에 선택적으로 결합하는 유기물 분자가 있을 경우 점토에는 실로 엄청난 양의 유기물이 농축되었을 것이며 유기물 반응의 촉매 역할을 했을 가능성이 크다.

가장 원시적인 생명체는 남아프리카에서 발견된 휘그트리(Fig tree) 퇴적물에 나타난 미생물 화석으로, 약 32~34억 년 전에 탄생된 것으로 추정된다. 그러므로 지구의 나

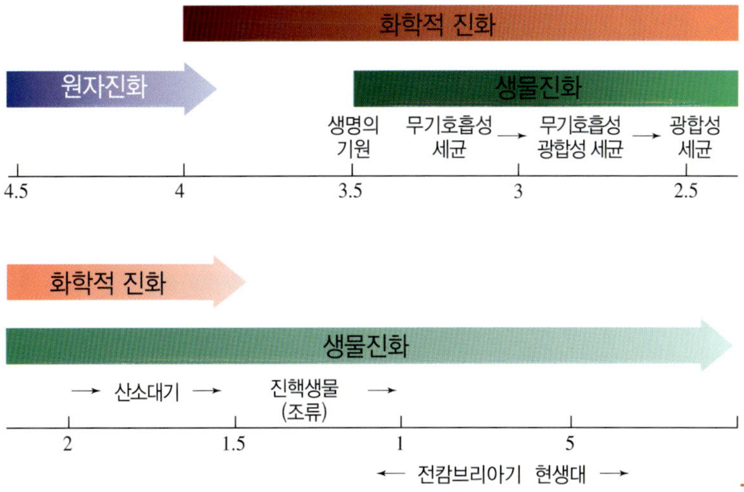

그림 3-22

화학적 진화와 생물학적 진화

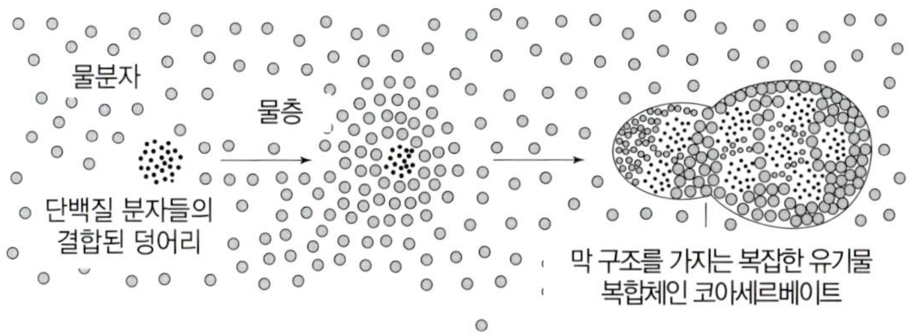

그림 3-23

코아세르베이트

이를 45억 년으로 볼 때 10억 년이 지난 뒤 최초의 생명체가 탄생된 것으로 추정된다. 최초의 생명체는 대기 중에 산소가 없는 상태였으므로 원시 해양에 축적된 유기물을 섭취하여 무기 호흡 과정으로 분해하는 **무기 호흡성 종속영양 원핵생물**이었을 것으로 생각된다. 그러다가 유기물이 고갈되기 시작하면서 화학 합성 또는 광합성을 할 수 있는 **자가영양 원핵생물**이 나타나기 시작하였을 것이다. 이후 광합성 원핵생물이 출현하면서 광합성의 부산물로 산소가 생성되어 원시 대기의 조성이 **산화성 대기**로 변화되었을 것으로 추정된다. 대기 중의 산소는 궁극적으로는 유기물을 불안정한 상태로 가져가기 때문에 산화성 대기에서는 유기물이 더 이상 축적 될 수 없고 따라서 자연 발생적인 생명체의 형성은 불가능 했을 것이며, 대신 대기 중의 산소를 이용하여 유기 호흡을 할 수 있는 유기 호흡성 원핵생물이 태어났을 것으로 생각된다. **유기 호흡성 원핵생물**들은 산소 독성으로부터 자신을 보호하기 위한 카탈라아제, 과산화효소, 슈퍼옥사이드 디스뮤타아제 등을 갖추고 있다. 또한 유기 호흡의 진화로 유기물의 열효율이 많게는 18 또는 19배로 증가하게 되었다.

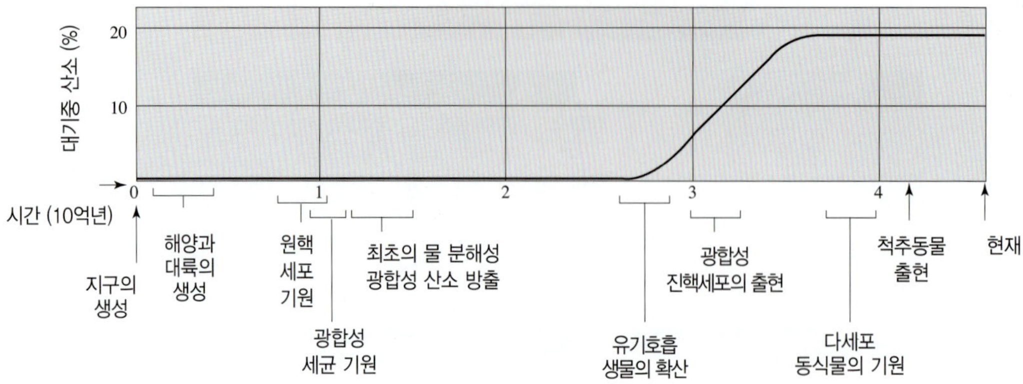

그림 3-24

생물 진화와 대기의 변화

8. 진핵세포의 기원

진핵세포는 원핵세포에 비하여 크기가 차이가 날 뿐만 아니라 세포질도 매우 다르게 분화되어 있다. 그밖에도 진핵세포와 원핵세포는 유전 정보의 량에서 큰 차이를 보이며, 유전자의 발현 조절 또한 차이가 난다. 또한 원핵생물과 달리 진핵생물은 다세포 생물로 자랄 수 있으며 몸체의 크기도 엄청나게 차이가 나는데 이와 같은 진핵세포는 과연 어떤 과정을 통해서 진화되었을까? 지금까지 밝혀진 화석의 연대로 본다면 원핵생물이 약 35억 년 전에 생성되었는데 비하여 최초의 진핵생물은 20억 년 전에 나타난 것으로 보인다. 그렇다면 태초 이래로 첫 번째 생명체가 나타나기 까지 10억 년이 걸린데 비하여 진핵생물의 진화에는 15억 년의 시간이 걸린 셈이다. 진핵세포의 기원에 대해서는 원핵세포의 세포질 분화에 근거를 두는 세포질 분화론과 세포소기관들 중 미토콘드리아나 엽록체와 같이 자신의 DNA를 가진 것들이 세포내 공생에 의해서 형성되었을 것으로 보는 세포내 공생설의 두 가지의 학설이 있다.

세포질 분화론: 원핵생물의 세포막에는 세포질 내로 함입된 부분들이 있다. 세포질 분화론은 이처럼 막 구조물이 함입되는 과정에서 세포질에 산재되어 있던 핵산을 핵으로 분리하는 한편 미토콘드리아와 엽록체, 소포체등을 형성하였을 것으로 보는 견해이다. 이 학설의 취약점은 이럴 경우 핵과 세포기관의 DNA 및 리보솜이 기본적으로 같은 구조를 가지고 있어야 한다는 것이다. 그러나 진핵세포 핵의 DNA는 염기성 단백질

과 결합한 뉴클레오솜을 기본 구조로 하며, 양끝은 서로 맞물리지 않은데 비하여, 미토콘드리아나 엽록체의 DNA는 뉴클레오솜 형태를 취하지 않고 양끝이 맞물린 원형을 이루고 있다. 또한 세포질과 세포기관의 리보솜의 크기가 서로 다르며, 항생제에 의해서 리보솜의 작용이 저해 받는 양상도 차이가 난다.

세포내 공생설: 세포내 공생설은 무기 호흡성 원핵생물을 숙주로 하여 여기에 유기 호흡성 원핵생물, 그리고 이어서 광합성 원핵생물이 단계적으로 세포내 공생을 확립하면서 미토콘드리아나 엽록체와 같이 DNA를 함유하고 있는 세포소기관들이 형성되었을 것으로 본다. 이 때 무기 호흡성 원핵생물은 식작용을 하는 세균으로 에너지 효율이 낮은데 비하여 공생체로 들어온 유기 호흡성 세균은 에너지 효율이 높기 때문에, 공생을 통하여 에너지 효율이 향상되고 산소의 피해로부터 보호받을 수 있는 장점이 있다. 이 유기호흡성 세균을 공생체를 가진 세포가 또다시 광합성 세균과 공생을 하게 됨으로서 조류나 식물 세포와 같은 유기 호흡성 광합성 생물로 진화하였을 것으로 본다.

세포내 공생설에서는 이후 세포의 핵을 이룬 것으로 보이는 무기호흡성 세균의 DNA가 세포기관의 기원이 된 호기성 세균이나 광합성 세균의 그것과 차이날 수 있으며, 리보솜의 크기 또한 차이나는 것을 설명 할 수 있다. 근래에 이루어진 연구 결과에서 무기 호흡성 원핵생물은 **고세균**(古細菌) 무리에 속하는 미생물이었을 것으로 밝혀지고 있다. 또

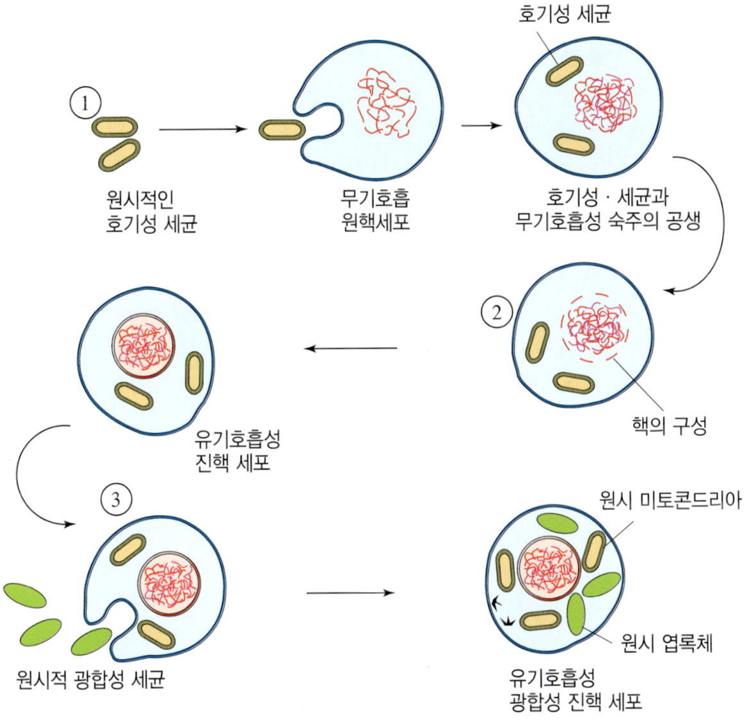

그림 3-25
세포내 공생에 의한 진핵세포의 기원

한 미토콘드리아나 엽록체의 내막은 공통적으로 전자 전달계를 가지고 있으며, 현존한 원핵생물들의 세포막은 이와 유사한 기능을 수행한다. 세포내 공생설은 1970년대 마굴리스(L. Marguilis)에 의해서 주장되었는데 현대 분자 생물학적 연구에서도 보편적인 지지를 받고 있다.

앞서도 말했듯이 진핵세포를 가진 최초의 생물은 지구상 최초의 생명체 출현으로부터 다시 15억 년이 지나서 탄생된 것으로 보인다. 이 단세포 진핵생물은 다세포 생물로 발전을 거듭하여, 지구의 45억년 역사를 1년으로 환산하였을 때 12월 31일 20시에 이르는 시점에서 인류의 출현이 이루어진 것으로 추산된다.

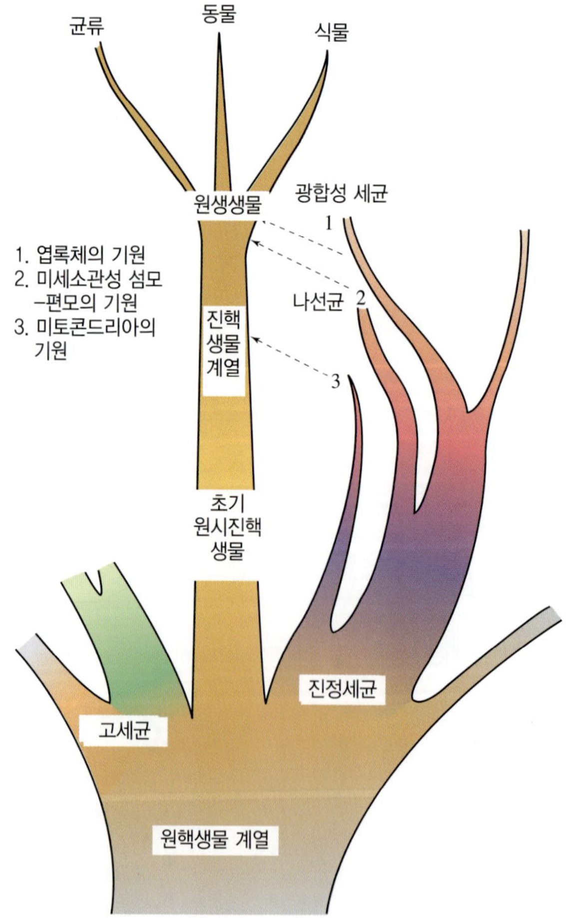

그림 3-26

생물의 진화와 생물 계통

Exercise

1. 세포학설을 설명하여라.

2. 원핵세포와 관련이 없는 내용은?

1) 세균 2) 플라스미드 3) 그람염색 4) 소포체

3. 후천성면역결핍증을 일으키는 에이즈 바이러스는?

1) 박테리오파지의 한 종류이다.

2) RNA를 유전자로 가지고 있다.

3) 암을 유발하는 바이러스이다.

4) 숙주세포가 없어도 증식할 수 있다.

4. 원핵세포와 진핵세포의 차이점을 설명한 것 중 적절하지 못한 내용은?

1) 원핵세포는 핵이 없고 진핵세포는 핵을 가지고 있다.

2) 진핵세포는 미토콘드리아 등의 세포소기관을 가지고 있다.

3) 대부분의 진핵세포가 원핵세포에 비하여 크다.

4) 효모 등의 미생물은 진핵세포가 아니다.

5. 다음 세포기관 중 외분비 단백질 등의 합성과 분비와 관계된 내막계에 속하지 않는 기관은?

1) 소포체 2) 미토콘드리아 3) 골지체 4) 분비소낭

6. 다음 세포기관 중 이중막으로 되어 있지 않은 것은?

1) 핵막 2) 미토콘드리아 3) 리소좀 4) 엽록체

Exercise

7. 염기성 단백질인 히스톤이 분포하는 세포기관은?

1) 핵 2) 내포 3) 소포체 4) 골지체

8. 다음 세포 종류 중 액토미오신이 발달한 것은

1) 골격근세포 2) 배상세포 3) 혈구세포 4) 정자

9. 생명의 기원에 대한 설명으로 적절하지 못한 것은?

1) 원시 지구대기에는 지금과 마찬가지로 산소가 있었다.

2) 원시적인 대사 기구로 코아세르베이트가 있었다고 가정한다.

3) 점토가 유기물의 반응에 관여하는 촉매의 역할을 했을 가능성이 크다.

4) 최초의 세포는 32~34억 년 전에 출현했다고 예상한다.

10. 세포내 공생설로 진핵세포의 진화를 설명하여보라.

참고문헌

[세포의 세계 7판], 안태인 대표역자, 바이오사이언스, 2010.

Gerald Karp. Cell and Molecular Biology: Concepts and Experiments. John Wiley & Sons; Fourth edition (2004)

Geoffrey M. Cooper, Robert E. Hausman The Cell: A Molecular Approach. Sinauer Associates; Third edition (2003)

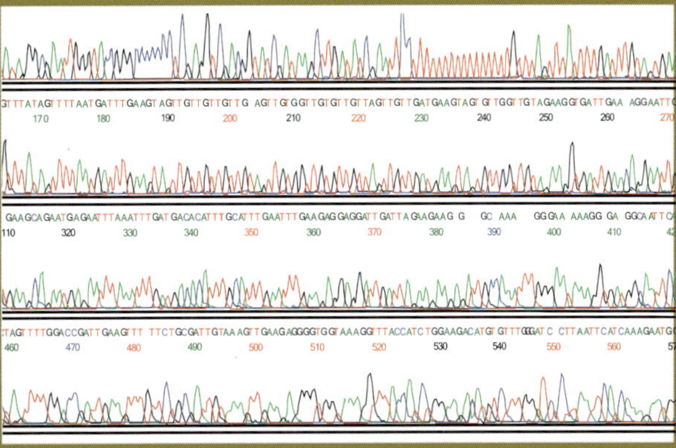

CHAPTER

04

생명의 정보체계

인체는 세포로 구성되어 있으며, 세포에는 각각 46개의 염색체가 들어 있다. 이들 염색체 중 44개는 남자와 여자 간에 차이가 없는 **상염색체**라고 하는데, 22개의 염색체가 각각 짝을 이루고 있다. 이에 비하여 나머지 2개는 여자와 남자 간에 차이가 있는 **성염색체**라고 하며, 여자는 XX, 그리고 남자는 XY를 가지고 있다. 46개의 염색체중 22개의 상염색체와 하나의 X염색체는 어머니에게서 물려받은 것이며, 나머지 22개의 상염색체와 다른 하나의 X 또는 Y 성염색체는 아버지로부터 물려받은 것이다. 아버지 또는 어머니로부터 유래한 상염색체들 중에서 모양이 같아 서로 짝을 이루는 염색체들을 **상동염색체**라 한다. 즉 우리 몸의 체세포는 22쌍의 상동염색체와 XX 또는 XY 두 개의 성염색체를 가지고 있다.

각 염색체는 한 분자의 긴 DNA와 여러 종류의 단백질로 구성되어 있다. 인간 체세포는 6×10^9개의 뉴클레오티드가 46분자의 이중나선 DNA 구조를 이루고 있으며 이 속에 약 3만 종류의 유전자가 들어 있는 것으로 추정된다. 이 장에서는 염색체에 수록된 생명체의 유전 정보 체계에 대하여 알아보기로 한다.

1. 염색체 지도

사람의 염색체 수는 1956년에 이르러 46개로 확정되었으며, 1970년대에 다양한 염색기술이 발전하면서 염색체에 대한 연구가 활발해졌다. 광학 현미경에서 관찰하면 염색체에

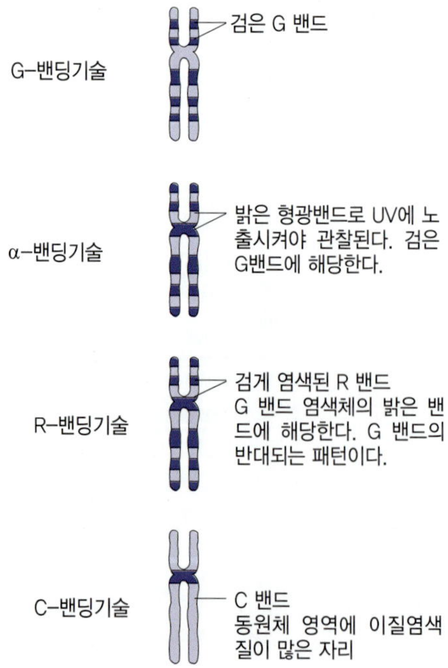

그림 4-1
염색 기술에 따른 염색체의 밴드 모양

는 밝고 어두운 띠가 교대로 나타난다(그림 4-1). 이 염색 띠는 사용한 염료에 따라서 다른 이름으로 불리는데, 퀴나크린 머스타드(quinacrine mustard)를 사용한 경우 **Q 밴드**, 김사(Giemsa) 염색을 한 경우 **G 밴드**, 그리고 열처리를 한 다음 김사 염색을 하면 띠의 음영이 반대로 나타난다 하여 **R 밴드**라 한다.

염색체는 동원체의 위치를 중심으로 **단완**과 **장완**으로 구분하며 각각 p, q로 표시한다. 그리고 염색된 밴드가 나타나는 위치를 동원체에 가까운 쪽에서부터 밴드의 영역과 위치를 숫자로 표시한다. 예로써 1p22는 1번 염색체 단완 2영역에 있는 2번째 밴드이다. 최근에는 염색기술이 더욱 발달하여 소수점 아래 1자리까지 사용하여 밴드의 위치를 표시할 수 있게 되었다. 사람의 염색체에는 이와 같은 분명한 밴드 유형이 있어서 이를 이용하여 인간 염색체의 표준지도를 작성할 수 있게 되었다.

유전 연구를 통하여 사람의 22쌍 상동염색체와 남녀에 따라서 XY 또는 XX 성염색체에 어떤 유전정보가 어느 위치에 들어 있는지를 그림으로 나타낸 것을 염색체 지도라 한다. 염색체의 어느 위치에 어떤 유전자가 있는지를 보여주는 방법으로는 **유전적 지도**와 **물리적 지도**가 있다.

유전적 지도

염색체상에 각 유전자의 위치에 대한 연구는 당초에는 모간의 초파리 유전 연구에서 보인 바와 같이 감수분열 과정에서 두 유전자가 교차되는 **교차율**을 계산하여 인접한 유전자들 간의 거리를 결정한다. 인간에게는 한 번의 감수분열에서 약 36번의 교차가 일어난다. 1 **모간**(Morgan)은 감수분열에서 교차가 일어나는 유전적 거리를 가리키는 것으로, 인간에서는 1 **센티모긴(centiMorgan)**은 약 0.89×10^6 염기서열 길이에 해당된다. 그러나 교차율이 염색체 위치마다 그리고 성별에 따라 다르므로 유전적 지도는 실제의 거리와 다를 수 있다. 즉 교차가 빈번하게 일어나는 부위에서는 실제 길이 보다 더 길게 계산된다.

물리적 지도

유전적 지도와는 다르게 물리적 지도는 DNA의 실제 길이에 대한 정보를 나타낸다. 위치 간의 길이는 bp, Kb, Mb와 같은 염기배열 수를 나타내는 단위를 사용한다. 물리적 지도를 작성하는 데에는 여러 가지 방법이 사용된다. 그 중의 하나는 DNA의 특정한 염기 서열을 인지하여 절단하는 제한 효소를 사용하는 것이다. **제한 효소**는 특정의 염기 서열, 예를 들면 *Eco*RI이라는 효소는 5'-GAATTC-3' 부위를 인지하고 G와 A 사이를 절단한다. DNA상에 이와 같은 염기서열이 무작위로 나타날 확률은 $(1/4)^6$으로, 4096개의 염기마다 한 번씩 나타날 수 있다. 물리적 지도를 작성 할 때는 이렇게 절단된 DNA 토막의 염기서열을 분석하거나 젤에서 전기영동하여 토막의 실제적인 길이를 측정한다. 그리고 DNA 토막들간의 중첩된 부분을 찾아 연결하면 세밀한 지도를 확립할 수 있게 된다. 단지 이와 같은 제한 효소에 의한 토막 형성은 특정한 유전자의 위치와는 무관하며 특정 염기서열의 위치를 나타낼 뿐이다.

핵형

특정한 생물이 가지고 있는 염색체들을 크기와 모양에 따라서 배열한 것을 핵형이라고 한다. 핵형을 구성하는 각 염색체상에서 특정 유전자의 위치를 **유전자 자리**(그림 4-2)라고 하며, 물리적 지도와 유전적 지도에는 많은 유전자 자리가 표시되어 있다. 상동염색체의 동일한 위치에 존재하는 유전자는 어떤 한 가지 형질에 대한 표현형을 결정해준다. 상동염색체의 동일한 자리에 있는 유전자들의 표현형이 다른 경우 그 각각을 **대립 유전자**라 하며, 표현형이 세 가지 이상이 있을 경우에는 **복대립 유전자**라고 한다.

1966년 멕쿠식(V. A. McKusik)은 [인간의 멘델 유전: 상염색체 우성, 열성 및 X-염색체 연관 표현형]이라는 저서에 1487개의 표현형 관련 유전자 자리를 수록하였고 현재 [WWW Mendelian Inheritance]에는 알려진 모든 유전병과 12,000개의 유전자가 수록되었다. 최근 인간 유전체의 규명이 빠르게 이루어지면서 유전체의 6%를 점유하는 제일 큰 1번 염색체에 353개의 유전자 자리가 동정되어 지도로 작성되었으며 유전체의 2%에 해당하는 가장 작은 21번 염색체에서는 불과 38개의 유전자 자리가 밝혀졌다.

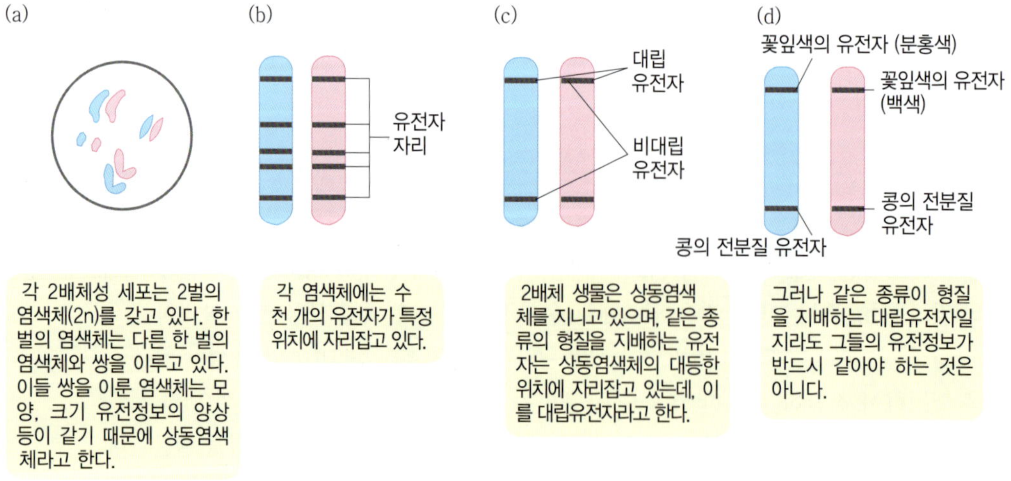

그림 4-2

유전자 좌, 상동염색체, 대립 유전자

2. 세포주기와 DNA의 복제

생물은 몸을 구성하는 체세포는 세포주기를 반복하면서 거듭 분열하여 세포 수를 늘려 감으로서 생장하며, 손상된 신체 부위도 체세포 분열을 통하여 부분적으로 재생한다. 이와 같은 세포분열에 앞서 모세포는 유전정보인 DNA를 복제하며 세포분열 과정에서 딸세포에 똑 같이 나누어 들어간다. 또한 유성 생식을 하는 생물들은 감수분열을 거쳐서 자손을 남기기 위한 배우자(정자, 난자)를 형성한다. 우리 몸을 구성하는 대부분의 체세포는 분화된 기능을 수행하고 있으며, 각 조직에는 일부 미분화 세포들만이 분열 능력을 가지고 있다.

세포주기

세포가 한번 분열에서 다음 분열에 이르는 주기를 세포주기라 하는 데 분열하는 동안을 **분열기**, 분열기의 끝에서 다음 분열이 시작될 때까지를 **간기**라 한다. 간기는 다시 유전물질인 DNA의 합성 즉 복제가 이루어지는 **S-기**를 중심으로 그 전을 **G_1**(gap이라는 의미), 그 후를 G_2라 한다(그림 4-3). 세포가 이와 같은 분열기와 간기를 반복하면서 계속 분열하는 과정에서 똑 같은 유전 정보를 가진 딸세포들을 거듭 만들어지면서 기하급수적으로 세포수가 증가한다. 세포분열의 속도는 생장 호르몬이나 각 조직에 작용하는 세포 **생장 요소**에 의해서 조절된다.

세포분열로 늘어난 여러 딸세포들은 **세포 분화**를 거쳐 근육세포, 간세포, 대식세포 등이 된다. 또한 딸세포들 중 일부는 세포주기에서 이탈되어 미분화된 상태로 남기도 하는데 이를 G_0기라고 한다. 상처 부위의 재생은 이처럼 G_0기에 있던 세포들이 생장

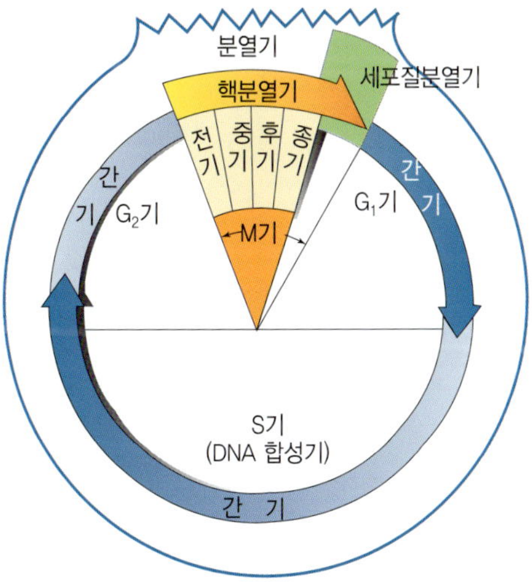

그림 4-3
세포주기

호르몬 또는 세포 생장요소의 자극에 의하여 다시 분열하여 손상된 부위를 메우는 과정이며, 공간이 매워지면 세포분열이 중단된다.

감수분열

감수분열은 생식소에서 배우자 형성을 위하여 이루어지는 세포분열이다. 여성의 경우는 태아시기에 이미 감수분열이 완성되며, 세상에 태어났을 때에는 이미 일정 수의 난세포를 가지고 있다. 여성은 사춘기에 이르러 생식소 자극 호른몬들이 분비되기 시작하면서부터 이들 난세포를 매월 하나씩 성숙시켜서 배란한다. 한편 남성은 사춘기에 이르게 되면 정소에서 감수분열을 통하여 정자가 만들어지기 시작하는데, 정자의 생산은 비교적 노년기까지도 계속된다.

감수분열의 결과로 형성된 난세포 및 정자는 각각 **반수체**의 염색체를 가지고 있으므로 유전 정보물질인 DNA의 양도 체세포의 반만 가지고 있다(그림 4-4). 그러나 정자

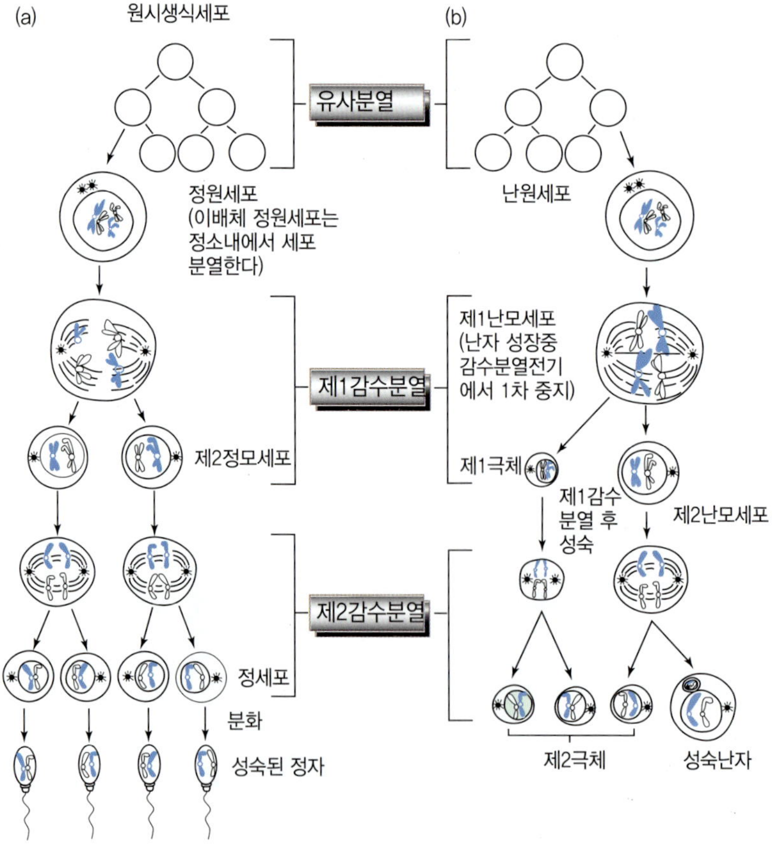

그림 4-4

감수분열과 배우자 형성

(a) 정자의 생성 과정
(b) 난자의 생성 과정

와 난자가 수정하여 수정란이 되면 염색체의 수나 DNA의 양이 다시 체세포와 같아진다. 감수분열 과정에서는 한 쌍의 상동염색체 및 두개의 성염색체가 서로 분리되어 하나씩 다른 딸세포에 나뉘어져 들어가기 때문에 22쌍의 상염색체와 XX 또는 XY 성염색체가 특정한 조합으로 반수체 형성하는 확률은 2^{23}분의 1이다. 또한 이와 같이 형성된 반수체로부터 정자와 난자의 결합으로 각 개인의 고유한 유전 형질을 형성할 확률은 2^{46}분의 1이다. 그러므로 한 어버이로부터 태어난 형제 자매간이라도 각 개인은 유전적으로는 개별성이 있는 특이한 존재인 것이다.

DNA의 복제

앞에서 본 바와 같이 세포주기동안 DNA의 복제는 S-기에 이루어진다. DNA의 복제과정은 왓슨과 크릭의 모델에서 제시된 내용을 메셀슨이 실험을 통하여 증명함으로써 **반보존적**인 방법으로 일어난다는 것이 입증되었다. DNA가 복제될 때는 먼저 **복제 원점**을 이루는 DNA의 특정한 염기 서열 지역에 DNA 복제효소 복합체가 결합하여 나선으로 꼬인 두 가닥을 풀어주면서부터 복제가 시작된다(그림4-5). 복제는 풀린 두 가닥을 **원판**으로 하여 상보적인 염기들을 결합시켜 나가면서 이루어지므로 모세포의 DNA와 똑 같은 두 분자의 DNA를 합성하게 된다. 진핵세포에는 한 염색체에도 여러 개의 복제 원점

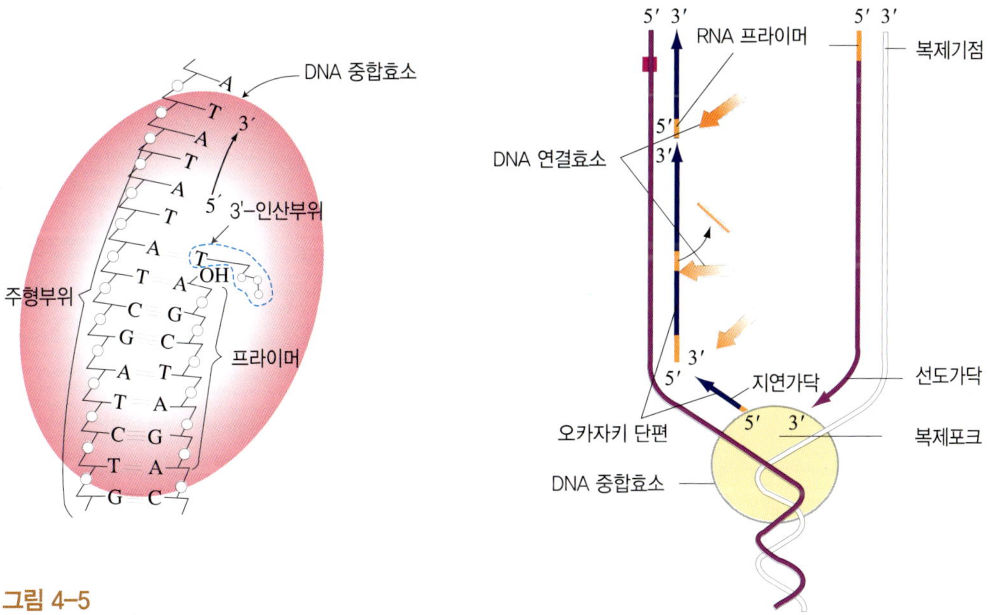

그림 4-5

DNA의 복제

DNA 폴리머라제는 RNA 프라이머의 3′-OH에 이어서 디옥시리보오스 뉴클레오티드를 상보적으로 첨가하여 DNA를 복제한다.

이 있어서 동시다발적인 복제가 이루어진다. 사람을 비롯한 진핵세포의 DNA에는 염기성인 히스톤 단백질 복합체가 결합하여 뉴클레오좀을 이루고 있으므로 복제가 진행되는 방향 앞쪽에서 계속 이 복합체가 풀어지는 반면, 복제가 끝난 지점에서는 복합체가 재생된다.

이와 같이 복제된 DNA는 뉴클레오좀 구조를 이루고 체세포분열 전기에 이르면 이들이 응축하여 각 염색체의 두 가닥을 이루며 이들 각각을 **염색분체**라 한다. 염색분체들은 가운데에 잘록한 부분이 서로 결합되어 있으며 방추사와 결합하는데 이 부위를 **동원체**라 한다.

심 / 화 / 학 / 습

유전병 유전자 찾기

유전병을 치료하기 위해서는 무엇보다도 먼저 유전병의 근원이 되는 유전자를 발견하고 그 기능을 연구하여 발병의 기전을 알아내야 한다. 1980년대까지는 발병의 원인이 되는 유전자를 찾기 위해서 기능클로닝(functional cloning)과 같은 방법을 수행하였다. 기능클로닝은 정상인과 환자 사이에 생화학적 혹은 생리학적 차이를 발견하고 병을 일으키는 단백질을 추출한 뒤 이 단백질을 만들어내는 유전자를 찾아내는 방법이다. 그러나 1990년대 이후 많은 표지유전자가 발견되었고, 대규모적인 유전자 클로닝과 염기서열 분석 방법이 발달함에 따라 유전병 유전자들을 발견할 수 있는 새로운 첨단기술이 개발되었다. 예를 들어 위치 클로닝(positional cloning)에서는 환자가계도를 작성한 후 표지유전자로 유전자 타이핑을 수행하여 발병과 연관된 유전자 부위를 지목 한 뒤, 단상형(haplotype) 분석법으로 그 범위를 좁혀가며 돌연변이 분석을 하여 관련 유전자를 찾아낸다.

위치 클로닝의 첫 단계에서 유전병을 일으키는 돌연변이 유전자가 존재하는 부위를 염색체 상에 지도화하는 작업에는 연관분석법을 많이 사용한다. 즉 연관 분석을 이용하여 유전병 유전자가 어떤 표지유전자와 가장 가깝게 위치하는 가를 알아내는 것인데, 이 분석에서 좋은 결과를 얻기 위해서는 적절한 표지 유전자를 선정하는 것이 중요하다. 일단 염색체 상에서 해당 유전병과 관련된 위치를 확인 한 다음에 수행되어야 할 작업은 단상형조사로, 유전병 유전자의 위치를 염색체 상에서 좀 더 좁혀 들어가게 된다. 이렇게 해서 충분히 좁은 범위까지 유전병유전자의 위치를 염색체 상에 지도화 한 뒤에는 그 부위에 존재하는 모든 유전자들을 조사하여 그 중 가장 가능성이 있는 유전자부터 돌연변이 분석에 들어간다. 물론 해당 유전자 부위 전체를 염기서열 분석하여 환자에게만 돌연변이가 있는 유전자를 지명하면 제일 확실하겠지만, 이에 소요되는 막대한 비용과 시간을 고려해서 SSCP, DGGE 등 돌연변이 검출 방법을 염기서열에 앞서 사용하고 있다. 이렇게 해서 마침내 유전병 유전자를 발견하게 되면 그 유전자에 대한 기능을 연구하여 유전병이 발병하는 기전을 규명하고 치료제 개발 연구에 바탕이 되는 정보를 얻을 수 있다.

3. 인간 유전체

사람의 유전자의 수는 과연 얼마나 되는 것일까? 혈액형, 머리색깔, 머리카락 모양, 색맹, 혈우병 등 지금까지 사람의 형질을 결정하는 많은 유전자가 알려져 있다. 다른 생물에 비하여 사람은 얼마나 많은 유전자를 가지고 있을까? 우리 몸을 이루는 각 세포에는 46개의 염색체가 있으며, 이들 염색체에 함유된 DNA의 양은 약 10 pg (10×10^{-12}g/세포)로, 6×10^9개의 뉴클레오티드로 이루어져 있고 여기에 약 3만 가지 유전자가 있는 것으로 추산되고 있다.

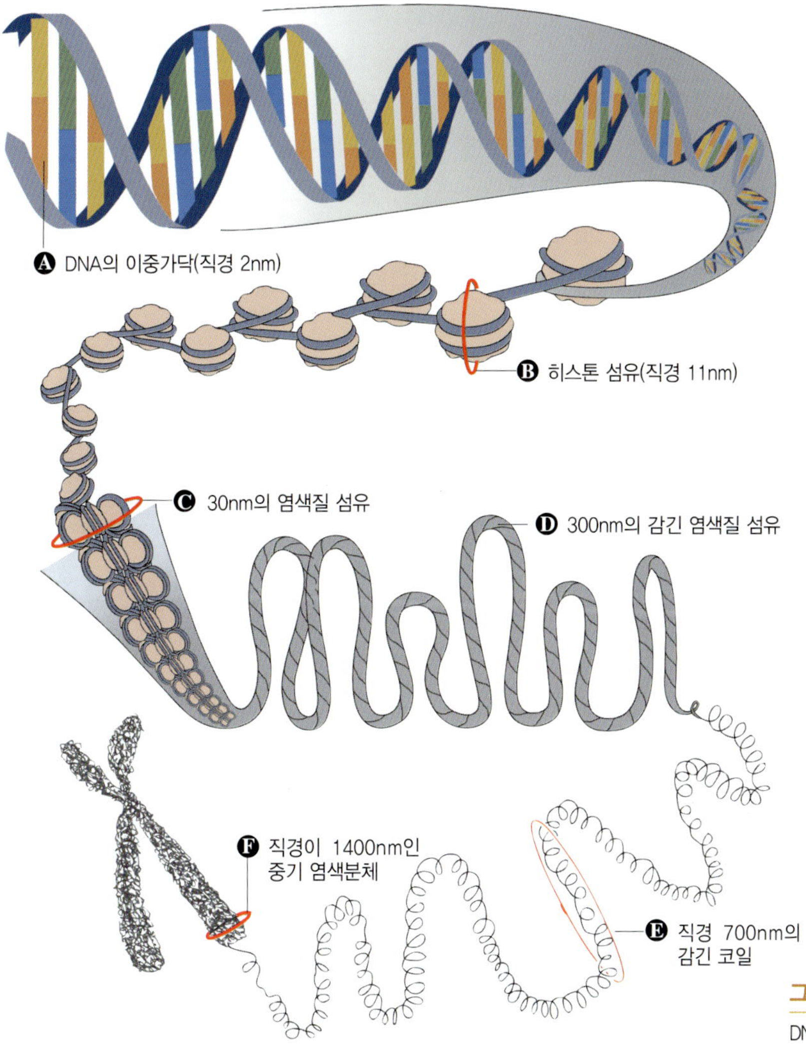

그림 4-6

DNA의 응축과 염색체

각각의 염색체는 하나의 긴 이중나선 DNA로 되어있다. 예를 들어, 염색체 1번은 약 2.5×10^8개의 뉴클레오티드 이중나선 DNA이다. 이러한 크기의 DNA는 그림 4-3에서 묘사된 것과 같이 뉴클레오좀 구조를 포함한 체계적인 응축 과정을 거쳐 50 ㎛ 염색체가 된다. DNA는 왓슨과 크릭이 제시한 모델에 설명된 바와 같이 이중 나선형이며 각 가닥은 뉴클레오티드가 이어진 사슬로 이루어져 있고, 두 가닥의 염기들이 서로 상보적인 수소결합을 하고 있다. 이 상보적 염기의 짝을 **염기쌍**(base pair)이라 한다. 인간 염색체의 염기 서열이 모두 규명됨에 따라서 인간 유전자의 종류가 모두 해명되기에 이르렀으며, 선천적인 유전 질환도 DNA의 염기 서열 차이로 해명될 수 있게 되었다.

유전체학(Genomics)이란 한 생물체가 가지고 있는 유전체(genome)의 염기서열 정보를 해독하는 연구를 말한다. 여기서 유전체는 한 생물체가 가지는 유전자의 총합을 의미한다. 대장균의 유전체는 약 460만 염기쌍이며 4000여 종의 유전자를 가지고 있어 평균적으로 한 개의 유전자는 1000여 개의 염기쌍으로 되어 있다. 인간의 유전체는 약 30억 염기쌍이 23 개의 염색체에 나누어져 있으며, 3만 개의 유전자를 포함하는 것으로 추정된다. 인간 염색체의 염기 서열이 모두 규명되면 인간 유전자의 종류와 기능 연구에 많은 공헌을 할 수 있으리라는 가정 하에 이를 해명하기 위한 인간 유전체 프로젝트가 왓슨에 의해서 주도되었으며 미국, 영국, 독일, 프랑스, 일본, 중국이 연합하여 1990년에 시작되었다. 이 프로젝트는 당초 2005년 완성 예정이었으나 그보다 앞당겨진 2003년 4월에 완성되었다. 인간 유전체 프로젝트의 완성은 인간의 궁극적인 호기심인 생명 현상의 신비

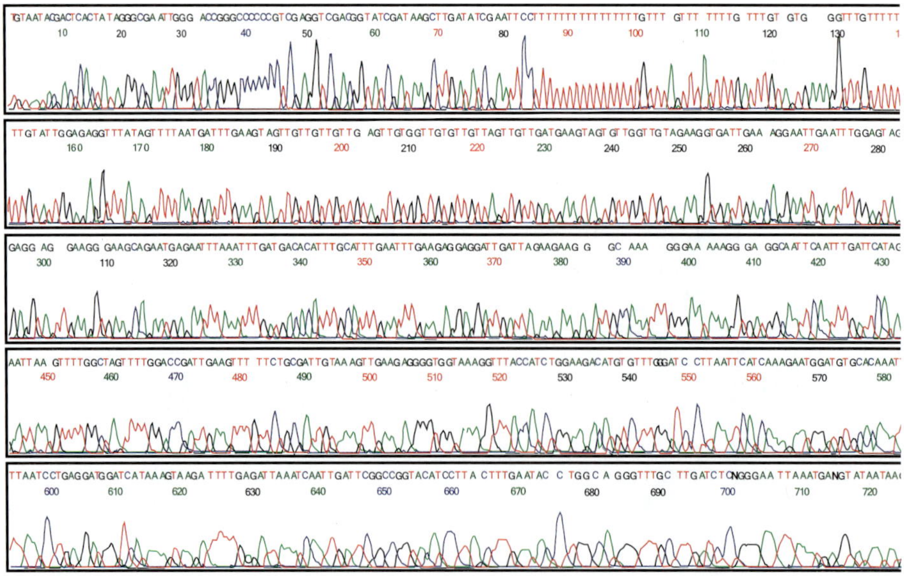

그림 4-7

염기 서열 자동 분석 결과

를 밝혀내기 위한 기반을 마련해 줄 뿐 아니라, 그 후속 연구를 통하여 인류의 보건, 식량, 에너지, 환경, 산업 재료 등의 구체적인 문제를 해결하여 인류의 삶 향상에도 기여할 것으로 기대된다.

인간 유전체 연구는 세계 350여 연구기관이 공동으로 참여해 2000년 6월 11일 84.5% 완성 단계에서 초안이 발표되었으며 2003년 4월 15일 99.99%정확도의 완결편이 발표되었다. 인간 유전체 분석은 생물학 연구에 중요한 다른 종의 유전체의 연구를 촉진하는 계기가 되기도 하였다. 그 결과 대장균을 비롯한 많은 다른 원핵생물과, 효모, 꼬마선충, 초파리, 생쥐, 침팬지를 포함한 여러 생물에 대한 DNA 서열분석이 완료되었고 이들 유전체들을 비교 분석함으로써 생물학적 지식에 대한 중요한 통찰을 가지게 되었다(표 4-1). 더불어 이들 유전체의 지도 작성 노력은 보다 커다란 인간 유전체의 해독을 위해 필요한 전략과 방법, 자동화된 염기 서열 분석기기 개발 등 새로운 기술을 발전시키는데 도움이 되었다.

유전체 염기서열 분석에 드는 비용과 시간은 줄이고 정확도를 높이기 위해 최근에 여러 방법이 개발되었다. 현재 이용되는 염기서열 방법 중의 하나는 생어 염기서열 분석과 모세관 전기영동을 혼합하는 마이크로전기영동법(microelectrophoretic methods)이다. 이 방법은 무수히 많은 작은 모세관을 사용하여 짧은 시간에 많은 DNA의 염기서열을

표 4-1 여러 생물의 유전체 크기의 비교

생물종류			유전체 크기 (Mb:10^6)	단백질 유전자 수
원핵생물		마이코플라스마	0.58	
		대장균	4.64	4,300
		고초균	4.20	
진핵생물	균류	효모	12.6	6,200
		아스파질러스	25.4	
	원생동물	테트라하이메나	190	
	무척추 동물	꼬마선충	97.0	18,000
		노랑초파리	180	13,600
		누에	490	
		성게	845	
	척추동물	복어	400	
		인간	3,000	30,000
		생쥐	3,300	
	식물	애기장대	100	
		벼	565	
		완두	4,800	
		옥수수	5,000	
		밀	17,000	

분석한다. 차세대 염기서열법으로는 한 공간에 한 개의 DNA 조각만 위치하도록 하고 여러 효소처리를 거쳐 염기서열을 분석하는 순환어레이염기서열분석법(cyclic-array sequencing)이 있다. 이 방법을 사용하여 현재 Mb당 일만원 이하의 비용으로 염기서열을 분석할 수 있다. 궁극적으로는 개인 유전체의 염기서열을 하루에 모두 분석하고 백만원 이하의 비용만 드는 기술과 장비를 개발을 목표로 하고 있다.

더 읽을거리 (4-1)

네안데르탈인, 인류의 조상 아니다!

현생 인류와 이웃사촌 격인 '호모 에렉투스' 네안데르탈인(Neanderthal Man)은 3만년 전 무렵에 멸종했다. 30만년 전부터 유럽과 서아시아 쪽에 널리 퍼져 살았으나, 현생 인류가 5만년 전 이곳에 진출하면서 2만년 동안 두 종이 공존하다가 3만년 전부터 네안데르탈인의 자취는 사라졌다. 사라진 네안데르탈인은 왜 멸종했고 인류와는 어떤 관계였을까? 인류 진화와 관련한 이런 물음을 풀기 위해 수만년 전 네안데르탈인의 DNA를 해독하려는 연구가 과학계에서 뜨거운 관심사로 등장했다.

1997년, 랄프 슈미츠 등 독일의 연구진들은 튀어나온 강력한 턱과 큰 눈두덩이가 특징인 원시인류 네안데르탈인이 알려진 것과는 달리 현 인류인 호모 사피엔스의 직계조상이 아니라는 학계 일각의 가설을 유전자 분석을 통해 입증했다고 발표하였다. 독일 막스플랑크 진화인류학 연구소는 7만 년 전 크로아티아, 스페인, 독일, 러시아 등지에서 발견된 네안데르탈인 남성과 여성 그리고 아이들의 뼈에서 추출한 DNA 파편을 나열했고 새로운 염기서열기술을 이용해 네안데르탈인의 유전자 코드를 분석했다. 사람과 침팬지의 게놈의 비교를 통해 인간과 네안데르탈인의 DNA 서열이 50만년 전에 분기된 것을 알아냈다.

다른 연구팀에 의하면 현재 세계 각지에 있는 2000여명의 DNA를 조사한 결과, 특정 그룹의 유전자에서 네안데르탈인의 유전자가 섞여있는 것으로 나타났다. 조사결과 현존 인류와 네안데르탈인과의 유전자 교합은 6만년경 인류 조상이 아프리카를 벗어날 때 한번 일어났고, 이후 호주와 뉴질랜드, 뉴기니아 등 오세아니아 지역에서도 한번 더 발생한 것으로 분석됐다.

이처럼 네안데르탈인과 인류의 관계를 밝히는 작업은 고고학적 측면과 더불어 생물학, 특히 유전학의 발전이 없었다면 불가능했을 것이며, 그저 많은 추측이 난무하는 가운데 관련 학자들의 뜨거운 논쟁의 소재로 사용되었을 것이다. 물론 그 논쟁이 완전히 끝났다고는 볼 수 없지만, 과거의 역사를 풀어나가는데 있어 생물학의 발전이 그 중추 역할을 한다는 사실을 간과해서는 안될 것이다.

인간의 유전체에 존재하는 유전자 수를 알기 위하여 1990년대에는 유전체의 1차 산물로 전사된 RNA의 종류수로 파악하였다. RNA는 숫자가 많고 단일나선이며 길이가 짧기 때문에 역전사하여 cDNA로 전환하여 분석할 수 있는데, 이렇게 얻어진 염기서열 정보를 EST(expressed sequence tag)라고 한다. 이 EST 데이터베이스를 근거로 추정된 인간 유전자 수는 약 23,500개이다. 그러나 EST는 동일한 유전자가 다양한 선택적 이어 맞추기로 재편성된 RNA 및 부분적으로 분해된 RNA를 포함하기 때문에 실제 유전자의 수를 초과할 것이라는 견해가 지배적이었다. 실제로 인간 유전체 연구가 종결된 상태에서 인간 유전자의 수는 당초에 예상하였던 100,000개에 훨씬 못 미치는 약 30,000개로 추정되고 있다. 그러나 이 또한 일반적인 해독 구조에 근거한 이론적 숫자이며, 현재까지 해명된 유전자는 1만 2천여 개에 불과하다. 따라서 앞으로 더욱 많은 유전자의 기능이 실험적으로 규명되어야 한다.

4. 포스트 제노믹스

유전체 프로젝트를 통하여 많은 생물체를 구성하는 유전정보의 염기서열이 규명되고 나자 이를 기초로 유전자의 수를 파악할 수 있게 되었다. 그러나 각 유전자의 역할을 규명하기 위해서는 그 유전자가 암호화하는 유전자 산물 즉, 단백질의 기능이 밝혀져야 한다. 이와 같은 의미에서 유전체 연구의 후속으로 생물체를 구성하는 단백질을 총체적으로 규명하는 연구를 **단백질체학**(proteomics)이라고 한다. 즉 단백질체학이 완결되었을 때 유전체 연구의 성과가 현실적으로 응용될 수 있기 때문에 최근에는 유전체 연구 결과를 분석하고 이로부터 발현되는 단백질의 기능을 예측하기 위한 다양한 **생물정보과학**(bioinformatics)이 급부상하고 있다.

생물체를 구성하는 체세포들은 기본적인 대사과정을 수행하거나 구조를 형성하기 위하여 상당부분 공통적인 단백질들을 가지고 있다. 그러나 우리 몸을 구성하는 체세포들이 조직, 기관을 형성하여 다른 기능을 수행하는 것은 그들을 구성하는 각 세포들이 발현하는 단백질들이 다르기 때문이다. 또한, 다양한 병원균의 감염이나 암 등으로 질환이 발생한 조직은 그 질환을 극복하기 위하여 평상시와는 다른 유전자를 발현하며 단백질을 생산한다. 이와 같이 신체의 부위, 질환 등에 따라서 다양한 유전자 산물이 활용되고 있으며, 발생단계에서도 신체의 좌우, 두발을 형성하는 순차적인 모든 과정은 특정 유전자의 발현 조절에 따라서 결정된다. 바꿔 말하면 프로테오믹스를 통하여 이들 각 단계에서 작용하는 단백질들이 규명되면 질환의 치료에 이용될 수 있을 뿐만 아니라 그 과정 자체를 수정할 수 있을 것으로 예상되기 때문에 다양한 의학적 응용이 기대된다. 이처럼 유전체 연구의 성과를 활용하기 위한 후속 연구가 현재 국내외적으로 활발히 진행되고 있으며, 이를 통틀어 **포스트제노믹스**(postgenomics)라고 한다.

인간 유전체의 다형성(polymorphism)은 개인들 간에 형질의 차이를 나타낼 수 있다. 포스트제노믹스의 한 연구로써 개인 간의 유전체 다형성이 분석되고 있다. 현재 140만개 이상의 **단일염기다형성(single-nucleotide polymorphism: SNP)**이 확인되었으며 이 중에서 6만개 이상이 유전자를 코딩하는 부위에 포함되는 것으로 알려졌다. SNP정보는 인류 건강에 크게 기여할 것이다. 한 예로써 약물에 대한 개인 간의 반응은 서로 다른데 SNP 정보는 각 개인의 약물 대사능력을 예측하게 하여 효과적인 치료를 가능하게 할 수 있다. 이와 같은 **약물유전체학(phamacogenomics)**은 환자별 맞춤치료에 이용될 것이다.

시스템생물학(systems biology)은 포스트제노믹스에서 각광받고 있는 분야 중의 하나인데 여러 유전체학, 전사체학, 대사체학, 단백질체학 연구를 통해 생물학적 정보를 생산 축적하고, 수학적모델링을 사용하여 데이터를 종합적으로 분석하여 생명현상을 파악한다. 초기에는 단순한 시스템인 미생물을 대상으로 시작했지만 최근에는 포유류를 대상으로 한 연구를 본격적으로 진행하여 인류 질병 치료제 개발에 박차를 가하고 있다.

5. 미토콘드리아 DNA

세포기관들 중 미토콘드리아와 엽록체는 자신의 DNA를 가지고 있다. 미토콘드리아 DNA는 약 15,000에서 17,000 bp로 구성된 이중가닥으로 된 원형 구조이며, 세포기관의 기능 수행과 관련된 소수의 유전 정보를 가지고 있다. 한 개의 세포는 100개에서 10000개까지의 미토콘드리아 DNA를 가지고 있다(그림 4-8). 미토콘드리아 DNA의 염기서열과 유전자는 이미 밝혀졌는데, 구아노신이 많은 쪽의 가닥을 H(Heavy) 가닥, 시토신이 많은 쪽의 가닥을 L(Light) 가닥이라고 하며, 2 종류 리보솜 RNA, 22 종류 tRNA, 13 종류의 산화적 인산화 효소를 코딩하는 유전자가 미토콘드리아 DNA에 존재한다. 그러나 이 유전정보만으로는 미토콘드리아에서 필요로 하는 모든 단백질을 합성할 수가 없으며, 미토콘드리아에 존재하는 대부분의 단백질은 핵에 존재하는 DNA 유전 정보에 따라서 세포질에서 합성된 다음 미토콘드리아로 수송되어 사용된다.

미토콘드리아 DNA도 세포주기에 따라서 복제를 한다. 사람의 미토콘드리아 DNA는 모계를 통해서만 유전되는데, 이는 수정 과정에서 정자의 핵만이 난세포로 들어가고 수정란의 세포질은 난자의 것을 그대로 물려받기 때문이다. 레버 유전성 시신경장애(LHON)는 관련 유전자가 미토콘드리아 DNA에 있으므로 모계로만 유전되는 대표적 미토콘드리아 유전병이다. 또한 미토콘드리아 DNA는 핵양체(nucleoid) 형태로 존재하므로 외부의 자극에 의해서 돌연변이가 쉽게 생성된다. 이렇게 생성된 돌연변이에 의하여 미토콘드리아의 항상성이 손상되며, 이를 통하여 신경퇴행성 뇌질환과 같은 다양한 질병이 유발되게 된다.

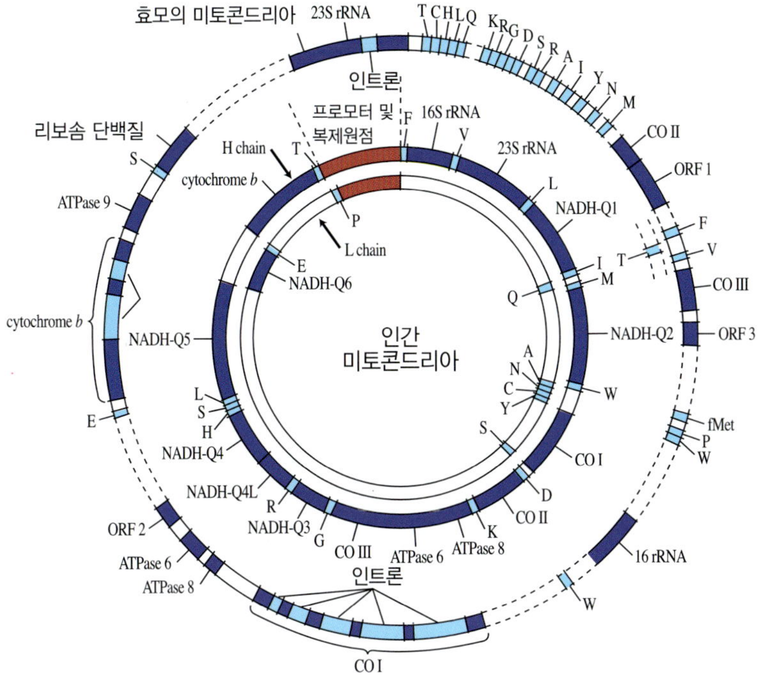

그림 4-8

사람과 효모의 미토콘드리아 DNA와 유전 정보

6. 유전자 지문감식

염기 서열로 구성된 DNA의 유전 정보는 정확히 복제되어 자손에게 전해지지만 생식세포가 만들어지는 과정에서 일어나는 재조합의 결과로 유전자의 조성은 한 어버이에서 태어난 자손들 간에도 차이가 있다. 그러므로 사람의 개별성을 알아보는 데에는 혈액형이나 지문과 같은 단일 유전자 또는 소수의 유전자에 의하여 결정되는 표현 형질 보다 염기 서열을 비교하는 것이 신뢰도가 훨씬 높다. 이와 같이 유전자 분석을 통한 개별성을 분석하는 것을 유전자 지문감식(DNA fingerprinting)이라고 한다. 최근에는 **DNA 타이핑**(DNA typing) 혹은 **DNA 프로파일링(DNA profiling)**이란 용어로 많이 사용되고 있다. 법의학 실험실에서 시행하는 유전자 지문 감식에는 **미소부수체(minisatellite)**나 **극미소부수체(microsatellite)**가 이용하기도 하고, DNA 분자들의 뉴클레오티드 서열의 차이를 찾고자 할 때는 간접적인 접근 방법인 **제한효소 절편 다형분석(RFLP)** 방법을 통하여 보다 빠르게 DNA 서열 비교에 관한 유용한 정보를 얻을 수 있다. 제한 효소 절편 다형 분석을 통한 유전자 지문 감식에는 제한 효소로 절단된 DNA 도막들을 크기별로 구분하는 **전기영동법**, 특정 유전자의 위치를 확인하는 **방사사진법**이 함께 사용된다.

EcoRI 제한효소는 DNA의 염기 서열 중 한쪽 가닥이 -GAATTC- 일 때 그 반대쪽 가닥은 -CTTAAG-로 **회문**(回文), 즉 양쪽 방향에서 같은 순서로 읽혀지는 특정한 염기 서열들을 인지하며 이 경우 G와 A사이의 결합을 절단한다. 현재까지 밝혀진 제한 효소는 수백 가지가 넘으며, 각 효소는 4, 6, 또는 8개의 염기로 구성된 회문 형식의 염기 서열을 인지하여 그 부위를 자른다. 그러므로 몇 가지 제한 효소를 함께 사용하면 DNA를 다양한 크기로 토막낼 수가 있다. 이때 토막난 DNA의 크기는 개인간의 DNA 염기 서열의 차이를 반영한다.

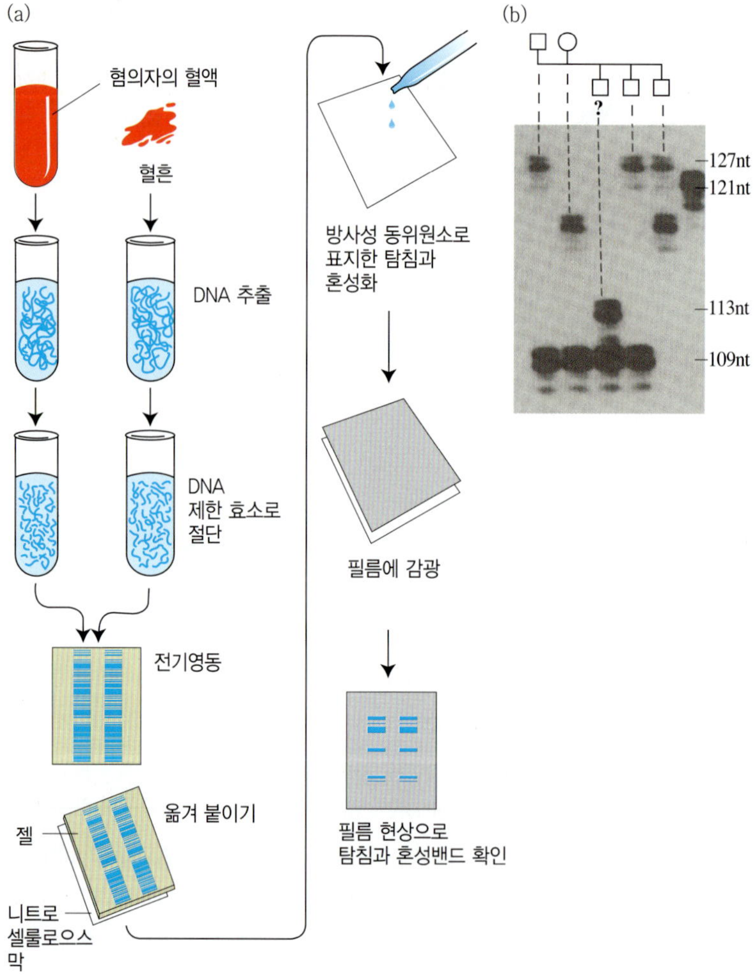

그림 4-9

유전자 지문 감식 방법

(a) 유전자 지문 감식 방법,
(b) 유전자 지문에 의한 친자의 확인

이와 같이 잘려진 토막들은 인산기가 붙어있어 음전하를 띠는 DNA의 특성상 전기장을 걸어주면 (+)극으로 이동한다(그림 4-9). 이때 이동 속도는 토막의 크기에 따라서 차이가 나며, 작은 토막일수록 빨리 이동한다. 전기영동은 주로 아가로스 또는 아크릴아마이드 젤에서 이루어진다. 이렇게 전기영동을 끝마친 다음 젤에 니트로셀룰로오스 종이를 마주 대고 그 DNA 토막들을 옮겨 붙인 뒤 DNA 토막들에 방사선 동위 원소로 표지한 몇몇 감식 DNA를 반응시키면 상보성이 있는 서열 부위를 가진 DNA 토막에 결합한다. 그런 다음 니트로셀룰로오스 종이에 X-선 필름을 덮어두었다가 현상하면 감식 DNA와 혼성화된 DNA 토막의 위치가 나타나는데 이를 **유전자 지문**이라고 한다.

이와 같은 유전자 지문 감식은 착오율이 10만분의 1정도이며 개인간의 식별에서 신뢰도가 매우 높다. 그러므로 이 지문 감식법은 1984년 이래로 법정 증거 능력이 확실한 것으로 인정되었으며, 친자의 확인, 범죄 수사, 인류의 기원에 대한 규명 등에 이용되고 있다.

핵의 DNA 뿐만 아니라 미토콘드리아 DNA(mtDNA)도 유전자 지문 감식에 활용되고 있다. 세포마다 수백개의 미토콘드리아가 있고, 각 미토콘드리아에는 1-10개의 mtDNA가 있다. 이와 같이 많은 수의 mtDNA 분자가 있기 때문에 머리카락이나 오래된 뼈로부터도 mtDNA가 쉽게 발견되어 DNA 프로파일링에 이용된다. 특히 미토콘드리아는 모계 유전을 하므로 모계의 혈통을 확인하는 데 유용하다. 최근 네안데르탈인의 미토콘드리아 DNA를 조사한 결과 현대인과는 매우 다른 염기서열을 가지고 있는 것으로 확인되었다.

우리나라에서 지문 감식법은 1997년 훈 할머니의 가족 찾기, 괌의 여객기 사고에서 사망자의 확인 등에서 효과적으로 사용된 적이 있다. 또한 혈액 가검물뿐만 아니라 고대 고분 또는 화석의 골편에서 극미량의 DNA만 추출할 수 있더라도 이를 **중합효소 연쇄 반응(PCR)** 기법으로 증폭하여 유전자 지문 감식을 하고 있다. 가장 빈번하게 사용되는 경우 중 하나는 친자확인 DNA 테스트이다. 출생전 유형은 양수검사와 융모막 융모검사가 있고 출생 후 검사는 혈액이나 입안을 면봉으로 긁어서 간편하게 조사한다. 범죄과학수사에서도 유전자 지문감식은 유용하게 이용되고 있다.

더 읽을거리 (4-2)

O. J. 심슨의 재판

DNA는 어떤 세포에도 존재하기 때문에 예컨대 머리카락의 모근이나 혈액, 입안의 점막세포는 물론 정자에서도 검출된다. 유전자 지문 감식법은 이러한 특성과 정확성 때문에 법정의 중요한 증거 자료로써 사용되고 있다. 그러나 유전자 지문 감식법은 때때로 그 신뢰성에 대하여 의문이 제기 되고는 하는데 그 대표적인 사건이 1995년 미국 LA에서 일어난 O.J. 심슨의 법정 공방이다.

유명한 흑인 미식축구 선수였던 심슨은 당시 이혼한 전 부인을 살인한 혐의로 기소된 상태였고 유력한 증거로써 살인 현장에서 발견된 가죽 장갑에 묻어있던 혈액으로부터 채취한 DNA의 유전자 지문 감식 자료가 재출되었다. 그러나 심슨의 변호사는 유전자 지문 감식의 두 가지 문제점에 초점을 맞추어 변론을 전개했다. 첫째로 유전자 지문 감식은 믿을 수 있는 결과를 얻기 위하여 세심한 주의가 필요한 어려운 기법이며, 둘째로 그 결과를 분석하는데 사용된 통계자료를 신중하게 해석할 필요가 있다는 것이었다. 재판에서 사용되었던 다섯 개의 탐침을 사용하여 용의자의 유전자 지문 감식을 시행했을 경우 다섯 개 모두가 일치할 확률은 $(10^{-2})^{-5}$ 즉 백억 명 중의 한명이며, 이는 현 지구상의 인구보다 많은 수이다. 때문에 통계학적으로 용의자 이외의 다른 사람이 유전자 감식에 의하여 범인으로 지목될 확률은 거의 존재하지 않는다. 그러나 O. J. 심슨 사건에서 배심원들은 특정 인종 내에서 일부 탐침은 매우 높은 확률로 일치하는 대립유전자를 갖는 사람이 존재할 수도 있다는 점을 들어 유전자 지문 감식 결과를 부인하였고 결국 O. J. 심슨의 무죄가 확정되었다. 그러나 유전자 지문 감식법은 여전히 범인을 식별하기 위한 중요한 증거 자료로 활용되고 있으며, 특히 용의자의 무죄를 증명하는데 있어 거의 확실한 증거가 될 수 있다.

Exercise

1. 물리적 지도를 작성할 수 있는 방법들에 대해서 설명하여라.

2. 유전적 지도를 작성할 수 있는 방법들에 대해서 설명하여라.

3. 유전자 지문 감식에서 미소부수체나 극미소부수체를 이용하는 방법에 대해서 설명하여라.

4. 유전자 지문 감식에서 미토콘드리아 DNA를 사용하는 장점에 대해서 논하라.

5. 인간 유전체에 존재하는 유전자 수와 EST의 수가 다른 이유를 논하라.

참고문헌

Richard E. Green, et al. 2010 A Draft Sequence of the Neandertal Genome, Science Vol 328, 710.

Lewin, Benjamin. 2008. Genes IX. Pearson Prentice Hall. The content of the genome.

Lewin, Benjamin. 2008. Genes IX. Pearson Prentice Hall. The interrupted gene.

Lewis, Ricki. et al. 2002 Life. McGraw-Hill. DNA structure and replication.

www.ensembl.org/Homo_sapiens/mapview

www.ndsu.nodak.edu/instruct/ mcclean/plsc731/map-based.

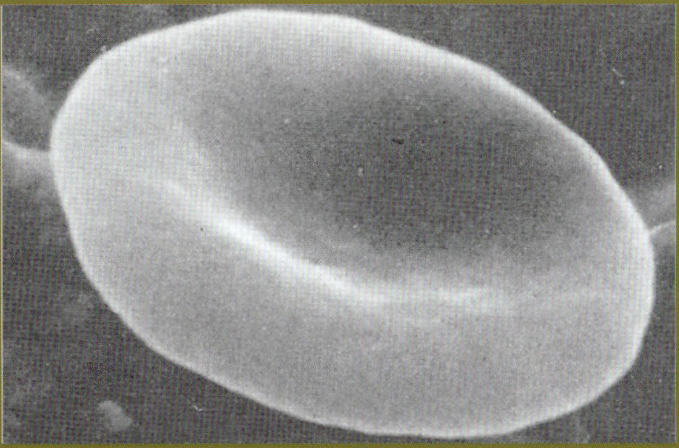

CHAPTER

05

유전과 유전형질

한 어버이로부터 태어난 자손은 닮은 점이 많아서 머리카락, 혈액형, 혀 말기, 눈, 피부 색깔 등이 유전됨을 알 수 있다. 이와 같이 외형적으로 나타나는 유전 형질을 **표현형**이라 한다. 그러나 한 어버이에서 태어났으면서도 혈액형이나 색맹 등은 형제자매들 간에 차이가 나기도 한다. 이 차이는 앞서 배운 바와 같이 배우자의 형성 과정에서 한 쌍의 상동염색체들이 서로 나뉠 때 서로 다른 조합의 염색체를 가지게 되고 수정을 통해서 이들 배우자가 다시 만날 때 상동염색체 상에 있는 유전자들의 우열이 다르기 때문이다.

유전 정보가 발현되어 유전자 산물을 만드는 과정을 유전자 발현이라 하며, 유전자의 발현은 DNA의 염기 서열 정보에서 RNA가 만들어지는 **전사** 과정, RNA로부터 단백질이 합성되는 **번역(해독)** 과정을 거친다. 따라서 유전자 발현 산물은 특정한 단백질이며, 우리가 보는 표현형은 특정한 단백질 그 자체 또는 그 단백질의 작용의 결과로 나타나는 것이다. 이 장에서는 세포의 유전 정보가 표현 형질을 나타내는 과정과 돌연변이는 어떻게 유발되어 유전병을 낳는지 알아보자.

1. 유전자의 구성

유전자는 DNA의 염기 서열로 정보화 되어 있으며 이 정보는 전사 과정을 거쳐서 RNA로 합성된다. 대부분 진핵세포의 유전자는 RNA를 지정하는 염기 서열의 상단 부위에 유전자의 발현 조절에 관여하는 특정한 염기 서열을 가지고 있는데 이를 **시스 요소**(cis factor)라 한다. 시스 요소는 전사 효소인 **RNA 중합효소**가 결합하는 프로모터 서열과 이 효소의 안정적 결합을 도와주는 추가적인 서열 요소들이 포함된다. 그리고 이들 시스 요소에 결합하여 유전자 발현을 조절하는 단백질을 **트랜스 요소**(trans factor)라 한다. 즉 세포 내에 단백질인 트랜스 요소가 먼저 DNA의 시스 요소를 인지하고 이에 결합하였을 때 프로모터 서열 부위에 RNA 중합효소가 안정적으로 결합하여 전사 작용이 이루어지고 그 결과로 RNA가 합성된다. 따라서 특정한 유전자의 발현은 트랜스 요소의 작용에 달려 있다. 세포에서 트랜스 요소의 합성 및 작용은 매우 정밀하게 조절되며, 대부분의 경우 특정 기질의 과부족 또는 세포내의 환경 변화가 원인이 되어 그 활성이 조절된다.

그리고 각 유전자의 하단 부위에는 **전사 종결점**을 알리는 특정한 염기 서열 요소가 있다. 전사가 이 부위까지 진행되면 DNA와 RNA 중합효소 또는 합성된 RNA와 RNA 중합효소 간의 물리적 상호작용으로 인하여 RNA 중합효소가 DNA로부터 이탈되어 전사가 종결된다.

진핵생물의 mRNA 유전자는 엑손과 인트론으로 구성되어 있으며, 전사 개시점 앞에는 CAAT, TATA 서열을 포함하는 프로모터가 있고, 3' 말단에는 폴리 A 꼬리 첨가 신호 및 전사 종결 점이 있다(그림 5-1).

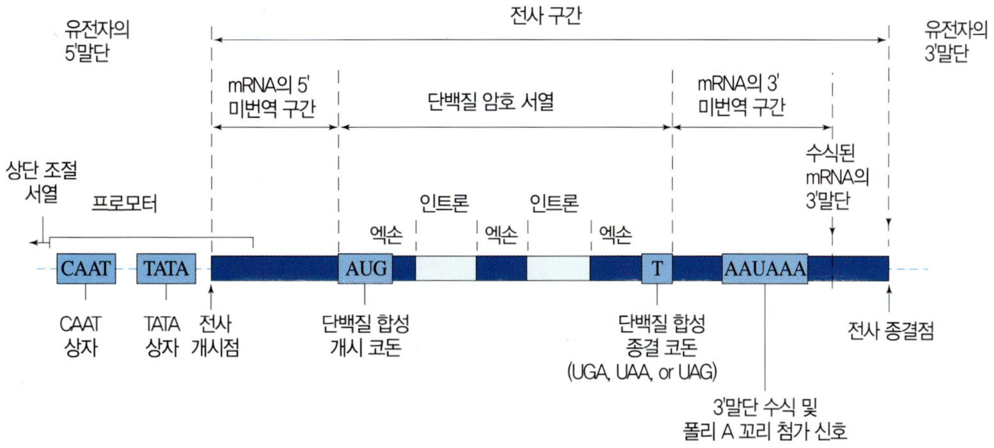

그림 5-1

진핵 mRNA 유전자의 구성

진핵 생물의 mRNA 유전자는 엑손과 인트론으로 구성되어 있으며, 전사 개시점 앞에는 CAAT, TATA 서열을 포함하는 프로모터가 있고, 3'말단에는 폴리 A 꼬리 첨가 신호 및 전사 종결점이 있다.

2. 전사

유전자의 발현 과정에 있어서 전사란 많은 유전자들 가운데에서 특정 유전자 하나의 DNA로부터 RNA를 합성하는 과정을 의미한다. 발현되어야할 유전자의 시스 요소에 적절한 트랜스 요소가 결합하면 프로모터 서열에 RNA 중합효소가 결합하면서 전사가 시작된다(그림 5-2, 5-3).

RNA의 합성에는 DNA의 염기 서열에 상보적으로 결합할 G, A, U, C 4 종류의 염기를 갖는 리보뉴클레오시드- 3인산(rNTP)이 사용된다. RNA는 단일가닥의 분자이며 mRNA, rRNA, tRNA, HnRNA의 4 종류가 있다. 그중 **mRNA**는 단백질을 합성하는데 필요한 정보를 제공하는 RNA이다. **rRNA**는 단백질 합성 기구인 리보솜의 구성요소이며, **tRNA**는 단백질 합성에 필요한 아미노산을 운반해주는 역할을 한다. 그리고 핵에 분포하며 크기가 일정하지 않은 **HnRNA**는 아직 그 기능은 잘 밝혀져 있지 않으나 유전자의 발현 조절 또는 합성된 RNA를 수식하는 데 사용되는 것으로 보인다.

전사 과정에서 합성된 RNA들은 각각 다른 과정을 거쳐 성숙된다. mRNA는 5'-말단에 **캡**(cap)이 만들어지며 3'-말단에는 **폴리 A-꼬리**가 달린다. 이에 비하여 핵 안에 있는 인 형성부위에서 rRNA의 전구체로 합성된 pre-rRNA는 성숙 과정에서 소단위의 rRNA로 잘라진 뒤 리보솜 구성 단백질과 결합하여 리보솜을 형성한다. 성숙된 mRNA, tRNA 및 리보솜은 핵공을 통해 세포질로 운반된다.

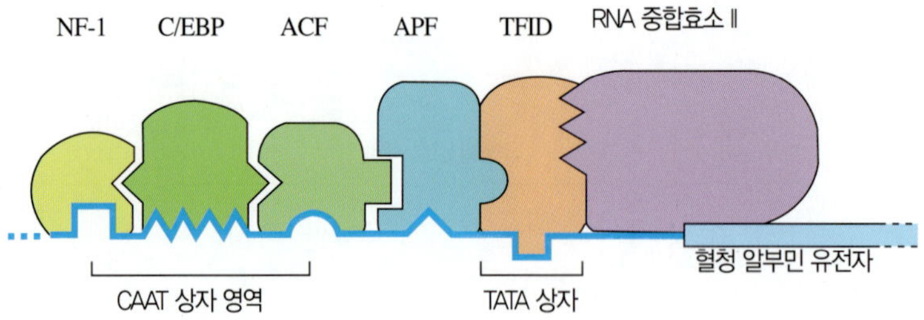

그림 5-2
프로모터와 여러 가지의 발현 조절 요소 및 RNA 중합효소의 결합

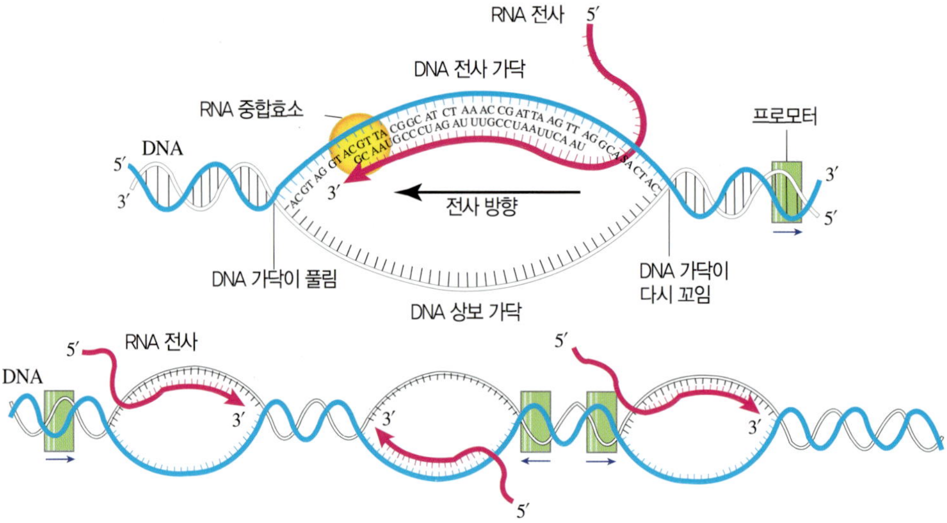

그림 5-3
전사과정

3. 번역

세포의 원형질을 이루거나 세포로부터 분비되는 모든 단백질들은 mRNA의 염기 서열 정보를 번역하여 만들어진다. **번역**이란 mRNA의 정보를 아미노산 서열로 풀이하여 단백질을 합성하는 과정을 의미한다. 세포에서 mRNA의 정보는 연속된 3개의 염기 서열을 하나의 정보 단위로 하는 유전 암호로 표시되어 있으며 리보솜에서 이를 번역한다.

리보솜은 아미노산을 달고 있는 tRNA가 들어오는 **A-자리**와 아미노산이 중합하여 폴리펩티드를 형성한 tRNA가 위치하는 **P-자리**를 가지고 있다. 각종의 tRNA는 3'-말단

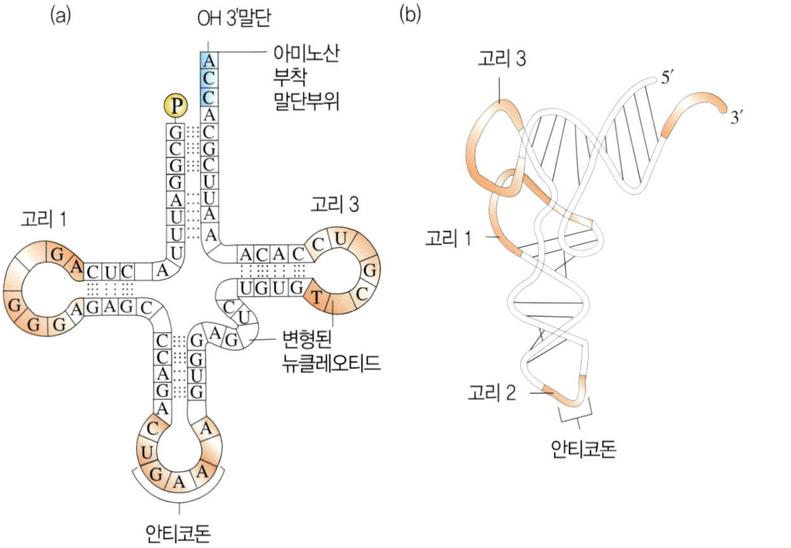

그림 5-4

tRNA의 구조

(a) 2차원적 구조

(b) 3차원적 구조

에 고유한 아미노산을 달고 리보솜으로 들어간 다음 A-자리의 mRNA 염기 서열에 상보적으로 결합하면 리보솜은 P-자리에 있던 tRNA의 꼬리에 달린 아미노산을 A-자리의 꼬리에 옮겨서 중합시킨다. 그리고 아미노산이 떨어져나간 P-자리의 tRNA는 내보내고 폴리펩티드를 달고 있는 A-자리에 있던 tRNA를 P-자리로 옮긴다. 이와 같은 과정을 되풀이하게 되면 mRNA에 염기서열로 실려 있던 정보가 번역되어 폴리펩티드를 합성한다(그림 5-5). 전체 단백질 합성과정은 폴리펩티드의 합성이 **개시**, **신장**, **종결**되는 3단계로 이루어지며, 각 단계는 여러 가지 단백질에 의해서 조절된다. 세포가 합성한 다양한 단백질의 정보는 DNA에서부터 오는 것이므로 단백질은 궁극적인 **유전자 산물**이라 할 수 있다.

4. 유전형질

앞에서 우리는 세포가 합성하는 각 단백질에 대한 정보의 원천이 DNA의 염기 서열로부터 오는 것이며 다양한 단백질들은 다양한 유전자의 산물임을 알았다. 유전형질은 바로 이와 같이 합성된 각각의 단백질, 또는 이들 단백질간의 상호작용이 나타내는 결과라고 할 수 있다. 합성된 단백질 그 각각이 유전형질로 바로 나타나는 것은 그 단백질 자체가 우리 몸을 이루는 구조 단백질인 경우이다. 예를 들어 머리카락은 **케라틴**이라는 구조 단백질이 주성분이다. 케라틴은 3분자가 서로 꼬이면서 그 끝은 서로 어긋나 있는 구조인데 이들 어긋나는 끝이 서로 맞물리면서 길게 연쇄하면 가는 섬유가 된다. 이와 같은 가는

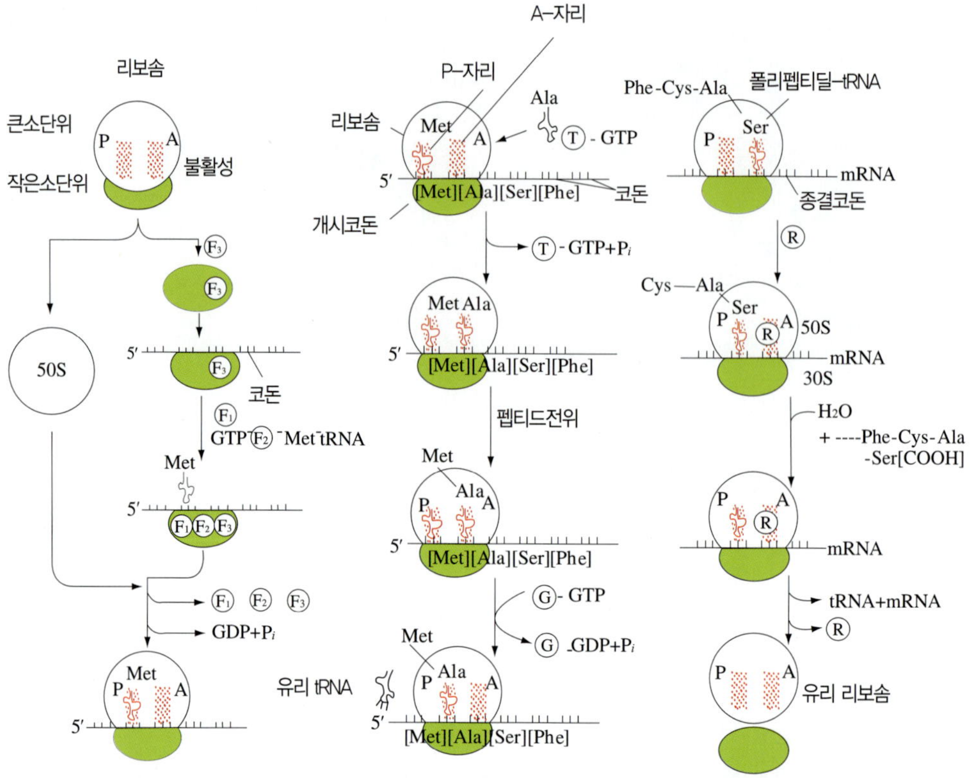

그림 5-5 　합성개시　　펩티드 사슬의 신장　　합성 종결

단백질 합성 과정 (F_1, F_2, F_3 : 개시인자, R : 방출인자)

표 5-1 mRNA의 유전 암호표

첫번째 문자 (5')		두 번째 문자 U		C		A		G		세번째 문자 (3')
	C	UUU	Phe	UUU	Ser	UAU	Tyr	UGU	Gys	U
		UUC		UCC		UAC		UGC		C
		UUA	Leu	UUA		UAA	넌센스	UGA	넌센스	A
		UUG		UUG		UAG		UGG	Try	G
	C	CUU	Leu	CCU	Pro	CAU	His	CGU	Arg	U
		CUC		CCC		CAC		CGC		C
		UUA		CCA		CAA	Gln	CGA		A
		UUG		CCG		CAG		CGG		G
	A	AUU	Ile	ACU	Thr	AAU	Asn	AGU	Ser	U
		AUC		ACC		AAC		AGC		C
		AUA		ACA		AAA	Lys	AGA	Arg	A
		CUG	Met	ACG		AAG		AGG		G
	G	GUU	Val	GCU	Ala	GAU	Asp	GGU	Gly	U
		GUC		GCC		GAC		GGC		C
		GUA		GCA		GAA	Glu	GGA		A
		GUG		GCG		GAG		GGG		G

섬유 여러 개가 다시 모여 다발을 형성 할 때 가는 섬유들 사이를 잡아주는 중요한 요소 중의 하나가 각 섬유의 시스테인이라는 아미노산이다. 즉, 케라틴에 시스테인이 많으면 가는 섬유를 잡아주는 숫자가 늘어나게 되며 그 정도에 따라서 머리카락이 뻣뻣하거나 곱슬거리게 된다(그림 5-6).

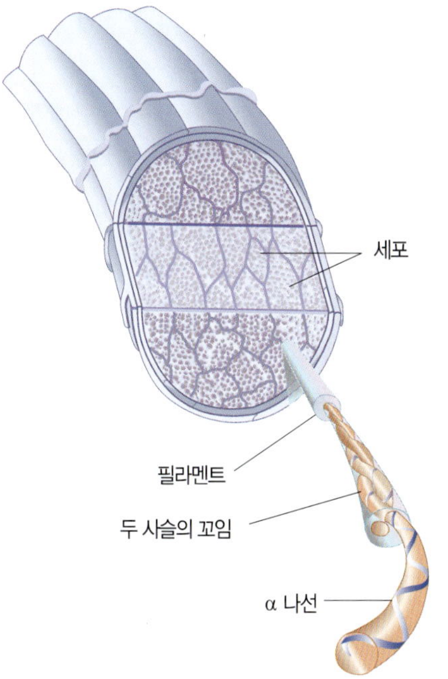

그림 5-6

머리카락의 구조

머리카락의 내부에는 알파 나선 구조의 케라틴 단백질이 이중으로 꼬인 다음 평행하게 배열한 필라멘트들이 빼곡히 차 있다.

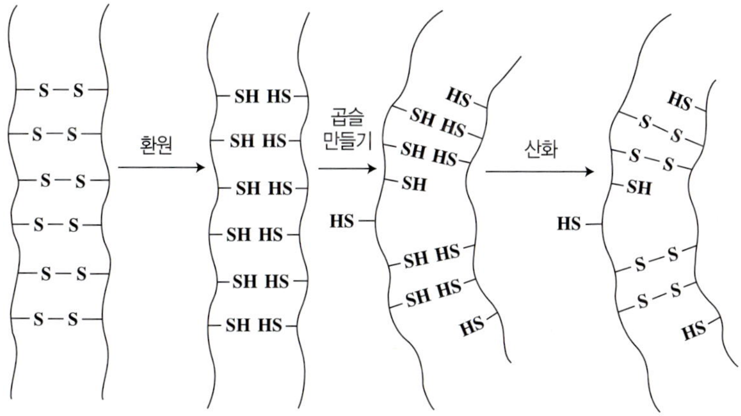

그림 5-7

파마의 원리

머리카락을 기구에 감은 다음 이황화 결합을 환원시키는 약물로 처리하고 가열하면 케라틴 필라멘트 사이의 이황화 결합이 환원되면서 머리카락의 굽힘이 풀어진다. 이어서 산화제로 처리하면 필라멘트 사이에 이황화 결합이 다시 만들어지면서 기구에 감은 방향으로 머리카락의 굽힘을 고정시켜 주어 파마가 된다.

그런가 하면 **ABO 혈액형**은 하나 이상의 단백질에 의하여 결정되는 유전 형질의 예이다. 혈액형의 판정은 시험 혈액에 표준 혈청을 넣어주었을 때 나타나는 적혈구의 응집을 관찰하여 판단한다. 이때 시험 혈액의 적혈구가 가지고 있는 항원은 적혈구 세포막의 당지질이며, **표준 혈청**에는 이 당지질에 반응하는 항체 분자가 포함되어 있다. 그러므로 응집은 **항원·항체 반응**으로 적혈구가 서로 엉기는 현상이다.

혈액형은 **복대립유전자**에 의해서 결정된다. 혈액형을 결정하는 적혈구 항원은 세포막의 당지질이며, ABO 혈액형이 다른 것은 결국 이 당지질의 구조가 다르기 때문이다. 이 적혈구 항원을 결정하는 I 유전자의 세 가지 **대립유전자**, 즉 I^A, I^B, i 중 어느 것을 가지고 있느냐에 따라 각 각 A, B, O형이 된다. I^A, I^B 유전자의 단백질 산물은 각각 서로 다른 기능을 나타내는 **당 전이효소**이며, 이 효소에 따라서 적혈구 표면에 나타나는 당지질의 분자 구조가 다르게 된다. I^A, I^B 유전자가 i 유전자에 비하여 **우성**인 것은 i 유전자 산물은 이 효소의 활성이 없기 때문이다. 그리고 I^A, I^B 유전자간에 우열이 없는 까닭은 I^A, I^B 유전자 산물은 동일한 기질에 반응하면서 기질 분자의 다른 위치에 서로 다른 당류를 결합시켜주는데 이들 각각의 당지질이 항원으로 작용하기 때문이다. 따라서 우성 대립유전자인 I^A, I^B 유전자는 **공동우성**이다.

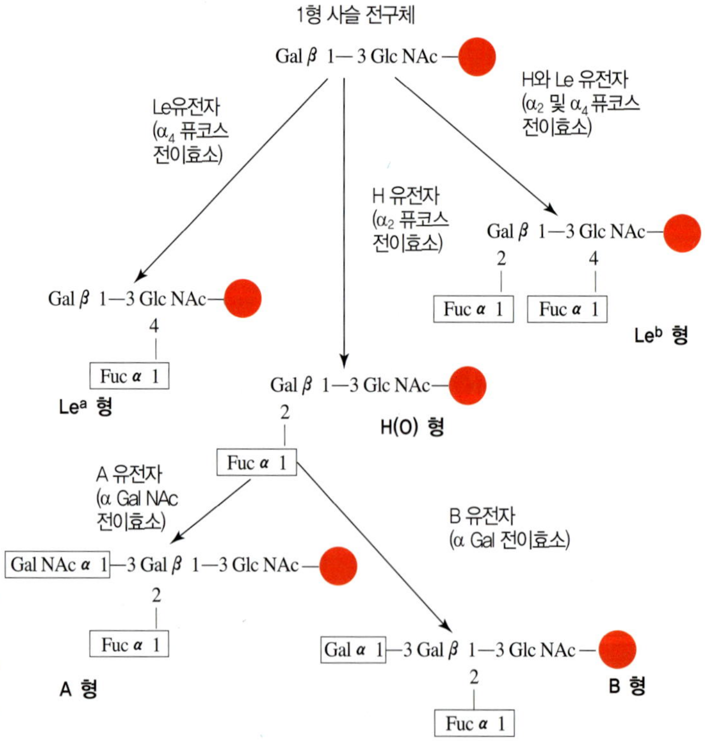

그림 5-8

적혈구의 Lewis 및 ABO 혈액형과 유전자의 작용

혈액형 Leᵃ, Leᵇ, H(O), A 및 B 유전자의 산물은 효소로 작용하여 당지질 또는 당단백질의 전구체에 특정의 당류를 첨가하여 항원 분자를 형성한다.

이처럼 유전 형질은 염색체의 DNA에 염기 서열로 수록된 유전 정보(유전자형)가 발현된 단백질에 의해서 표현형으로 나타난 것이다. 한 어버이에서 태어난 자손들 간에 유전적인 차이가 있는 것은 근본적으로 염색체의 조합의 차이이며, 더욱 구체적으로는 DNA의 염기 서열 정보에 차이가 있기 때문이다. 유전자의 발현 산물은 케라틴에서 본 바와 같이 세포 내외의 골격을 형성하는 구조 단백질의 차이로 나타나기도 하며, ABO식 혈액형의 결정에서와 같이 세포 대사 과정을 거쳐서 나타나기도 한다. 유전 형질들 중에는 가시적인 외형적 차이로 나타나는 경우도 있지만 그렇지 않은 경우가 훨씬 더 많다. 외형적으로 나타나는 표현형에 차이가 있더라도 실제 생활에서 그것이 반드시 우열로 나타나는 것은 아니다. 만약에 생명 현상에 장애가 되는 형질이 있었다면 자손을 남기는데 어려움이 있었을 것이며, 그로 인하여 자연 도태 되었을 것이기 때문이다.

5. 돌연변이와 돌연변이원

돌연변이

돌연변이는 유전자를 이루는 DNA의 염기 서열이 다른 염기로 대체되거나 결손 되었을 때 나타날 수 있으며, 크게 염색체 돌연변이와 유전자 돌연변이로 나누어 볼 수 있다. 염색체 돌연변이는 염색체의 수적 이상, 부분적 결손 등이며, 유전자 돌연변이는 특정 유전자의 DNA 염기 서열의 일부가 결손 되거나 바뀌어져서 나타나는 돌연변이다.

염색체 돌연변이에는 염색체의 숫자가 증감하여 나타나는 돌연변이와 염색체의 일부분이 결실, 역위, 중복, 전좌 되어서 나타나는 돌연변이가 있다. 염색체의 숫자가 증감하는 것은 감수분열 후기에 **염색체 비분리** 현상으로 한쪽 극의 염색체가 정상의 수보다 더 많거나 감소하여서 나타나는 현상이다. 염색체의 부분적 돌연변이는 제1 감수분열 전기에 시냅스를 이루는 상동염색체의 분체들 사이에 **교차**가 발생되어 DNA를 포함하는 염색체의 일부가 완전히 절단되거나, 교차 후 회복 과정에 실패하는 경우에 발생한다. 절단된 염색체 단편에 동원체가 없는 경우 그 절편은 세포분열 후기에 정상적인 이동을 할 수가 없어서 딸세포에 들어가지 못하기 때문에 염색체의 일부분이 **결실**된다. 또한 절단된 염색체의 단편이 회복 과정에서 거꾸로 결합하게 되면 **역위**가 생성된다. **중복**은 상동염색체가 서로 다른 위치에서 절단된 다음 회복 과정에서 비정상적인 융합이 이루어져 한쪽은 그 부분에 결실이 생기고 다른 쪽에는 동일한 부분이 중복되어서 나타난다. **전좌**는 한 염색체의 절편이 다른 염색체와 융합하여 그 위치가 이동되어서 나타나는 염색체 돌연변이이다.

유전자 돌연변이는 특정 유전자의 일부 염기 서열이 다른 서열로 대체된 **대체 돌연변이**, 염기 서열 한 두 개가 소실된 **결손 돌연변이**가 있다.

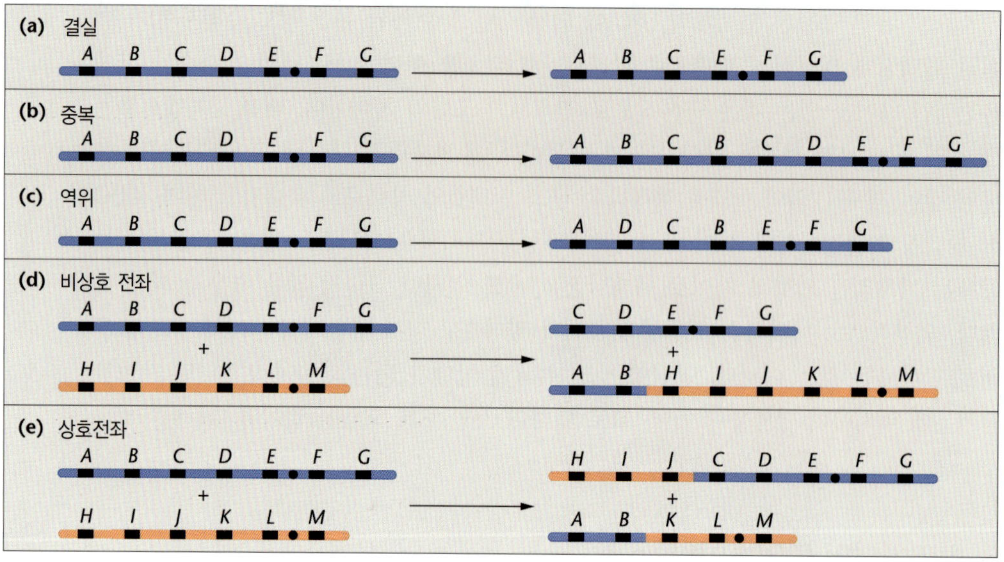

그림 5-9

염색체돌연변이

일반적으로 단일 염기의 대체 돌연변이는 바뀌어진 염기로 인하여 새로운 종결 코돈이 생겨나지 않는 한 그 영향이 그리 심각하지는 않다. 유전 암호는 3개의 염기가 하나의 단위를 이루는데, 많은 경우 3번째 염기는 다른 것으로 대체되더라도 동일한 아미노산을 암호화하는 경우가 많기 때문에 돌연변이의 효과가 잘 나타나지 않는다. 이처럼 염기 서열에 변화가 생겨도 합성된 단백질에서는 그 차이가 없어서 돌연변이 효과가 없는 변이를 **침묵 돌연변이**라고 한다. 반면 코돈의 염기 서열 하나 또는 두 개가 결손된 경우에는 돌연변이의 영향이 매우 심각하다. 이와 같은 부분적 결손은 이후의 염기 서열에서 코돈을 모두 바꾸어 버리기 때문에 **번역틀**이 완전히 달라져 전혀 다른 단백질이 합성되기 때문이다. 이와 같은 돌연변이를 **번역틀 이동 돌연변이**라고 한다(그림 5-10). 그러나 세 개의 염기가 잇달아 결손된 경우는 전체적인 번역틀에 영향을 미치지 않기 때문에 그 돌연변이 효과도 미미하다.

돌연변이원

돌연변이를 유발하는 여러 화학물질, 물리적 요소 및 생물학적 요인으로 비루스 감염 등을 **돌연변이원**이라고 한다. 화학적 돌연변이원에는 삽입성 물질, 염기 유사 물질, DNA 변형 물질 등이 있다. 삽입성 물질은 일반적으로 DNA의 염기쌍에 끼어 들어가 DNA에 뒤틀림을 발생시켜 돌연변이를 유발한다. 염기와 구조가 유사한 화학물질은 DNA 복제 과정에서 특정 염기를 대체하여 사슬에 쉽게 끼어 들어갈 수 있다. 그러나 이들은 수소결합

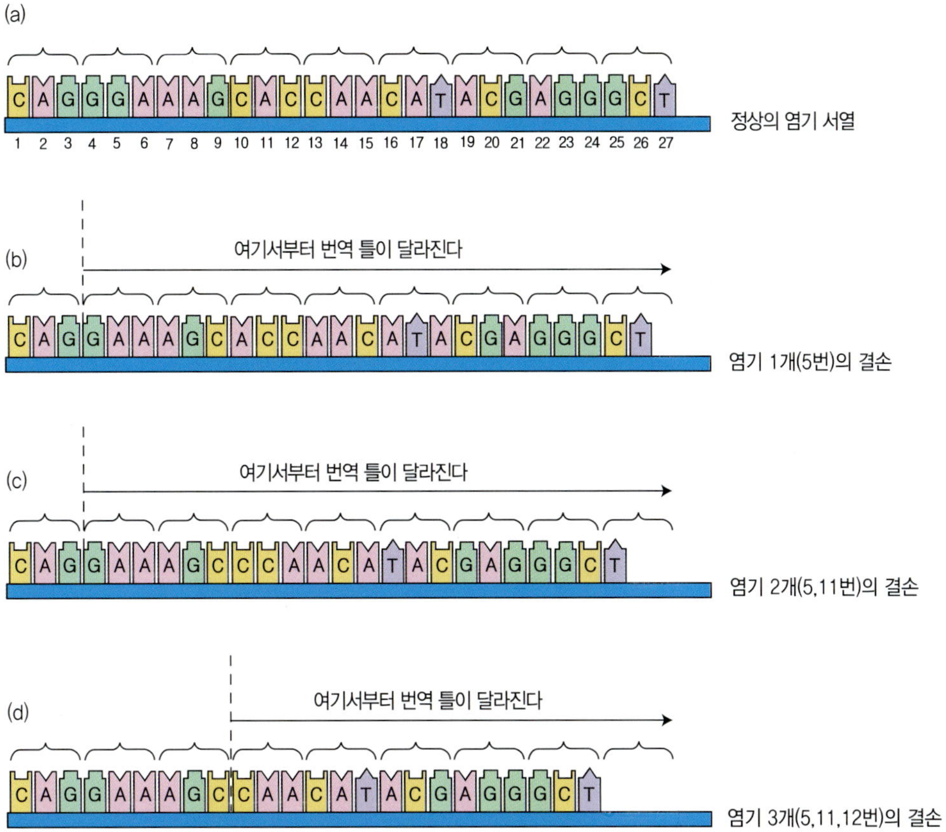

그림 5-10

염기 결손에 의한 번역틀 이동 돌연변이

의 특성이 다르기 때문에 다음 복제에서 상보적으로 결합하는 염기쌍에 변화를 초래하여 돌연변이의 원인이 된다. 이들과는 달리 DNA 변형 화학물질은 DNA의 염기와 반응하여 그 염기에 특정 작용군을 첨가하거나 변화를 야기하므로 돌연변이의 원인이 된다. 물리적 요인으로는 자외선, 방사선, X-선 등이 있으며, 이들은 DNA를 절단하거나 염기에 변형을 초래하여 돌연변이를 유발한다.

이와 같은 돌연변이원은 작게는 DNA의 염기에 손상을 일으키며, 크게는 염색체의 부분적 결손을 야기한다. 대부분 정상적인 세포에는 DNA의 복제 과정에서 또는 돌연변이원으로 인하여 생성되는 염기 서열의 착오를 수시로 확인하고 회복하는 기작을 가지고 있다(그림 5-11). 그러나 이와 같은 돌연변이의 확인 및 **회복**을 담당하는 유전자에 이상이 발생하게 되면 그 세포 내 다른 돌연변이도 치유될 수가 없을 것이며 결국 암을 유발하는 요인이 된다.

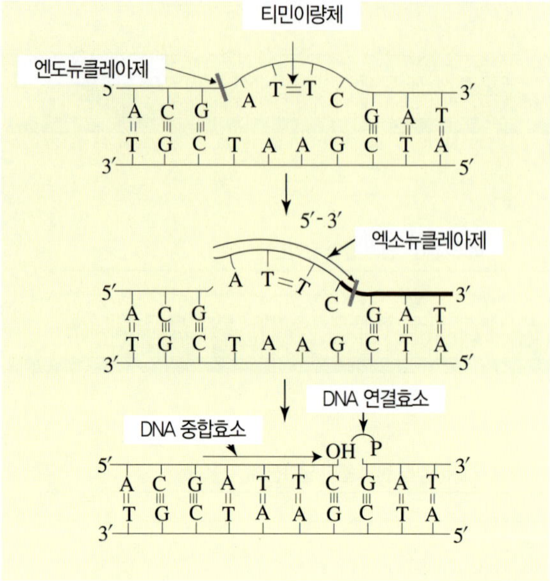

그림 5-11
자외선으로 손상된 DNA의 회복 과정

6. 유전병

유전성 질환은 근본적으로 생식세포의 염색체 및 DNA에 발생된 돌연변이에 그 원인이 있다. 결함이 있는 배우자 세포가 수정하여 태어나는 자손은 변형된 DNA 또는 염색체로 인하여 정상 단백질의 농도가 비정상적이거나, 치명적인 단백질이 결핍되어 있거나, 비정상적인 단백질을 생산하게 된다. 이와 같은 돌연변이는 결국 세포, 조직 및 기관의 생화학적 결함이나 구조적 비정상을 초래한다. 유전질환은 신생아에서 발병율이 2-5%이며, 15세미만 사망의 주요 원인이다. 그리고 성인의 10% 정도가 유전적인 소인으로 인한 심장, 암, 등의 만성질환으로 고생하고 있다.

염색체 이상에 의한 유전병

과학적인 추산으로 염색체 돌연변이는 임신 10회에 1회 빈도로 발생한다. 그중 90%는 심각한 비정상으로 인하여 발생이 중단되고 임신부가 미쳐 임신을 의식하지도 못한 단계에서 자연 유산된다. 그리고 출산된 경우 신생아는 각 염색체 돌연변이의 특이한 구조 및 기능적 증상을 가지고 있기 때문에 조기 사망, 불임, 신체 및 정신적 결함 등이 나타난다.

정상적으로 출산된 경우 가장 보편적인 구조적 재배치는 13, 14, 15, 21, 22번 염색체에서 나타나며, 수적 이상은 주로 **삼염색체성**으로 13번(**파타우 증후군**, 1/5,000 신생아), 18번(**에드워드 증후군**, 1/10,000), 21번(**다운 증후군**, 1/700) 상염색체에서 나타난다. 성염색체 이상은 XXY(**클라인펠터 증후군**, 1/2,000), XXX(**여성 성염색체 이상 증후군**, 1/1,000)이 있으며, **일염색체성**으로는 XO(**터너 증후군**, 1/3,000)이 있다. 염색체의 수 이상은 이밖의 다른 염색체에서도 나타나지만 치명적인 영향을 미치기 때문에 출생까지 가는 경우가 매우 드물다. 파타우나 애드워드 증후군은 장기에 심각한 이상이 있기 때문에 대부분 생후 1년 내에 사망한다. 터너증후군을 갖는 여성은 보편적으로 키가 작고, 신체적 이상이 많으며, 난소가 발달하지 못하여 불임이다. XXX 여성은 제한적인 임신능력을 가지며 약간 늦게 성숙한다. XXY 남성은 생식소가 발달하지 못하고, 불임이며, 정신장애를 가지고 있다.

유전자 돌연변이성 유전병

유전자 돌연변이로 발생된 질환은 우열성, 상염색체 또는 성연관 유전 등으로 구분된다. 열성 질환은 **페닐케톤뇨증**(PKU)과 같이 일반적으로 효소 및 호르몬의 결함으로 나타나는데 비하여, 우성 질환은 흔히 구조 단백질의 비정상으로 나타난다. 정상적인 사람이라 할지라도 신체 기관에 한두 가지의 유전적 이상은 있을 수 있다. 우리 몸의 DNA, RNA, 지방, 탄수화물, 단백질 대사회로는 다양한 효소에 의해서 촉매되며, 이는 유전자 돌연변이에 의해 교란될 수 있다. 그러므로 단일 유전자 돌연변이는 대단히 많을 수 있으며, 현재 확인된 질환만 해도 3000여종에 이른다.

낫형 적혈구 빈혈증

유전자 돌연변이성 유전병으로 가장 대표적인 것이 낫형 적혈구 빈혈증으로 대체돌연변이가 원인이다. 적혈구에는 산소 운반에 사용되는 헤모글로빈이 있다. 사람의 헤모글로빈(**HbA**)은 141개의 아미노산이 연쇄된 α 사슬 2개와 146개의 아미노산이 연쇄된 β 사슬 2개로 구성되어 있다. 낫형 적혈구의 헤모글로빈(**HbS**)에는 이 β 사슬의 여섯 번째 아미노산인 글루탐산이 발린으로 대체되어 있다. 이는 DNA의 염기 서열에서 보면 6번 코돈의 두 번째 염기 T가 A로 대체된 것이다. 즉 한 개의 염기 서열의 대체로 인하여 합성된 헤모글로빈 분자도 한 개의 아미노산이 대체된 것이다. 그래서 이와 같은 돌연변이를 점 돌연변이라 한다. 이 돌연변이형 헤모글로빈은 물에 잘 용해되지 못하며 산소 분압이 낮은 경우에는 결정을 이루며, 적혈구의 모양이 손톱 모양으로 낫형이 된다. 낫형 적혈구는 혈관을 순환하는 동안 쉽게 손상되고 파괴된다. 또한 이 낫형 적혈구는 모세혈관을 잘 통과하지 못하고 혈관을 막게 되어 빈혈증을 초래한다(그림 5-12).

아프리카 계열의 흑인 중 약 8%가 낫형 적혈구 형질 보유자이며, 그 빈도는 점차 감소

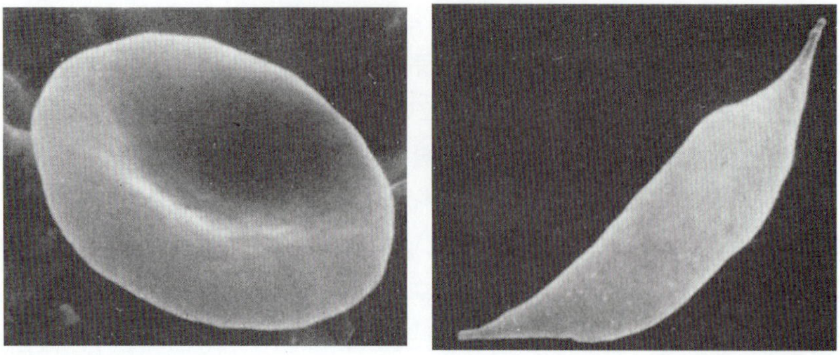

그림 5-12
정상 적혈구(좌)와 낫형 적혈구(우)의 비교

하고 있는 것으로 보인다. 이 돌연변이 대립유전자는 아프리카, 인도, 아라비아 및 지중해 연안 거주민들에게 흔히 나타난다. 이 질환은 멘델 법칙을 따르는 11번 상염색체 열성 유전 질환으로 열이 나고 뼈마디와 관절에 심한 통증을 수반하는 심각한 증상을 보이며, 빈혈 증상이 심한 환자는 성인이 되기 전에 사망한다. 그렇다면 이 돌연변이는 생식 단계에 이르지 못할 만큼 유해한데 어떻게 소멸되지 않았을까? 그 이유는 아프리카라는 특정 환경에서 이 돌연변이 유전자가 가지는 장점이 있었기 때문이다. 과거의 아프리카에서는 말라리아가 인간의 생존을 결정하는 가장 큰 위협이었는데, 밝혀지지 않은 이유로 낫형 적혈구 돌연변이를 가진 사람들은 말라리아에 대한 내성을 가지고 있다. 적혈구의 모양이 손톱 모양이 되는 것은 부계 및 모계로부터 물려받은 두 유전자 모두가 낫형 적혈구 형질을 지니는 HbS인 경우이다(동형접합자). 이에 비하여 어느 한쪽 유전자가 정상적인 경우(이형접합자)에는 혈구의 생김새나 기능에는 별 이상이 없고 정상적으로 자손을 남길 수 있는 한편 말라리아의 감염에 대한 내성이 크다. 이에 비하여 정상형질인 HbA를 지닌 동형접합자인 정상인의 경우 아프리카에서는 말라리아에 대한 내성이 약하여 자손을 남기는 연령까지 생존하기가 어려웠다. 이와 같은 환경 요인이 작용하였기 때문에 HbS 유전자는 유해한데도 불구하고 자연 선택되어 오늘까지도 남아 있는 것이다.

헌팅턴병

헌팅턴병(Huntington's disease: HD)은 상염색체 우성형질로 몇 가지 이유에서 매우 심각한 유전 질환이라 할 수 있다. 이 질환의 증상은 30~40세에 나타나기 시작하는데 뇌의 신경세포가 치사하여 뇌 기능이 감퇴되며, 중추신경계의 장애로 발병 후 10~20년이 되면 사망한다. HD의 초기 증세는 다양하게 나타나지만 일반적으로 사회성이 떨어지고 기억상실 증세를 보이며 우울증에 걸린다. 증세는 곧 악화되어 몸의 움직임을 자제하지 못하는 **무도**

병(舞蹈病) 증상이 나타나며, 종국에는 기억상실과 더불어 생리 대사기능도 저하된다.

HD 유전자는 4번 염색체 짧은 팔에 위치하고 있으며 10,000여 염기로 구성되어 있으며 3,144개 아미노산으로 구성된 헌팅틴 단백질을 암호화한다. 그러나 이 헌팅틴의 기능은 아직 잘 밝혀지지 않았다. 정상 대립유전자에 비하여 HD 유전자는 앞부분에 위치하는 CAG 뉴클레오티드의 반복횟수가 많은 것으로 판명되었다. 즉 HD는 이 서열의 수가 증가하여 형성된 것이다. 정상 유전자는 그 반복이 9~36인데 비하여 HD 환자는 37~66회이며, 개인에 따라서는 70~90회, 심지어 100회 반복된 경우도 있다. 이 서열의 반복 횟수가 33~36회인 개인은 HD 증세는 없지만 자손을 낳을 경우 그 수가 증가하여 HD가 될 가능성이 높으므로 **예비돌연변이**(premutation)라 한다. CAG의 반복 횟수와 HD의 발병 시기간에는 상관관계가 있어서 반복이 많을수록 조기 발병하며, 100회 이상 반복된 경우에는 2살에 발병한다.

선천성 콜레스테롤 과다증

낫형 적혈구 빈혈증이나 헌팅턴병이 특정 세포에 손상을 미치는데 비하여 전반적인 대사과정에 이상을 초래하는 유전성 질환도 있다. 심장 질환은 유전적 돌연변이에 의한 경우가 많은데, 유전적인 심장 질환 중 가장 흔한 것이 대사 이상으로 인한 선천성 **콜레스테롤 과다증**(**familial hypercholesterolemia: FH**)이다. FH는 선천적 대사 장애에 속하지만 효소 결핍에 의한 것은 아니다. 이 FH를 이해하려면 먼저 체내에서 정상적인 콜레스테롤 대사과정을 이해할 필요가 있다.

콜레스테롤은 지질의 일종이며 모든 세포의 세포막 합성에 필요한 물질이다. 정상적인 경우 신체내에서 필요한 콜레스테롤은 거의 대부분 간에서 합성되며, 일부는 음식물로부터 얻는다. 콜레스테롤은 **저밀도 지방 단백질**(**LDL**) 입자로 만들어진 다음 혈액을 통하여 운반된다. LDL 입자의 표면은 지질층으로 되어 있으며, 지질층에는 이 입자형성에 관여하는 하나의 거대한 단백질 분자가 박혀 있다. 그리고 지질층 내부에는 약 1,500 분자의 콜레스테롤이 들어 있다.

한편 콜레스테롤을 필요로 하는 세포는 그 세포막에 LDL에 대한 수용체 분자를 가지고 있다. 수용체에 결합한 LDL 입자는 **피복구**에 농축되며, **내포작용**으로 세포내로 들어간다. 내포에 담겨진 LDL 입자는 리소솜 융합으로 소화된 다음 콜레스테롤은 세포질내로 흡수되어 세포막의 합성에 사용된다.

LDL 수용체의 유전자에는 4가지 대립유전자가 있는데 그중 하나는 정상이며, 3가지는 불완전 우성 돌연변이다. 정상의 *C* 대립유전자는 정상의 수용체를 암호화하지만, 돌연변이 *c* 대립유전자들 중 하나는 결합 효율이 좋지 못한 수용체를, 다른 하나는 LDL에 결합하지 못하는 수용체를, 나머지 하나는 내포작용이 불가능한 수용체를 암호한다. *CC* 동형접합자인 경우에는 세포내로 LDL을 정상적으로 흡수하지만, 돌연변이 중 하나와 이형접

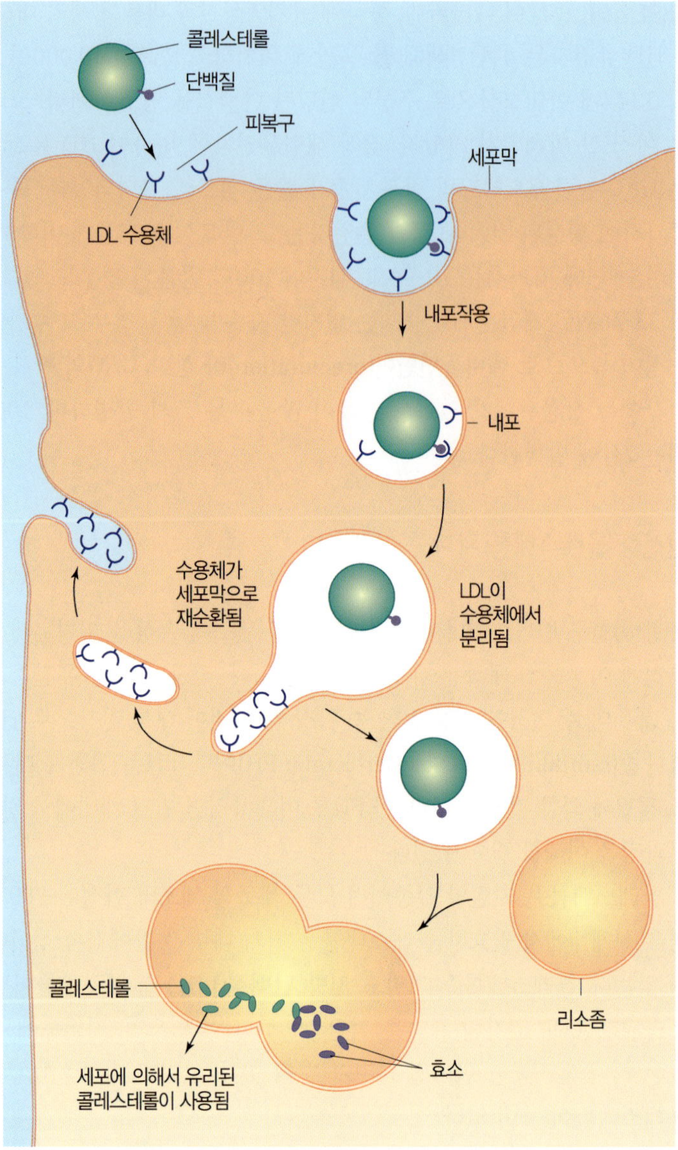

그림 5-13

내포작용에 의한 콜레스테롤의 흡수

합자를 이룬 *Cc* 경우에는 콜레스테롤 흡수가 제한적으로 이루어진다. 세포내로 콜레스테롤이 흡수되지 못할 경우 세포는 스스로 콜레스테롤을 합성하며, 흡수되지 못한 LDL 및 콜레스테롤은 혈액에 축적된다. 우리 몸은 여분의 콜레스테롤을 혈관벽에 저장하는데, 이로 인하여 동맥이 탄력을 잃게 되어 **동맥경화**가 된다. 따라서 이형접합자인 경우 흔히 관상동맥 질환이 일찍이 나타나며, 40~50대가 되면 **심장마비**로 고생하게 된다. 그리고 *cc* 동형접합자인 경우 유아시기에 심장마비가 발생하며 대부분 경우 사망하게 된다. 인류집단에서 이형접합자의 출생율은 500명 중 1명 정도이기 때문에 FH는 유전질환 중에 가장 많으며 치명적인 질환이다. 낫형 적혈구 빈혈증이나 많은 다른 유전 질환과는 달리 FH는 인종에 따른 차이가 거의 없다. 최근에는 FH로 인한 심장마비를 완화시키는 약물이 개발되어 있어서 조기에 여분의 콜레스테롤을 배설할 수 있게 되었으나 이 약물은 졸음이나 설사를 수반하는 부작용이 있다. 그러나 FH의 이형접합자인 경우 약물 투여와 병행하여 식생활과 생활 습관을 고쳐 체지방 및 체중을 줄이고, 규칙적인 운동을 하면 중년 이후까지 별 문제 없이 생존할 수 있다.

뒤센 근위축증

앞에서 살펴본 3가지 유전질환은 상염색체 유전자에 의한 것이지만 성염색체와 연관된 유전질환도 많다. 서로 다른 돌연변이 대립유전자 및 표현형이 가계에 따라서 뚜렷한 패턴을 가지고 나타나는 경우 결국은 X 염색체로 추적된다. X 염색체 연관된 유전으로 우성이 아닌 경우 그 질환은 남성에서 나타나며 여성에서는 드물게 나타난다. X 염색체 연관된 유전자 중 300여종이 유전질환과 관련된 것으로 알려져 있다.

뒤센 근위축증(근 이영양증: Duchenne muscular dystrophy: DMD)은 X-연관 열성 대립유전자에 의한 것이며, 남아 3,500명 중 1명 정도에서 나타난다. 참고로 X-연관 질환으로 가장 잘 알려진 혈우병은 남성 10,000명 중에 1명 정도이다. DMD는 10여종의 근육 위축병 중에 가장 심각한 질환이다.

DMD는 치명적인 유전질환으로 모든 근육세포들이 퇴화되는데 그 원인이 있다. 이 질환은 사춘기, 청장년 및 중년기에 이르러 처음으로 나타나기도 하며 증상의 심각성도 차이가 많다. 그러나 일반적으로 유아기에 발병하는 DMD는 그 증세가 2살이면 분명히 나타난다. 대부분 사춘기에 이르면 휠체어를 사용하여야 하며, 호흡 및 심장 질환으로 성년에 이르지 못하고 사망한다.

DMD 관련 유전자는 **디스트로핀(dystrophin)**이란 단백질을 암호화한다. 이 단백질 유전자는 X 염색체에 240만 염기로 수록된 엄청나게 큰 유전자이며, 최소 70여개의 액손과 60여개의 인트론으로 구성되어 있다. 이 유전자는 1988년 판독되었는데, DMD의 원인은 일부 액손의 결실에 있는 것으로 나타났다. 또한 근육 위축의 정도는 합성된 디스트로핀의 양과 질에 관련이 있는 것으로 밝혀졌다. 디스트로핀 대립유전자의 일부 또는 대부분의 핵심 부위가 그대로 있을 경우에는 약간의 디스트로핀이 생산되며, 대립유전자의 주요 부위가 결실된 경우에는 이 단백질이 생산되지 못하여 심각한 DMD가 발생한다.

디스트로핀 단백질의 정확한 기능이 밝혀지지는 않았지만, 한 가설에 따르면 디스트로핀은 근육세포막에 있는 6종류의 단백질과 결합을 하며, 이들을 세포내 골격의 미세섬유에 연결시키는 역할을 한다고 한다. 이들 6종류의 막 단백질을 DAP(dystrophin-associated protein)이라고 부르는데, 이들은 세포막에서 칼슘 이온 채널의 조절에 관여

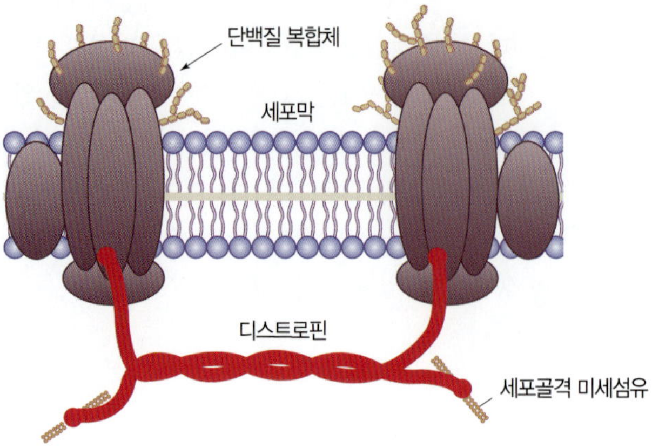

그림 5-14
근육세포에서 디스트로핀의 작용

하는 것으로 보인다. 근육의 수축은 근육세포의 칼슘 농도에 따라서 조절되므로 DAP의 이상으로 칼슘 이온의 흐름이 저하되거나 파괴되면 DMD가 발생되는 것으로 생각된다. 실제로 세포의 디스트로핀이 결핍되면 DAP는 빠른 속도로 분해되며, DMD 환자에는 DAP의 함량이 매우 낮은 것으로 나타났다.

7. 태아의 유전질환 진단

신생아의 2~5%는 유전질환이나 선천적 기형을 가지고 태어난다. 선진국에서는 유아의 30%가 병원에 입원하며 상당수는 사망한다는 통계가 있다. 미국의 경우 매년 유전 및 선천적 질환으로 1백만 명 이상이 입원하며, 성인의 10% 정도가 유전 소인에 의한 만성질환자로 알려져 있다.

유전질환이 있을 경우 가족은 물론 사회적으로 보건 및 복지 부담이 가중된다. 또한 주 대상이 어린이들이기 때문에 정신적인 부담이 더욱 크다. 그렇기 때문에 유전질환이 예상되는 부모들은 산전 진단을 받는 경우가 많다. 그 결과로 태아의 유전질환의 심각성을 사전에 알 수 있으며 유전 상담을 통하여 대비할 수 있다.

산전진단 기술은 분자유전학의 발달로 날로 발전하고 있다. 산전 진단으로 앞에서 알아본 질환 외에도 여러 가지 단일 유전자 결함, 모든 종류의 염색체 돌연변이, 선천적 기형, 등을 확인할 수 있다. 대부분 선천적 기형은 특정 가계에서 나타나며, 다유전자 유전인 경우가 많으며 경우에 따라서는 환경적 영향에 따라서 나타나기도 한다. 구조적 기형은 대부분의 경우 뇌와 척수가 생성되는 신경관의 발달에 이상이 있어서 나타난다.

초음파 검사

초음파를 사용하여 태아의 구조적 특징을 **소노그램(sonogram)**으로 형상화할 수 있다. 다른 검사에 앞서 초음파 검사로 태아가 자리 잡은 방향과 자궁내의 위치, 쌍생아 여부 및 뇌 발달의 이상 등을 확인할 수 있다.

태아경법

임신부의 복강에 작은 외과적 시술을 하고 양수막 속에 작은 태아경을 삽입하여 태아의 상태를 진단한다. 이는 양수 안으로 기구를 삽입하여 진단하기 때문에 자칫 유산의 위험을 수반하므로 극히 제한된 경우에만 사용한다. 초음파 검사에 비하여 태아 사지의 이상을 판단할 수 있으며, 태아의 혈액을 채취할 수 있다는 장점이 있다.

양수 검사와 융모막 검사

산전 진단의 주된 2가지 방법으로 양수 검사와 융모막 검사가 있다. 양수는 태아를 감싸고 있는 액체로 태아에 의하여 만들어진 것이며, 태아의 오줌, 여러 종류의 태아세포들이 포함되어 있다. 이 양수를 소량 채취하여 여러 가지 유전 및 생화학적 이상을 진단할 수 있다. 또한 채취한 양수에서 특정 단백질 효소의 이상 유무를 조사하면 발생 및 유전학적 결함을 판단할 수 있다. 양수의 태아세포는 배양을 한 다음 염색체 이상을 진단하는데 사용된다.

양수검사는 1980년 이후 산전 진단에 활발하게 사용되었다. 초음파로 태아의 머리와 태반의 위치를 정확히 진단할 수 있는 임신 14~16주에 일반적으로 시행하며, 태아와 산모에게 비교적 안전하게 사용될 수 있다. 이 시기가 되면 양수검사로 염색체 돌연변이나 선천성 돌연변이에 의한 50여 가지 대사이상을 매우 정확하게 진단할 수 있다. 단점이라 한다면 임신 17~20주가 되어야 최종적인 분석이 끝날 수 있다는 것이다.

융모막은 임신초기에 태아를 둘러싸고 있는 무수한 작은 돌기들로 구성된 막이다. 임신 10주가 될 때까지 이 막에는 많은 태아 세포들이 포함되어 있다. 이 융모막 조직을 조금만 떼어 내도 거기에는 충분한 양의 태아세포가 있으므로 세포를 배양하지 않고도 바로 분석에 들어갈 수 있다.

융모막 검사는 임신 6~9주면 시행할 수 있으며 불과 몇 일만에 염색체분석 및 생화학적 검사를 완료할 수 있어서 양수검사보다 장점이 있다. 그러나 이 검사는 신경관의 결함을 진단하기에는 적절치 않다. 그리고 1~2% 정도 유산의 위험이 있어서 양수검사에 비하여 2~4배 정도 위험하다고 할 수 있다.

Exercise

1. DNA의 유전정보가 단백질로 표현되는 과정을 간단히 설명하여라.

2. ABO 혈액형을 결정하는 유전자에 대하여 설명하여라.

3. 화학적 돌연변이원으로 염기와 유사한 물질은 어떻게 돌연변이를 유발하는지 설명하여라.

4. 상염색체의 비분리로 인하여 염색체의 수 이상으로 발생한 유전질환에 대하여 예를 들어 설명하여라.

5. 성염색체의 비분리로 인하여 염색체의 수 이상으로 발생한 유전질환에 대하여 예를 들어 설명하여라.

6. 낫형 적혈구 빈혈증의 원인유전자와 원인 돌연변이에 대하여 설명하고 이 질환이 아프리카 계열의 흑인에게 발병률이 높은 이유를 설명하여라.

7. CAG 뉴클레오티드의 반복 횟수의 증가가 원인인 유전질환이 무엇인가?

8. 유전질환 진단이 나날이 발전하고 있다. 7번의 유전질환과 같이 뉴클레오티드의 반복 횟수의 증가가 원인인 유전질환은 유전자진단을 통하여 알 수가 있다. 가계에 이 유전질환이 발병할 확률이 높은 경우 유전진단을 권하겠는가? 진단의 결과를 안다면 그것이 환자에게 어떤 영향을 미치겠는가? 유전자진단의 장단점에 대하여 논하여라.

9. 근육병은 그 원인이 매우 다양하다. 그 중 뒤센 근위축증은 X-연관 열성대립유전자에 의한 유전질환이다. 이 질환의 원인인자에 대하여 설명하여라.

10. 다음 용어에 대하여 설명하여라.

(1) 시스 요소와 트랜스 요소

(2) 프로모터

(3) 대립유전자

(4) 점돌연변이

(5) 유전자형과 표현형

참고문헌

[생명과학의 원리], 이형환 외, 월드사이언스, 2003.

[Essentials of 유전학], 황혜진 외, 월드사이언스, 2005.

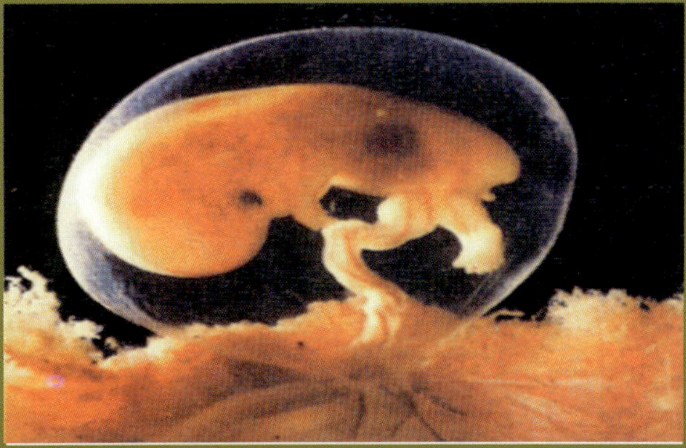

CHAPTER

06 생식과 발생

생물이 무생물과 다른 점은 그들의 복잡한 구성, 물질대사 작용, 자극 감수성, 운동, 환경 적응 등 여러 가지가 있지만 가장 생물적이고 흥미로운 특성이 바로 생식과 발생이라고 할 수 있다. 지구상의 모든 생물은 일정한 수명을 누린 후에는 노쇠하여 죽는다. 그러나 생물은 생식이라는 수단을 통하여 자기와 닮은 자손을 남김으로써 생명의 영속성을 나타낸다. 사람도 암 수 배우자를 만들어 수정시켜 새로운 개체로 발생하는 유성생식을 한다.

개체 발생은 배우자의 수정에서부터 출발하며 성장, 분화, 형태형성의 복잡하고도 정교한 과정을 거쳐 완성된다. 출생 후에도 인간은 청년기까지 계속 성장하며 이후 신체 각 부분에서 점진적 노화현상을 일으키다 종국적으로 생을 마감하게 된다. 이 단원에서는 남자와 여자의 생식 기관의 구조와 생식기능, 정자와 난자의 형성과정, 수정과 배아의 발달, 태아의 형성과 분만, 불임과 피임, 성병, 기형과 유전병의 발생 및 치유, 노화 등의 내용을 다루게 된다. 따라서 본 단원의 주된 목표는 사람의 생식과 발생에 대한 기본적 이해를 통하여 정상적인 가정생활에 도움을 주고자 하는 것이다.

1. 남성의 생식계

남성의 생식계의 기능은 수배우자인 정자의 생성과 이들 정자를 여성의 생식기관에 전달해주는 일이다. 이 밖에도 남성 호르몬인 안드로겐을 분비하여 남성의 2차 성징을 나타내도록 하며 생식기능을 조절한다. 남성의 생식계는 1쌍의 정소와 이에 따른 부속선, 수송관 및 외부 성기인 음경으로 구성되어 있다.

정소와 부속기관

남성의 주된 생식기관은 근육질의 주머니인 **음낭**으로 둘러싸인 1쌍의 **정소**이다. 음낭은 정소를 보호할 뿐만 아니라 외부 온도에 따라 수축, 이완을 하여 정자의 환경을 일정하게 유지 해 준다. 즉 외부 온도가 내려가면 수축하여 정소를 몸에 붙이도록 하여 체온으로 따뜻하게 만들고 반대로 온도가 올라가면 이완하여 하복부로부터 멀어지게 만든다. 정소의 내부는 수십 개의 격벽으로 나누어져 있고 격벽안에는 코일처럼 꼬인 **세정관**이 들어있다. 세정관은 직경 0.2mm의 가는 관으로 **부정소**로 이어지는데 총 길이가 정소 1개당 100~125m나 된다. 정자는 세정관 내에서 형성되며 이들은 **부정소**로 이동하여 그 곳에서 성숙된다. 부정소는 **수정관**으로 연결되어 있으며 수정관은 방광 위를 지나 하강하면서 3개의 부속선과 만난 후 요도와 합쳐지고, 그 끝은 외부 성기인 **음경**이다.

요도관과 연접되는 부위에서는 **정낭**, **전립선**, **쿠퍼샘**(또는 요도구선)이 있어 이들로부터 분비된 물질이 정액의 대부분을 차지하며 정자가 차지하는 실제 부피는 5~10%에

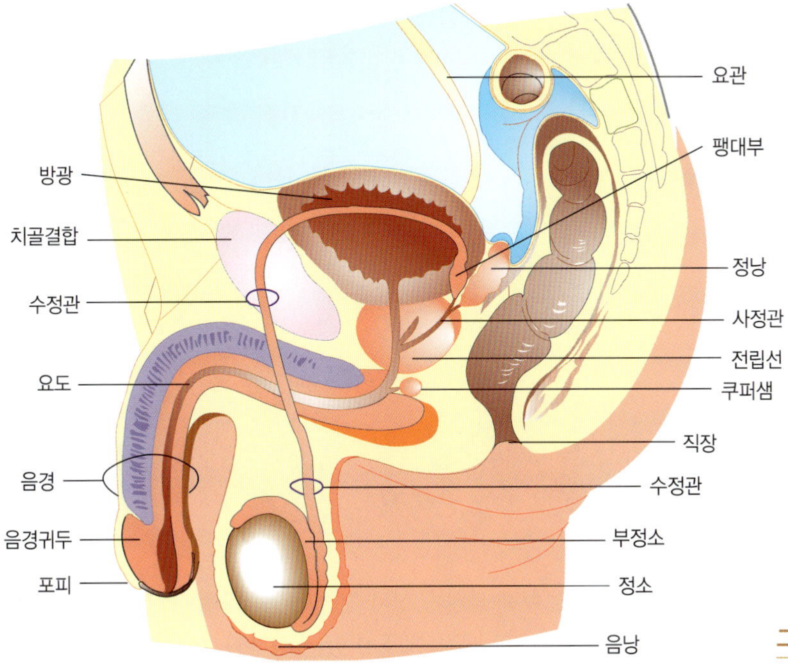

그림 6-1
남성의 생식계

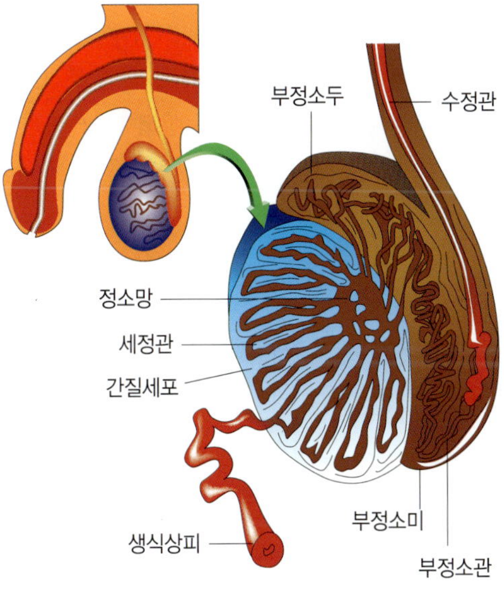

그림 6-2
정소의 단면도

불과하다. 분비된 물질에는 정자의 운동에 필요한 영양분, 물, 질 내의 산성을 중화시키는 완충용 염류 및 알칼리성 점액, 정자의 운동성을 증가시키는 프로스타글란딘이 포함되어 있다. 정액이 사출되기 직전에 쿠퍼샘에서 분비되는 알칼리성 점액은 요도에 잔류한 오줌을 중화시키는 한편 정액 이동에 윤활

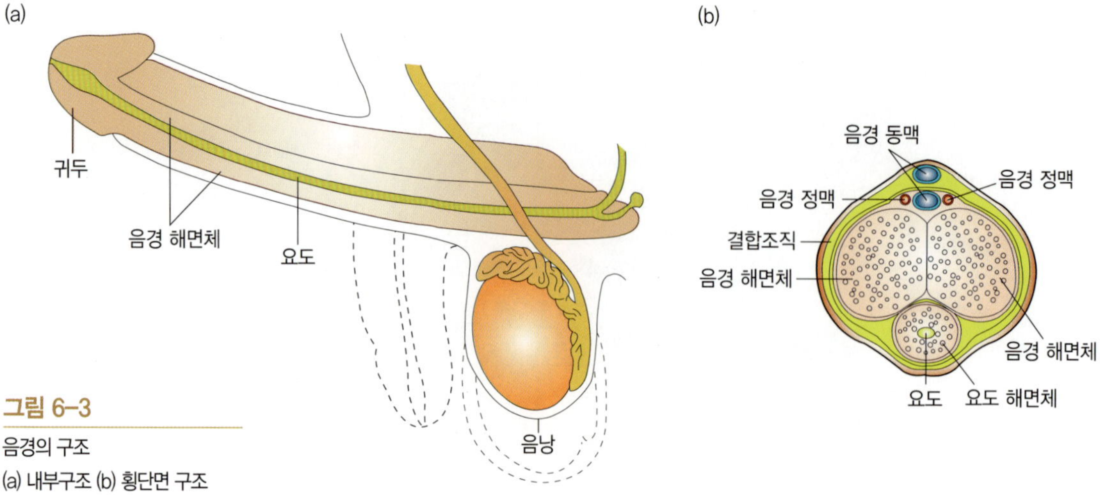

그림 6-3

음경의 구조
(a) 내부구조 (b) 횡단면 구조

작용을 한다. 남성 생식기관의 부속선의 구성과 기능은 표 6-1에 나타낸 바와 같다.

정액의 1회 사출량은 약 3~4㎖로 이 속에 들어있는 정자의 수는 무려 3~4억개(1억/㎖)나 된다. 음경은 3개의 해면조직으로 된 원통형의 구조인데, 해면조직은 혈액을 채울 수 있는 특수한 혈관 조직으로 발기조직이라고도 한다. 성적 자극을 받으면 음경의 동맥이 확장되는 반면 정맥은 축소되어 해면조직에 혈액이 채워져서 음경이 발기하게 되며, 성적 자극이 없어지면 동맥, 정맥의 확장과 축소가 반대가 되어 해면 조직으로부터 혈액이 빠져나가 발기가 사라진다. 음경의 끝부분인 음경 귀두는 성적 자극을 가장 민감하게 받아들이는 부분이다.

정자 형성

남성의 생식세포인 정자는 독특한 형태를 갖추고 있으며 여성 생식세포인 난자와 결합하

표 6-1 남성 생식기관의 부속선의 구성과 기능

종류	분비 물질	분비물의 기능	정액 구성 (%)
정낭	물, 과당, 비타민 C 알칼리성 물질	정자에 영양물질 공급 질내 산성의 중화	60
전립선	물, 콜레스테롤, 완충용염류, 인지질, 알칼리성 물질, 프로스타글란딘	정자의 운동성 증가 질내 산성의 중화	30
쿠퍼샘	알칼리성 점액	요도내의 잔뇨를 중화	5

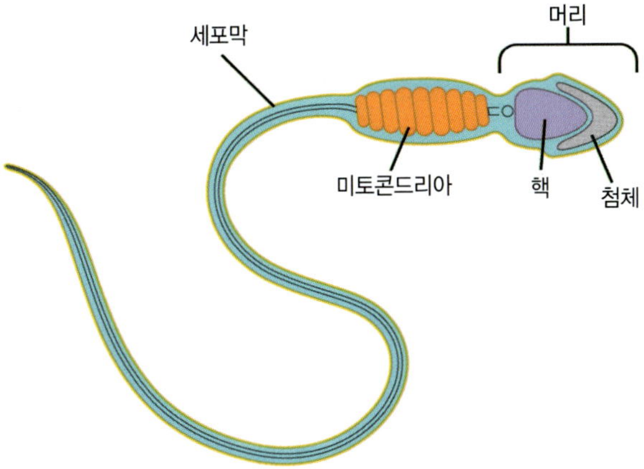

그림 6-4
사람의 정자세포

여 부계의 유전체를 전달하고 발생을 시작하는 임무를 띠고 있다.

정자의 구조 : 정자는 크게 머리와 꼬리의 두 부분으로 나누어지며, 머리는 다시 핵과 첨체로, 꼬리는 목, 중편, 미편으로 구분된다.

머리의 대부분은 **핵**이 차지하고 있으며 그 안에는 고도로 응축된 염색사로 채워져 있다. 머리의 앞부분은 첨체로 덮혀 있는데 그 안에는 난자를 둘러싸고 있는 과립막과 투명대를 용해시키는 가수분해효소들과 정자를 난자의 표면에 부착시키는 물질이 들어있다. **첨체**는 감수분열을 끝낸 **정세포**가 정자로 형태적인 변화를 일으킬 때 골지체가 서로 융합하여 핵의 한쪽 부분에 자리잡게 된 것이고 꼬리는 그 반대편에 형성된다.

정자의 **꼬리**는 편모가 운동할 수 있도록 매우 복잡한 구조를 갖추고 있다. 꼬리의 가장 앞부분인 목은 꼬리를 머리에 연결시켜주는 부위이다. 꼬리의 운동을 일으키는 주된 구조는 두 개의 중심 미세소관과 이를 둘러싸고 있는 9개의 2중 미세소관으로 구성되어 있는 편모 **축사(axoneme)**이다. 이와 같은 구조는 동,식물계의 모든 종류의 섬모나 편모에 나타나는 공통 구조로 9+2 구조라고도 하며 그 운동 메커니즘도 동일하다.

중편에서는 미토콘드리아가 서로 이어져 편모 축사를 나선형으로 감고 있어 꼬리의 다른 부위보다 굵다. 미토콘드리아는 사출된 정자가 여성의 생식기관으로 이동하는데 필요한 동력을 제공한다.

정자의 형성과정 : 정자형성의 전 과정은 세정관 상피에 있는 **세르톨리세포**의 세포막에 둘러싸여 일어나는데 이 때 세르톨리세포는 분화 중의 정자세포를 보호하는 한편 영양을 공급한다.

정자형성의 첫단계에서 **정원세포**는 여러 번의 체세포분열을 거쳐 **제1 정모세포**로 된다.

그러나 제1 정모세포는 보통의 체세포분열이 아닌 **감수분열**을 하여 정자를 형성한다. 감수분열은 2회의 연속된 분열로 제1 분열의 결과 2개의 **제2 정모세포**가 형성되고, 제2 분열의 결과 4개의 **정세포**가 만들어진다. 제1 분열에서는 각각의 상동염색체가 접합하여 4분 염색체를 이루었다가 후기에 서로 나누어져 염색체수가 반감되며, 제2 분열에서는 각 염색체를 이루고 있던 염색분체가 분리된다. 감수분열을 끝낸 정세포는 복잡한 과정을 거쳐 독특한 정자의 모습을 갖추게 된다.

감수분열이 일어나면서 정모세포들은 기저막을 떠나 점차 세정관의 안쪽으로 향하게 되며 완성된 정자는 부정소로 이동한다. 정원세포의 유사분열과 정모세포가 감수분열을 하는 동안 세포질분열이 완전히 일어나지 않아서 각 세포들은 1㎛정도 직경의 **세포질다리(cytoplasmic bridge)**에 의하여 연결되어 있다가 정자의 모습을 완전히 갖춘 후에 분리된다.

이와 같이 연속된 분열에 의하여 형성된 세포들은 **클론**이라고 할 수 있으며, 세포질다리를 통하여 이온과 고분자물질들이 통과할 수 있으므로 정자의 성숙이 동시에 진행될 수 있다. 사람의 경우 정원세포로부터 성숙한 정자가 되기까지 약 65일이 소요되며, 일생 동안 약 10^{12}~10^{13}개의 정자를 생산한다.

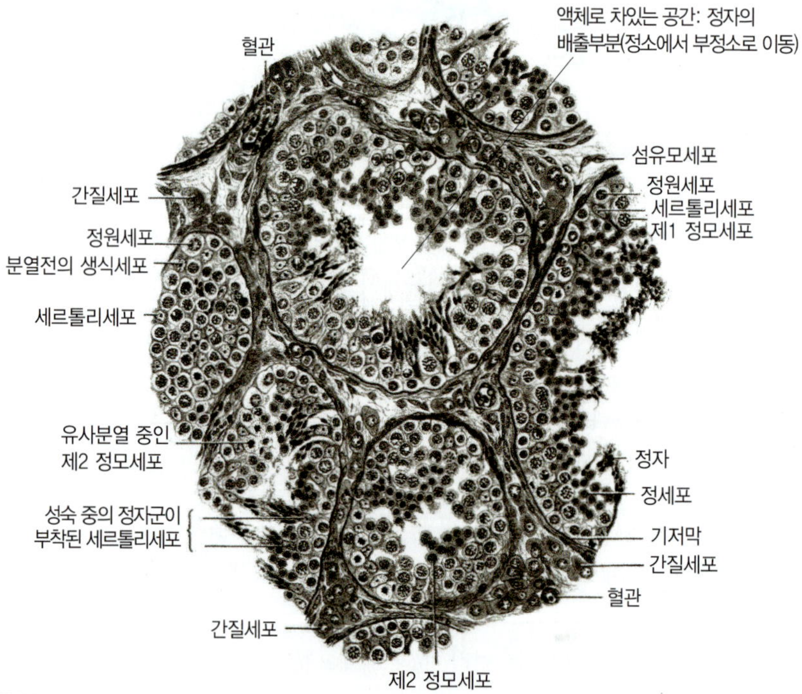

그림 6-5

세정관의 단면도

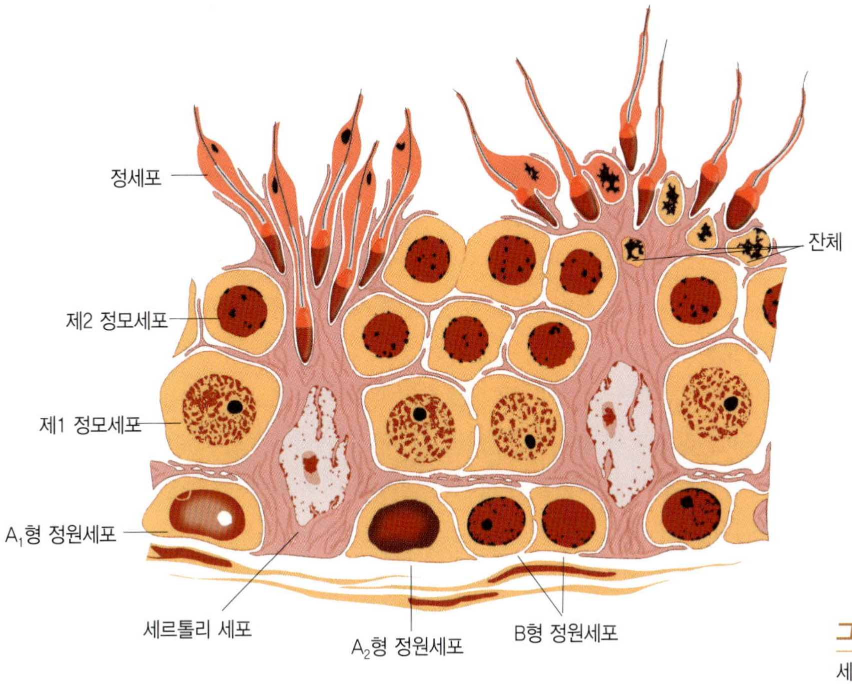

그림 6-6
세정관의 구조 모식도

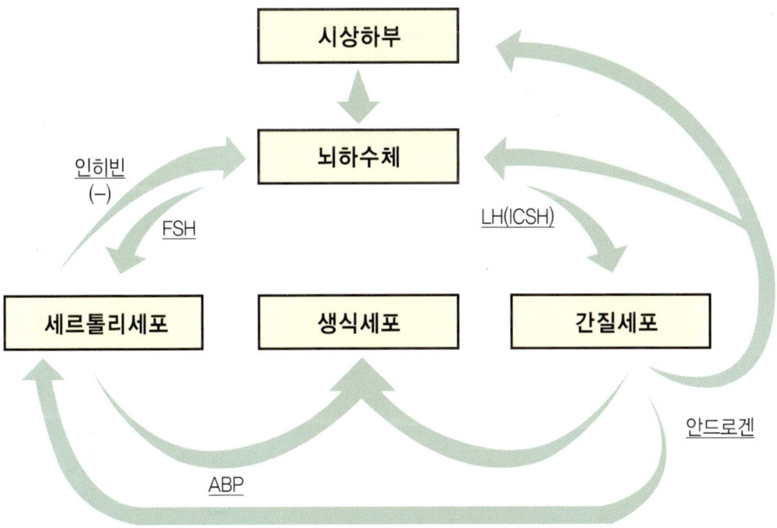

그림 6-7
포유류의 정자 형성에
관계하는 호르몬의 상호작용

정자 형성과 호르몬의 조절 : 정자의 형성은 뇌하수체와 정소의 체세포로부터 분비되는 호르몬의 정교한 상호작용에 의하여 조절된다. 남성 생식세포 분화의 촉진제는 세정관 사이의 결합조직에 분포하고 있는 **간질세포**(IC)라는 특수한 체세포로부터 생성, 분비되는 안드로겐이다. 대표적인 안드로겐 호르몬인 **테스토스테론**은 사춘기부터 뇌하수체에서 분비되는 생식선 자극 호르몬의 영향을 받아 생성되기 시작하며 남성 생식기관의 발달과 유지, 남성의 2차 성징 발현 및 정자의 성숙을 촉진한다. 정자의 성숙과정에서 안드로겐은 세정관 내로 확산되어 들어가 정자 형성, 특히 감수분열 후의 **정자형성**(spermiogenesis)을 촉진한다. 간질세포의 안드로겐 생산은 뇌하수체 전엽에서 분비되는 **간질세포 자극호르몬(ICSH)**에 의하여 조절된다.

뇌하수체 전엽에서 분비되는 또 다른 호르몬인 **여포자극호르몬**(FSH)은 세정관의 세르톨리 세포에 직접 작용하여 정자형성을 조절한다. 뇌하수체로부터 분비되는 이들 두 호르몬의 생산은 시상하부에서 생성, 분비되는 **생식선 자극호르몬-방출호르몬** (GnRH)에 의하여 조절된다. 한편, 혈류로 들어온 안드로겐은 시상하부와 뇌하수체에 작용하여 ICSH와 FSH의 생산을 억제한다. 즉, ICSH의 생산이 증가하면 안드로겐의 생산도 증가하게 되지만, 증가된 안드로겐이 ICSH의 생산을 감소시키므로 전형적인 피드백 억제현상을 보인다.

세르톨리 세포에 대한 FSH의 역할 중 하나는 안드로겐과 친화력이 높은 안드로겐 결합 단백질(ABP)의 분비를 촉진시키는 일이다. ABP는 세정관 내로 확산되어 들어온 안드로겐과 결합한 후, 이를 생식세포로 운반하여 그들의 분화를 돕는다.

2. 여성의 생식계

여성은 난자의 형성 외에도 수정에서부터 발생의 전 과정이 여성의 생식기관 내에서 이루어진다. 따라서 수정란의 운반과 발생 장소의 제공, 태아의 보호 및 영양 공급 등을 담당하므로 생식기의 구조와 기능이 남성에 비하여 훨씬 복잡하다. 여성의 생식계는 1쌍의 난소와 수란관, 자궁, 질 및 외부성기인 대음순과 소음순으로 구성된다. 여성의 생식활동은 뇌하수체와 난소에서 분비되는 호르몬의 복잡한 상호관계를 통하여 이루어지며 사춘기에서 폐경기까지 주기적인 변화를 일으킨다.

난소와 부속기관

여성의 주된 생식기관은 난자와 성호르몬을 생산하는 난소이다. **난소**는 길이 4~5㎝, 폭 2㎝, 두께 1㎝의 원통형으로 1쌍이 자궁 좌우에 위치하며 인대로 자궁에 부착되어 있다. **수란관**은 상피세포의 섬모 운동으로 수정란을 자궁으로 이동시키는 통로이다. 수란관의 끝은 나팔 모양으로 벌어져 난소를 덮고 있어 배란된 난자를 받아들인다.

수정된 배아가 출산될 때까지 자라는 장소인 **자궁**은 3개의 층으로 되어 있다. 가장 안층인 **점막층**은 혈관이 발달한 부드러운 층으로 배아를 착상시키고 지지한다. 점막층은 착상이 일어나지 않을 경우 혈액의 공급이 중단되어 조직이 괴사하여 혈액과 함께 체외로 배출되는 **월경**을 일으킨다. 중간층인 근육층은 두터운 평활근 조직으로 크게 이완할 수 있어서 태아를 수용할 수 있도록 한다. 가장 바깥층은 결합조직으로 되어 있다. 질은 남성으로부터 정자를 받아들이고 출산시에는 태아의 통로가 된다.

여성의 외부 성기는 총괄적으로 **음문**이라고 하며 뇨가 배출되는 출구이자 성교시 남성의 음경을 받아들이는 입구이기도 하다. 가장 바깥쪽은 한 쌍의 대음순이 질구를 둘러싸고 있으며 그 안쪽에 점막주름인 한 쌍의 소음순이 있다. 소음순의 윗부분에는 여성의 성감대 중에서 가장 민감한 부위인 **음핵**이 위치한다.

난자 형성

난소는 여성 생식세포인 난자를 생산하는 주된 역할 외에도 여성호르몬을 분비하여 2차 성징 발현 및 생식 활동을 조절하는 내분비선의 기능도 담당한다. 난소의 기능은 나이에 따라 달라지는데 크게 사춘기 전시기, 사춘기와 폐경기 사이기, 폐경기 이후시기의 3단계로 구분한다. 사춘기 전시기는 출생부터 초경까지의 약 12~15년 사이로 태아기부터 이미 형성되어 있는 원시여포를 간직하고 있는 미성숙시기이다. 사춘기부터 폐경기까지의 약 30~35년의 기간은 생식기능이 왕성한 즉 임신이 가능한 시기이다. 폐경기 이후에는 난소

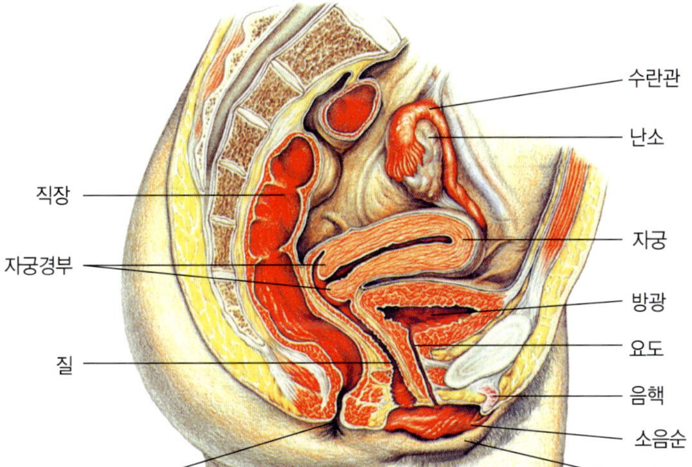

그림 6-8
여성의 생식기관

의 기능이 쇠퇴하여 생식기능을 상실한 시기이다.

난자의 형성은 발생의 시작이라고 볼 수 있는데, 여러 면에서 정자의 형성과는 차이가 있다. 즉 정자는 부계의 유전물질 전달과 수정란의 발생 개시라는 임무를 수행하기 위하여 운동성을 띤 세포로 분화한다. 그러나 난자는 모계의 유전물질 전달 외에도 수정 후 배의 발생에 필요한 에너지원인 난황을 비롯하여 배의 구성 물질 및 mRNA, tRNA, 리보솜 등, 초기 발생에 필요한 모든 요소들을 다량 축적한다.

따라서 난자의 형성기간은 정자의 형성기간보다도 훨씬 길다. 또 정자는 감수분열 후에 형태적인 변화를 일으키는 반면, 난자 형성에 필요한 여러 가지 물질들은 제1 감수분열의 전기에 준비된다. 이와 같은 물질의 합성과 축적은 난자 자신의 활동 이외에도 **여포세포** 등의 도움이 필요하다.

난모세포의 분화 : 사람을 포함한 대부분의 포유류들은 일생 동안 약간의 난자만 생산한다. 성게나 개구리와 같이 많은 수의 난자를 생산하는 동물들은 **난원세포**들이 **간세포**(幹細胞; 줄기세포)의 기능을 나타내므로 이들의 분열을 통하여 수를 다시 보충하지만 적은 수의 난자를 생산하는 포유류들은 일정한 수의 난원세포만을 가지고 태어난다.

사람의 경우 태아 2개월부터 난원세포가 급속히 증식하여 5개월째에는 최고치인 700만개에 달한다. 그러나 그 후부터 증식은 더 이상 일어나지 않고 제1 감수분열 전기의 복사기(diplotene)에 머물게 되며, 난원세포는 **제1 난모세포**로 전환된다. 이때부터 제1 난모세포의 수가 급속히 감소하여 7개월째에는 200만개, 성인이 되면 불과 20만~30만개 정도만 남게 된다. 따라서 난자의 생성을 위한 감수분열은 배아시기에 이미 시작된 상태이며, 그로부터 10 수년 후, 성적으로 성숙되는 사춘기부터 28일을 주기로 하여 선택된 난모세

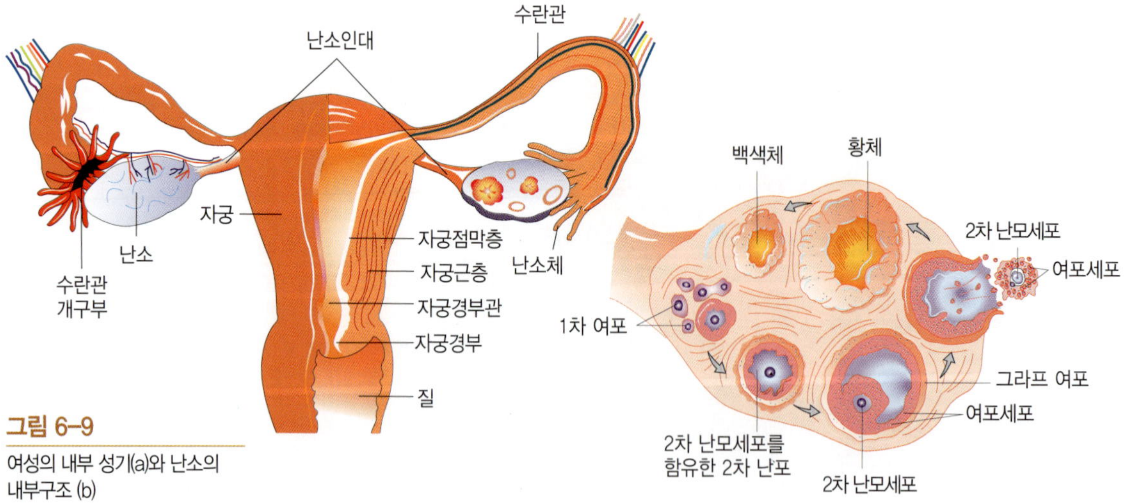

그림 6-9

여성의 내부 성기(a)와 난소의 내부구조 (b)

포만이 감수분열을 다시 계속한다. 사람은 일생동안 400개 정도의 난자를 생산할 뿐이고, 나머지는 약 50년 동안 제1 난모세포 상태를 유지하다가 폐경기에 난소가 퇴화될 때 모두 소멸된다.

난모세포의 감수분열이 정모세포의 감수분열과 또 다른 점은 제1분열과 제2분열시 세포가 같은 크기로 분열되지 않고 작은 극체를 방출한다는 점이다. 따라서 2회 분열의 결과 1개의 **난자**가 형성될 뿐이다. 그 이유는 초기 발생에 필요한 요소를 4등분할 경우 충분한 양을 확보하기 어려우므로 한 개에만 집중시키는 것으로 풀이된다.

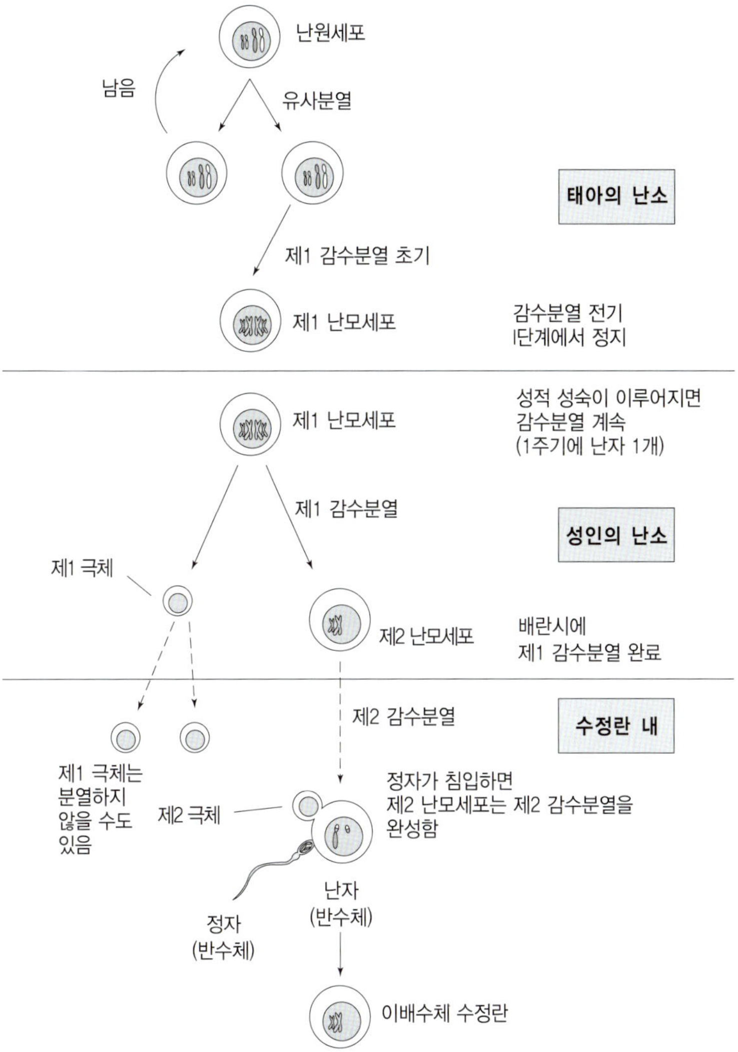

그림 6-10

난자의 형성과정

포유류에서 난자의 형성에 직접 관계하는 것은 여포세포이며, 난모세포와 이를 둘러싸는 여포세포의 뭉치를 **여포** 또는 **난포**라고 한다. 여포세포는 증식하여 여러 층을 이루므로 여포상피라고도 부르며, 이 때 성장하는 여포세포를 **과립세포**라고 한다.

과립세포는 난모세포가 분비한 **투명대**에 의하여 난모세포와 분리되어 있다. 그러나 투명대 내에는 난모세포로부터 수많은 미세융모가 돌출해 있으며, 또 여포세포로부터 긴 세포질돌기가 뻗어 나와 난모세포의 표면과 접촉하고 있다. 이와 같은 접촉 부분을 통하여 난모세포의 형성을 조절하는 영양소와 분자들이 들어온다. 배란 직전에는 미세융모와 세포질돌기가 사라지고 배란된 난자에는 투명대와 약간의 과립세포가 붙어 있을 뿐이다. 과립세포는 액체성분을 분비하기 시작하여 증식이 끝날 무렵에는 여포의 중앙에 큰 **난포강**을 형성한다.

이와 같이 난포강을 가진 여포를 **그라프 여포**(Graafian follicle)라고 부르는데, 난포강 때문에 난모세포는 한쪽으로 밀리게 되며, 이 때 난자를 직접 둘러싸고 있는 세포의 뭉치가 **난구**(卵丘)이다. 성숙한 여포가 파열되면 난자는 여포액과 함께 배란되어 나팔관으로 들어가고, 배란된 여포는 **황체**로 변한다.

여성의 생식주기와 호르몬의 조절

여성은 사춘기부터 폐경기까지 평균 28일을 주기로 규칙적인 생식주기를 반복하며, 이에는 시상하부, 뇌하수체, 난소에서 나오는 호르몬이 주도적인 역할을 한다. 생식주기 동안에는 성숙한 난자가 형성되며, 임신을 위한 준비가 진행된다. 여성의 생식주기는 난소주기, 월경주기, 호르몬주기 등으로 구분하여 설명할 수 있지만 이 주기들은 서로 밀접하게 연관되어 있다. 여성은 50세를 전후하여 **여포자극호르몬**(FSH)과 **황체형성호르몬**(LH)에 대한 난소 내 여포의 반응이 급격하게 떨어져 에스트로겐의 분비량이 감소한다. 따라서 생식주기와 배란이 불규칙하게 되고, 결국에는 월경이 중단되는 **폐경**에 이르게 된다.

난소주기 : 난소 주기는 배란을 기준으로 하여 배란 전 단계와 배란 후 단계로 나눈다. 배란 전 단계에서는 월경이 진행되는 시점에 뇌하수체로부터 여포자극호르몬이 분비되어 여포의 성숙을 자극하고, 그 결과 난자가 성숙하기 시작한다. 월경을 시작한지 14일 쯤에 여포가 파열되고 성숙된 난자가 배란된다. LH는 감수분열의 완성을 도와 제1 난모세포가 제2 난모세포로 발달하도록 한다. 배란된 난자는 나팔관으로 들어가며, 정자와 만나게 되면 수정이 되지만 그렇지 않으면 자궁으로 이동한 후 퇴화된다.

월경주기 : 월경을 수반하는 자궁내막의 주기적인 변화를 월경주기라고 하며 월경이 시작되는 날을 주기의 제1일로 잡는다. 월경주기는 일반적으로 28일이지만 개인차가 심하며 23~35일 사이에 일어난다. 이러한 차이는 자궁내막의 증식 기간이 다르기 때문이다. **월경**은 배란 후 수정란이 자궁 내벽에 착상하지 못하면, 자궁내막의 기능 층이 벗겨져 자궁내

벽의 세포 덩어리, 혈액 및 점액 등이 질을 통해 몸 밖으로 나오는 현상으로 약 5일간 지속된다. 월경이 멈추면 자궁내막은 다시 두꺼워지기 시작한다.

월경주기는 편의상 월경이 시작되는 **월경기**, 자궁내벽의 증식이 일어나는 **증식기**, 프로게스테론에 의해 자궁의 상피선에서 분비활동이 활성화되는 **분비기**, 수정이 되지 않았을 때의 월경주기의 마지막 2일의 **국소빈혈기**로 나눈다. 국소빈혈기에는 황체가 퇴화함으로써 호르몬이 감소되고, 그 결과 자궁 내막의 나선동맥의 혈관벽이 파괴되어 월경이 시작된다.

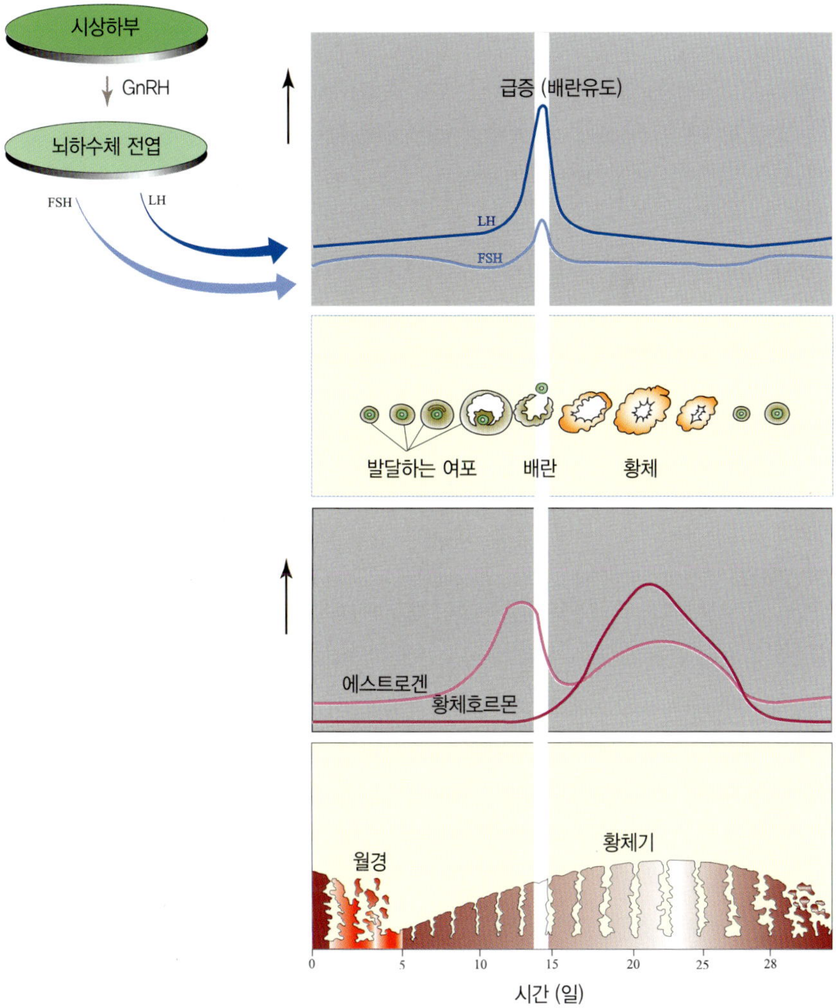

그림 6-11

여성의 생식주기

여성 생식주기는 뇌 및 생식소 호르몬에 의해서 조절된다.

월경주기는 난소호르몬인 에스트로겐과 황체호르몬에 의해 조절된다. 자궁내막은 월경시 2㎜ 정도이던 것이 3~5일부터 점차 증가하는 에스트로겐에 의해 성장하며, 배란 후에는 황체에서 나오는 에스트로겐과 황체호르몬에 의해 20~25일 째에는 5~7㎜로 최고치에 달한다. 두 호르몬의 농도가 떨어지면 자궁내막이 퇴화하여 월경이 시작된다. 수정이 일어나고 임신이 진행되면 월경주기는 멈추고 배아가 자궁내벽 속으로 파묻히는 **착상**이 일어난다. 이 때 배아의 영양세포층에서는 **인간 융모성 성선자극호르몬**(hCG)을 분비하여 황체를 유지하고, 황체는 에스트로겐과 황체호르몬을 계속 분비하여 자궁 내막을 두껍게 유지한다.

임신이 끝나고 산모가 아기에게 모유를 먹이지 않으면 6~10주후에는 월경주기가 다시 시작된다.

호르몬 주기 : 난소주기와 월경주기는 다섯 가지 호르몬에 의해 조절된다. 시상하부로부터 분비되는 **방출호르몬(GnRH)**은 뇌하수체 전엽에서 황체형성호르몬과 여포자극호르몬이 분비되도록 자극하는데, FSH는 여포의 성장을 유도하며, 여포는 에스트로겐을 분비한다. 배란 후 높은 농도의 에스트로겐과 황체호르몬은 시상하부와 뇌하수체에 음성피드백을 통해 FSH와 LH의 분비를 급격하게 떨어뜨린다. FSH와 LH의 농도가 떨어지면 여포의 발달이 멈추고 배란도 일어나지 않는다. LH가 낮아지면 황체는 점차 퇴화하고, 특히 배아가 착상되지 않을 경우 황체는 에스트로겐과 황체호르몬의 분비를 멈춘다. 이 두 생식소 호르몬의 농도가 떨어지면 다시 뇌하수체로부터 FSH와 LH를 분비하여 새로운 생식주기가 시작되도록 한다.

3. 발생 과정

개체 발생은 정자와 난자의 수정으로 시작된다. 수정란은 빠른 속도로 난할을 일으켜 세포수를 늘리면서 자궁으로 이동한 후 내벽에 착상하며, 낭배기에는 조직과 기관의 원기를 형성한다. 수정 2개월경에는 모든 기관이 형성되고 성장을 계속하면서 약 38주 후에 분만하게 된다. 임신기간 동안의 발생은 선배아기, 배아기, 태아기의 3단계로 구분한다. **선배아기**는 수정에서 착상까지의 2주간을 말하며 수정, 난할, 착상이 완료되는 시기이다. **배아기**는 3주에서 8주까지의 기간으로 낭배운동 결과 각 기관의 원기가 형성되는 한편 배아를 지지하는 태반, 탯줄 및 배외막이 만들어진다. **태아기**는 임신 9주부터 분만까지의 나머지 기간으로 이 시기에 기관의 발달이 완료되고 이들의 상호작용을 통해 기관계를 형성한다.

수정

배란된 난자는 복강 내로 나오지만 난소를 덮고 있는 수란관의 팽대부인 나팔관으로 빨려 들어간다. 배란된 성숙한 난자는 제2 감수분열의 중기에 멈춘 상태에서 수정된다. 수정을 일으킨 난자핵은 감수분열을 완성하여 제 2극체를 방출한 후 **자성전핵**이 된다. 이어 꼬리를 떼어버린 정자핵 즉 **웅성전핵**과 융합하여 접합자핵을 만들어 비로소 46개의 염색체를 가진 복상 (2n)으로 환원된다.

배란된 난자는 수일 생존할 수 있으나 배란 후 12~24시간동안만 수정이 가능하다. 사출된 정자는 처음에는 운동성이 약하고 수정 능력이 없으나 여성의 생식기관내에서 일정 기간 지난 후에야 활성화되어 **수정능 획득**이 일어난다.

정자는 꼬리의 운동으로 난자가 있는 곳으로 향하지만 질, 자궁경부, 자궁 및 여성의 근육수축, 생식기관의 점성도 감소 및 생식기의 파동운동 등에 의해 이동이 촉진된다. 처음 사정된 정자의 수는 수억 개였으나 자궁경부를 통과한 것은 수백만, 수란관에 들어간 수는 수천 개로 줄어들며 난자에 도달하는 수는 불과 100~200개 정도이다. 이와 같이 정자수가 급격히 감소되는 이유는 외부로부터 침입하는 병원체를 제거하기 위하여 질 내에 강한 산이 분비되고 또 자궁경부의 점액 등에 의해 정액이 응고되기 때문이다.

정자가 난자와 접촉하면 **첨체반응**을 일으켜 첨체속의 효소가 방출되어 난자를 둘러

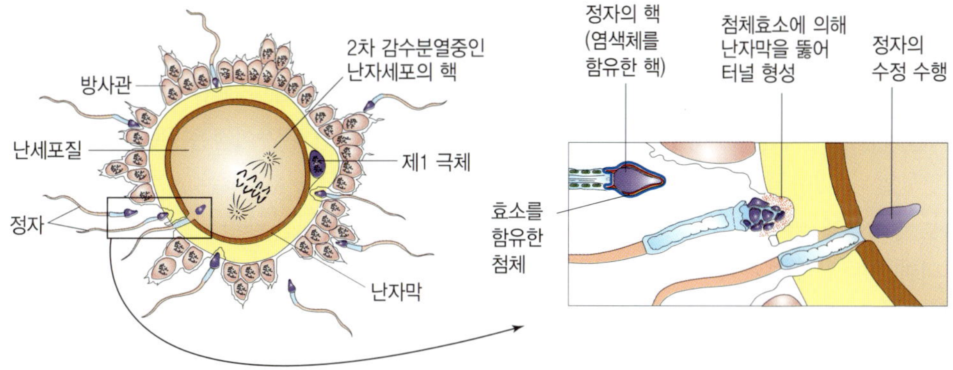

그림 6-12

수정의 과정

여러 개의 정자가 난자를 싸고 있지만 하나만이 수정할 수 있으며, 생명체는 이로부터 발생한다.

싸고 있는 방사대와 투명대를 용해하고 난자 세포막과 융합한다. 난자 속으로 들어간 정자의 머리는 웅성전핵이 되어 제2 감수분열을 끝낸 난핵(자성전핵)으로 접근하여 융합을 일으키며 분리된 꼬리는 난자의 세포질로 흡수된다.

정자가 난자 막에 접촉하는 순간부터 난자 내에 큰 변화가 일어나는데, 이는 여러 개의 정자가 난자내로 들어와 **다정자 수정**이 일어나는 것을 방지하기 위한 안전장치이다. 다정자 수정이 일어날 경우 비정상적인 염색체 조합과 분리현상 등 많은 결함이 생겨 곧 발생이 중지되고 수정란은 수일 내로 죽게 된다. 이를 막기 위하여 난자는 수정직후 피층 과립 속의 효소를 방출하여 투명대를 변화시켜서 더 이상 정자가 투명대에 부착할 수 없게 만드는 피층 반응을 일으킨다. 또한 드물게 극핵과 정자가 수정하는 경우도 있으나 이 역시

더 읽을거리 (6-1)

쌍생아

배란이 일어날 때 두 개 또는 여러 개의 난자가 성숙하여 배란된 후 모두 수정하게 되면 **이란성** 또는 **다란성 쌍생아**가 된다. 이들은 단지 형제자매가 동시에 발생한다는 의미에 지나지 않으며 서로 다른 유전정보를 가질 뿐만 아니라 성도 다를 수 있다.

그러나 수정란이 발생 초기에 분리되어 독립적으로 발생하여 태어난 경우 **일란성 쌍생아**가 되며 전체 출산의 0.25%에서 일어난다. 이들은 똑같은 유전정보를 가지며 외부 모습도 매우 유사하고 성도 일치하므로 이를테면 자연적인 복제인간이라고 할 수 있으며, 이들 서로간의 차이점은 유전성과 환경과의 관계를 연구할 수 있는 좋은 기회를 제공한다. 일란성 쌍생아는 할구가 분리되는 시기에 따라 공통의 태반 또는 공통의 양막을 소유하기도 한다. 수정 후 5일 이전에 분리되면 태아는 각각의 태반과 양막을 갖게 되며, 일란성 쌍생아의 약 1/3이 이에 해당한다. 나머지 2/3는 발생 5일에서 9일 사이에 내세포괴가 분리되는데 이 때 태반은 이미 형성되어 있으나 양막은 아직 형성되어 있지 않은 관계로 공통의 태반을 가지지만 각기 다른 양막을 갖게 된다. 극히 드물게 발생 9일 이후에 세포가 분리되면, 태반과 양막이 모두 형성되었으므로 공통의 양막과 태반을 갖게 된다. 하나의 양막 속에 두 배아가 있게 되면 샴쌍생아가 형성될 가능성이 높으며 접착 부위는 머리, 가슴, 배, 둔부 등 다양하다. 최근에 이르러 쌍생아가 과거보다 훨씬 높은 빈도로 나타나고 있다. 그 이유는 배란장애가 있는 여성에게 hCG 호르몬을 투여하여 잉여의 난자가 만들어지거나 체외 수정시 임신 확률을 높이기 위해 여러 개의 배아를 자궁 속으로 넣어주기 때문이다.

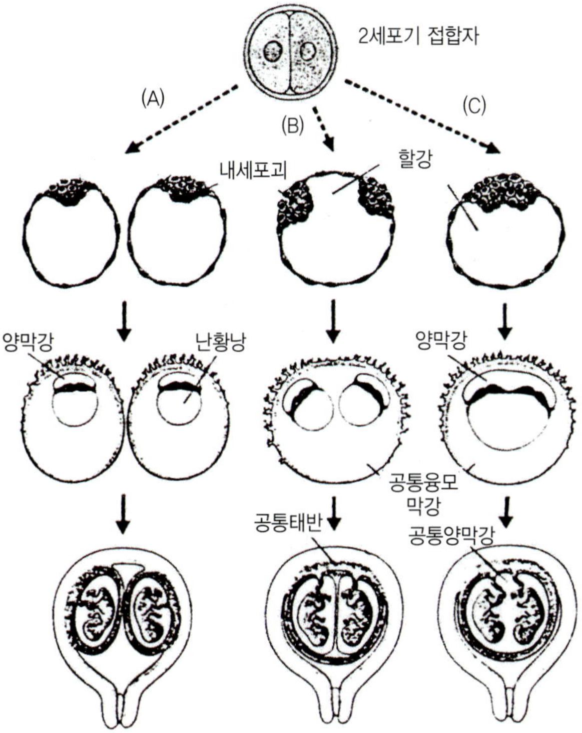

그림 6–13

일란성 쌍생아의 형성 시기

(A) 5일 이전에 분리되면 다른 태반과 양막을 갖는다.
(B) 발생 5일~9일 사이에서 내세포 괴가 분리되면 공통의 태반을 가지지만 다른 양막을 갖는다.
(C) 발생 9일 이후에 세포가 분리되면 공통의 양막과 태반을 갖게 되어 접착 쌍생아가 태어날 가능성이 있다.

어느 정도 분열하다 유산된다. 수정 후 일어나는 또 다른 변화는 난자 세포질에 있는 여러 단백질 인자들의 활성화를 통하여 염색체 복제, 세포분열 등 발생의 제반 작업을 시작하는 일이다.

선배아기

난할 : 우리 몸을 구성하고 있는 모든 세포들은 1개의 수정란의 분열을 통해서 만들어진 것들이다. 수정란의 활성화로 발생이 시작되는데 수정 후 약 30시간이 지나면 첫 분열이 일어나 2세포기가 된다. 초기의 세포분열을 **난할**이라고 하며 분열결과 생긴 세포를 **할구**라고 부른다. 난할이 일반 체세포분열과 다른 점은 분열 후 세포의 생장이 일어나지 않아 분열이 거듭될수록 각 할구의 크기가 줄어들기 때문에 할구 숫자의 증가에도 불구하고

배아 전체의 크기나 모양에는 변화가 없다는 점이다.

수정 후 약 60시간이 지나면 제2분열이 일어나고, 2회 더 분열 후 상실기로 접어든다. 초파리 수정란이 매10분마다, 또 개구리 수정란은 2시간마다 분열하는 것에 비하여 사람의 난할이 매우 느린 것을 알 수 있다. 8세포기 때 배아는 **밀착화**(compaction)에 의해 할구가 서로 밀접하게 붙는다. 상실배는 3~6일 사이에 자궁에 도달하며, 더욱 분열하여 배아의 가운데가 액체로 차는 **배반포**를 형성한다. 이 때 배아는 한 층의 외곽세포인 **영양세포층**과 안쪽의 **내세포괴**로 구성된다. 영양세포층은 **융모막**이 되며, 나중에 **태반**을 형성하게 된다. 태반은 산소와 영양분을 태아로 가져 오고, 태아에서 생성된 노폐물을 모체로 내보낸다. 내세포괴는 배아와 이를 지지하는 양막, 요막, 난황낭과 같은 배외막을 형성한다.

착상 : 발생을 시작한지 5~7일 사이에 배반포는 자궁내벽에 붙는다. 내세포괴는 위쪽의 상배엽과 아래에 붙어 있는 하배엽의 2줄로 된 편평한 층으로 배열하는데, 이를 **배반엽**이라고 하며 배반엽과 영양세포층 사이의 공간에 배반포강(또는 포배강)이 형성된다. 상배엽으로부터 실질적으로 배아가 발생하는데 필요한 모든 세포가 유래하는 반면, 하배엽은 신생아의 어느 부분도 형성하지 않는다.

영양세포층은 세포성 영양막층과 합포성 영양막층으로 나뉘어진다. 세포성 영양막층은 내세포괴를 둘러싸며 뒤에 융모돌기를 형성하고, 합포성 영양막층은 효소를 분비하여 자궁내벽 속으로 뚫고 들어간다. 이 때 파괴된 자궁내벽의 혈관들이 배반포를 둘러싸 배

그림 6-14

난할과 배반포의 형성

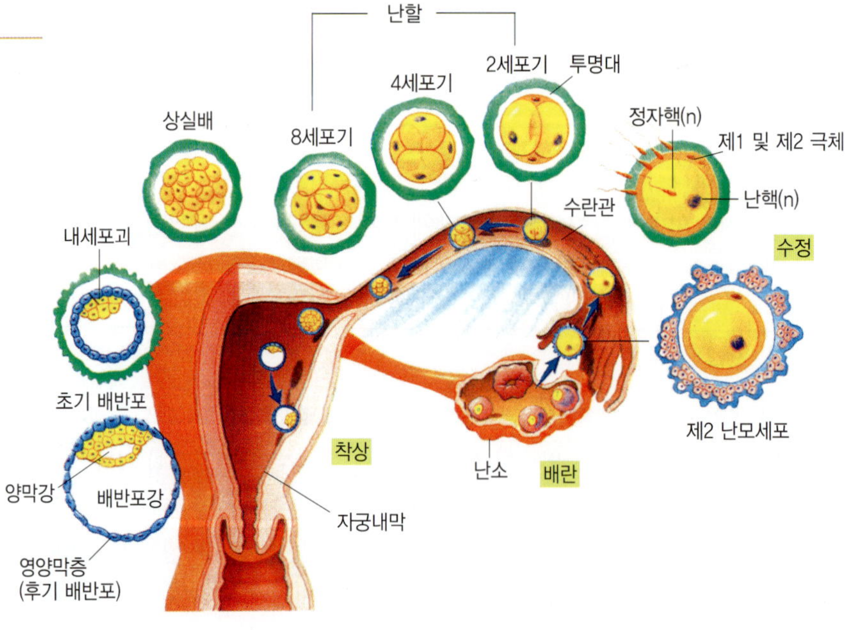

아는 풍부한 영양 상태에 놓이게 된다. 내세포괴와 붙어 있는 영양세포층은 점점 두꺼워지며, 자궁내벽은 돌출되어 융모막을 형성하고, 나중에 태반의 일부가 된다. 따라서 태반은 배아와 모체에서 유래한 부분이 같이 합쳐져 형성된다. 이때부터 영양세포층에서는 hCG를 약 10주간 분비하여 월경을 억제하고 황체가 유지되도록 하는 한편 자궁벽을 두껍게 만들어 임신이 지속 될 수 있도록 한다.

낭배 : 착상 후 상배엽에 위치하는 세포의 일부는 원조를 통하여 배아의 내부로 이동하여 중배엽과 내배엽이 된다. **외배엽**에서는 신경계, 감각계, 표피, 털, 손발톱 및 표피 분비선 등이, **중배엽**에서는 뼈, 근육, 혈구 또는 혈액세포, 진피, 생식기관 및 결합조직 등이, **내배엽**에서는 소화계, 호흡계 및 배설계의 내면이 만들어진다. 한편 낭배기부터 형태형성이 시작된다. 수정 후 2주쯤 지나면 선배아기가 끝나며 임산부는 피곤함, 구토 등 임신 특유의 증세를 느끼기 시작한다.

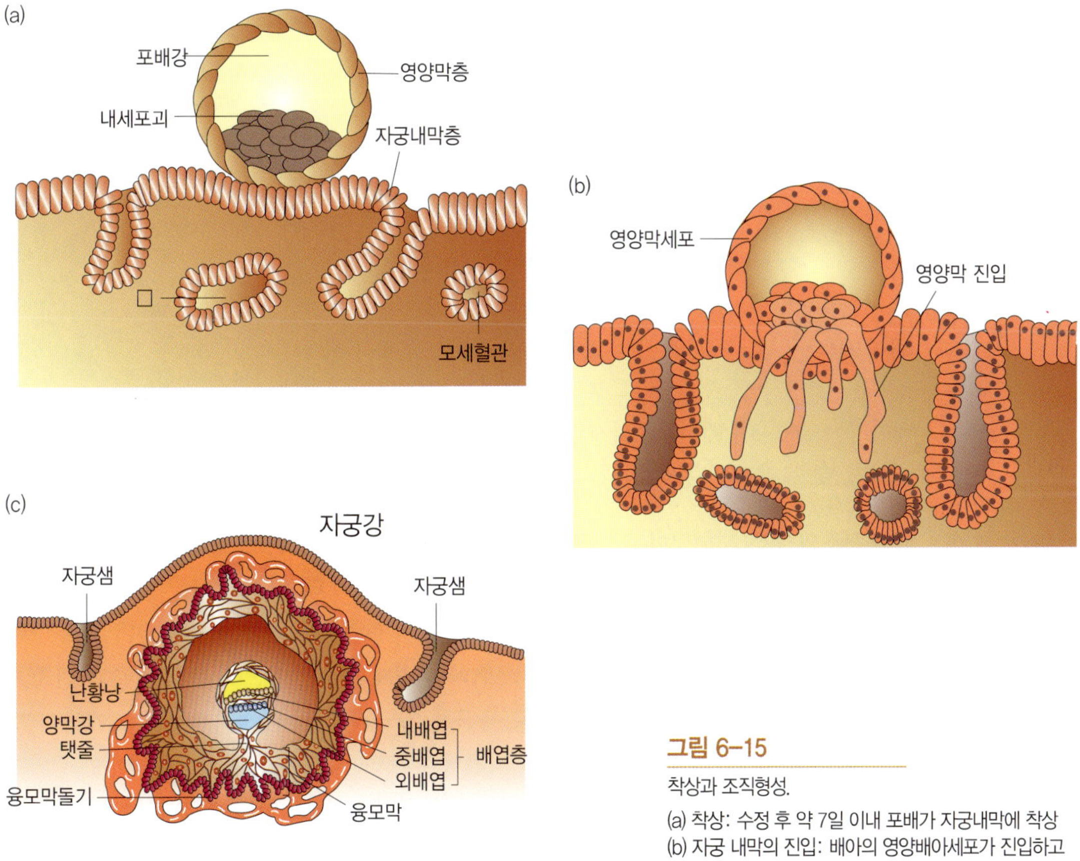

그림 6-15

착상과 조직형성.

(a) 착상: 수정 후 약 7일 이내 포배가 자궁내막에 착상
(b) 자궁 내막의 진입: 배아의 영양배아세포가 진입하고 융모막으로 발달
(c) 2주 시기에 1차 배아층의 발달

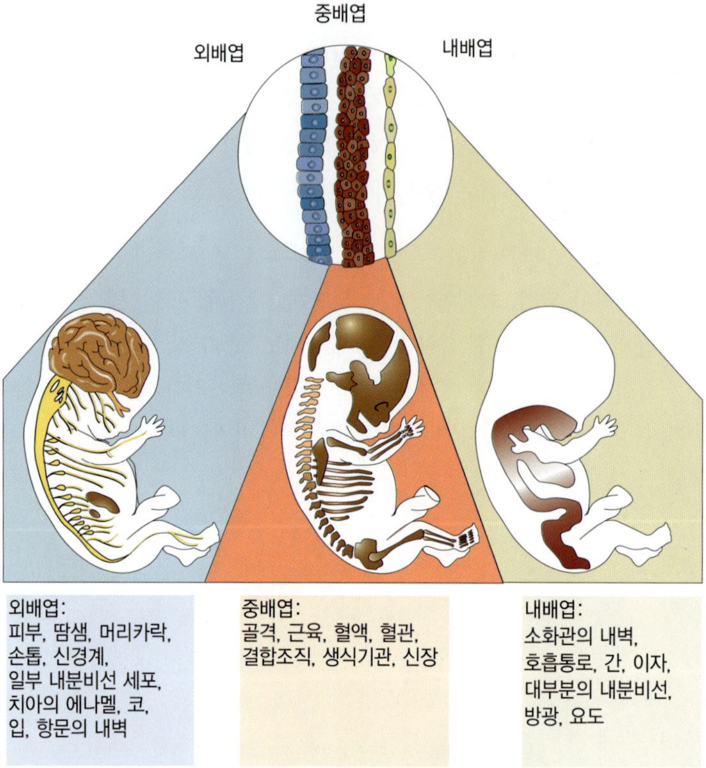

그림 6-16

3배엽으로부터 형성되는 구조들

배아기

배아기는 발생 3주에서 8주까지의 기간으로 이 시기에 기관이 발달하고, 배아를 보호할 배외막, 탯줄 및 태반 등이 발달한다.

배외 구조의 형성 : 3배엽이 형성된 뒤 융모막 융모가 손가락 모양으로 자궁벽으로 확장하면서 **태반**이 형성되기 시작한다. 태반의 한쪽은 배아로부터, 그리고 다른 한쪽은 모체의 순환계로부터 만들어진다. 배아의 혈관계와 모체의 혈관계는 합치는 일이 없이 서로 나란히 분포하여 그 사이의 조직을 통해서 가스와 물질교환이 일어난다. 즉 영양분과 산소가 모체의 순환계에서 배의 융모막 융모로 확산해 가고, 태아의 이산화탄소와 노폐물이 모체로 이동하는 것이다. 이 독특한 교환 작업을 수행하기 위하여 태아의 혈액에는 성인의 그것보다 산소와의 부착력이 월등하게 높은 태아 헤모글로빈이 들어 있다. 태반은 발생 10주쯤에 완전히 형성되어 전 임신기간 동안 유지되고 출산시 모체 밖으로 빠져 나온다. 태반은 위와 같은 기능 외에도 프로게스테론을 분비하여 자궁벽을 유지하도록 하고 또

모체의 탄수화물 대사에 영향을 주어 태아가 모체로부터 에너지가 풍부한 당을 공급받도록 한다. 그러나 니코틴, 마약 성분의 약품, 술, 바이러스 등도 태반을 쉽게 통과 할 수 있어 태아에 치명적인 영향을 미친다.

난황낭은 발생 3주가 시작될 무렵에 만들어지기 시작하며 발생 6주까지 혈구세포를 만든다. 그 이후에는 혈구세포들이 간에서 만들어지다가 최종적으로 골수에서 생성된다. 포유류의 난황낭은 파충류나 조류와는 달리 난황을 가지고 있지 않으며 난황낭 세포의 일부는 장과 생식세포의 일부가 된다.

발생 3주쯤에 난황낭의 일부는 돌출되어 **요막**을 형성한다. 요막으로부터 탯줄의 동맥과 정맥이 만들어지며, 임신 2개월째로 접어들면서 대부분의 요막은 사라지고 일부는 방광을 지지하는 인대로 남는다. 난황막과 요막이 발달할 때 양막의 내부는 모체의 혈액으로부터 유입된 액체로 채워지고, 태아의 소변과 양막, 태반, 태아로부터 떨어져 나온 세포들을 포함하는 양수가 만들어진다. **양수**는 태아를 충격으로부터 보호하고, 일정한 온도와 압력을 유지하며, 중력에 의한 영향을 감소시켜준다.

탯줄은 60㎝ 이상의 길이로 2개의 동맥과 1개의 정맥으로 이루어져 있다. 동맥은 배아에서 태반으로 혈액을 운반하므로 동맥이지만 산소가 부족하고, 정맥은 산소가 풍부한 혈액을 배아로 운반한다.

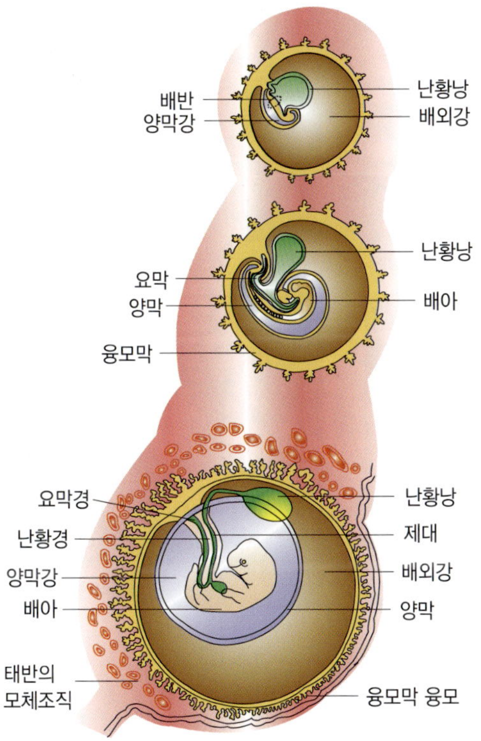

그림 6-17
태반의 구조와 물질의 순환

배아의 발달 : 배아기에는 세포들이 각 방향으로 분화를 일으키면서 기관과 기관계를 형성한다. 기관계를 형성하는 동안 배아는 화학물질이나 바이러스에 매우 민감하다.

발생 3주가 되면 **원조**가 형성되고, 이것이 길어지면서 결합조직의 선구세포와 척삭이 만들어진다. **척삭**은 상배엽으로부터 **신경관** 형성을 유도하며, 신경관은 중앙의 양 옆에서 **신경습**이 형성된 후 융기하여 서로 만나 형성되는데, 앞쪽은 뇌가 되고 나머지는 척수로 발달한다. 따라서 기관들 중 처음으로 만들어지는 것은 신경계이고, 곧이어 심장이 형성된다.

발생 4주 때에는 매우 빠른 분화가 일어나서 혈구세포를 만들어 초기혈관을 채우며, 미성숙한 폐와 신장이 나타난다. 이 시기에는 팔과 다리의 원기가 나오기 시작하며, 머리, 턱, 눈, 코가 분명해진다. 따라서 배아기는 기형 유발원에 가장 민감하므로 만약 어떤 기관의 원기가 형성될 때 기형 유발 물질에 노출되면 치명적인 결과를 초래한다. 한 예로 임신 28~42일 사이에 신경 안정제인 **탈리도마이드**를 복용하면 팔, 다리가 없는 기형아가 나올 확률이 매우 높다. 배아는 약 0.6㎝이며, 이때는 이미 예정 월경시기가 2주나 늦어진 때이므로 약품 사용시 임신의 가능성을 반드시 생각하여 불필요한 약물을 복용하지 않

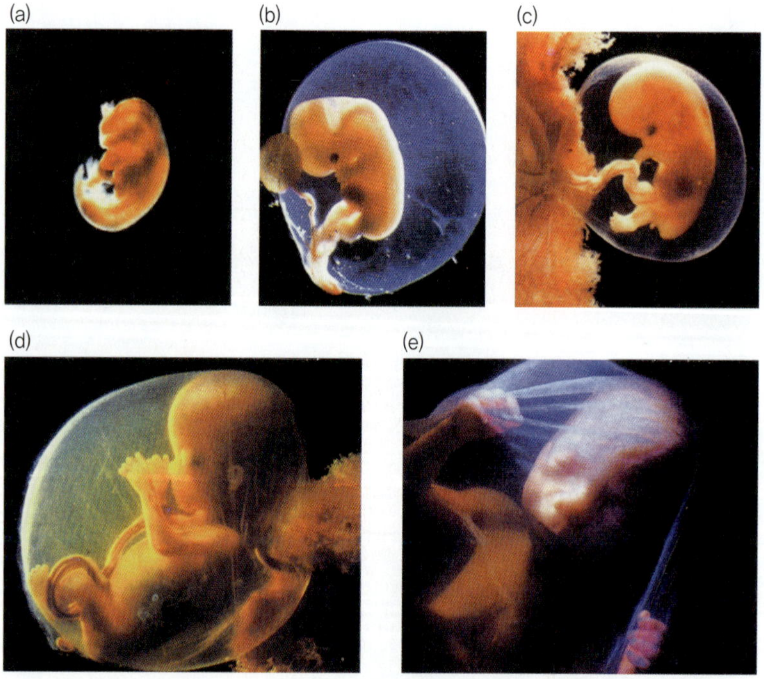

그림 6-18

배아와 태아의 발생사진

(a) 수정후 4주 (b) 6~7주 배아 (c) 9주 (d) 3개월 (e) 4개월

도록 주의해야 한다.

5주가 되면 배아의 머리가 몸에 비해 월등히 크고, 다리의 원기가 나온다. 6주가 되면 손, 발가락이 형성되고, 눈이 열리지만 눈꺼풀과 홍채는 없다. 이 시기에 뇌세포는 매우 빠르게 발달하며, 배아의 크기는 약 1.3㎝가 된다. 6주까지는 남성 또는 여성이 될 특징을 모두 갖고 있지만 이 후에 Y 염색체의 ***Sry* 유전자**가 발현되면 정소가 발달하고, 이어 남성호르몬인 테스토스테론이 분비되어 남성 생식기관이 발달한다. 정소는 동시에 뮬러관 억제물질을 분비하여 미래의 여성 생식기관이 될 뮬러관을 퇴화시킨다. *Sry* 유전자가 발현되지 않으면 난소가 발달하고 그 결과 여성호르몬인 에스트로겐이 분비되어 여성 생식기관이 발달한다.

7~8주쯤에는 연골이 형성되며, 태반 형성이 완성되어 여기로 부터 혈액이 풍부한 자궁벽을 유지할 수 있도록 호르몬이 분비된다. 이때의 배아는 약 3.5㎝정도의 크기이다. 눈은 봉해져서 닫히며 7개월까지 이 상태로 지속된다. 배아기의 끝 무렵의 배아는 사람의 외형적 특징들을 확실이 나타내고 있다.

태아기

태아기는 발생 9주 이후의 시기를 말하며, 이 기간에 태아의 급격한 성장이 일어나고 연골이 뼈로 대치되며, 신경과 근육이 동시에 발달하여 팔과 근육을 움직일 수 있게 된다.

발생 3개월쯤에는 성의 구별이 확실해진다. 태아는 손가락을 빨며, 차고, 주먹을 쥐기도 하고, 유아 치아를 형성한다. 4개월쯤에는 머리털, 팔꿈치, 속눈썹, 젖꼭지, 손, 발톱을 형성한다. 이 시기의 태아는 약 20㎝까지 자라고 약 170g의 몸무게를 갖는다. 이어 4.5개월경에는 성대가 형성되지만 공기를 마시지 못해 소리를 내지는 못한다. 5.5개월경의 태아는 무릎에 얼굴을 묻고 웅크리고 있는 형상이며, 약 30.5㎝로 자란다.

6개월경에는 피부 밑에 지방이 부족하여 주름이 생기며, 핏줄이 확장되어 피부가 핑크색으로 보인다. 마지막 3개월 동안 뇌세포가 발달하여 빠르게 네트워크를 형성하고, 기관이 더욱 발달되며 최종적으로 소화와 호흡기관이 발달한다. 따라서 조산아의 경우에는 음식물을 소화하고 호흡하는데 매우 큰 어려움을 갖게 된다.

출산

진통은 태아가 양막을 압박하여 양수가 터지면서 질로부터 약간의 피와 점액이 나오고 매 20분마다 아랫배에 가벼운 수축을 느끼면서 시작된다. 그러므로 진통 시작 후 24시간 안에 태아가 태어나지 않으면 감염이 될 수 있다.

출산은 3단계로 진행된다. 첫째 단계는 자궁경부의 확장으로 자궁의 입구가 약 10㎝가량 열릴 때까지 지속되며, 일반적으로 6~12시간이 걸린다. 둘째 단계는 배출기로, 자궁경부가 완전히 열리고 신생아가 나올 때까지를 말한다. 약 2~3분마다 강력한 자궁 수축이 일어나며 보통 1시간 안에 신생아가 질을 통해 자궁 밖으로 나오며 이 때 신생아의 탯줄을 끊는다. 셋째 단계는, 태반의 배출로 신생아가 나온 후 약 15분 이내에 마지막 자궁 수축을 통해 태반이 밖으로 빠져 나온다. 만약 태아가 너무 크거나, 다리가 아래로 되어 있거나, 옆으로 누어있거나, 탯줄이 목을 감고 있으면 **제왕절개**가 실시되기도 한다. 출산 후 감소하는 에스트로겐과 황체호르몬은 자궁이 임신 전의 상태로 돌아가도록 한다. 또한 황체호르몬의 농도가 낮아짐으로써 뇌하수체로부터 **프로락틴**이 분비되어 젖샘에서 젖 분비가 유도되는데, 출산 후 2~3일 내에 **옥시토신**과 프로락틴에 의해 산모로부터 젖이 분비되기 시작한다.

출산을 유도하는 데는 호르몬의 역할이 매우 중요하다. 임신의 마지막 주에 이르면 모체의 혈류 내 에스트로겐의 농도가 최고치에 달한다. 에스트로겐은 자궁에서 옥시토신 수용체의 형성을 유도한다. 한편 태아 자신도 옥시토신을 분비하여 모체의 뇌하수체 후엽에서 호르몬의 생산을 증가시킨다. **옥시토신**은 자궁벽 골격근의 강력한 수축을 유도하여 자궁이 수축하도록 한다. 옥시토신은 또한 태반에서 **프로스타글란딘**이 분비되도록 하

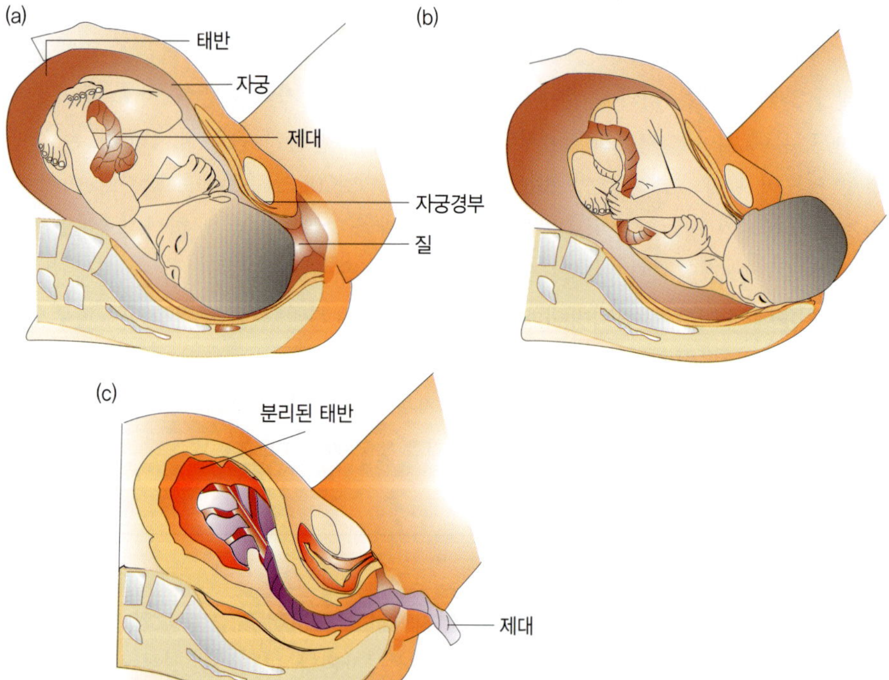

그림 6-19

출산과정

(a) 출산 개시일에 양막이 파열된다.
(b) 태아가 밀려나온다.
(c) 태반 및 배 외막이 산모의 몸 밖으로 나온다.

여 근육의 수축을 더욱 증가시킨다. 옥시토신과 프로스타글란딘에 의해 자궁이 수축되면 **양성피드백** 작용에 의해 두 호르몬이 더 많이 분비되어 자궁 수축이 더욱 증가한다.

수정으로부터 시작하여 신생아가 출산되기까지의 과정 곳곳에는 수많은 어려움이 있다. 난자가 정자와 만나는 횟수를 100%로 하였을 때 약 80%만이 수정이 되고, 70%만이 착상을 하며, 약 40%만이 1주일 동안 생존한다. 또한 35%는 6주까지 발생을 하지만 최종적으로 30%만이 태어난다. 태어나지 못한 경우 반 이상이 염색체 이상에 의해 유산되는 것으로 알려져 있다.

수정으로부터 출산까지의 전 임신기간은 266일(38주)이며 출산일 계산은 다음 두 가지 방법을 사용한다.

1. 마지막 월경시작일 + 280일. 이는 월경 시작 후 배란일까지 14일을 더한 것이다.
2. 마지막 월경시작일 + 7일 -3개월 +1년

그러나 정확히 280일째 출산하는 경우는 10% 이하이고, 예정일에서 1주일 안팎이내의 출산도 50%이하이며, 5% 정도는 2주 이상 빗나간다.

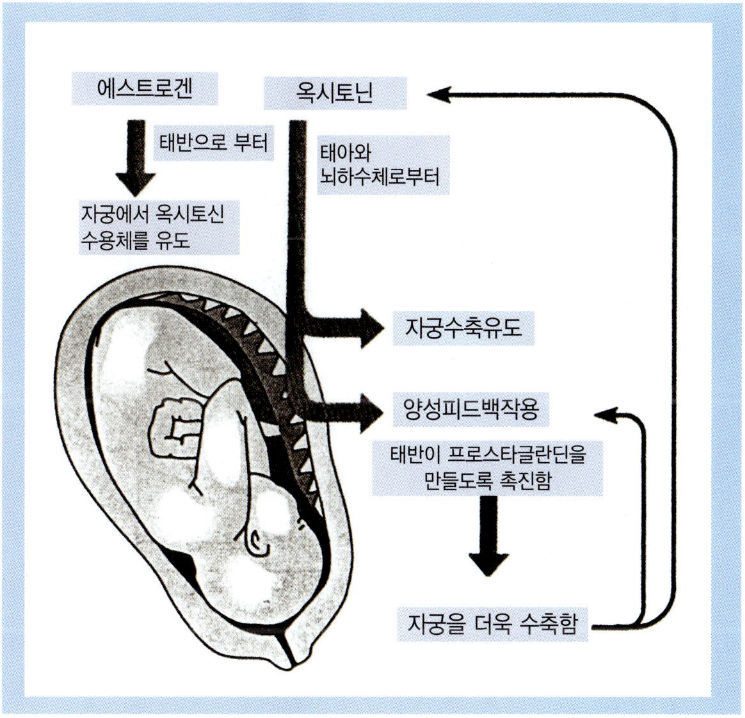

그림 6-20
출산과 호르몬의 유도작용

4. 불임과 피임

여성의 생식기관이 남성보다 복잡하고, 수정과 발생의 전 과정이 여성의 체내에서 일어나므로, 일반적으로 불임의 원인은 여성에게서 더 높게 나타난다. 근래 정상적 부부사이에서 불임율은 20%에 육박하고 있으며, 최근에는 환경적 영향으로 인해 그 비율이 점점 더 증가하는 것으로 추측되고 있다. 또한 다이옥신과 같은 환경 호르몬과 스트레스의 영향으로 남성 불임률도 날로 증가하는 추세이다.

불임과 치료

불임의 원인 : 남성불임의 주원인은 ㎖당 정자 수가 3500만 개 이하의 낮은 수이거나 정자의 운동성 부족이며, 100만/㎖ 이하일 경우에는 무정자증으로 본다. 사정된 정자 중에는 머리와 꼬리가 비정상적인 것, 크기가 지나치게 크거나 적은 것, 서로 융합한 것 등 다양한 형태가 발견된다. 정상인의 경우에서도 사정된 정자의 10% 이상이 비정상적인 형태이지만, 만약 정자의 20% 이상이 비정상적이면 임신에 영향을 주는 것으로 알려져 있다. 항 정자 물질이 남성의 면역계로부터 나오게 되면 정자가 난자에 붙는 것을 억제한다.

여성 불임의 주원인은 불규칙한 생식주기를 들 수 있다. 난소나 뇌하수체에 종양이 생기면 배란시기를 맞추기가 어렵고, 출생시 난소가 없거나 부득이하게 난소를 제거하면 난자를 생산할 수 없게 된다. 나팔관이 막혀 정자가 난자에 도달하지 못하거나 수정된 난자가 자궁으로 가지 못함으로써 자궁외 임신이 일어나기도 한다. 자궁외 임신의 90% 이상이 난관 임신이며, 드물게 난소 내, 복강, 자궁경부 임신도 일어난다. 수란관에 착상되어 임신이 진행되면 출혈이 일어나 산모에게 위험하다. 나팔관이 막히는 것은 유전적인 결함이나 성병 등의 감염에 의할 수도 있다. 또한 자궁벽이 지나치게 두꺼워도 착상이 잘 일어나지 않는다.

원인은 정확하지 않으나 여성의 체 내에서 항 정자 물질을 만들어 정자를 죽이기도 하며, 질과 자궁경부의 점액의 점도가 너무 높으면 정자가 앞으로 진행할 수가 없다. 산 또는 알칼리성 분비물들이 정자를 약화시키나 죽일 수도 있다.

배아 또는 태아가 발생 이상으로 중도에 탈락되는 것이 유산인데, 여성의 약 20% 이상이 자연유산을 경험하고 있으며, 임신 초기에 발생하여 실제로 알아차리지 못하는 것까지 합치면 60%에 달하는 것으로 추정되고 있다.

불임의 치료 : 임신이 이루어지려면, 여성의 생식기 내에서 정자와 난자가 합쳐져야 하는데, 이들 세포의 만남을 저해하는 요소가 있거나 비정상적인 세포가 수정되면 불임을 초래한다. 그러나 현대 과학기술로 우리는 불임 문제를 어느 정도 해결할 수 있게 되었다.

정자의 제공 - 인공수정 : 제공된 정자를 여성의 생식기에 주입하여 수정시키는 것으로 여성은 상대 남성이 불임이거나, 병을 유발하는 유전자를 지니고 있거나 또는 상대가 없이 부모가 되고자 할 때 이 방법을 이용할 수 있다. 지금까지 약 250,000명의 아이들이 이러한 인공수정에 의해 탄생했다. 또한 정자를 보관했다가 나중에 사용하기 위해 냉동방법이 1953년에 개발되었고, 미래에는 불임의 남성에게 정자를 생성할 수 있는 조직의 이식도 개발될 것이다.

자궁의 제공 - 대리모에 의한 출산 : 남성은 정자를 통해 자신의 유전자를 제공함으로써 유전적인 부모가 될 수 있지만, 여성은 난자를 통해 유전적인 부모가 되는 것 이외에도 자궁을 제공함으로써 임신상의 부모가 될 수 있다.

만약 남성이 건강한 정자를 제공할 수 있어도 상대의 자궁이 결손 되어 임신 상태를 유지하지 못하는 경우, 대리모가 이를 도와줄 수 있다. 자궁에 결함이 있는 여성의 난자를 시험관에서 남성의 정자와 수정시켜서 초기 배반포 시기까지 배양한 다음 준비된 대리모의 자궁에 착상을 하고 임신을 한 다음, 태어난 아이는 부모가 양육하는 것이다. 이러한 대리모는 임신상의 부모인 것이다.

체외수정 : 체외수정은 여성의 몸 바깥, 즉 시험관에서 정자와 난자를 수정하는 기술이다. 이렇게 수정된 난자는 2~3번 분열한 뒤 난자 제공자나 대리모의 자궁 내로 이식된다.

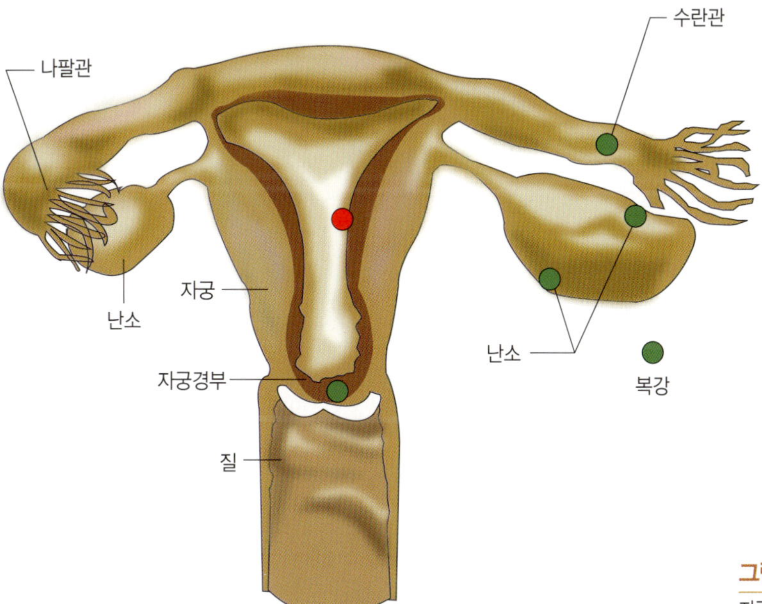

그림 6-21
자궁외 임신

한 여성이 정상적인 난소와 자궁을 가지나 수란관, 즉 수정된 난자가 자궁으로 이동하는 통로가 막힌 상태라면 체외수정을 시도할 수 있다. 이 경우 난자의 형성을 촉진하는 호르몬을 투입하여 배란을 유도한 후 크기가 큰 몇 개의 난자를 취해 외부 시험관에 넣은 다음 이 시험관에 여성의 생식기에서 나오는 동일 호르몬과 함께 정자를 투입한다.

만약 체외에서 정자가 난자에 들어가지 못하면, 정자를 미세주사기 바늘을 통해 난자에 주입한다. 이러한 체외수정방법을 세포 내 정자 주입법이라고 한다. 이 방법은 가능성이 높고, 수정률을 68% 정도로 높여준다. 이는 정자수가 적은 남성들이나, 비정상적인 정자를 많이 지닌 남성, 질병 또는 그 외 요인에 의해 사정할 수 없는 남성에게 적합한 방법이다.

수란관 내 생식세포 이식 : 체외수정이 성공하지 못하는 이유 중 하나는 인공적인 수정 환경이다. 이런 문제는 GIFT(gamete intrafallopian transfer)라 불리는 기술로 수란관 내에서 수정하는 방법으로 해결할 수도 있다.

GIFT에서는 여성에게 배란촉진약물을 투입하여, 크기가 큰 난자를 취하고, 남성에서 가장 활동성이 높은 정자를 취한 다음, 채취된 정자와 난자를 여성의 수란관 내에 주입하는 방법으로, 성공률은 26% 정도이다.

배아의 수란관 내 이식(zygote intrafallopian transfer, ZIFT)은 체외에서 수정된 수정란을 수란관에 이식시키는 것이다. ZIFT가 체외수정과 다른 점은 수정란의 주입장소가 수란관이란 점이며, GIFT와 다른 점은 수정이 체외에서 이루어진다는 점이다. 이러한 수정란의 수란관 주입이 자궁 내의 착상률을 높이므로 ZIFT의 성공률은 23% 정도 된다.

난자은행 : 난자의 냉동보관이 가능할 경우, 여성은 자신의 난자를 젊었을 때 취한 뒤, 생식능력이 떨어지는 시기에 아이를 가질 수 있다. 난자의 보관은 난자에게 해가 되는 독극물 치료를 받고 있는 여성과 폐경기가 이른 여성에게 도움을 줄 수 있다.

그러나 난자의 냉동은 정자만큼 쉽지가 않다. 난자는 그들이 제2 감수 분열의 중기에 있을 때 -30℃~-40℃의 액체질소에서 냉동되는데, 이 시기의 염색체는 온도에 아주 민감한 방추사와 결합된 상태이다. 만약 난자가 얼어 방추사가 흐트러지면, 결국 염색체도 잃게 된다.

피임

피임의 방법에는 자연 피임법과 기구를 이용한 피임법, 수술에 의한 영구 피임법 등이 있다.

자연피임법 : 자연 피임법은 성생활의 시기와 성행동의 변형으로 임신을 피하는 방법이다. 경제적이고 쉬운 방법이지만 성생활의 절제가 필요하여 실패율이 높은 편이다. 월경주기(성주기)법, 기초체온법, 질외 사정법 등이 있다.

월경이용법 : 월경주기를 이용하여 배란 전후의 가임기간에 성교를 피하는 방법으로, 다른 피임방법에 비해 피임 성공률은 낮지만 부작용이 없기 때문에 많이 이용된다. 비교적 안전하고 비용이 저렴하며 사용이 쉬운 장점이 있는 반면, 배란의 개인차가 심해서 피임 실패율이 높고, 월경주기가 불규칙한 사람에게는 적용할 수 없다는 단점이 있다. 배란 시기는 월경력법, 기초체온법, 자궁경부 점액법 등으로 알 수 있다.

월경력법은 월경주기의 길고 짧음과는 관계없이 다음 월경일 15일 전에 배란이 일어난다는 점에 근거하여, 배란 전 3~4일과 배란일 하루, 배란 후 3일을 합친 총 7~8일 동안 금욕함으로써 피임효과를 얻는 방법이다.

기초체온법은 매일 아침 눈을 뜬 상태에서 전혀 움직이지 않은 자세를 유지하며 측정하는 기초체온을 이용하는 것으로, 기초체온을 표로 작성하여 체온 하강기와 상승기를 보고 배란기를 파악하는 방법이다. 저온기가 끝날 무렵 체온이 0.2~0.4도정도 떨어지는 현상이 일어나는데 이 시기가 바로 배란기에 해당된다.

자궁경부 점액법은 월경주기 동안 자궁 경부 및 질 점액의 분비 형태, 색도, 점성도에 따라 수태기와 불임기를 판정하는 방법이다. 배란기에 가까워질수록 점액의 분비량은 증가하고 점점 맑아지면서 깨끗해지는 반면, 배란기가 지나간 뒤 점액이 탁해지고 분비량이 감소하면서 질이 건조해지면 배란기가 지나 안전기로 접어든 것을 알 수 있다.

성교 중단법 : 남성이 실시하는 피임방법의 역사 중 가장 오래된 것으로, 성행위 중 사정하기 직전에 음경을 질에서 빼내는 방법이다. 질외 사정법이라고도 하는 이 방법은 특별한 보조 수단 없이 즉시 피임 효과를 볼 수 있고 아무런 부작용이 없다는 것이 최대의 장점인 반면, 남성으로서는 실행이 어려운 것이므로 실패할 확률이 높은 것이 단점이다.

배란 억제법 - 경구 피임법 : 먹는 피임약의 작용기작은 뇌하수체의 호르몬 분비의 억제를 통해서 난자 성숙과 배란을 억제하고, 자궁 내막에 반응하여 수정란의 착상을 방지하며, 자궁 경관 점액이 두꺼워져 정자의 통과를 방해하는 것이다. 비교적 사용이 용이하고 사용 중단 후 규칙적인 월경주기로 임신할 수 있는 상태로 돌아가는 것이 빠르며, 월경혈의 감소에 따른 철분 결핍의 예방을 장점으로 들 수 있다. 반면 매일 복용해야 하는 부담과 복용 후의 메스꺼움, 유방의 팽창감, 체중 증가 등의 부작용이 있으며, 간 질환, 혈전색전증, 뇌혈관 또는 관상동맥 질환, 자궁암이나 난소암 환자는 사용할 수 없다는 단점이 있다.

먹는 피임약의 성분은 복합 호르몬제와 단일 호르몬제의 두 가지가 있다. 복합호르몬제는 에스트로겐과 황체호르몬 또는 이와 유사한 합성제를 혼합하여 만든 것이고, 단일 호르몬제는 아주 적은 양의 황체호르몬만으로 제조된 것으로, 최근에는 부작용의 우려 때문에 복합 호르몬제가 널리 사용되고 있다.

기구를 이용한 피임법 : 피임에 사용되는 기구로는 콘돔, 여성의 자궁내 장치 등을 꼽을 수 있다. 콘돔의 경우 남성용과 여성용으로 나뉜다. 남성용 콘돔은 부드러운 라텍스 재질로 되어 있으며, 음경에 씌어 사정할 때 정자가 질강 내로 들어가는 것을 막는 방법이다. 사용이 간편하고 부작용이 없으며 특별한 처방이 없이 손쉽게 사용할 수 있다는 장점이 있으나, 성교할 때마다 사전에 사용해야 하는 불편이 있다. 최근에는 AIDS나 성병 예방의 차원에서 사용을 권장하고 있는 방법이나, 주요 실패 원인은 콘돔 파손과 남성의 사용 거부이다.

여성용 콘돔은 폴리우레탄으로 제조되며, 길이는 170㎜, 직경이 80㎜ 정도로 크다. 질 외부를 어느 정도 덮어 주기 때문에 성병 및 AIDS 예방 효과가 우수한 것으로 알려져 있으나, 남성용보다 높은 가격에도 불구하고 재사용이 불가능하며 착용이 불편한 것이 단점이다.

화학적 피임법 : 화학적 피임법으로는 피하이식 피임과, 살정제 피임 등이 있다. 피하이식 피임은 황체호르몬 캡슐을 팔 상부 피하에 이식하여 3년 동안 서서히 호르몬을 배출시킴으로써 피임작용을 하는 것이다. 주사제나 먹는 피임약에 비해 호르몬의 일정한 혈중 농도 유지, 피임 효율의 우수함, 장기간 피임 효과 지속, 부작용이 있을 경우 캡슐을 제거할 수 있고 제거 후에 임신 회복력이 빠르다는 점을 장점으로 들 수 있다. 반면에 수술비용이 비싸고 삽입하거나 제거할 때 전문 의료인의 시술을 받아야 하며, 월경 불순과 두통, 체중 증가와 같은 부작용이 단점으로 지적되고 있다.

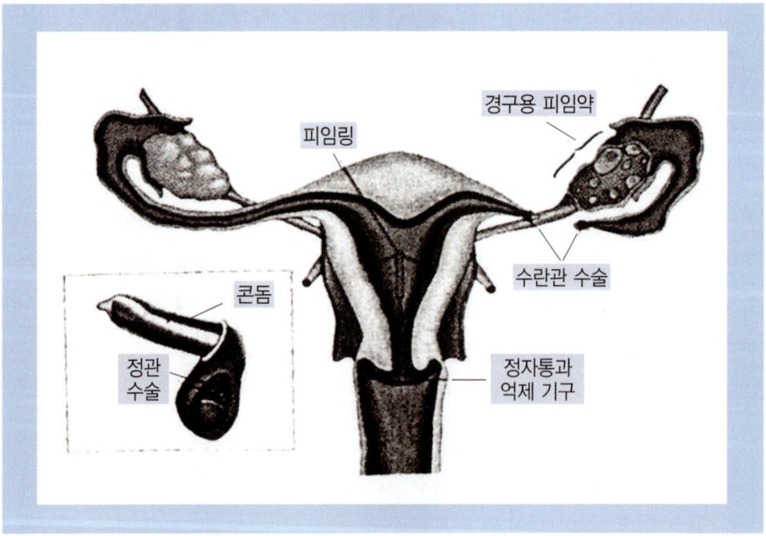

그림 6-22
피임기구들

살정제는 과거에는 발포성 젤리, 크림 등이 이용되었으나 최근에는 발포성 질정만이 유통되고 있다. 발포성 질정은 성관계 5분 내지 10분 전 여성 질강 내에 삽입하여 성교시 거품을 일으켜 정자를 죽이거나 활동을 방해함으로써 임신을 방지한다. 성관계를 가질 때에만 사용하기 때문에 이용이 편하고 값도 비교적 저렴한 편이나, 실패율이 30% 정도로 높은 편이 단점이다.

착상 억제법 : 여성의 자궁 내에 자궁내 장치(IUD)를 삽입하여 수정란의 착상을 방해하는 피임 방법이다. 자궁내 장치는 효과가 높고 안전할 뿐만 아니라 한번 삽입하면 오랜 기간 피임이 가능하고 제거만 하면 바로 임신이 가능하기 때문에 이용률이 가장 높다. 그러나 전문 의료인이 시술해야 하며, 시술 후 약간의 통증 및 출혈이 수반되기도 하고 자궁내 장치가 자연적으로 배출되는 등의 단점이 있다.

수정 억제법 - 정관수술, 수란관수술 : 남성 불임수술은 피임 효과가 우수하며 시술방법이 간단하고, 안전성은 높은 피임방법이다. 정액 속에 정자가 없을 뿐 사정량이나 성감 등에는 아무런 영향이 없다. 수술은 음낭을 약간 절개한 뒤 부정소 근처의 정관 양쪽 끝을 실로 동여매고 그 사이를 1~2㎝ 정도 자르는 것으로, 부종과 통증, 혈괴, 감염 등의 경미한 부작용이 발생할 수도 있으나, 복원수술의 성공률은 높은 편이다.

여성의 불임수술은 난관을 절단하거나 폐쇄시켜서 배란된 난자와 정자가 수란관에서 수정하지 못하게 하는 방법이다. 실패율과 부작용이 적어 많이 사용하는 방법으로, 수술 후 출혈, 감염, 타 생식기관에 손상 등을 일으킬 수 있는 단점이 있다.

5. 기형발생

동물의 발생은 다양하고 복잡한 유전자 발현과 세포활동이 요구되는 과정이다. 발생과정에서 정상적인 유전자 및 세포활동을 저해하는 요인이 나타나면 발생은 정지되거나 비정상적으로 이루어져 기형아가 되며, 기형아가 태어날 확률은 약 5% 정도이다. 기형을 유발시키는 원인은 유전과 환경 요인으로 나눌 수 있다. 유전적 요인의 예로서는 *pax-6* 유전자 결함으로 인한 **무홍채증**(aniridia)과 21번 염색체가 3개인 **다운증후군** 등을 들 수 있으며, 초기 유산의 상당부분은 염색체 이상과 관련이 있는 것으로 알려졌다.

기형을 유발하는 환경적 요인의 예로서는 바이러스나 화학물질, 방사선 등을 들 수 있는데 이런 외부적 요인을 통틀어 **기형유발원**(teratogen)이라고 하며, 이런 기형 유발원에 관해 연구하는 학문을 **기형학**(teratology)이라고 한다. 모든 기관과 발생단계 전 기간에 걸쳐 기형 유발원에 민감한 것은 아니다. 발생단계 중 기형 유발원에 특히 민감한 시점이 있고, 각 기관마다 민감한 시기가 있다. 대부분의 기관은 수정 후 15일에서 60일 사이에 형성되므로 이 시기가 기형 유발원의 노출에 가장 취약하다.

사람에게는 화학물질과 방사선, 미생물 감염, 임산부의 대사환경 등이 기형 유발원으로 작용하는 것으로 알려져 있다.

기형 유발원으로서 화학물질

기형 유발원으로 작용하는 화학물질은 상당히 많은 종류가 알려져 있지만 아직 밝혀지지 않은 것이 이보다 훨씬 더 많을 것으로 추정되고 있다. 기형 유발원의 대부분이 화학물질이라고 할 수 있을 만큼 화학물질에 의한 기형아가 많다.

성인에는 크게 영향을 미치지 않는 화학물질도 태아에는 회복할 수 없는 손상을 가져올 수 있다. 의약품으로 쓰이는 키니네는 청력상실, 술의 주성분인 알코올은 정신박약을 야기할 수 있으며 환경오염물질의 하나인 유기수은 화합물은 태아의 중추신경계와 시신경 발달을 저해하여 **미나마타병**(Minamata disease)을 일으킨다. 중금속인 카드뮴이나 납 등도 성인보다 태아에 더 위험하여 신경계 발달을 저해하며 정신박약을 일으키는 **이타이이타이병**(Itai-itai disease)의 원인이 된다.

레티놀 산 : 레티놀 산(retinoic acid)은 포유류의 발생에 있어서 전-후 축 형성에 중요한 역할을 한다. 그러나 이것은 국소적으로 아주 낮은 농도에 의한 것이고, 외부에서 과량 투여되었을 때는 귀나 턱이 없거나 갈라진 구개, 대동맥궁 이상, 갑상선 결함과 중추신경계의 이상을 가진 아이를 낳을 수 있다.

과량의 레티놀 산은 신경관으로부터 머리 쪽으로 가는 뇌신경 세포의 이동을 저해한다. 레티놀 산이 기형 유발원으로 작용하는 기간은 수정 후 20~35일이다. 레티놀 산 중에서 기형 유발원으로 작용하는 성분은 비타민 A 또는 13-시스 레티놀 산으로부터 생화학적 반응을 거쳐 유도된다. 그러나 비타민 A는 인체에 항상 필요하며 13-시스 레티놀 산은 낭포성의 피부질환에 높은 치료효과를 보이는 의약품이다. 실제로 미국에서 1982년 이후 16만 명의 임신부가 13-시스 레티놀 산을 복용하고 그 중 일부가 기형아를 출산한 기록이 있다.

탈리도마이드 : 1950년대에 임신 중 입덧을 진정시켜주는 약으로 탈리도마이드(thalidomide)가 개발되었고, 유럽에서 많은 임신부들이 이 약을 복용하였다. 이로 인해 무려 7000명이 넘는 기형아들이 태어났는데, 1961년 기형의 원인이 바로 탈리도마이드인 것이 밝혀져 이 약의 사용을 금하였다. 탈리도마이드에 의한 기형 중 가장 많은 유형은 팔, 다리가 짧거나 아예 없는 것으로 한 여성은 단 한 알의 복용만으로도 사지가 결손된 아기를 출산하였다. 이 외에도 탈리도마이드는 귀 또는 손가락이 없거나 비정상적이며, 심장에도 결함이 있는 기형을 유발하는 것으로 알려졌다. 이 약품은 수정 후 20~35일 정도의 기간 동안에만 기형 유발원으로 작용하는데 바로 이 시기가 입덧이 심한 기간이기도 하다.

탈리도마이드 사건은 중요한 교훈을 남겨 주었는데 그것은 배아 내의 생리대사과정

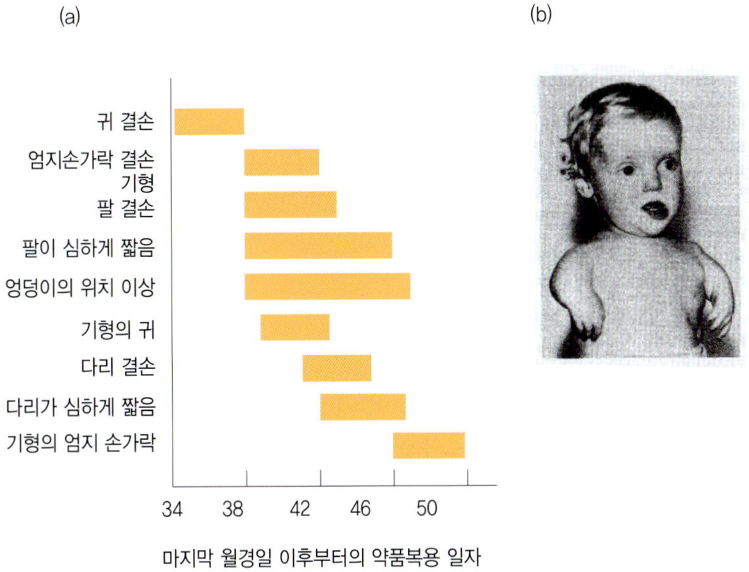

그림 6-23

탈리도마이드 증후군.

(a) 탈리도마이드는 임신 1개월에서 2개월 사이에 기형 유발원으로 작용하여 팔, 다리, 귀, 손가락 등에 기형을 유발한다.
(b) 탈리도마이드에 의한 기형

은 성인과 다르며, 성인을 위한 여러 가지 약품이 기형 유발원이 될 수 있다는 사실이다. 예컨대, 항응고제, 항경련제, 항암제 중에는 잘 알려진 기형 유발원이 있으므로 임신부는 일상적인 의약품이라 할지라도 의사의 지시에 따라 투약을 매우 신중하게 고려해야 한다.

알코올 : 우리 주위에서 쉽게 구할 수 있고 아무 거부감 없이 마시는 술이 바로 기형 유발원이라는 것은 널리 인식되어 있지 않다. 술에 들어 있는 알코올이 기형 유발요인이라고 알려지게 된 것은 1968년으로, 어머니가 알코올 중독자인 가정에 저능아가 많다는 점에 주목하기 시작하면서부터였다. 알코올에 의한 기형은 **태아 알코올 증후군**으로 통칭되는데 알코올 증후군의 아기들은 작은 머리, 언청이, 얇은 윗입술 그리고 낮은 콧등을 보여준다. 또한 IQ가 낮으며(평균 68 정도), 행동에도 장애가 있고, 사회성도 낮아 사회에 적응하는데 어려움을 갖는다. 미국에서의 통계를 보면 매년 500에서 750명의 신생아 중 1명꼴로 알코올 증후군 아기가 태어난다.

알코올 증후군 환자의 뇌를 조사한 결과 신경세포와 신경교세포의 이동에 결함이 있음을 발견하였고, 두부 신경절에 많은 세포들이 죽어 있음을 알게 되었다.

화학물질 이외의 기형 유발원

어떤 바이러스는 기형 유발원으로도 작용한다. 임산부가 **풍진**에 감염되었을 경우 백내장, 심장 기형 또는 청각장애 아기를 낳을 확률이 크며 임신 초기에 감염이 있으면 기형의 정도가 더욱 심하다. 임신 5주차 때에 풍진에 감염되면 기형 정도가 심한데 그 이유는 이 시기에 심장과 눈이 형성되기 때문이다. **거대세포 바이러스(cytomegalovirus)**나 **단순 포진 바이러스(herpes simplex virus)**도 기형 유발원이다. 거대세포 바이러스에 감염되면 시각장애, 청각장애, 뇌의 마비와 정신박약 등이 야기될 수 있다. 토끼와 고양이에 의해 전염되는 원생동물인 **톡소플라즈마**(*Toxoplasma gondii*)는 태반을 통과할 수 있으며, 태아의 뇌와 눈에 이상을 야기한다. **매독균**은 초기 태아의 사망을 가져올 수 있고 좀 더 성숙된 태아에게는 선천적인 청각장애를 유발할 수 있다.

방사선도 기형 유발원으로 염색체와 DNA 구조를 파괴할 수 있어 임신 중인 여성은 가급적이면 불필요한 **X선** 노출을 피하는 것이 좋다. 임신 중 고열도 기형 유발원으로 알려져 있다.

미확인 기형 유발원

위에서 언급한 기형 유발원 외에도 아직 알려지지 않은 요인들이 많다. 사실 대부분의 선천성 이상은 그 원인을 파악조차 할 수 없는 상태다. 예를 들면 선천성 심장 이상을 가진 신생아는 200명 중 1명꼴로 나타나는데, 이 중 기형의 이유를 유전적 원인으로 설명할 수 있는 경우는 8% 정도에 불과하고, 알려진 기형 유발원은 약 2% 정도 밖에 되지 않는다.

우리 주변에는 약 50,000여 종의 인공 화학물질이 존재하고 있고 매년 수많은 종류의 새로운 물질이 만들어진다. 새로 만들어지는 화학물질이 기형 유발원으로 작용할 수 있는지 여부를 알아보는 것은 비용이 많이 들고 기간도 많이 걸리기 때문에 일일이 검사할 수는 없다. 또한 어떤 물질이 기형 유발원인지를 실험적으로 조사 한다고 하더라도, 실험동물과 인간과의 대사과정의 차이점으로 인하여 쥐나 토끼에서 기형 유발원이 아닌 것으로 증명된 물질이 사람에게는 기형을 일으킬 수도 있다. 더구나 의약품의 경우 여러 가지 다른 종류가 함께 사용되는 일이 흔하므로 특별한 기형 유발원의 개별적인 영향을 알아내기란 더욱 어려운 것이다.

최근 여러 나라에서 환경오염이 급증하는 추세인데 이런 지역일수록 기형아 출생률이 더불어 증가하는 경향을 보이고 있다. 중금속 오염이 심한 나라의 경우 1980년 이후 기형아 출산율이 2배로 증가했다는 보고가 있다. 이상의 여러 문제점들을 종합하여 볼 때 오늘 날 기형 유발원은 일상적 주변 환경에도 많이 존재한다고 할 수 있으며, 태아는 특히 이런 기형 유발원에 노출될 위험이 더욱 높다는 것을 알아둘 필요가 있다.

6. 성의 기능 장애와 성병

남자와 여자가 성 활동을 지속하는 동안 여러 가지 기능 장애가 일어나는 경우가 있다. 이는 일시적 또는 영구적일 수 있으며 선천적 또는 후천적 원인에 의하여 일어난다. 성의 활동은 연령에 따라 달라지며 나이가 들면서 점차로 감소된다. 일반적으로 성병은 생식기관이 병원체에 감염되어서 일어나며 병원체의 종류에 따라 남녀에게 독특한 질병을 일으킨다.

성 반응과 기능장애

남녀의 성 반응 : 인간의 성 반응을 학술적인 방법을 사용하여 체계적으로 연구한 것은 미국의 존슨과 마스터즈(Johnson and Masters)가 "인간의 성 반응"이라는 책을 1966년 발간하고 부터이다. 그들은 성 반응 패턴을 **흥분기**, **평탄기(고도기)**, **오르가즘기**, **쇠퇴기**(해소기)의 4 단계로 구분하고 남녀가 다른 패턴을 나타낸다고 주장하였다.

여성의 흥분기는 생리적, 점진적 자극과 그 밖의 다른 자극으로 일어난다. 이 단계는 성감대를 자극하거나 심리적 자극에 의하여 일어나며 자극이 시작된지 20~30초 사이에 나타난다. 이 시기에 질강의 2/3에 신장과 확장이 일어나며 질벽에서 점액이 분비된다. 흥분기는 생리적 또는 심리적 영향을 크게 받아 중단되거나 단축될 수 있다. 평탄기에는

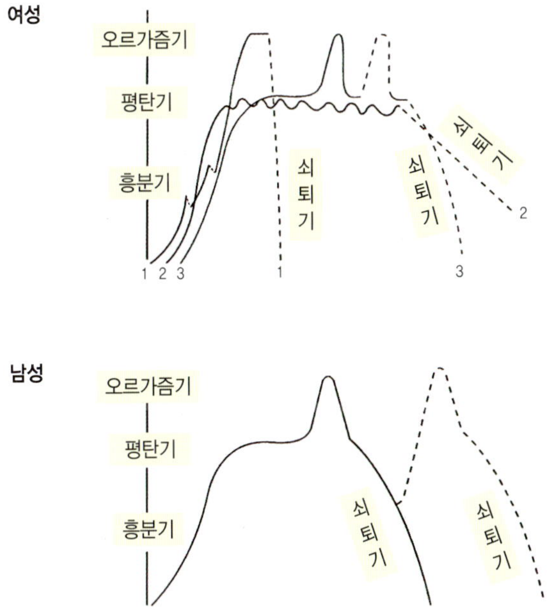

그림 6-24

여성과 남성의 성적 반응주기

1. 흥분기에 몇 차례의 흥분 저하가 있고 한 번의 오르가즘이 온 후에 급속한 쇠퇴기가 오는 형.
2. 오르가즘에 도달하지 않고 체기에 머무는 형
3. 다중성 오르가즘을 보이는 형

긴장된 성교 반응으로 유방, 음순, 질, 음핵 등이 부풀어 오르며 질 점액의 분비가 증가한다. 오르가즘기는 3~10 초 동안 짧고 폭발적으로 지속된다. 여성은 남성과는 달리 여러 번의 오르가즘을 느낄 수 있다. 쇠퇴기는 완만한 역행 현상으로 육체적, 감정적으로 원상태로 돌아간다. 이와 같은 성 반응의 패턴은 개인에 따라 차이를 나타내며 3가지 형으로 나눈다.

남성의 성 반응 패턴도 여성과 마찬가지로 4 단계로 나눈다. 흥분기에 가장 먼저 나타나는 현상은 음경의 발기로 이는 음경의 동맥혈 유입의 증가와 동시에 정맥혈 유출의 감소에 의해 반사적으로 일어난다. 존슨과 마스터즈는 음경의 크기와 발기력 사이에는 상관관계가 없으며 일반적인 견해와는 달리 작은 음경이 발기력이 더 뛰어나며, 또 크고 건강한 체구와 음경의 크기가 관계가 없다는 사실을 밝혔다. 발기 중추는 천수의 2~4분절에 위치하며 이로부터 나오는 부교감신경이 음경 혈관에 영향을 미쳐 발기를 유도한다. 평탄기는 음경의 질 삽입과 관계가 있어서 사정할 때가 가까워지면 특히 음경 귀두 부분의 지름이 증대한다. 오르가즘기에는 사정이 일어나는데 이는 부정소, 정관, 음경 근원부에 분포하는 평활근의 규칙적인 수축에 의하여 진행된다. 사정 중추는 발기 중추보다 위인 요수의 2~4분절에 위치하며 사정반사는 교감신경계의 지배를 받는다. 사출간격은 0.8초로 사출력은 음경의 끝단에서 60㎝에 이른다. 쇠퇴기에는 위의 변화가 역행적으로 일어나 오르가즘시의 호흡(40회/분), 혈압(100㎜Hg 상승), 맥박(100회 이상)이 점차로 내려간다. 쇠퇴기에는 다음의 자극으로 발기가 불가능한 불응기가 있으며 그 기간은 나이가 들수록 길어져 청년은 30분, 중년은 1~2시간, 노년은 12~24시간 소요된다.

성감대 : 성감대란 접촉으로 성적 자극을 유발하는데 매우 민감한 부위를 말하며 남녀 간에 차이가 있다.

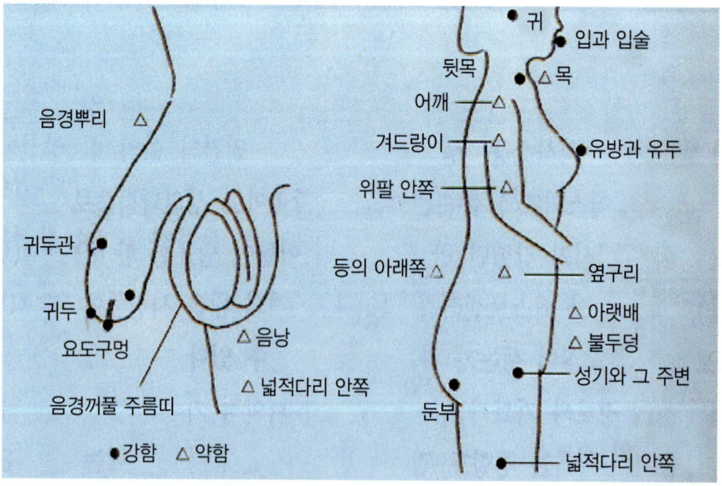

그림 6-25
남녀의 성감대

표 6-2 남성의 연령에 따른 성 활동 능력

연령(세)	테스토스테론(ng/ml)	성교, 횟수(회/주)	조조발기(회/주)	성교불능증(%)
21~30	7.17	3.9	1.6	0.8
31~40	6.00	2.7	1.8	1.9
41~50	4.61	1.9	1.7	6.7
51~60	3.70	1.5	1.2	18.4
61~70	3.12	1.0	0.8	27.0
71~80	3.00	0.5	0.3	75.0

성의 기능 장애 : **불감증**을 정확하게 정의하는 것은 그리 쉬운 일이 아니다. 일반적으로 불감증은 성적으로 현저히 약해졌거나, 성적 관심이 완전히 결여된 상태 또는 혐오 상태를 뜻한다. 그러나 성의 과학에서는 이성간의 성교로 완전한 성적 만족에 도달하지 못하는 능력의 저하로 그 개념을 한정하고 있다. 한 보고서에 의하면 20~35세의 여성을 항상 느끼는 불감증, 때때로 또는 우발적인 불감증, 비불감증의 3 그룹으로 나누고 그 비율이 각각 20%, 45%, 35%라고 하였다. 또 다른 보고에는 여성의 18%가 오르가즘에 전혀 도달한 적이 없으며, 47%가 때때로, 35%가 거의 항상 도달한다고 하였다.

남성의 성감은 단순하며 능동적, 급진적, 육욕적인데 비하여 여성의 성감은 보다 복잡하며 피동적, 점진적, 정서적으로 발전한다. 또한 남성의 성 활동 능력은 10~20대에 최고에 달하여 30대까지 유지하다 40대부터 감퇴하지만 여자는 20~30대에 최고로 40까지 유지하다 점차로 감퇴한다. 이와 같이 남녀 간의 성교능력에 10년이라는 차이가 있지만 정신적, 심리적, 애정 면에서는 강약의 차이가 없는 것으로 보인다.

(a)

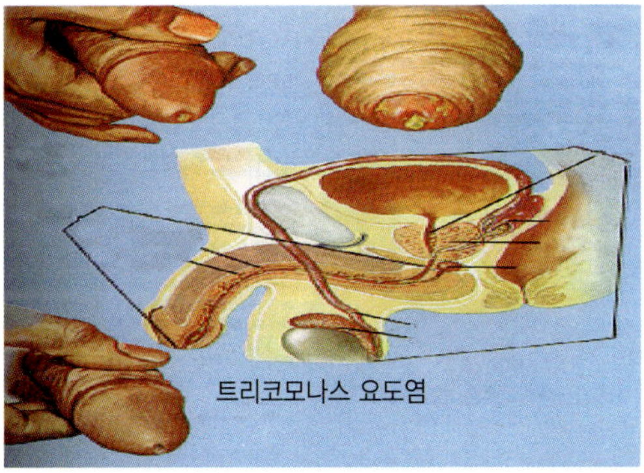

(b)

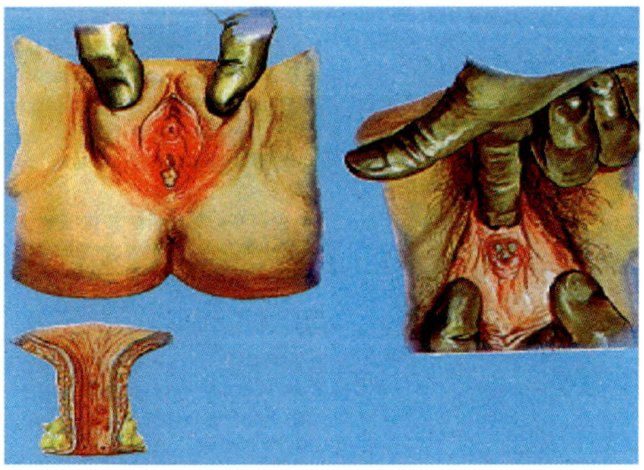

그림 6-26
요도염과 임질의 증상
(a) 남성 (b) 여성

표 6-2는 남성의 연령에 따른 성 활동 능력을 나타낸 것으로 나이가 들수록 남성호르몬의 농도가 감소하는 것과 비례하여 성교와 조조 발기의 빈도가 낮아지면서 성교 불능은 점차로 증가함을 알 수 있다.

최근 화제가 되고 있는 경구용 발기부전 치료약인 비아그라(viagra)는 성적 흥분도중 생산되는 cGMP의 분해를 억제함으로써 음경 동맥의 평활근을 이완시켜 발기를 촉진하는 것으로 알려졌다. 그러나 비아그라는 심근경색, 뇌졸증, 고혈압 또는 저혈압을 유발하는 부작용이 있어 색소성 망막염, 심혈관계, 중증 간부전환자에게는 위험할 수도 있다.

세균 감염에 의한 성병

성병은 성교 또는 성적인 접촉에 의해 감염되는 모든 전염성 질환을 의미하며 주로 생식기관에 증상이 나타나지만 AIDS나 매독과 같이 신체의 다른 부위에 발병하는 경우도 있다. 또 성병에 따라 긴 잠복기간이 있기 때문에 치료와 전염방지가 어려움이 따르기도 한다.

임질

모든 성 접촉, 즉 오랄 섹스, 키스, 성기 접촉, 항문 성교 등에 의해 전염된다. 환자나 보균자와의 성교 후 1~14일(대부분 2~3일)이면 초기 증상이 나타나는데 남성은 10%, 여성은

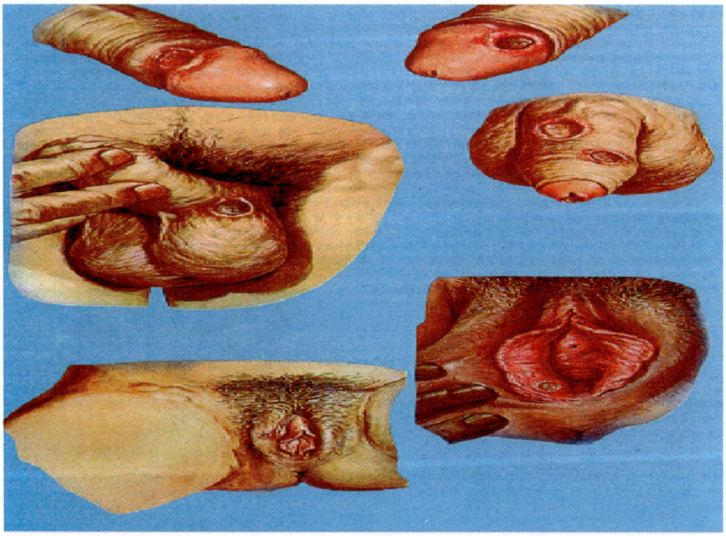

그림 6-27
매독의 증상들

90%가 증상이 나타나지 않아 성병 전파의 주요 원인이 되고 있다.

남자의 초기 증세로 요도에서 고름이 나오고 빈뇨 현상, 배뇨시 작열감, 고통, 동통이 수반된다. 치료하지 않으면 이 균은 요도를 타고 이동하여 전립선, 고환으로 전염되며 통증과 고열을 일으킬 뿐만 아니라 심한 경우 불임 및 류마티스 관절염이 발병하기도 한다.

여성의 경우 질과 자궁경부에 임질균이 감염되면 대하, 배뇨 곤란, 요통, 비정상적인 월경 등의 증상이 수반된다. 방치하면 균이 자궁경부, 자궁, 난관, 난소로 퍼지며 골반 장기염 및 류마티스 관절염을 일으키기도 한다. 임질은 난관을 막아 여성 불임을 유발하는 가장 큰 원인 중의 하나이며 출산시 신생아 눈에 감염되어 심각한 결막염을 초래하여 시각장애를 일으키기도 한다.

매독

매독은 매독균(*Treponema pallidum*)에 의해 유발되지만 인간의 체외에서는 즉시 사멸되므로 애무, 입맞춤, 성교와 같은 직접적인 접촉에 의해서만 전파된다. 간혹 감염된 유리컵이나 손수건, 주사바늘을 통해서 전염되며, 또한 수혈, 태반을 통해 자궁 내의 태아에 전파되기도 한다. 1기와 2기 매독이 가장 전염성이 강해 1회 접촉만으로 약 50~60%가 발병하며, 선천성 매독과 후천성 매독으로 나뉜다.

1기 매독 : 성 접촉 후 평균 3주 후 성기나 항문에 1개의 단단한 궤양이 동통 없이 생기는데 궤양의 모양은 처음에는 약간 붉은 색의 반점처럼 보이다가 나중에는 돌기처럼 돋아난다. 궤양은 치료하지 않아도 3~8주 후에 자연 소실되고 2기 매독으로 진행되므로 환자는 다 나은 것으로 착각하기 쉽다.

2기 매독 : 보통 1기 매독 증세가 없어지고 난 뒤 자각증상이 없이 3~6주 정도가 경과 한 후에 나타난다. 가장 먼저 나타나는 증상은 홍색 반점이 전신, 손바닥, 발바닥 등에 돋아나며 홍색 구진이 전신에 발생하는 매독진, 탈모증, 성기 주위에 표면이 편평한 편평습우 등이 나타난다.

3~6개월간 지속되던 2기 매독 증상이 사라지면 잠복기에 들어가는데 이를 잠복 매독이라 한다. 잠복 매독은 매독 혈청검사에서만 양성반응이 보이고 이상증세를 보이지 않는 시기이지만, 계속해서 세균은 각 기관에 침투해서 뇌, 척추, 혈관, 뼈를 감염시키는데 그 기간은 수개월 혹은 수년간 지속될 수 있다.

3기 매독 : 매독균에 의한 과민반응으로 발생하며 치료받지 않고 방치한 감염자의 30~50%가 3기 매독으로 진행된다. 중증 심장병, 안과 질환, 뇌나 척수의 손상을 가져와 졸도, 발광, 실명, 정신이상이 되기도 하고 심하면 생명을 잃게 된다.

선천성 매독 : 산모가 매독에 감염되었을 때 임신 16주부터 매독균이 태반을 통하여 태아

에 감염되는 경우를 말한다. 생후 2년 이내에 매독 증세를 보이면 조기 선천성 매독이라 하며, 생후 7일 이내에 콧물과 입 주위, 팔, 다리에 홍반성 인설과 후천성 매독의 2기 증세가 나타날 수 있다.

이 밖에도 세균에 의한 성병으로 클라미디아 감염증, 성병성 림프육아종, 연성하감 등을 들 수 있다.

바이러스에 의한 성병

포진 바이러스

포진은 **단순 포진 바이러스**(herpes simplex virus) Ⅰ형과 Ⅱ형의 2종류에 의해서 발병한다. 과거에는 Ⅰ형은 입 주위에만 포진을 유발하고, 성기 포진은 Ⅱ형에 의해서만 발병한다고 하였으나 오늘날에는 Ⅰ형에 의해서도 생기는 것으로 알려졌다. 여성의 경우 임신을 했을 때 태반을 통해 태아에 감염되어 유산이나 전신성 및 중추신경성 기형을 유발할 수도 있다. 따라서 입 주위에 포진성 물집이 있으면 상대방의 몸에 닿지 않도록 주의해야 한다.

성기 포진에 감염되면 4~7일의 잠복기를 거친 후 따갑고 화끈거리는 통증과 더불어 성기 주변에 포진이 생기며. 남성의 경우 음경, 여성의 경우 대음순에 흔히 생긴다. 이 포진이 터진 후 그 자리에 궤양이 남으며 신열과 두통, 근육통, 배뇨시 통증 등이 있다. 감염 후 일주일 정도 지나면 저절로 증상이 사라지고 포진과 궤양은 1~3주 후 없어지지만, 단순 포진 바이러스는 척수 신경절에 남아 재발될 가능성이 높다.

후천성 면역결핍 증후군(AIDS)

AIDS는 인체 면역결핍바이러스(HIV)의 감염으로 생기는데 환자는 면역기능이 파괴되어 사소한 감염에도 생명을 잃을 수 있다. AIDS는 중앙아프리카의 야생 푸른 원숭이가 AIDS 바이러스에 감염된 후 1970년대 중반 인체로 전염되면서 전 세계로 퍼져 나간 것으로 보고 있다.

감염 직후 아무런 증상을 나타내지 않으나 2~5주 후에 신열, 오한, 근육통, 림프절의 부어오름, 가벼운 발진 등의 증상이 나타난다. 초기 감염 후 2달 이내에 이 바이러스에 대한 항체가 생기지만 때로는 항체가 생기지 않는 경우도 있다. 감염자는 그 후에 대개 3~5년간 무증후성 잠복기를 지내는데, 이 기간 동안 보균자는 자신도 모르는 상태에서 타인에게 바이러스를 전염시키기도 한다.

AIDS의 증상은 환자마다 차이가 있지만 일반적으로 체중 감소, 신열(때로는 취침 중 발한을 수반), 림프절의 붓기, 홍자색 반점들이 포함된다. AIDS 환자의 30~65%에서는 뇌,

신경계통 손상으로 인한 기억상실, 정신 분열, 정서 불안, 보행 곤란, 발작, 혼수상태 등이 나타난다.

AIDS는 성행위나 바이러스에 감염된 혈관 주사바늘을 통해 주로 전염된다. 또 피부 상처를 통해 체내로 쉽게 침투할 수 있는데 일단 체내에 들어가면 이 바이러스는 보조 T세포(T-helper cell, T_H)를 공격한다. T_H 세포는 일종의 림프구로서 B 림프구에서 항체가 만들어지도록 화학적 신호를 보내는 세포이다. T_H 세포내에서 HIV는 자신의 유전 정보를 이용하여 대량으로 증식된 후 세포를 터뜨리고 나와 다른 T_H를 공격한다.

HIV를 둘러싸고 있는 막에는 인체의 면역체계가 자기로 인지하도록 교란시키는 분자가 있어서 바이러스는 면역반응을 피할 수 있다. 더구나 바이러스성 단백질들은 복제를 할 때마다 조금씩 그 모양이 변하기 때문에 HIV의 표면 항원을 목표로 하는 백신 개발에 어려움을 겪고 있다. 일단 바이러스 감염이 확립되고 나면 새로운 공격무기를 지닌 바이러스 변형체가 생기는데 변형체는 세포독성 T세포와 대식세포에서 발현되는 수용체와 결합해서 이들 세포의 사멸을 촉진한다.

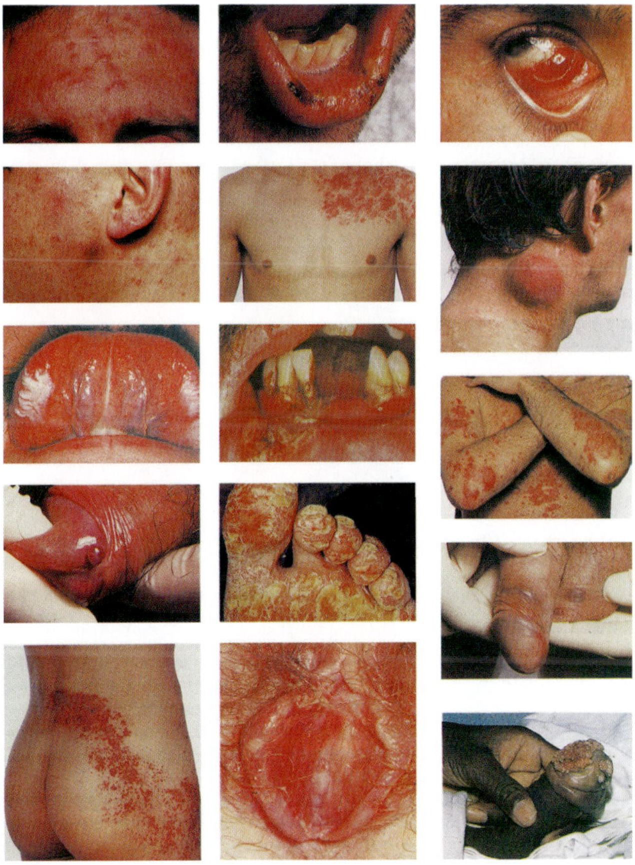

그림 6-28

AIDS의 다양한 증상들

바이러스에 감염된 모든 사람이 즉시 AIDS로 진행되는 것은 아니다. 바이러스에 감염된 사람들 중 5%는 감염 후에도 12년에서 15년 동안 건강한 상태를 유지한다. 약 1%정도의 사람들에서는 면역결핍 바이러스와 결합하는 특정 수용체에 돌연변이가 일어나 HIV가 세포 내부로 들어갈 수 없기 때문에 절대 감염되지 않는다.

HIV가 한 차례의 성기 접촉으로 전염되는 확률은 여성의 경우 1/1000, 남성의 경우 1/2000이지만, 1번의 항문 성교로 감염되는 가능성은 1/50~1/100로 훨씬 높다. 항문 성교로 인한 감염 확률이 높은 이유는 항문의 점막이 매우 얇아 성교 중에 상처가 나기 쉽기 때문이다. HIV는 혈액 외에 눈물, 오줌, 침, 정액, 질 분비물 등 모든 체액에서 발견되기는 하지만 체액 교환이 없는 한 바이러스 감염은 일어나지 않는다.

우리나라에서도 1999년 9월 발표한 국립보건원 조사에 의하면 감염자 수가 1014명이며 이 중 882명이 남자였다. 연령별로는 20대가 327명, 30대가 364명, 40대가 184명, 50대가 82명, 10대 이하는 27명이었다. 이들은 동성연애 등 성 접촉을 통한 경우가 가장 많았고 수혈, 혈액제제, 수직 감염 등이 주요 감염 경로인 것으로 밝혀졌다. 수직 감염은 보균자인 임산부로부터 분만시 감염되는 경우로 이 확률은 20~50%에 이른다.

WHO 보고에 의하면 2000년에는 전 세계적으로 성인 약 3,000만 명, 소아 약 1,000만 명으로 합계 약 4,000만 명이 AIDS에 감염된 것으로 추정하고 있다.

기타 곰팡이나 원생동물 등에 의한 성병

균류 혹은 효모의 미생물이 질 내에 정상치보다 많아졌을 때 발병하는 것으로는, 트리코모나스 질염과 마닐리아 질염 등이 있다.

7. 출산 후의 발생과 노화

다세포 생물은 태어나면서 성장을 계속하여 성체에 이르고 그 이후부터는 노화현상을 일으켜 최종 단계에서 죽음으로 끝맺음을 한다. 인간의 성장은 태어난 후에는 매우 빠르게 진행되다 성숙하는 동안 점차 느려진다. 노화는 나이에 따라 일어나는 점진적인 신체적 변화를 의미하는 **광역의 노화**(aging)와 생식적 성숙기 이후의 일어나는 신체의 구조적, 기능적 상실을 의미하는 **발생학적 노화**(senescence)로 구분하는데 일반적으로는 후자를 말한다. 최근 인구의 고령화 현상이 대두됨에 따라 장년기 이후의 성인에게 나타나는 여러 가지 증세에 기초하여 노화현상을 연구하는 **노인학**이 성립하게 되었다.

노화현상

신체 조성, 대사 작용 및 활동의 변화 : 노인이 되면 일반적으로 체중이 줄고 몸이 여위어지는데, 이는 골격근을 비롯한 조직의 세포 수가 젊은 청년기의 2/3 정도로 줄기 때문이다. 피하에 저장된 지질이나 조직액에 함유된 수분의 양이 많아 체중이 감소하지 않은 경우라 할지라도 노화되면 운동량이 줄어 골격근이 감소하며, 기초 대사율을 비롯한 대사 활동이 떨어진다. 기초 대사율의 감소는 기동력 감소의 원인이 되며, 더불어 발열량이 줄어들기 때문에 체온 저하의 원인이 된다. 이에 따라서 자율신경계는 신체의 심부 체온을 유지하기 위하여 신체 말단 부위의 모세혈관에 혈류량을 감소시킨다.

결합조직의 변화 : 우리 몸의 세포외 기질인 콜라겐, 탄력소(elastin) 등은 이들 물질을 합성하여 분비하는 조직 세포들과 결합하여 결합조직을 구성하며 신체 총 단백질의 1/3을 차지한다. 콜라겐은 원래 수용성 단백질로 합성되지만 노인에 이를수록 이들 고분자들간에 연쇄가 증가하여 불용성이 커진다. 이로 인하여 피부, 골격, 인대 등의 유연성이 떨어지며, 투과도 감소로 결합 조직에 영양분, 호르몬 등과 같은 물질의 공급이 제한된다. 따라서 노인이 되면 주름이 잘 펴지지 않고, 탄력성 부족으로 충격 흡수 능력이 감소한다. 탄력소의 경화는 혈관의 탄력을 저하시켜 혈압을 상승시키며, 심장 마비와 폐활량의 감소를 초래한다. 또한 관절을 보호하는 뮤코다당이 감소하며 관절의 활액이 묽어짐에 따라 퇴행성관절염이 발생한다.

조직 세포의 소실과 재생 능력의 감퇴 : 노화되면서 신체의 조직 세포가 부분적으로 소실되며 조직의 재생 능력도 감퇴한다. 건강한 젊은 사람의 정상 조직은 체외 배양시켰을 때 50회 정도의 계대 배양 수명을 가지고 있으나, 늙은 사람의 조직일수록 10~20회 정도 분열 후 중단하여 그 수명이 짧다. 우리 몸에는 재생 가능한 조직으로 표피 조직, 장기의 상피조직, 혈구 등이 있으며, 재생 불가능한 조직으로 신경과 근육 조직이 있다. 재생이 가능한 조직 중에서도 골수 조직의 줄기세포가 노화되면 적혈구, 림프구, 대식세포 등의 조혈 작용이 감퇴하여 노인성 빈혈의 원인이 되며 면역 기능을 약화시킨다.

한편 재생 불가능 조직인 신경은 90세가 되면 현저하게 둔화되어 30세 때에 비하여 척수신경의 수는 20%, 후신경의 수는 25%가 감소한다. 이와 같이 나이가 들면 운동신경과 감각신경을 포함하는 척수 신경의 수가 감퇴하며, 또 말초신경에서도 감각세포의 사멸로 후각, 미각, 청각, 시각, 촉각 등이 현저하게 떨어진다.

신체 기능의 노화 현상을 기관계 별로 정리하면 다음과 같다.

순환계 : 심장 질환은 65세 이상인 사람에 있어서 1위 사망원인이다. 심장 질환은 구조적으로는 심장 근육에 지방과 결합조직이 침투하여 심장의 근섬유가 감소하며 리포푹신 과립이 축적되기 때문이다. 이 물질은 20세부터 축적되기 시작하여, 80세가 되면 심장 근섬유의 5~10% 부피를 차지한다. 때문에 90세가 되면 심장의 박출량이 50%까지 감소할 만큼 심장 기능이 저하된다. 또한 결합조직이 증가하면서 혈관의 탄력이 감소하여 **동맥경화**

가 일어나며 더구나 혈관 내부에 콜레스테롤이 축적되면 심각한 순환기 계통의 질환을 피할 수 없게 된다.

혈압도 노화와 관련하여 증가하는 요소 중의 하나이다. 청년기의 혈압은 일반적으로 이완기 혈압이 80㎜Hg, 수축기 혈압이 110㎜Hg 정도인 것이 정상이다. 그러나 혈압도 중년에 이르면 증가하므로 이완기 90㎜Hg, 수축기 140㎜Hg까지도 정상 혈압이라고 할 수 있다. 그러나 나이가 55~60세인 사람의 혈압이 그 이상으로 증가하는 것은 대체로 비만과 관련된 경우가 많다. 체중 1㎏ 증가함에 따라 혈관이 무려 1000㎞ 늘어나는데 비하여 심장근은 연령의 증가로 오히려 감소하기 때문에 그만큼 심장의 부담이 커지게 되어 순환계에 전반적인 질병을 초래한다.

소화계 : 노년에 이를수록 치아의 결손이나 구강 질환이 증가한다.

위에서도 염산과 소화 효소의 분비가 떨어지면서 소화 기능이 감퇴한다. 위의 염산 분비 감소는 비특이적 면역의 1차 방어선의 감퇴를 의미하며, 부패된 음식물에 포함된 병원균 퇴치 능력이 약화됨을 의미한다. 또한 소장에서는 지방의 소화 산물인 지방산의 흡수 기능이 감퇴한다. 따라서 노년기에는 육류 등의 지방질이 많은 음식을 섭취하면 설사를 일으키는 경우가 많고 소화가 잘 되지 않는다.

신경계 : 신경계의 단위 세포인 **뉴런**의 수는 태어나서 10살이 되면 고정되며 더 이상 증가하지 않는다. 또한 뉴런의 수는 체내에 산소가 결핍되면 감소한다. 동맥경화로 인하여 산소의 공급이 불충분한 경우에도 뉴런의 수가 감소하며 그에 따라 뇌 기능이 감퇴한다.

감각계의 기능 감퇴에 비하여 중추신경계의 기능 감퇴는 훨씬 더 심각하다. 노년에 이를수록 중추신경계에서 재생이 불가능한 조직에 손실이 발생할 가능성이 높아진다. 중추신경계를 구성하는 신경조직의 부분적인 손실은 중추신경계의 네트워크에 부분적인 단절을 초래한다. 노년에 이를수록 구축되어 있던 신경망이 단절되기 때문에 노년의 학습 실적은 소년에 비하여 대단히 비능률적이며 기존의 기억을 유지하는 것도 어렵다.

따라서 종합적인 사고력이 감퇴하고 언어 행동에서 논리성이 없는 경우가 많아진다. 노인성 치매는 이와 같은 신경계 기능의 극단적인 퇴화 단계라 할 수 있다.

내분비계 : 노년기에 이르더라도 갑상선 호르몬인 티록신의 분비는 정상으로 이루어진다. 그러나 간이나 근육 등 조직 세포에서 이 호르몬에 대한 반응이 약화되기 때문에 기초대사량이 감소한다. 따라서 체내의 열 발생이 떨어지며 피부의 모세혈관의 혈액 순환이 감소하기 때문에 노인이 되면 손발이 차가와진다. 또한 부신의 기능이 저하되어 에피네프린, 노르에피네프린의 분비가 원활하지 못하고 그 결과 스트레스에 대한 대처 및 조절 능력이 감퇴한다. 노년기에 이르면 이자의 인슐린 분비 기능이 저하되어 과다한 혈당을 제거하지 못하므로 당뇨병에 걸릴 가능성이 높아진다.

여성은 45세 전후에 폐경기가 오며 이후에는 성 호르몬 분비의 감소로 다양한 생리적

표 6-3 노화에 따른 신체적, 기능적 상실	
뇌의 무게	56 %
뇌의 혈액 공급	80 %
휴식 상태에서의 심박출량	70 %
폐활량	56 %
신장내 사구체의 수	56 %
사구체의 여과율	69 %
혈액이 정상 pH로 돌아가는 속도	17 %
미뢰의 수	36 %
손을 쥐는 힘	55 %
운동할 때 최대 산소 흡수율	40 %
척수 신경의 축삭 수	63 %
신경의 전도 속도	90 %
체중	88 %

이상을 호소하는 경우가 많다.

골격계 : 노년에 이르면 갑상선에서 칼시토닌의 분비가 감소하면서 골격의 칼슘 방출을 적절히 억제하지 못하여 골격의 각종 염분 농도가 감소한다. 이로 인하여 골다공증이 나타나며 뼈의 가소성이 증가하여 골절을 입을 가능성이 높아진다. 이와 같은 골격계의 이상은 여성에 있어서 특히 폐경기 이후에 현저하게 나타나는 경우가 많다.

표 6-3은 노화에 따른 신체적, 기능적 상실을 나타낸 것이다.

노화의 원인과 가설

노화에 대한 생물학적 규명과 더불어 여러 가지 근거에 의한 다양한 노화의 가설이 제시되고 있다. 그러나 그 어느 주장도 노화의 원인을 설명하기에는 충분하지 못하며 대부분의 학자들은 노화가 유전자와 환경과의 상호작용으로 진행된다는 가설에 동의하고 있다.

유전설(프로그램설) : 수명이 특정 유전자 또는 일련의 유전자로 구성된 프로그램에 의해서 결정된다고 보는 가설이다. 한 예로 8번 염색체의 p12 단일전좌의 돌연변이가 생기면 조로증 환자가 생기는 것으로 보아 노화 유전자가 있다는 것을 알 수 있다. 유전자 복제시 유전자의 손실을 막는데 관여하는 염색체의 말단부는 텔로머라아제(telomerase)에 의해 DNA의 말단에 붙는다. 나이가 들면서 이러한 말단부가 짧아지는 것으로 밝혀졌으며, 이때 외부에서 텔로머라아제를 넣어주면, 세포의 수명이 연장되는 것이 밝혀져 노화의 유전자설에 대한 증거를 제시해주고 있다. 또한 인간을 포함하는 여러 동물에서 예정 세포

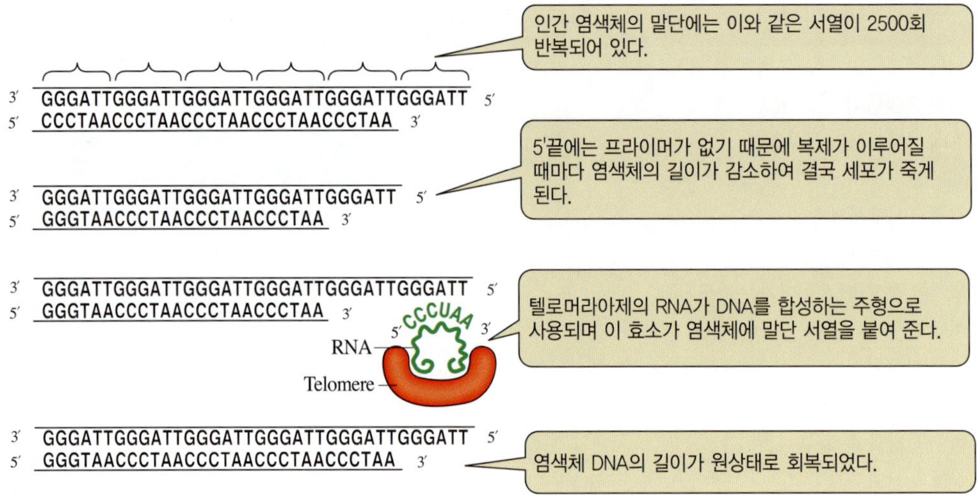

그림 6-29

염색체 말단의 반복 서열과 텔로머라제의 작용

사에 관여하는 유전자가 계속 발견되고 있어 노화에 대한 유전자 관련설이 한층 힘을 얻고 있다.

프로게리아(Progeria, 일명 Hutchinson-Gilford syndrome) 환자는 출생 첫해부터 피부, 털, 지방조직 등 모든 면에서 노화현상이 일어나기 시작해서, 보통 12세경에 심장병 등으로 사망하는 특이한 유전병으로 노화현상을 연구하는데 좋은 기회를 제공하고 있다. 인류 집단 중에도 유난히 수명이 긴 집단이 있으며, 아무리 좋은 환경에 살더라도 생물 종에 따라 일정한 수명만을 누릴 수 있고 또 세포의 분열횟수가 정해져 있다는 점도 노화의 유전적인 요소를 강력히 지지하고 있다.

오류 축적설 : 유전 정보의 복제 및 발현 과정에 이상이 생기면 복제된 유전 정보가 원본과 달라지게 되고, 유전자 발현으로 합성된 mRNA에 그 착오가 전달되어 합성된 단백질이 달라지게 된다. 나이가 많아질수록 이와 같은 오류에 대한 수정 기능이 감소하여 궁극적으로 세포의 정보 체계에 실수가 발생할 확률이 증가한다. 이로 인하여 단백질 및 효소의 기능이 감퇴되거나 상실되며 그에 따라서 신체의 구조 및 대사 작용에 이상이 생기고 그 결과로 체내에 착오가 일어난 특정 기질이 축적되며, 여기에 피드백 조절의 착오로 인한 유전자 발현이상이라는 악순환이 되풀이되어 노화가 촉진된다는 설이다.

자유 라디칼설(활성 산소설) : 노화가 유전적인 요인보다는 환경적인 요인으로 일어난다는 것으로 대사과정에서 생긴 유해 활성산소가 생겨 세포를 공격함으로써 노화를 촉진한다는 것이다.

DNA에 변화를 일으키는 가장 중요한 환경요인으로는 대사 과정의 부산물인 유리 산소라디칼이라는 사실이 밝혀졌다. 참고로 지금까지 알려진 노화방지 유전자들이 모두 항산화에 관계하는 점도 자유 라디칼이 노화에 미치는 영향을 시사해 준다. 우리 몸에 DNA 손상이 일어나면 수선 효소의 활동으로 이를 즉시 정상적으로 회복시킨다. 따라서 수선 효소 유전자에 돌연변이가 일어나게 되면 DNA 손상이 누적되고, 어느 한계에 도달하면 생명활동이 중단된다. 유리 산소라디칼에 의한 영향 중 특히 미토콘드리아 DNA 손상이 노화를 일으키는 직접적인 원인이 된다고 보는 사람이 많다. 유리 산소라디칼은 미토콘드리아 내에서 일어나는 호흡작용의 부산물로 많이 생성될 뿐만 아니라, 핵 내의 유전체와는 달리 미토콘드리아에는 수선작업이 잘 일어나지 않는다. 그 결과 손상된 미토콘드리아로부터 ATP의 생산이 감소되고 세포내에서 일어나는 모든 ATP 의존적 활동에 나쁜 영향을 미치게 된다.

고분자 연쇄설 : 노화의 원인이 생체 고분자들이 연쇄를 형성하는데 있다고 보는 설이다. 연쇄를 이루는 후보 물질로는 결합조직의 기질인 콜라겐, 탄력소 등이 있으며, 이들이 지나치게 연쇄를 형성하면 결합 조직이 탄력을 잃게 되며 이것이 노화의 원인이 된다고 보는 견해이다. 또한 이와 같은 고분자 연쇄의 증가는 염색체의 DNA에 결합하여 유전자의 발현을 조절하는 단백질의 작용에 영향을 미치는 것으로 밝혀진 예도 있다.

자가 면역설 : 1973년 버네트(Burnett, M.)가 주장한 가설로 면역체계의 이상으로 자기 자신의 몸을 구성하거나 조절하는 물질에 대한 면역 반응이 나타나 노화가 온다는 가설이다. 우리 몸의 **가슴샘**은 면역 중추 중의 하나로, 자신과 외래의 세포를 구별할 수 있는 기능을 가진 T-세포가 선별되는 기관이다. 이 흉선은 17~18세까지 최대한 발달하고 이후에는 그 기능이 쇠퇴하는데, 이 과정에서 우리 몸의 구성 물질에 반응하는 T-세포가 순환계로 나올 수 있고 이들 T-세포의 착오된 기능이 자가 면역반응을 일으키게 된다. 즉 자기 자신의 몸을 구성하는 물질을 공격하여 손상시킴으로써 노화에 이르게 한다는 것이다.

더 읽을거리 (6-2)

발생공학 – 복제생물과 응용

복제생물이란 핵을 미리 제거한 동종의 난자에 공여자의 핵을 이식하여 발생시킨 개체를 뜻하며 공여자의 유전체 구성과 완전히 동일하다. 이는 수정을 통하여 생긴 개체가 부모 유전자의 반반씩을 물려받은 것과는 다르다. 만약 같은 개체로부터 핵을 여러 개의 난자에 이식시키거나 처음 핵 이식으로 분열 중인 세포를 분리하여 핵을 제공할 경우 즉, 계대핵치환으로 새로 생긴 개체들은 유전적으로 동일한 클론이 된다.

척추동물의 핵이식은 1952년 미국의 브리그스와 킹(Briggs and King)이 양서류의 배아세포를 핵 공여체로 하여 처음으로 성공한 이래 1962년대 거든(Gurdon)이 완전히 분화된 올챙이의 장세포의 핵으로 성체까지 발생시키는데 성공하였다. 핵치환 기술은 1980년대 포유류의 배아세포로 확대되었고 1997년 드디어 복제양 돌리(Dolly)가 태어나 큰 충격을 불러 일으켰다. 돌리의 경우 성숙한 암양의 유선세포로부터 채취한 핵을 사용했기 때문에 중대한 의미를 내포한다. 즉, 인간의 체세포를 이용해 복제인간을 뜻대로 만들 수 있음을 의미하기 때문이다. 그러나 잘 이용하기만 한다면 복제 동물은 의학적, 상업적으로의 응용 가치가 무한하다고 볼 수 있다.

돌리는 무핵란과 영양공급을 하지 않고 굶긴 유선세포를 융합시켜 만들었다. 따라서 미토콘드리아의 대부분은 수여자 세포 즉, 난자로부터 왔지만 일부는 핵 공여자 세포로부터 유래된 것이다. 미토콘드리아는 자체적인 기능을 수행하는 유전자가 있기 때문에 복제 양이 핵을 준 개체를 완전히 복제했다고 보기 어렵다. 6년 된 양으로부터 핵을 제공받은 관계로 돌리의 염색체 말단부가 짧아지기 시작하여, 같은 나이의 양보다 관절염에 걸리는 등 좀 더 빨리 노화되는 경향을 보였다. 또한 나이가 든 핵인 관계로 돌연변이가 축적되었을 확률이 수정란 보다 높아 암에 대한 위험도 더 높았을 것으로 보인다. 돌연변이 핵으로부터 한 개체가 만들어지면 전 세포가 돌연변이가 된다. 돌리가 완벽한 클론이 될 수 없는 또 다른 강력한 이유는 환경의 차이이다. 동물이 성장하는데 경험, 음식, 스트레스, 감염, 질병 등과 같은 환경적인 영향이 중요하므로 환경은 유전적 프로그램이 설정된 후에 영향을 미칠 수 있다.

돌리는 277번의 시도 끝에 나왔으며, 복제 쥐인 큐뮬리나(Cumulina)는 952번의 시도 끝에 태어난 15마리 중 한 마리였다. 1980년대에 태아세포의 핵으로부터 가축을 상업적으로 복제하려는 시도가 실패하였는데, 이유는 복제되어 새로 태어난 개체들이 매우 병약했기 때문이다. 좀 더 쉬운 방법은 초기 배아의 할구를 분할하여 대리모에 넣는 것이었다. 할구분할 방법은 전멸 위기에 처한 종들을 증가시키는데 이용된다.

사람의 경우 체세포의 핵치환에 의한 인간복제가 사회적, 윤리적으로 문제를 야기할 가능성이 매우 높으므로 이보다는 **줄기세포**(幹細胞, **stem cell**)에 대한 기술이 훨씬 더 유망한 것으로 사료된다. 줄기세포란 배아나 성체의 조직에서 볼 수 있는 미분화된 세포로, 분열을 통하여 자신과 똑같은 세포를 복사하여 남기는 한편 분화된 세포로 발달할 수 있는 능력을 갖춘 세포를 뜻한다. 즉 최종적 분화단계까지 도달하지 않아서 체내의 환경에 따라 여러 조직에서 필요로 하는 특수한 세포들을 생성할 수 있는 다재다능한 세포인 셈인데, 이들은 크게 **배아줄기세포**와 **성체줄기세포**로 나눈다.

발생초기의 세포들은 어떤 종류의 세포로도 분화될 수 있으나 낭배운동의 결과 3배엽이 형성되고 나면 각 배엽으로부터 독특한 세포, 조직, 기관이 형성된다. 즉 발생과정도중 세포의 운명 결정이 먼저 일어난 후 발생이 진전됨에 따라 운명의 폭이 점차로 좁아지다가 최종적인 분화를 완성하게 되는 것이다.

우리 몸을 구성하고 있는 세포와 조직은 끊임없이 새로운 것으로 대치된다. 이는 같은 종류에 속하는 줄기세포의 활동에 의한 것으로 가장 손상을 받기 쉬운 피부나 소화기 내면의 상피세포 또는 혈구세포에서 잘 볼 수 있다. 소화기의 내면은 거친 음식이 지나는 동안 씻겨 나가거나 손상을 받아 죽게 되므로 약 10일 정도 지나면 완전히 새로운 상피조직으로 대치된다. 이와 같은 조직 손상의 보수는 그 아래에 위치하고 있는 성체줄기세포가 분열하여 새롭게 분화된 세포를 위로 올려 보내기 때문이다. 마찬가지로 표피의 최 외층의 죽은 세포들도 항상 탈락을 일으키지만 피부가 그대로 유지되는 것은 표피 아래층에 위치한 줄기세포 때문이다.

줄기세포도 복제생물과 같이 무한한 응용가치가 있다. 줄기세포를 만드는 방식은 크게 잉여 수정란을 이용하는 방법, 성인의 골수 또는 탯줄 혈액으로부터 성체줄기세포를 추출하는 방법 등이 있는데, 그 기본 방식은 아래와 같다.

성체줄기세포 = 탯줄 혈액 또는 골수 추출 → 줄기세포 분리 및 증식
잉여수정란 = 난자 + 정자 (수정) → 배반포 → 줄기세포 분리 및 증식
체세포 복제 = 난자핵 제거 − 환자 체세포핵 미세주입 → 배반포 → 줄기세 포 분리 및 증식

잉여 수정란의 이용은 불임치료 후 냉동 보관했던 수정란을 해동하여 발생을 재개시킨 뒤 실험조작으로 배아줄기세포를 배양하는 것이다. 배아줄기세포는 무한대로 증식이 가능하나 타인의 세포인 관계로 환자에게 이식할 때 면역거부반응이 일어날 수 있다.

성체줄기세포는 골수나 탯줄 혈액에 잔존하는 줄기세포를 추출해 증식시키는 방법이다. 이 방법은 면역거부반응이 거의 없어 현재 백혈병, 심장병, 뇌졸중 치료에 이용되고 있다.

체세포 복제 방식은 환자 맞춤형 줄기세포로 환자의 세포핵을 무핵의 난자에 이식시킨 배아로부터 줄기세포를 만드는 가장 이상적인 방법이다. 이 방식의 장점은 환자의 유전정보와 동일하기 때문에 면역거부반응이 없다는 점과 원하는 세포를 무한대로 증식시킬 수 있다는 점이다.

Exercise

1. 정자의 형성과정을 설명하여라.

2. 난자의 형성과정과 호르몬의 관계를 설명하여라.

3. 수정이 주로 일어나는 장소와 그 이유를 설명하여라.

4. 기형 발생과 그 원인을 설명하여라.

5. 노화를 지연 (또는 방지) 시킬 수 있는 방법에 대하여 토의하여 보라.

6. 남녀의 성 반응 차이점을 설명하여라.

Exercise

7. AIDS의 감염과 증세를 설명하여라.

8. 복제 생물이란 무엇인가? 그 이용에 대하여 설명하여라.

9. 줄기세포란 무엇인가? 그 이용에 대하여 설명하여라.

10. 불임의 원인과 해결 방안을 설명하여라.

참고문헌

[인체생명과학], 안태인 저, 아카데미서적, 2003.
[생명과학 길라잡이], 전상학 등 공역, 라이프사이언스, 2004.
[발생생물학의 이해], 정해문, 김원선, 남상욱, 전상학, 교학연구사, 2002.
[신경향 성의 과학], 추영국 등 공저, 아카데미서적, 2000.
[인체생물학], 강성구 등 공저, 아카데미서적, 2004.

CHAPTER

07 생명공학

1970년대 중반 샌프란시스코 남부에 위치한 처칠이라는 조그만 카페에서 스완손(Swanson)이라는 28살의 풋내기 사업가와 보이어(Boyer)라는 생명과학자가 만났다. 스완손은 생물학을 전공하지는 않았지만 생명과학이 새로운 사업으로서의 가능성이 있다는 것을 알아차린 몇 명 안 되는 선각자 중의 하나였고, 보이어는 자신이 발견한 제한효소와 코헨이 개발한 플라스미드를 유전자 운반체로 사용하여 유전공학이라는 새로운 분야를 개척한 사람이지만 그 기술이 당장 사업이 될 것이라고는 전혀 생각도 못했다. 보이어는 스완손의 전화를 받고 잠깐 만나 의견을 교환할 것으로 생각했지만 만남이 저녁 내내 이어지면서 두 사람은 의기투합하였다. 이들이 이렇게 만나서 창업한 회사가 세계 최초의 생명공학회사인 **제넨테크(Genentech)**였다. 벤처 회사들의 시작이 그렇듯이 이 회사도 허름한 창고를 빌려서 시작하였지만 현재 주가의 시가총액이 약 400억 달러로 크게 성공하였다.

1980년 10월 14일은 바이오텍 세계에서는 기념비적인 날이다. 이날 제넨테크의 주식이 나스닥에 상장되었고 상장 첫날 주식이 몇 배로 뛰어 오르면서 많은 투자가를 기쁘게 하였기 때문이다. 드디어 생명과학이 산업으로서 인정을 받은 날이기도 하다. 그 전에는 전혀 관심을 표시 않던 많은 신문들도 제넨테크가 개발한 인터페론이라는 물질이 암을 물리치는 경이로운 신약이라는 것을 일반 대중에게 소개하였다. 이 날 이후 미국의 투자가들은 새로운 바이오텍 회사가 창업할 때 마다 아낌없이 투자하였고 바이오텍 회사들은 그 자금으로 연구개발에 몰두한 결과 성공한 기업이 많이 나왔다. 이에 영향을 받아 유럽에서는 유럽식의 **바이오젠(Biogen)**이 탄생하였다. 바이오젠은 투자자들이 먼저 자금을 확보한 다음 경쟁력이 있고 권위 있는 과학자들을 엄선하여 회사를 설립했다. 이처럼 바이오젠은 초기부터 자금력과 기술경쟁력을 갖추고 시작했기 때문에 대표적인 생명공학 회사로 발전하였다.

생명공학은 1970 년대에 도약적인 발전을 이룬 미생물학, 세포 생물학, 유전학, 발생 생물학, 생화학, 분자 생물학 등의 기초 생물학을 배경으로 태동되었다. 이 기술은 생물이라는 유기체에 근거를 두고 있기 때문에 얻어지는 모든 산물은 생물에 의해서 분해가 가능하므로 **무공해 산업**이라고도 하며, 유전 질병을 비롯한 인간의 근본적인 문제까지도 해결해 줄 수 있을 것으로 예상되어 인류의 복지 향상을 위하여 거는 기대가 크다. 그런 의미에서 생명공학을 "20세기 최후의 연금술"이라고도 한다. 우리나라에는 1983년 유전공학 육성법이 제정된 이래로 생명공학의 발전을 위한 범부처적인 노력 및 지원이 이루어졌으며 2000년대에 들어 와서는 정부의 10대 육성 산업 분야로 선정되었다.

이 장에서는 앞에서 학습한 내용을 토대로 대표적인 생명공학 기술의 가장 기본인 유전자 재조합, 생물 복제 기술 등과 이에 대한 사회적 및 윤리적 우려, 그리고 마지막으로 이들 기술을 상용화에 성공한 이용한 바이오텍 회사들에 대하여 알아보기로 한다.

1. 유전자 재조합

우리는 앞에서 생물의 유전 현상이란 DNA의 유전 정보로부터 RNA가 만들어지고 이로부터 생명 현상을 결정하는 단백질이 합성되는 과정임을 확인하였다. 또한 유전정보는 3개의 염기를 단위로 하는 암호로 작성되어 있으며, 이 암호 체계는 원핵생물에서부터 사람에 이르기까지 호환성이 있다. 바로 이 원리를 이용해서 1970년대에 이르러 생명공학의 태동이라 말할 수 있는 유전자 조작 기술이 개발되었다.

유전자를 마음대로 조작할 수 있는 재조합기술은 1970년 초반에 발견된 일련의 기초연구를 통하여 이루어 졌다. DNA를 자를 수 있는 **제한효소**는 토양미생물의 기생체로부터 방어 시스템을 연구하면서 발견되었고 이 후 DNA를 붙일 수 있는 **연결효소**의 도입으로 그 활용성이 더욱 확대되었다. 따라서 과학자들은 이 제한효소와 연결효소를 사용하여 서로 다른 유전자를 자르고 붙여서 기존에 존재하지 않은 새로운 유전자의 조합을 만들 수 있게 되었다.

자연에서 일어나는 유전자 재조합

유전자재조합 기술을 본격적으로 공부하기 전에 우선 자연계에서 일어나고 있는 유전자 재조합에 관하여 알아보자. 유전자 재조합은 자연 상태에서도 이루어지며, 멘델의 법칙에 어긋나는 유전 사례들 중에는 바로 이 유전자 재조합이 원인인 경우가 많다. 그러나 자연 상태에서 유전자 재조합이 일어날 확률은 매우 낮다. 인위적인 유전자 재조합 기술은 다음과 같은 자연 상태에서 유전자 재조합의 원리에 근거한 것이며 이는 현대 생명과학 연구에서 보편적으로 활용되고 있다.

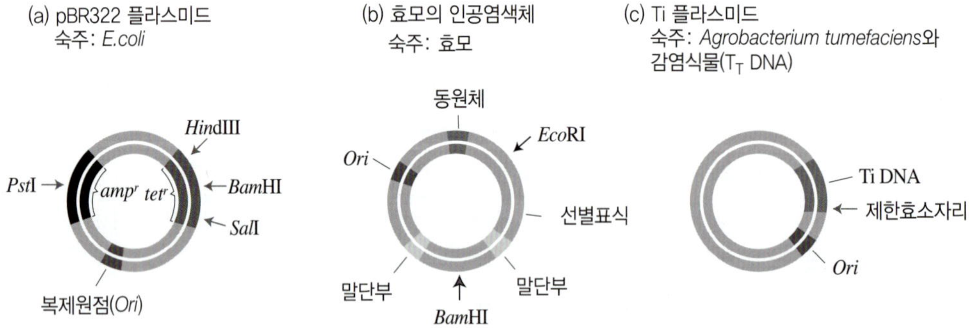

그림 7-1

플라스미드

↓ : 제한효소 자리, *amp^r*: 앰피실린 내성 유전자, *tet^r*: 테트라싸이클린 내성 유전자

자연에서의 유전자 재조합의 첫 번째 예로는 감수분열과정에서 일어나는 **교차**를 들 수 있다. 정자와 난자의 생성시 상동염색체들은 시냅스 복합체를 형성하며 염색 분체들 간에 DNA 가닥의 부분적 교환이 일어나 변이를 가진 재조합 염색체가 형성된다. 세균의 **형질전환**도 자연적인 재조합의 한 예인데, 세균은 외부로부터 유입된 DNA에 의해서 유전 형질이 전환되기도 한다. 세균들 중에는 염색체 DNA 이외에 플라스미드 DNA를 가지고 있는 것들도 있으며 이 플라스미드에는 복제 원점과 주로 항생물질에 대한 **내성 유전자**를 포함한 몇 개의 유전자가 들어 있다. 플라스미드는 생리적 조건에 따라서 세균의 세포막을 통하여 들어가기도 하고 나오기도 하므로 이와 같은 플라스미드의 출입과정에서 균체는 새로운 유전자를 획득하여 새로운 유전 형질을 나타낼 수도 있다. 또 다른 예로서 바이러스의 유전 정보가 숙주의 DNA에 끼어 들어가거나 나오는 과정에서 숙주의 유전 정보에는 없던 형질을 발현하기도 하며, 주변의 일부 유전자에 교란을 야기할 수도 있다. 이와 같이 바이러스 감염에 의하여 숙주세포에 없던 형질을 획득하는 것을 **형질도입**이라 한다. 이외에도, 생물체에는 **유동 유전 요소**라는 특이한

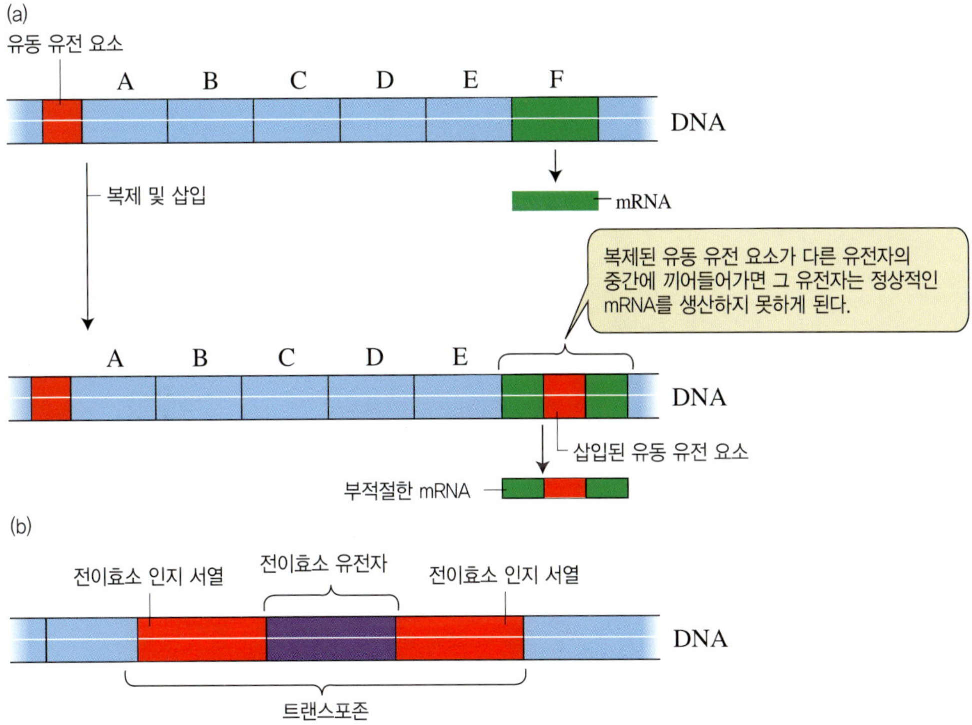

그림 7-2

유동 유전 요소에 의한 유전자 재조합

유동 유전 요소는 DNA 토막으로 같은 염색체 또는 다른 염색체를 절단하고 그 사이에 끼어 들어간다.

DNA가 있으며 이들의 작동으로 인하여 유전 정보가 재조합되기도 하며 유전자 발현이 달라지는 경우도 있다.

유전자 재조합 기술

자연 상태의 생물에서 유전자 재조합에 대한 연구와 분자 생물학의 발전으로 1970년대에 이르면서 인위적인 유전자 조작의 가능성이 제시되었다. 1973년 코헨과 버그(Cohen and Berg; 1980년 노벨상 수상)는 최초로 인위적인 유전자 재조합에 성공하였다. 유전자 재조합 기술은 생명공학의 여러 기술 중에 가장 먼저 그 산업적 응용성을 제시한 것으로 그 기술을 유전 공학이라고도 하였다. 유전자 재조합 기술이 개발되면서 질병의 치료 등에 활용 가능한 다양한 생리 활성 물질 및 유용 효소의 탐색이 필요하게 되었으며, 이 기술의 무한한 응용성이 활용단계에 이르렀다. 인간 및 여러 생물의 유전체가 분석됨에 따라서 많은 유용 유전자가 해명되고 있으며, 재조합 유전자는 생명공학의 다양한 분야에서 활용될 전망이다. 유전자 재조합은 유용 유전자를 벡터에 **재조합**시킨 후 숙주 세포를

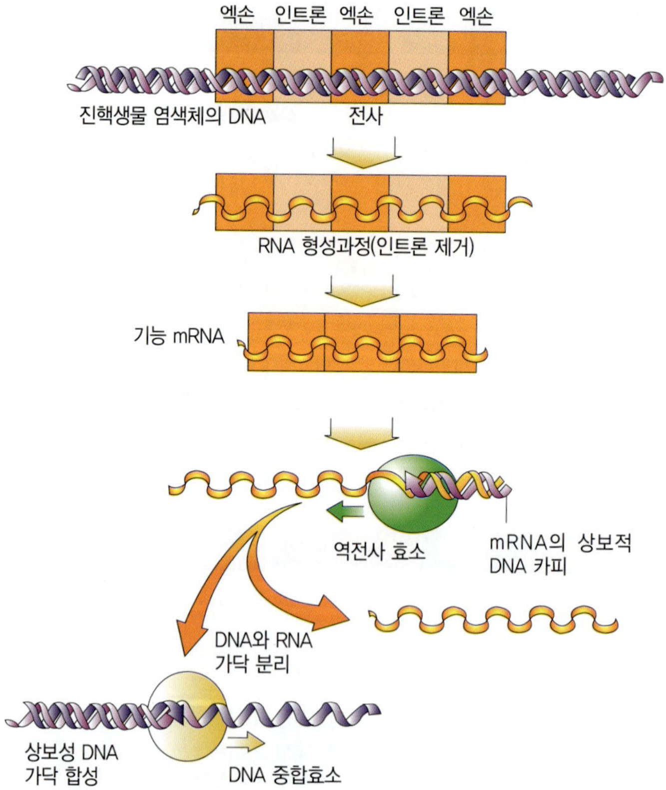

그림 7-3
cDNA의 합성

형질 전환시키고 이로부터 원하는 재조합 유전자를 가진 세포군 또는 개체군을 **선별**하며, **대량 배양**을 통하여 원하는 물질을 다량 수득하는 3단계로 이루어진다. 이와 같은 유전자 재조합에는 다음과 같은 DNA, 효소, 및 숙주 세포가 사용된다.

삽입 유전자 : 유전자 재조합에서 벡터에 삽입하여 생산하고자하는 유용 물질의 유전자를 삽입 유전자라고 한다. 이를테면 인슐린, 인터페론, 생장 호르몬 등과 같이 유용 단백질에 대한 유전자가 삽입 유전자로 사용된다. 삽입할 유전자는 대개 2가지 방법으로 얻을 수 있는데, 한 가지 방법은 세포의 게놈 DNA를 **제한 효소**로 자르거나 무작위로 토막내어 사용하는 것이다. 또 다른 한 가지 방법은 mRNA로부터 이에 상보적인 DNA를 합성하여 삽입 유전자로 사용하는 것이다. 이때 mRNA로부터 합성된 상보적인 DNA를 **cDNA**라고 한다. 이 cDNA의 합성 과정에는 RNA 바이러스에서 밝혀진 **역전사 효소**를 사용한다.

효소: 유전자 재조합에는 앞에서 설명한 역전사 효소 이외에도 제한 효소와 DNA 연결효소가 사용된다. 제한 효소는 특정 염기 서열을 인지하여 DNA를 절단하는 효소이며, 절단하는 양상은 효소의 종류에 따라서 양끝이 어긋나게 잘라주는 효소와 뭉뚝하게 잘라주는 효소가 있다. 양끝이 어긋나게 잘린 도막들은 뭉뚝하게 잘린 DNA 도막에 비해서 말단 부위에 같은 염기 서열을 가진 다른 도막들과 상보적 결합을 하므로 연결이 용이하다. 연결효소(봉합효소)는 이와 같이 제한 효소로 절단한 DNA 도막들을 연결하는 데 사용된다.

표 7-1 제한 효소의 염기 인식 특이성과 절단후의 말단

명칭	인식염기배열	절단 후의 말단	효 소 원
EcoR I	↓ - GAATTC - G - CTTAAG - CTTAA ↑	AATTC - G -	약제내성 플라스미드 RI를 갖고 있는 대장균
BamH I1	↓ - GGATCC - G - CCTAGG - CCTGA ↑	GATCC- G-	*Bacilus amyloliqefacieus H*
Hind III	↓ - AAGCAA - A - TTCGAA - TTCGA ↑	AGCTT- A-	*Hemophilus influenzae D* 혈청형
Hae III	↓↓ - GGCC - -GG - CCGG - -CC ↑	CC- GG-	*Hemophilus aegyptus*

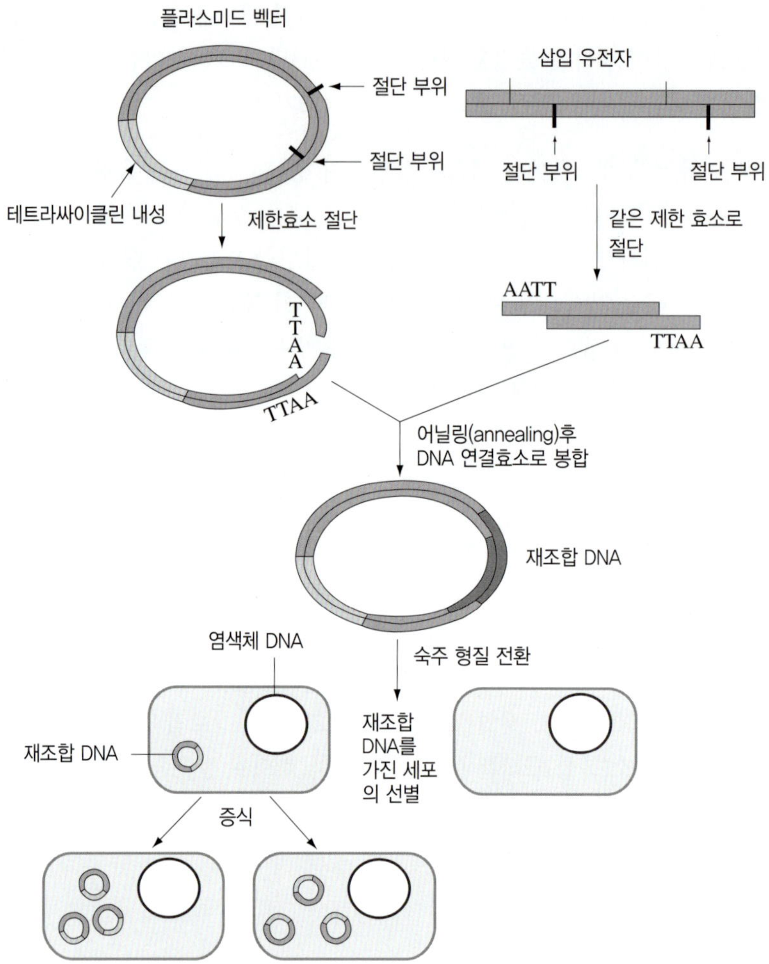

그림 7-4

유전자 재조합의 과정

벡터 DNA : 벡터는 운반체라고도 하며 **플라스미드** 또는 **바이러스 DNA**가 주로 사용된다. 일반적으로 벡터 DNA는 **복제 원점**과 유전자의 삽입 여부를 알아볼 수 있는 선별용 지표 유전자를 가지고 있다. 삽입유전자는 복제 원점이 없으므로 복제 원점이 있는 벡터에 삽입되었을 경우에만 복제가 가능하다. 일반적으로 지표 유전자는 강력한 프로모터를 달고 있어 유전자의 발현이 매우 활박하다. 또한 구조 유전자 내부에 여러 개의 제한 효소 자리를 가지고 있어 이들 제한 효소 자리에 삽입 유전자를 해독 구조에 맞추어 끼워 넣을 수 있다. **선별 지표**로 사용되는 유전자에는 항생제 내성 유전자 또는 베타-갈락토시다아제 유전자 등이 있으며, 이들 지표 유전자 내부에 외래 유전자의 삽입이 정상적인 위치에 이루어졌을 경우 그 유전자의 작용이 억제되는 것을 시각적인

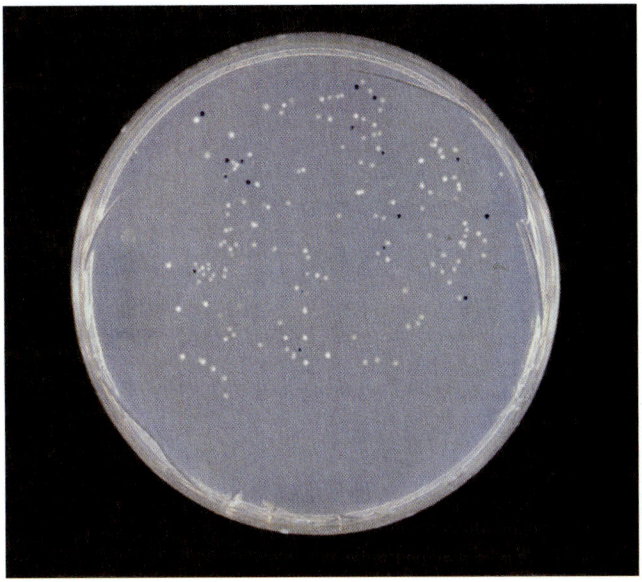

그림 7-5

플라스미드 발현벡터를 이용한 형질전환 균체의 선별.

유전자 삽입자리가 *lacZ* 유전자 사이에 있으므로 유전자 삽입이 이루어지면 *lacZ* 유전자산물이 생성되지 않으므로 균체가 흰색이 된다.

반응을 통하여 알아볼 수 있게 해 주는 역할을 한다.

숙주: 벡터로 사용되는 플라스미드나 바이러스는 물질 대사 기능이 없다. 그러므로 재조합된 유전자에 대한 산물을 얻기 위해서는 대사 기능이 있는 세포에 넣어주어야 한다. 이와 같은 목적으로 사용되는 세포를 숙주라 한다. 숙주로 사용될 생물이 갖추어야할 조건은 첫째로 재조합 유전자 산물을 대량 수득할 수 있게 하기 위하여 단시간 내에 개체 수를 많이 늘릴 수 있도록 1세대 기간이 짧아야 한다. 둘째로 저렴한 생산을 위하여 배양이 용이하고 값싼 배지에서 잘 자라야 한다. 그리고 셋째로 유용 물질의 생산 과정이나 활용 과정에서 안전을 보장하기 위하여 병원성이 없는 것이어야 한다. 이와 같은 조건을 충족할 수 있는 생물로 지금까지 대장균이나 효모가 숙주로 가장 많이 사용되고 있다.

유전자 재조합 기술에 의하여 간염 백신, 바이러스성 질환에 대한 치료제인 인터페론, 네오엔돌핀, 진통제 및 혈전 용해제 등의 치료 및 진단 시약이 생산되고 있다. 또한 생장 호르몬, 인슐린, 세크리틴 등의 호르몬 및 생리 활성 물질이 생산되고 있으며 다양한 산업화 효소가 생산되어 활용되고 있다. 재조합 유전자는 미생물, 동물, 식물에서 유용 물질을 생산하는 데에 사용되는 것뿐만 아니라 형질 전환된 신기능 생물을 만드는 데에도 응용되고 있다. 한 예로 재조합 유전자를 도입하여 병충해 및 제초제에 대한 내성을 가지는 감자, 콩 등의 작물이 개발되어 생산을 증대시키고 있다. 그러나 이와 같은 형질 전환 농작물은 아직까지 안전성이 증명되지 못하여 사회적인 논란의 대상이 되기도 한다. 또한 인간에서 재조합 유전자를 사용하여 선천적으로 결함이 있는 유전자를 치료하는 연구도 계속되고 있다. 유전 질환을 야기하는 유전자를 정상의 재조합 유전자로 대체할 경우 근원적인 치유가 가능하다. 아직까지는 이 방법이 인간의 질환 치료에 직접 활용되고 있지는 못하지만 멀지 않은 장래에 실용화 될 수 있을 것으로 예상된다.

2. 생물 복제 기술

생물 복제 기술은 최근 전 세계적으로 가장 언론에 많이 노출되어 일반인으로 부터도 관심을 받고 있는 생물학의 첨단 연구 분야이다. 복제생물이란 자손이 어버이를 그저 닮는 정도가 아니라 완벽하게 똑 같은 생물체를 만들어내는 기술이다. 복제생물 기술은 당근의 복제에서부터 시작되었으며 영국에서 1997년 복제 양 돌리가 태어난 것을 기점으로 하여 지금까지 거의 모든 가축들이 복제되었다. 가장 어렵다는 개의 경우도 우리나라에서 세계 최초로 복제하였다. 또한 1993년 10월 미국에서 인간의 초기 배아 세포를 분리 배양하여 4개의 정상 배(胚)로 키울 수 있다는 보도가 나온 것을 기화로 인간 복제의 가능성에 대한 우려가 현실로 다가옴에 따라 사회 및 윤리적 논란이 거세어지고 있다. 그렇다면 생물 복제의 원리와 기술은 과연 어떤 것인지 알아보자.

생물 복제의 원리

복제생물의 원리는 사실상 매우 간단하다. 제1부에서 우리는 모든 생명체는 세포로 구성되어 있으며, 개체는 하나의 단세포인 수정란에서 비롯됨을 배웠다. 그렇다면 수정란이 아닌 다른 체세포를 배양하여 개체를 낳는 것도 원리적으로는 충분히 가능성이 있다. 그러나 그 가능성이 현실적으로 성공하지 못했던 이유는, 첫째로 체세포를 떼어내어 체외 배양하였을 때 장기간 배양에서 나타나는 다른 미생물에 의한 오염 및 감염을 방지하기가 어려웠고, 두 번째로는 세포의 노화 현상으로 인하여 영양 조건을 충분히 유지하여도 수명의 한계를 극복할 수가 없었으며, 셋째로 가장 근본적인 문제로써 체세포가 분화 전능을 가질 수 있도록 되돌릴 수 없었기 때문이다. 그러나 생명과학의 발전으로 많은 종류의 항생 물질이 발견되었으며, 이들 항생 물질은 질병 치료에 활용되었음은 물론, 조직 세포의 체외 배양에서 미생물 오염을 극복할 수 있게 해 주었다. 이에 더하여 1980년대 이후로 암세포의 특성 연구 등에서 세포의 다양한 생장 요소, 호르몬 등의 기능이 해명됨으로써 체세포의 체외 배양 기술의 향상이 이루어졌다.

이와 같이 항생제 및 세포 생장 요소의 규명에 따른 배양 용액의 개발로 인해서 가능해진 기술이 복제생물 기술이다. 그러나 체세포에 분화 전능을 부여하는 일은 아직까지 미결과제이다.

세포 및 조직 배양 기술

식물 조직 배양

다양한 생장요소가 해명되면서 복제생물 기술은 식물에서 먼저 성공적으로 이루어졌다. 식물체도 많은 세포로 구성되어 있으나 조직 및 기관의 구성은 동물에 비하여 간단하다. 식물의 생장은 주로 생장점에서 이루어지며, 식물에서 생장점은 줄기의 형성층, 줄기의 끝인 정단, 뿌리의 끝인 근단에 있다. 이와 같은 생장점을 포함하는 식물의 조직을 떼어내어 식물의 세포 배양에 적합한 영양소를 포함하는 배지에서 배양하면 조직 세포들이 분열을 거듭한 다음 이들 세포가 모여서 여러 개의 세포괴를 형성하는데 이를 칼루스라 한

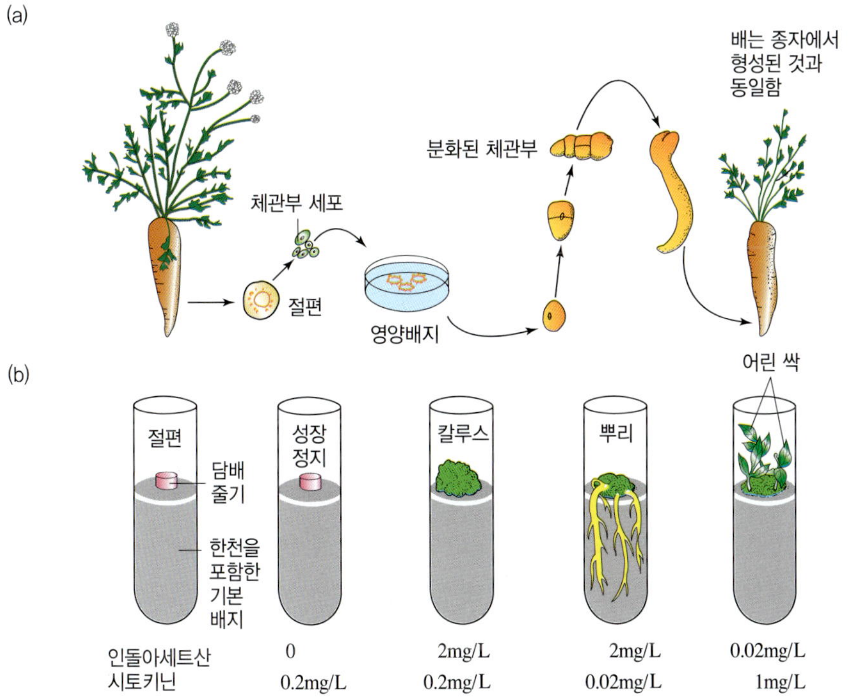

그림 7-6

식물의 조직 배양

(a) 당근 뿌리의 조직 배양, (b) 담배 줄기의 조직 배양

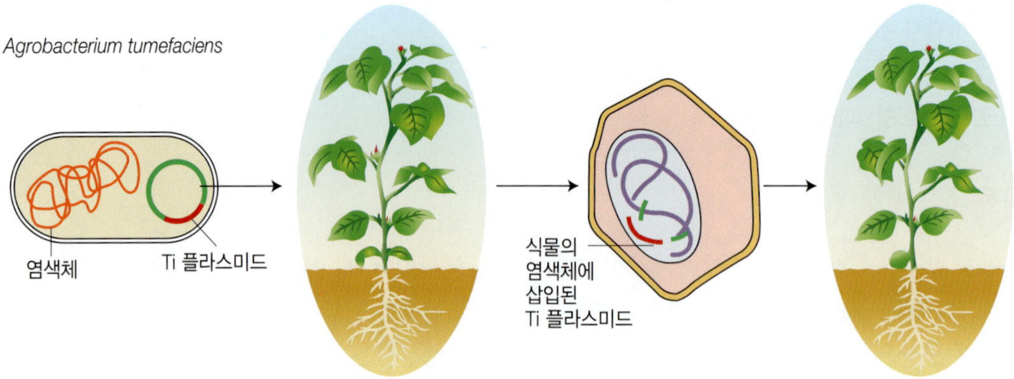

그림 7-7

식물의 형질전환

*Agrobacterium*의 Ti 플라스미드는 식물 염색체에 끼어 들어가서 관혹을 유도한다.
이 Ti 플라스미드를 유전자 재조합의 벡터로 사용하면 식물 형질을 전환시킬 수 있다.

다. 이들 칼루스를 이루는 세포들은 더욱 분화하여 어린 잎, 줄기, 뿌리를 가진 식물체를 형성한다. 이 어린 식물체를 적절한 크기로 키운 다음 포장에 옮겨 심으면 완전한 식물체를 얻을 수 있다. 이처럼 식물 조직 배양으로 생산된 식물체는 모체가 된 식물체와 동일한 유전 정보를 가지고 있으므로 복제 생물이라고 할 수 있다. 이 기술은 당근을 재료로 한 실험에서 최초로 성공하였으며 지금은 다양한 종류의 식물들이 이와 같은 조직 배양 기술로 복제되고 있다.

식물 복제 기술은 자연 상태에서 번식이 잘되지 않는 식물을 양산하는 목적으로도 활용되고 있다. 관상용으로 사용되는 많은 식물들을 과거에는 자연에서 채취하거나, 장기간 자연 번식하여 보급하였다. 그러나 지금은 실험실의 플라스크 안에서 많은 복제 식물들이 만들어지며 상품화되고 있다. 또한 많은 종류의 희귀식물들은 환경오염, 자연 훼손 및 개발로 인하여 멸종 위기에 있다. 식물 조직 배양 기술은 이와 같은 희귀식물들을 보존하고 보급하는 데 유용하게 사용될 수 있다.

이처럼 식물 조직 배양 기술이 보편화됨에 따라서 식물체에 유용한 유전 형질을 도입하는 것도 가능하게 되었다. 조직 배양 단계에 있는 식물 세포에 유용 유전자를 재조합하여 넣어주면 식물 세포의 형질을 전환시킬 수 있다. 지금까지 이 방법으로 개발된 **형질 전환 식물**에는 바이러스성 탄저병을 극복할 수 있는 씨감자, 병충해에 대하여 내성을 가진 사과, 토마토, 제초제에 대한 내성을 가진 콩, 높은 염분 농도에서도 잘 자라는 벼 품종 등 다양하다. 이와 같은 작물의 개발로 농업 효율을 높이고, 경작지의 제한을 극복할 수 있을 것으로 기대되므로 이 기술은 인류의 식량 및 동물의 사료 문제를 해결할 수 있는 새로운 방법으로 주목받고 있다.

동물 조직 배양

동물의 체세포를 때어내어 배양 용기에 담아서 배양하는 것을 **체외 배양**이라 한다. 이때 사용되는 배양액은 주로 태내 송아지 혈청에 여러 가지 유기 영양분을 보충하여 사용한다. 동물 조직 배양은 식물 조직 배양과 마찬가지로 여러 가지 **성장인자**의 규명과 **항생제**의 발견으로 가능하게 되었다. 그러나 지금까지의 기술로는 동물 조직 세포를 체외 배양하더라도 식물 조직 세포와는 달리 기관의 분화를 유도할 수는 없었고, 따라서 조직 배양으로 복제동물을 만드는 것은 불가능하다. 또한 동물의 체세포는 체외 배양을 계속할 경우 50여 세대를 거치고 나면 세포가 노화되어 모두 죽고 만다. 그러나 동물의 조직에서 때어낸 종양 조직은 분화는 않더라도 노화되지 않고 계속 분열한다. 그래서 이들 종양 세포는 동물 세포의 특성을 연구하는 재료로서 잘 활용되고 있다. Henrietta Lacks라는 미국 여성은 죽은 지 오래지만 그녀의 몸에서 채취한 **HeLa 세포**라는 자궁암 조직 세포는 지금까지도 계속 배양되고 있다. 현재 다양한 종양 세포는 세포 은행에 저장되어 있으며, 많은 연구자들에게 분양되어 암을 비롯한 각종 질환이나 세포 분자 생물학 연구의 재료로 활용되고 있다.

정상의 체세포도 암 유발 물질 처치 또는 형질 전환 바이러스로 감염시켜 형질이 전환되면 체외 배양에서 노화 현상이 중단되고 종양 세포처럼 계속 분열한다. 이와 같은 형질 전환 세포들 중에는 부분적으로 분화된 세포의 기능을 가지고 있어서 배아 발생 과정, 상처의 회복, 세포의 분화 기작 등을 연구하는 재료로 사용되고 있다.

또한 종양 세포나 조직 배양 세포주들은 정상 세포와는 달리 노화 현상을 보이지 않으므로, 이들의 비교 연구에서 세포 노화의 원인이 밝혀지고 있다. 세포가 분열하려면 먼저 DNA의 복제가 이루어져야 한다. 그림에서 보는 바와 같이 염색체를 구성하는 DNA의 양끝은 말단부(telomere) 염기 서열이 반복되어 있으며, 그 안쪽에는 생명 현상을 유지하는데 필요한 유전 정보가 있다. 그러나 복제 과정만으로는 DNA의 양끝에 있는 말단부 서열을 완성하지 못하므로 복제를 한 번씩 거칠 때마다 10여 개의 염기가 유실된다. 이들 말단부가 유실되면 그 다음 분열이 이루어질 경우 딸세포는 결손된 유전 정보를 가질 수밖에 없게 되는데 이것이 세포 노화의 한 원인으로 생각되고 있다. 체외 배양한 정상의 조직세포는 이와 같은 이유로 수명의 한계를 가지고 있으나 노화 현상을 보이지 않고 계속 분열하는 세포들에서는 유실된 말단부 염기를 계속 보충해주는 텔로머라제가 있어서 노화가 일어나지 않는다.

동물의 각 조직이나 기관을 형성하는 세포들은 미분화된 **줄기세포**에서 비롯된다. 최근에 여러 기관의 줄기세포들이 밝혀지면서 이들을 실험동물에 옮겨 넣어서 장기를 생산하려는 연구들이 박차를 가하고 있다. 이와 같은 기술이 현실화될 경우에는 장기 이식에 따른 면역 거부 반응을 염려할 필요가 없으며, 사람의 몸에 필요한 장기를 다른 동물의 몸에서 생산하여 대체할 수 있다.

핵치환 기술

세포의 핵치환 기술은 식물의 조직 배양 기술과 더불어 생물 복제 기술로 논란의 대상이 되고 있다. 1997년 영국에서 복제 양 돌리가 탄생한데 이어 2005년 우리나라에서 세계 최초로 복제개 스너피를 만들었다. 앞에서도 설명한 바와 같이 동물은 조직 배양만으로는 기관 분화가 이루어지지 않기 때문에 복제 동물을 생산하는 것은 불가능하다. 그러나 동물 난자의 핵을 체세포의 핵으로 치환시켜준 경우 핵이 치환된 난자는 난할을 거쳐 배로 발생되어 기관을 형성할 수 있다. 그러므로 핵 치환된 난자로부터 생성된 배를 생식공학 기술로 암컷의 자궁에 이식하면 복제동물을 생산할 수 있다. 생식 공학은 시험관 아기로 상징되고 있는 기술이며 이는 뒤에서 더 자세히 설명하기로 한다.

핵치환을 비롯한 세포 및 발생 단계의 배를 대상으로 한 **미세 조작 기술**은 1960년대에 유럽에서 시작되었다. 초기의 세포 미세 조작은 난자나 아메바와 같이 세포가 큰 생물을 대상으로 이루어졌다. 양서류의 난자에 자외선을 쪼여서 난자 핵의 유전 물질을 파괴시키면 그 난자는 살지 못한다. 그러나 정상의 다른 난자 또는 조직 세포의 핵을 이식하면 난자는 정상의 발생을 할 수 있다. 이와 같은 방법으로 개구리의 난자에 올챙이의 내장벽을 구성하는 체세포의 핵을 옮겨 넣어주었을 때 공여자 올챙이와 동일한 형질을 가진 배가 형성되어 동물복제의 가능성이 제시되었다. 또한 미세 조작 기술은 핵, 세포질, 세포막을 각각 다른 생물의 체세포에서 채취하여 신종의 재조합 세포를 만드는 데 활용되기도 한다.

이와 같은 세포 및 난자의 미세 조작은 현미경하에서 이루어지며 직경이 세포 크기 보다가 훨씬 작은 3~4 ㎛ 정도로 가늘게 뽑은 유리관을 사용하여 세포의 핵을 이식한다. 난

그림 7-8

미세 조작 모식도

흡입 피펫의 끝에 난자를 고정한 다음 재조합 유전자를 미세 주입한다.

자의 핵을 불활성화 시키거나 제거한 다음 2배수체의 체세포의 핵을 이식하면, 이 난자로부터 태어나는 태아는 이식 받은 체세포의 유전 형질을 물려받는다. 그러므로 다양한 모계로부터 난자를 채취하였더라도 이식된 체세포의 핵이 한 개체에서 온 것이면 이식 받은 난자에서 태어나는 자손은 동일한 유전 형질을 가지게 되므로 복제동물을 탄생시킬 수 있다. 생물 종간의 교배 등을 통하여 양질의 품종을 개량하고 나면 많은 경우 개량된 품종은 생식력이 약화되어 번식에 한계가 있는 경우가 많다. 복제생물 기술은 이와 같이

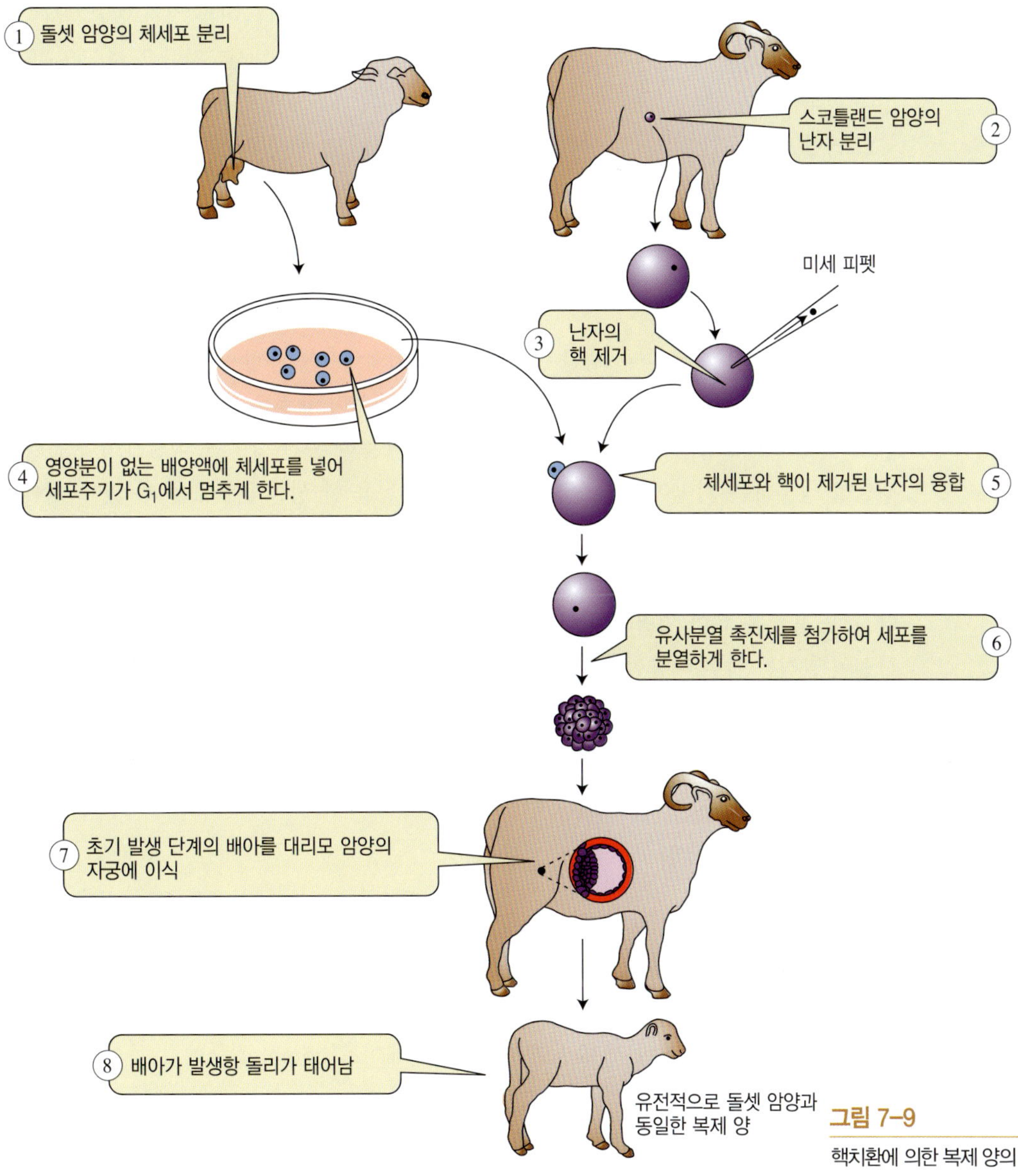

그림 7-9
핵치환에 의한 복제 양의 생성

생식력이 약화된 우량 품종을 양산할 수 있는 기술로 긍정적인 요소를 가지고 있다.

3. 신생물 창제 기술

종간 잡종이라고 하면 우리는 말과 당나귀 사이에서 태어난 노새를 연상하지만, 상상력을 보탠다면 인어 공주(물고기와 사람)나, 페가수스(말과 새)와 같은 신화적 생물을 생각할 수도 있다. 그러나 생물은 진화 과정에서 생식적 격리가 이루어지고 나면 특이한 예를 제외하고는 더 이상 서로 다른 종간에 잡종이 태어날 수가 없다. 이는 정자와 난자사이에는 동종을 인식할 수 있는 특정한 분자가 있어서 이를 통해서 서로 결합을 하였을 때 수정이 이루어지기 때문이다.

그러면 생명공학 기술은 어떤 방법으로 자연에서도 생성이 불가능한 종간 잡종을 형성하여 새로운 생물체를 탄생시킬 수 있는 것인지 알아보자.

세포 융합 기술

세포 융합 기술은 서로 다른 생물 종 또는 품종의 체세포를 융합시켜서 잡종세포를 만드는 것이다. 이와 같이 융합된 잡종세포를 조직 배양하면 새로운 생물 종을 형성할 수 있다. 그러므로 세포융합 기술은 자연 상태에서 불가능한 종간 잡종을 형성하여 신품종의 생물을 창제하는 기술이며, 생물 종간의 우성 형질을 한 생물체에 모을 수 있다. 앞에서 설명된 식물의 조직 배양 기술은 대량 증식이 불가능한 식물을 복제하는 기술인데 비하여 세포 융합 기술은 자연적인 생물 종간의 교배의 한계를 극복하는 기술이라 할 수 있다. 세포 융합은 유아 열병의 원인 균인 바이러스의 작용이 세포간에 융합을 야기한다는 사실이 발견된 이후 다양한 화학 및 물리적인 방법을 이용한 세포 융합을 성공적으로 실행할 수 있게 되면서 보편화된 기술이다. 세포 융합 기술은 동물 세포에서 먼저 이루어졌으나 세포 융합에 의한 신품종의 생산은 식물에서 먼저 성공적으로 이루어졌다.

식물 종간의 세포 융합

식물의 체세포는 원형질막 바깥에 두터운 세포벽이 있다. 세포 융합을 하려면 먼저 이 세포벽을 제거하여야 한다. 세포벽은 셀룰로오스로 구성되어 있으므로 셀룰라아제라는 효소를 처리하면 제거된다. 이와 같은 처리로 세포벽이 제거된 식물 세포를 **원형질체**라고 한다. 식물 종간의 세포 융합 기술을 포매이토(pomato)를 예로 들어 설명하면 다음과 같다.

먼저 감자 식물체와 토마토 식물체로부터 분열조직 세포를 때어낸 다음 각각의 원형질체를 만들고 이들을 한 시험관 안에서 전기 영동법, 또는 화학물질(폴리에틸렌글리콜)을 사용하여 세포간 융합을 시킨다. 이렇게 융합된 잡종세포는 두 개의 모세포로부터 온 염색체를 가지고 있기 때문에 **이핵체**(異核體)라 한다. 이 이핵체를 배양하면 초기에는 그 염색체의 수 및 형태가 많이 변하지만, 오랜 배양에서 여러 번 분열하고 나면 염색체가 안정화되며 새로운 염색체의 조합을 가진 **하이브리도마**(**hybridoma**)가 된다.

이렇게 안정화된 하이브리도마를 배양하여 칼루스를 얻고, 이를 포장에 옮겨 심으면 새로운 종의 생물체를 생산할 수 있다. 감자와 토마토를 융합하여 얻고자하는 이상적인 신생물체라면 줄기에는 토마토가 열리고 뿌리에는 감자가 열리는 식물체일 것이다. 그러나 세포 융합에서 얻어지는 조합의 가능성은 다양하므로, 오히려 줄기는 감자이고 뿌리는 토마토가 될 수도 있다. 그러므로 이와 같은 실험에서도 선별 과정을 거쳐 원하는 형질을 가진 개체를 고른다. 선별 과정은 포장에 옮겨 심은 식물체에서 이루어지기도 하지만 그 전 단계에서 이루어질수록 불필요한 실험 과정과 경비를 절감할 수 있다.

식물의 세포 융합 기술은 육종학에서 품종 개량 및 식량 문제를 해결하기 위한 신품종의 개발에 활발히 응용되고 있다. 과거의 품종 개량은 주로 유사한 품종간에 **인공 수분**을 하여 새로운 품종을 만들었기 때문에 많은 시간과 인력을 필요로 하였다. 대부분 식물은 인공 수분을 하더라도 종간 잡종은 불가능하며, 일 년에 한 번씩 꽃을 피우고 열매를 맺기 때문에 그 결과는 다음해의 농사를 지어보아야만 알 수 있었다. 따라서 우량한 품종을 얻으려면 여러 대에 걸친 수분과 추수를 거쳐야한다. 1960년대의 녹색 혁명이라 일컬어지는 밀의 품종 개량, 1970년대 한국의 통일벼 등의 품종 개량 등은 모두 다년간의 인공 수분을 통하여 신품종을 만들어낸 것이다.

그러나 세포 융합 기술에서는 서로 다른 생물종간에도 잡종 형성이 가능하며 포장에 옮겨심기 전인 칼루스 단계에서 이미 원하는 형질을 발현하는지 여부를 확정할 수 있다. 그렇기 때문에 한 해 동안에도 여러 번 실험을 반복할 수가 있다. 이와 같은 세포 융합 기술로 작물의 품종 개량에 많은 시간 단축과 더불어 다양한 종간의 잡종 형성이 가능하게 되어 원하는 품종의 효율적인 생산이 이루어지게 되었다. 이를테면 커피사탕수수, 내한성, 내염성 다수확 벼 품종의 개발, 비료 없이 자라는 식물 등 무한히 다양한 신품종의 개량이 가능하게 된 것이다.

동물세포의 융합

동물의 세포 융합에 의한 신생물 창제는 동물 조직 배양과 마찬가지로 기관 분화가 불가능하기 때문에 한계가 있다. 그러나 동물의 세포 융합으로 신기능 세포를 만들 수는 있다. 동물의 세포 융합은 1975년 밀스타인과 퀼러의 실험이 그 효시이다. 동물의 체세포는 식물 세포와는 달리 세포벽이 없으므로 원형질체의 형성 과정이 필요 없이 직접 융합이 가능하다. 이 기술의 초기 단계에는 세포 융합의 매체로 자외선을 조사하여 핵산 물질을 파괴한 센다이 바이러스(유아 열병 바이러스)가 사용되었으나 지금은 폴리에틸렌글리콜(PEG)이라는 화학물질이 주로 사용된다.

동물의 세포 융합을 응용한 기술은 주로 동물체에서 극소량으로 생성되는 인터페론, 인터루킨, 생장 호르몬 등의 생리 활성 물질의 생산과 **단세포군 항체**(단항체)의 생산에 활용되고 있다. 이와 같은 유용 물질을 생산하는 체세포들은 체외 배양을 할 경우 수명 제한이 있어서 대량 생산이 불가능하다. 이에 비하여 종양 세포는 체외 배양을 하더라도 수명 제한이 없이 계대 배양이 가능하지만 인간에 유용한 물질을 생산하지는 못한다. 이와 같은 두 가지 서로 다른 형질을 가진 세포를 융합하여 유용한 물질을 생산하면서 계속 배양 가능한 세포를 얻는 다면 질병의 진단 및 치료에 필요한 유용 물질을 대량 생산할 수 있을 것이다.

인터페론은 우리 몸에 바이러스가 감염하였을 때 백혈구가 합성하는 물질로서 바이러스의 복제를 억제하는 물질이다. 바이러스가 감염하였을 때 이 물질이 생산되기 까지는데는 대략 1주일 정도가 소요되며, 인터페론이 만들어지기 시작하면 체세포들은 바이러스의 감염을 극복할 수 있게 된다. 건강한 사람의 경우 바이러스성 안질환이나 감기 등에 걸린 뒤 1주일 정도가 경과하면 회복기에 접어드는 것은 이 때문이다. 그러나 인터페론을 투여하게 되면 훨씬 더 빨리 이와 같은 바이러스성 질환을 극복할 수 있다.

외부로부터 병원균의 침입이 있을 경우 우리 몸은 면역 반응을 일으켜 병원균을 극복한다. 이 과정에서 혈청 속에 포함되어 있는 유효 물질이 바로 항체이다. **항체**는 감염한 병원균이 가지고 있는 독성 물질이나 여러 가지 항원 물질들에 대하여 B 림프구가 지라(脾臟)에서 분화하여 만들어진 형질세포들이 합성하는 단백질이다. 혈청 속의 항체는 실제로는 여러 가지 항원에 대처하는 여러 항체들의 집합체인데, 이때 한 항원의 특정 부위에 반응하는 한 종류의 항체를 **단항체**라 하며 이 단항체는 한 종류의 형질세포에서 만들어진다.

특정 항체를 만드는 형질세포와 암세포를 융합하는 기술에 의하여 생산되는 단항체는 개별 항원 물질을 식별하는 지표로 활용될 수 있다. 그러므로 특정 병원균의 감염 여부를 진단하거나, 임신이 이루어졌을 때 체내에 합성된 호르몬 등을 단항체를 이용하여 진단할 수 있다. 또한 이와 같은 단항체는 생물체에서 합성되는 미량의 생리활성 물질을 순수 분리하는 도구로 활용되기도 하며, 생물 및 의학 연구의 분자 탐침으로 사용된다.

4. 생식공학

일반인에게 시험관 아기로 알려져 있는 생식공학 기술은 1970년대 발생 생물학의 발전에 힘입어 탄생한 기술이다. 그러나 그 이전에도 축산업에서는 우량 품종의 젖소 및 비육우 등의 품종을 개량하고 나면 대부분 번식력이 약화되어 대량 생산이 어려운 점을 해결하

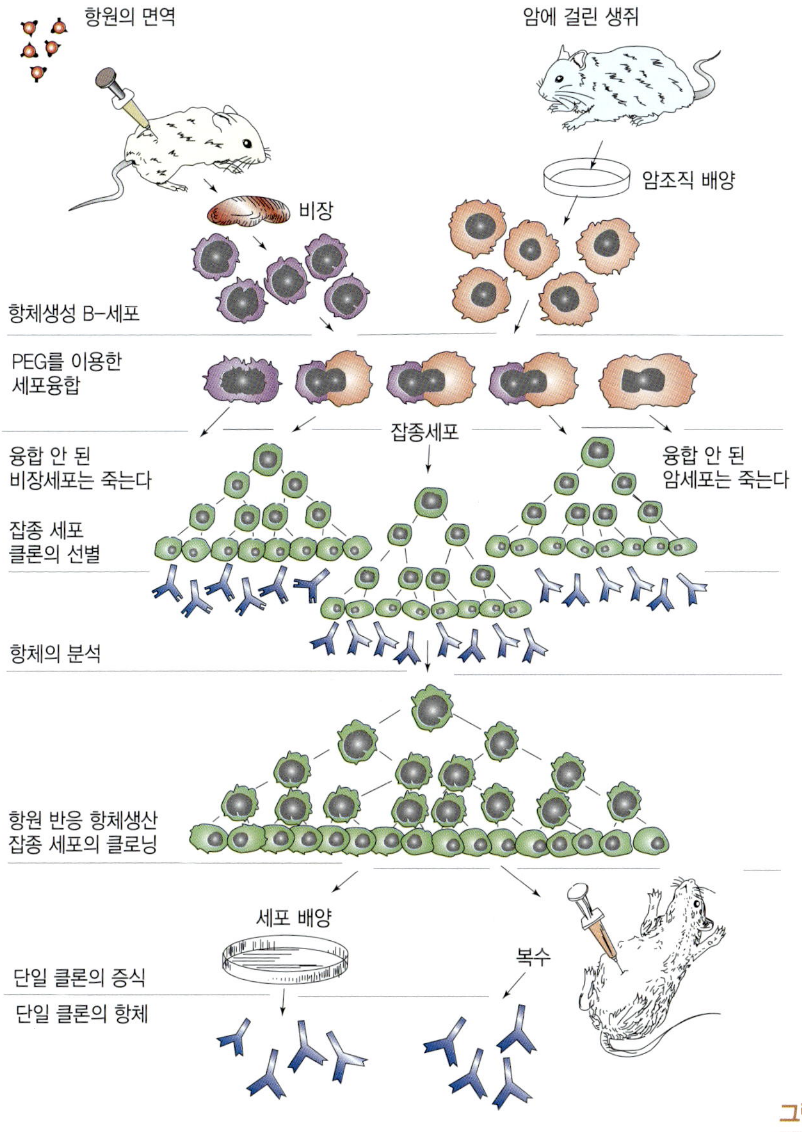

그림 7-10

하이브리도마에 의한 단항체의 생산

기 위하여 동물의 생식과 발생 즉 수정, 임신, 출산에 이르는 기초 생물학적 연구가 활발하게 이루어져 왔는데, 그 결과 동물 생식 공학의 발전을 통하여 1970년대에 이미 우량 품종의 가축을 대량 생산할 수 있게 되었다. 이 기술이 사람에게 적용되어서 1978년 7월 25일 최초로 시험관 아기가 태어났을 당시에는 이것이 커다란 사회 문제로 대두되었지만, 오늘날 시험관 아기는 생리적 이상으로 아기를 가질 수 없는 부부에게 도움을 주는 대표적인 생식 공학 기법으로 보편적으로 사용되고 있다.

그런가 하면 생식공학의 연구를 통하여 수태에서 출산에 이루는 전 과정의 이해가 이루어짐에 따라 이를 역으로 효과적인 인구 조절에 사용하는 것도 가능해 졌다. 최근 해마다 작물의 품종 개량과 농업 기술의 개발로 식량 증산이 이루어지고 있지만 인구 증가로 인하여 전 세계가 아직까지도 식량 위기에서 완전히 벗어나지 못하고 있다. 이로 말미암아 제3세계와 여러 개발 도상 국가에서도 정책적인 산아 제한을 추진하고 있는데, 효과적인 인구 조절은 건전한 성생활을 유지하면서도 출산에 이르지 않는 생식에 대한 이해와 이의 현실적 적용이 요체가 된다.

생식 공학은 6장에서 설명한 바와 같이 포유동물의 생식 기작이 밝혀짐으로 가능하게 된 기술이다. 발생 생물학 및 생식 생리학의 발달로 내분비 호르몬에 의한 생식주기 조절의 원리가 해명됨에 따라서 인공적으로 다음 그림과 같은 생식 공학이 가능하게 된 것이다.

우량 품종의 암소에 소의 뇌하수체 호르몬을 주사하면 주사한 호르몬의 양에 따라서 많은 수의 난자가 동시에 성숙되어, 배란된다. 이와 같이 배란된 난자는 기구를 사용하여 채취할 수 있으며, 시험관에서 원하는 수컷의 정자와 인공 수정을 시킬 수 있다. 수정란은 배양 용기에서 초기발생을 거치는 동안에 성감별이 가능하므로, 원하는 성의 초기 배를 선택한 뒤 호르몬 주사로 가임상태를 만들어 둔 대리모 암소의 자궁에 착상시킨다. 대리모 암소는 정상적으로 수정이 이루어졌을 때와 똑 같이 자궁벽을 발달시켜 놓은 상태에서 초기 배를 이식 받는다. 이식된 우량 품종의 배는 대리모의 자궁에서 일정기간 발생 과정을 거쳐 태아로 자라며 임신 기간이 완료되면 이식한 품종의 송아지로 출산된다.

이와 같은 생식 공학 기술은 동물 육종뿐만 아니라 멸종 위기의 야생 동물의 증식 및

1. 우량 A 품종의 암컷에 뇌하수체 호르몬 주사로 다수 난자의 성숙및 배란 유도

2. A 난자의 체취 및 원하는 품종의 정자와 인공수정

3. 배양 용기에서 배발생 (성감별 및 수송 가능)

4. 호르몬 주사에 의한 배 착상용 B 암소(대리모) 준비 및 A 배의 인공 착상

5. B 품종의 암컷 ⟶ 임신 ⟶ A품종의 송아지 출산

그림 7-11

생식 공학에 의한 시험관 송아지 출생 과정

보존에도 활용되고 있다. 기후의 변동에 따라서 아프리카 초원에 사막이 확장되면서 많은 종의 포유동물들이 멸종 위기를 맞고 있다. 이들 동물의 초기 배를 냉동 보관해두었다가 사막이 다시 초원으로 복원될 때 그 배를 유사한 품종의 대리모를 통해서 재생산하면 환경 변화에 따른 특정한 생물 종의 멸종을 극복할 수 있다.

5. 생명공학 회사

1980년 10월 제넨테크를 시작으로 수백 개의 생명공학회사가 나스닥에 기업을 공개하였으며 천개 이상의 공개되지 않은 미국의 바이오 기업들이 의약품에서부터 환경 친화적 바이오농약에 이르기까지 연구 개발에 매진하고 있다. 생명공학의 가장 대표적인 제품은 **재조합단백질**이다. 암젠, 제넨테크, 바이오젠 등의 대표적인 바이오텍 기업들은 주로 재조합단백질을 생산하여 판매하고 있다. 암젠의 조혈 호르몬인 EPO, 제넨테크의 인터페론 등이 이에 속한다. 우리나라에서는 LG 생명과학 등을 포함하는 많은 생명공학 회사들이 인간 성장 호르몬, EPO 등의 단백질의약품을 국산화하는데 성공하였다.

두 번째의 제품군은 **치료용 항체**이다. 현재 치료용 항체는 류마티스성 관절염에서부터 유방암치료에 이르기까지 광범위하게 사용되고 있다. 앞에서 설명한 바와 같이 단항체를 치료용 약으로 사용하는 것이다. 관절염치료제인 레미케이드나 휴미라의 경우 한번 주사하면 누워만 있던 환자가 일어나 앉을 수 있고 몇 번 주사를 하면 걸을 수 있을 정도로 효과가 뛰어 나다. 그러나 가격이 비싸서 모든 환자가 혜택을 보기는 어렵다.

유전자 치료는 낭포성 섬유증 등 단일 유전자 돌연변이로 생긴 질환을 표적으로 하고 있다. 환자에게 유전자를 주입하여 정상적인 단백질이 만들어 지면 질병의 근본적인 원인이 사라지게 되어 완치가 가능하다.

미래의 커다란 시장의 중의 하나는 **조직공학**과 **세포치료제**이다. 최근 우리나라에서 관심을 모으고 있는 줄기세포 연구가 궁극적으로 추구하는 목표가 바로 새로운 조직이나 세포를 환자에게 공급하여 기관의 장애를 고치거나 바꾸어 주는 방법이다. 관절염에는 연골세포를 관절에 주입하여 그 기능을 재생할 수 있다. 팔, 다리같이 근육, 신경, 혈관 등의 조직이 복합적으로 섞여 있는 기관을 재생하기는 어렵지만 연골세포, 간세포, 뇌세포 등 단일세포를 배양하여 주입함으로서 그 기능을 회복할 수 있는 것들도 있다.

인간 게놈연구 결과의 활용에 가장 적합한 분야로 **약리 유전체분야**를 들 수 있다. 같은 약이라도 개인에 따라 효과가 다른 것은 각 개인이 가지고 있는 게놈의 염기서열이 다르기 때문이다. 이 염기 차이를 SNP(스닙)라고 하는데, SNP에 따른 약에 대한 반응성을 알아내어 개인에게 적합한 맞춤 약을 개발하자는 연구가 수행 중이다.

게놈연구 활용의 또 다른 분야로 **바이오칩**을 들 수 있다. 인간의 3만개 유전자의 차이나 그 활동을 유전자 칩을 사용하여 한 번에 분석할 수 있다면 우리는 개인의 질병이나 운명을 보다 쉽게 예측할 수 있을 것이다. 유전자형의 분석을 통하여 개인의 암이나 심장병에 걸릴 확률을 계산하고 특정 감염성 질환에 대한 취약점을 알 수 있다면 미리 예방조치를 취할 수도 있을 것이다. 바이오칩은 **DNA 칩**과 단백질 칩으로 나눌 수 있는데 DNA 칩은 미세 배열 방식으로 1 cm^2 크기의 면적에 최고로 60 만개의 DNA 점을 찍어 SNP나 유전자를 한 번에 분석할 수 있다. **단백질 칩**은 재조합 단백질이나 항체를 고정화하여 생명현상을 분석하는 데 사용하는 칩이다. 생명현상은 단백질의 활동에 의하여 영위되는 것이기 때문에 이에 대한 분석 또한 매우 중요하다.

생명공학의 꽃은 신약개발이다. **신약개발**은 수십만 가지의 후보 물질을 합성하고 그 중에서 특정한 질병에 효과가 있는 것을 검색한다. 그러므로 빠르고 경제적으로 새로운 신약을 검색해 내는 것이 경쟁력의 원천이다. 즉 간단한 몇 단계의 반응으로 많은 수의 후보 물질을 합성하는 기술이 바로 **조합화학합성**(combinational chemistry)법이다. 이 기술은 1990년 토레이파인사의 휴턴 박사에 의하여 개발되었다. 휴턴 박사는 'tea bags' 이라는 다공질의 막 주머니 속에 미세 구슬(bead)을 사용하여 간단하게 많은 수의 후보물질을 검색하는 기술을 개발하였다.

생명공학회사의 미래의 가치는 기존의 다국적 제약사와 비교하여 보면 더욱 확연하다. 세계 최대의 제약사들의 시가총액 대비 매출액의 비율이 5배 정도인 반면에 대부분의 생명공학회사는 적어도 10배, 이뮤넥스의 경우 40배 이상이다. 매출액 대비 순 이익율이 생명공학회사가 더 좋은 것은 새로운 의약품을 개발하는 효율성이 좋기 때문이다.

6. 생명공학의 우려

우리는 지금까지 생명공학 각 기술의 기본 원리와 그 응용에 대하여 알아보았다. 생물학을 바탕으로 한 생명공학 기술은 의학, 약학, 농수산 등 여러 분야에 획기적인 발전을 가져올 수 있으며, 불치병, 난치병을 치료하고 의약품, 식품을 값싸게 생산하고, 환경을 개선하는 등, 인류에게 큰 혜택을 가져다 줄 미래 지향적인 첨단 과학 기술이다. 생명공학에 대한 논쟁은 생명공학 제품이나 생산 공정이 개발도 되기 훨씬 이전인 20여 년 전부터 시작되었으며 지금까지도 계속되어 오고 있다. 논쟁은 주관적인 태도를 가지고 생명공학에 대해 예민한 반응을 보이고 있는 일반 시민과 과학적 근거를 가지고 주장하는 전문가들 사이에서 팽팽히 벌어지고 있다. 이와 같은 생명공학 기술이 가지고 있는 문제점은 무엇이며 일반 시민들의 부정적인 시각과 불안 요인은 어떤 것인지 알아보자.

병원성 미생물의 제조 및 확산

생명공학은 유전자 조작을 수반하므로 그 과정에서 지구상에는 존재하지 않던 새로운

표 7-2 주요 생명공학회사와 제약사의 비교표

구분	회사명	매출액 (백만불)	R&D (백만불)	순이익 (백만불)	직원수 (명)	주식시가 총액 (백만불)	시가총액/ 매출액
생명 공학 회사	암젠	3,433	823	1,096	6,400	72,133	21
	제넨테크	1,414	331	1,145	3,880	44,788	31
	바이오젠	825	221	220	1,350	9,577	11
	이뮤넥스	559	127	44	1,170	24,746	44
제약사	머크	32,762	2,119	5,891	62,300	176,328	5
	존슨 앤 존슨	27,439	2,600	4,167	97,800	141,639	5
	브리스톨 마이어스	20,199	1,843	4,167	54,500	114,639	6
	화이자	16,269	2,776	3,179	51,000	185,280	12

세균이나 바이러스와 같은 병원성 미생물이 만들어져서 환경을 오염시키던지 인간의 건강을 위협할 가능성에 대한 우려가 있다. 특히 생명공학 실험실에서 연구에 종사하는 사람들은 이와 같은 위협에 가장 근접하여 있다. 연구자나 일반 시민들을 예기치 못한 사고로부터 보호하기 위하여 미국을 비롯한 선진국에서는 생명공학 실험에 대한 엄격한 규정들을 만들기도 하였다. 이를테면 생명공학 실험실은 실험 미생물의 확산을 방지하기 위한 안전장치를 구비하여야 하며, 유전자 조작에는 특별한 실험 조건이나 실험실 환경 이외에서는 살 수 없는 특별한 변이종을 사용하도록 규정하였다. 그러나 당초에 제기 되었던 이와 같은 우려들은 기우에 불과한 것으로 판명되어 상당 부분 규제가 완화되었다.

생명공학의 윤리

1980년대 초 영국에서 세계 최초로 시험관 아기가 태어났을 때 전 인류는 그 기술에 경탄하면서도 한편으로는 이는 신성에 대한 도전이라고 하여 많은 논란을 일으켰다. 1985년 10월 우리나라에서도 시험관 아기가 태어남으로 이는 우리 주변에서도 기정사실화되었다. 2004년 드디어 우리도 인간 배아복제에 성공하여 줄기세포 치료제 개발에 적극적으로 참가하게 되었다. 이 성과는 국내외적으로 논란거리를 제공하였지만 많은 사람이 바이오산업 즉 생명공학에 대하여 관심을 가지게 만드는 계기가 되었다. 생명공학이란 유전자 재조합, 유전자 도입, 세포 및 조직 배양, 세포 융합, 생식 공학, 생체량 기술, 생물반응기 등의 생명과학에 기초한 기술을 지칭한다. 이 기술은 21세기의 국제 경제를 선도할 기술로 기대되고 있음은 물론 인간에 있어서 불치의 재앙이라 알려진 후천성 면역 결핍증(AIDS), 암, 선천적인 유전 질병 포함하는 의료분야와 식량, 환경문제 등의 인간의 근본적인 문제까지도 해결해 줄 수 있을 것으로 기대된다.

형질 전환된 동식물의 제작은 좋은 목적으로도 사용되지만 이를 통하여 인간을 비롯한 생명체를 개조할 수도 있다는 것을 의미한다. 그러나 많은 부분에서 형질전환 동물에 대한 공포는 공상 과학 소설에 나오는 괴물을 연상하거나 의도적인 형질 개조 및 생명 복제를 우생학의 견지에서 바라볼 때 가질 수 있는 우려이다. 실제로 형질 전환 동식물은 실험실 조건하에서만 생존 가능한 것이 대부분이며, 자연 상태에서 생존력을 가질 수 있는 것이었다면 인간이 조작하기 전에 자연 진화로 형성되었을 것이다. 자연 상태에서 한 생물 종의 형성은 자연 선택에 의해서 가능한 것이므로 형질 전환된 생물이 자연 선택될 가능성은 극히 희박하다.

시험관 아기, 대리모, 인간의 복제 등은 매우 복합적인 종교적, 철학적, 사회 윤리적 문제일 수 있다. 이와 관련된 논란을 통하여 세계적으로 이미 생명 윤리에 관한 법률 제정이 진행 중에 있다. 그 내용 중에는 개인의 유전자는 신성 불가침한 것이고 치료 목적 이외에는 결코 침해받지 않는다든지, 개인의 유전자 지문 검사는 법원의 허락에 의해서만 시행한다든지 하는 조항을 포함하고 있다.

환경 안전

환경 문제로서의 우려는 조작된 생물의 방출에 의한 환경의 변화가 생태계의 평형에 영향을 미쳐서 예기치 않은 결과를 초래할 가능성이다. 혹자는 생명공학으로 생성된 생물체가 생물 세계의 자연 진화에 교란을 야기할 것을 우려하기도 한다. 그러나 이는 다른 기존의 육종법에 의해서 만들어진 생물 종이 자연에 도입되었을 때 가질 수 있는 우려와 다를 바가 없다. 생명공학 기술의 도입으로 새로운 종의 형성이 종래의 육종법으로 만들어진 것 보다가 빠른 속도로 이루어지고 있을 뿐 자연에서 이들 생물이 가질 수 있는 생태적 지위는 일반 생물과 별로 다를 바가 없다.

많은 사람들이 우려하는 것은 생명공학을 보는 견지에 따라서 그 기술의 결과를 예측할 수가 없고, 만들어진 가공의 생물이 비가역적이라는 것에 대한 공포심 때문이다. 우리가 미지의 기술에 대하여 우려를 할 수는 있지만 그 기술을 공상 과학처럼 염려할 것은 아니다. 이론적으로는 공상 과학 영화인 "쥬라기 공원"과 같이 중생대의 공룡을 오늘날 지구상에 재생시킬 수가 있지만 이런 일이 실제로 일어나는 것은 아직까지는 불가능하다.

생명공학 기술은 그 응용에 따라서는 자연 환경을 그대로 잘 보존할 수도 있고 환경을 우리 생활에 맞게 향상시켜 나갈 수도 있는 바람직한 기술이다. 지금까지 물리학과 화학에 기초한 산업화로 생성된 유해한 환경 폐기물로 인하여 전 세계가 환경오염을 걱정하고 있다. 생명공학 기술은 그 발전 및 활용에 따라서 이와 같은 환경오염을 극복할 수 있는 유일한 수단일 것을 의심하지 않는다.

안전지침

1975년 미국 캘리포니아의 아실로마에서 개최된 국제회의에서 유전공학의 잠재적 위험성에 대한 지적과 더불어 그 대책을 논의한 결과 유전공학의 잠재적 위험성에 대한 평가방법과 규제방안이 제안되었다. 미국을 비롯한 선진국에서는 이에 기초하여 정부의 규제지침을 마련하였으며 우리나라에서도 1985년 유전공학 실험에 대한 안전지침을 제정하였다. 이와 같은 당초의 규제들은 다양한 생명공학 기술의 발전과 더불어 그 기술의 안전성이 확보되는 만큼 점진적으로 완화되고 있는 실정이다.

Exercise

1. 다음 중 DNA를 절단하는데 사용되는 것은?
   1) 제한효소 2) 탈인산화효소 3) 연결효소 4) 봉합효소

2. 다음 중 자연에서 일어나는 유전자 재조합 과정이 아닌 것은?
   1) 감수분열시의 교차 2) 세균의 형질전환
   3) 바이러스의 형질도입 4) 중합효소연쇄반응

3. mRNA로부터 상보적인 cDNA를 만드는데 사용되는 효소를 무엇이라 하는가?

4. 유전자 재조합과정에서 대장균 같은 숙주 생물이 필요한 이유는?

5. 동물의 각 조직이나 기관을 형성하는 미분화된 세포를 무엇이라고 하는가?

6. 생명공학회사가 다국적 제약사에 비하여 주식의 가치가 고평가 되어 있다. 그 이유는?
   1) 벤처기업이기 때문이다.
   2) 투자를 많이 받았기 때문이다.
   3) 유명한 과학자를 쉽게 유치할 수 있기 때문이다.
   4) R&D 효율이 높기 때문이다.

Exercise

7. SNP와 관련이 있는 바이오의약 제품은?

1) 맞춤약 2) 인간화항체 3) EPO 4) 조합화학합성

8. 19세기 말에 마취제가 처음으로 수술에 도입되었을 때 모든 의사들이 환영한 것은 아니었다. 이 정도의 고통은 수술 받는 사람에 참아야지 약물까지 써 가면서 수술을 해야 하는 가라고 생각하는 사람도 있었다. 지금 마취제 없이 수술하면 아마도 고발당할 것이다. 1930년 대 항생제가 처음으로 개발되었을 때도 비슷한 풍조가 있었다. 인명은 재천이라고 항생제라는 약물을 먹고 꼭 살아야 하는가라고 비꼬는 사람들도 있었다. 1980년의 시험관 아기 때도 많은 비판을 받았지만 지금은 보편적으로 받아 지고 있다. 현재의 배아 복제도 비슷하게 윤리 문제에 직면하고 있다. 과학의 발전과 사회적인 윤리문제에 대한 본인의 의견을 제시하여 보라.

참고문헌

[유전자의 분자생물학 제4판], 고상균 등 저, 탐구당, 1995.
[분자생물학], George M. Malacinski, 심웅섭 등 역, 월드사이언스, 2002.
[DNA : 생명의 비밀], 제임스 D. 왓슨, 앤드루베리 공저, 이한음 역, 까치(까치글방), 2003.
From Alchemy to IPO, Cynthia Robbins-Roth, Perseus Publishing, 2000.

PART 02

신경계의 구성체계와 실행기

우리가 생물학에 대하여 관심을 가지는 이유는 여러 가지가 있겠지만 그 중 누구도 부정할 수 없는 한 가지는 아마도 인간의 두뇌에 대한 호기심일 것이다. 태어난 직후부터 어미를 따라 초원을 달릴 수 있는 임팔라 영양과는 달리 인간은 감각과 운동신경이 모두 불완전한 상태로 태어난다. 그러나 영유아기를 통하여 신경세포의 연결망이 완성되면서 만물의 영장인 인간 고유의 섬세한 감정과 손놀림, 그리고 오직 인간만이 소유한 언어 능력을 갖추게 된다. 또한 각 사람은 생김새뿐만 아니라 생각하고 행동하는데 있어서도 백이면 백 저마다 특징이 있다. 이와 같은 개별성은 어떻게 생겨나는 것일까?

20세기 이후의 생명과학은 생명체의 본질을 상당부분 규명한 데 이어 고등생물의 마지막신비 영역이라 할 수 있는 뇌에 도전하고 있다. 최근 들어 주요 선진국이 앞다투어 뇌기능 연구에 집중적인 투자를 하고 있다. 신경세포의 구조 및 기능 연구, 뇌기능 항진 및 뇌 질환의 제어 기술 개발은 생명과학 측면에서의 이해뿐만 아니라 노인성 치매, 파킨슨병, 뇌졸중 등의 급성 및 만성 뇌질환, 불안장애, 우울증, 약물 및 게임 중독, 스트레스 등의 정신 질환을 치료하고, 나아가 정보 산업 및 교육에까지 우리 생활 전반에 지대한 영향을 미칠 것으로 예상된다.

제2부에서는 신경계의 기본 구조와 작동 원리, 정보의 수용체계, 중추신경계의 구조와 기능 및 정신 건강에 대하여 배우고, 신경계의 실행기에 해당하는 운동의 원리와 신경계와 밀접한 관계를 맺고 있는 호르몬과 항상성에 대하여 알아보기로 한다.

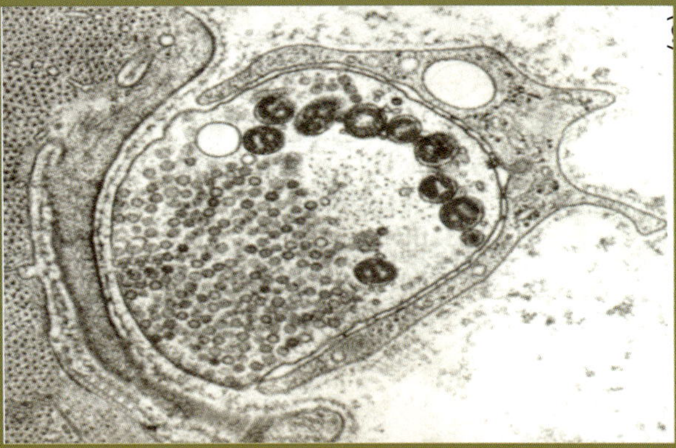

CHAPTER

08 신경계의 기본 구조와 작동 원리

아메바와 같은 단세포 생물에서 다세포 생물로의 진화는 단순히 몸을 구성하는 세포의 수적 증가만으로 이루어 진 것은 아니다. 단세포는 하나의 몸이 하나의 세포로 구성되어 있으므로 자극을 받아들이는 즉시 단세포적 반응으로 환경 변화에 대처할 수 있다. 그러나 다세포 생물의 몸은 무수히 많은 세포들로 구성되어 있으며, 이들이 하나의 단위체로 생명 현상을 유지하기 위해서는 신체를 이루는 모든 세포들의 기능이 일사불란하게 조절되어야만 한다. 이와 같은 효율적인 통제를 위하여 몸의 각 부분에서 감각 신경을 통해서 입력되는 모든 정보는 중추 신경계에서 통합적으로 분석되고 그에 적절한 명령을 신체 각 기관으로 전달하여 자극에 대한 반응을 일으키게 된다.

우리 몸을 통제하는 신경계는 말초 신경계와 중추 신경계로 구분되며, 중추 신경계는 뇌와 척수로 구성되어 있다. 말초신경계는 다시 감각신경, 운동신경을 포함하는 체성 신경계, 교감신경과 부교감신경을 포함하는 자율 신경계로 구분된다. 이들 신경계의 세부 구성과 기능은 어떠한지 살펴보자.

1. 뉴런

신경계를 구성하는 단위세포를 뉴런 또는 신경섬유라 한다. 우리 몸에는 자극을 받아들이는데 사용되는 **감각뉴런**, 중추 신경계를 구성하는 **연합뉴런**, 중추 신경의 명령을 운동기관 등에 전달하는 **운동뉴런**이 있다. 뉴런은 보통의 체세포와는 달리 자극을 받으면 **전기적**

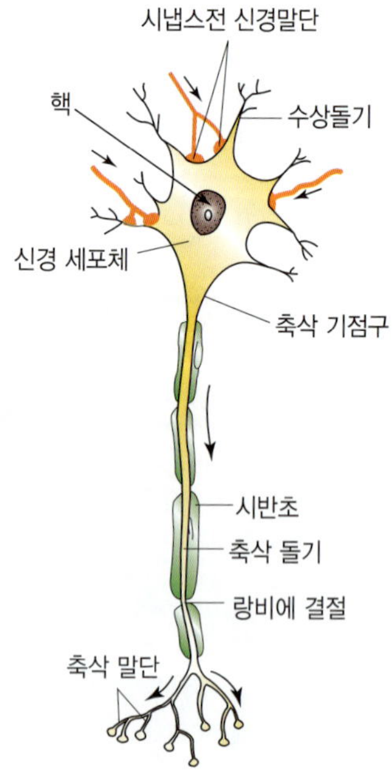

그림 8-1

뉴런의 기본 구조

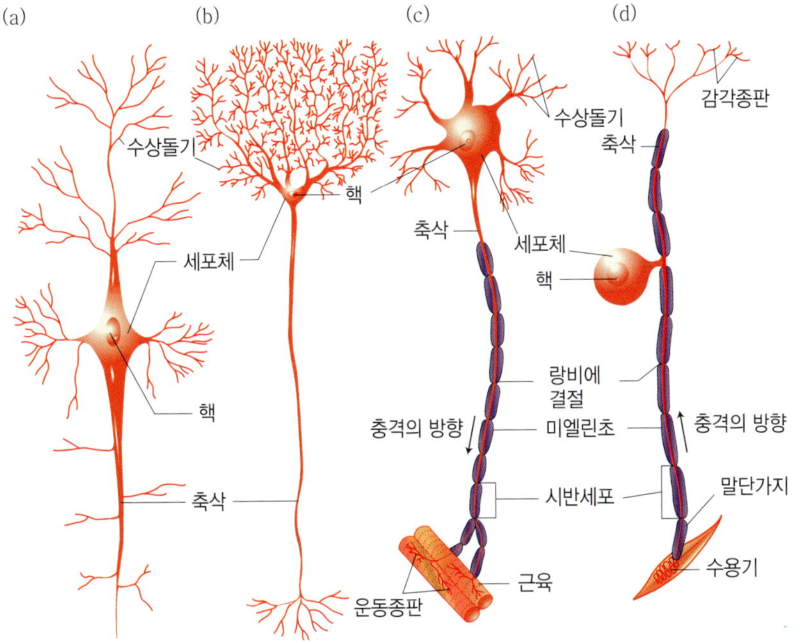

그림 8-2

기능에 따른 뉴런의 종류
(a) 양극세포 (b) 연합뉴런
(c) 운동뉴런 (d) 감각뉴런

흥분을 일으켜서 **신경전달물질**을 방출한다. 뉴런의 핵이 있는 **세포체** 부위에는 많은 **수상돌기**가 있으며, 그중 한두 개는 길게 발달하여 축삭을 이루고 있다. 감각뉴런이나 운동뉴런과 같이 말초 신경계를 이루는 뉴런들의 축삭은 시반 세포가 여러 겹으로 둘러싸고 있는데 이를 **시반초** 또는 미엘린초라 한다. 대뇌나 척수에서는 수지아교세포가 이와 같은 역할을 한다. 이 시반초는 신경의 흥분이 전달될 때 절연체 역할을 하여 자극이 축삭을 따라 먼 거리까지 전파되게 한다. 따라서 시반초가 싸고 있는 뉴런, 즉 **유수 신경섬유**는 연합뉴런처럼 시반초가 없는 **무수 신경섬유**보다 흥분을 전달하는 속도가 훨씬 빠르다. 우리 몸에서 신경계를 구성하는 뉴런의 수는 약 2백 8십억 개에 이르며 중추 신경계인 뇌에 1백억 개 이상이 집중되어 있다. 뉴런의 길이는 작게는 2~3 mm에서 긴 것은 1 m 이상인 것도 있다.

2. 막전위

신경세포의 흥분 발생을 이해하려면 먼저 세포의 막전위를 알아야 한다. 세포질은 세포의 외액에 비하여 물질 조성이나 농도에 많은 차이가 있다. 이온 농도만 하더라도 세포 내부의 칼륨은 외부에 비하여 10배 정도인데 나트륨의 농도는 역으로 외액의 1/20 밖에 되지 않는다. 이와 같은 농도의 구배는 해당 이온의 능동 수송에 의해서 유지되며, 세포막은 이처럼 여러 이온들에 대하여 선택적 투과성을 보인다. 전하를 띤 물질 및 이온의 불균등 분포로 인하여 세포막 안팎은 약 -70 mV 정도의 전압 차이를 가지는데, 이 상태를 **분극**되어 있다고 하며 그 전위를 **휴지 전위**라 한다. 신경세포와 같은 흥분성 세포는 외부로부터 신경전달물질의 자극에 의해 수용체 타입의 이온 채널(ion channel)이 열리며, 그 결과 전하를 띤 이온의 출입에 따라 이온의 농도구배가 변하여 막전위의 크기를 변동시키게 된다. 평상시 -70~-30 mV 정도인 막전위에서 항상 닫혀있던 Na^+ 이온 채널들은 막전위가 -20 mV 이상 높아지면 일제히 열려 많은 양의 Na^+ 이온이 선택적으로 유입되고 국부적으로 분극이 역전되는 탈분극이 일어난다. 이와 같은 전위차의 변화를 가리켜서 **활동 전위**(action potential)가 형성되었다고 한다. 활동 전위는 인접하는 Na^+ 이온 채널에 영향을 미치게 되어 도미노 현상처럼 탈분극성 막전위의 전파를 일으킨다. 이와 같은 활동전위를 발생시킬 수 있는 최소한의 자극을 **역치 자극**이라 한다. 자극의 강도가 역치에 도달하지 못할 경우에는 막의 전위 변화가 활동 전위로 이어지지 않고 국소적으로 발생

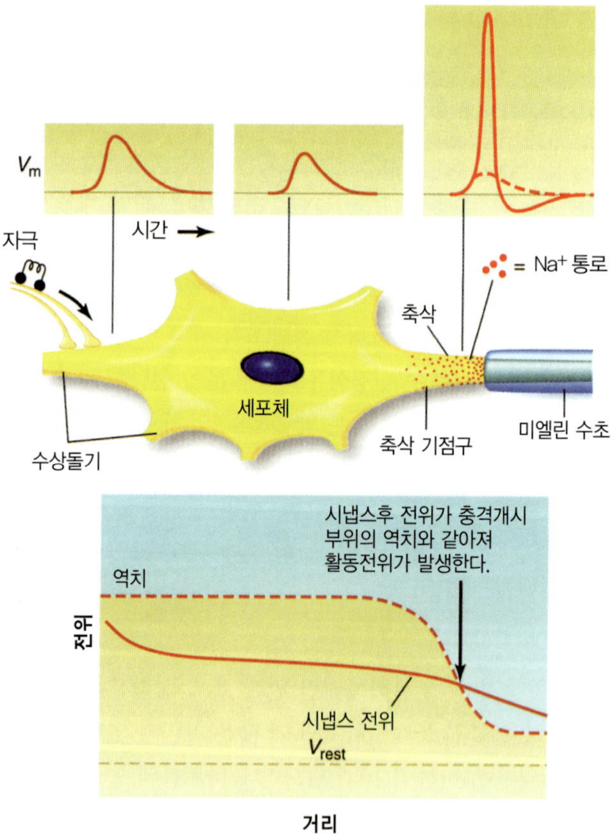

그림 8-3

활동 전위의 형성

모든 시냅스 입력은 축삭 기점구로 이동하면서 거리가 증가함에 따라 감소한다. 수상돌기에서 발생한 시냅스후 전위는 이동하는 거리에 따라 크기가 감소하면서 퍼져간다(위). 신호가 전압-개폐 Na^+ 통로가 빽빽이 차있는 축삭 기점구에 도달하기 전까지는 활동전위가 전혀 일어나지 않는다. 축삭 기점구에서는 흥분발생 역치 값이 가장 낮다. 신경세포의 모든 부위에서, 막에 분포하는 Na^+ 통로의 밀도(작은 적색 점으로 표시)는 역치(맨 아래 그래프에서 적색 점선으로 표시)를 결정한다. 아래의 그래프는 시냅스로부터 충격개시 부위에 이르기까지, 역치 전위와 시냅스후 전위의 크기와의 관계를 나타낸 것이다. 이 그래프의 실선은 활동전위가 차단되었을 경우에, 전위의 크기가 축삭을 따라 내려가면서 어떻게 감소하는지를 나타낸다.

했다가 소멸된다. 한번 열린 Na^+ 이온 채널은 일정한 시간 동안 다시 열리지 못하는 물리적 특성이 있어, 활동 전위는 단일 신경세포내에서 한 쪽 방향으로만 전달된다.

감각 뉴런은 그 수상돌기 또는 세포체 부위의 세포막에서 외부로부터 오는 자극을 받아들인다. 이 때 자극의 크기에 비례하여 막 전위가 변하는데 이를 **수용체 전위**라 하며 자극 강도에 따라 다양한 크기의 수용체 전위가 발생한다. 이 수용체 전위가 축삭 **기점구**로 전파되어 왔을 때 그 크기가 역치 이상이면 이 부분의 세포막에서 활동 전위가 형성되어 신경흥분이 일어난다. 전파되어온 수용체 전위의 크기에 비례하여 활동 전위가 발생하는 빈도가 늘어나고, 여러 감각 중추에서는 이 빈도에 따라서 자극의 크기를 판단한다. 그러나 활동전위의 형성 과정에서 일어나는 막전위 변화는 자극의 크기에 상관없이 +30mV 전후로 일정하다. 이렇게 발생한 활동 전위가 축삭을 따라서 전파되는 과정은 전기를 송전하는 것과 같은 원리로 전파 거리에 따라서 전압이 감소한다. 그러나 활동 전위가 **랑비에 결절**에 도달할 때 마다 그곳에 많이 분포되어 있는 전압 의존성 이온 채널들이 활동 전

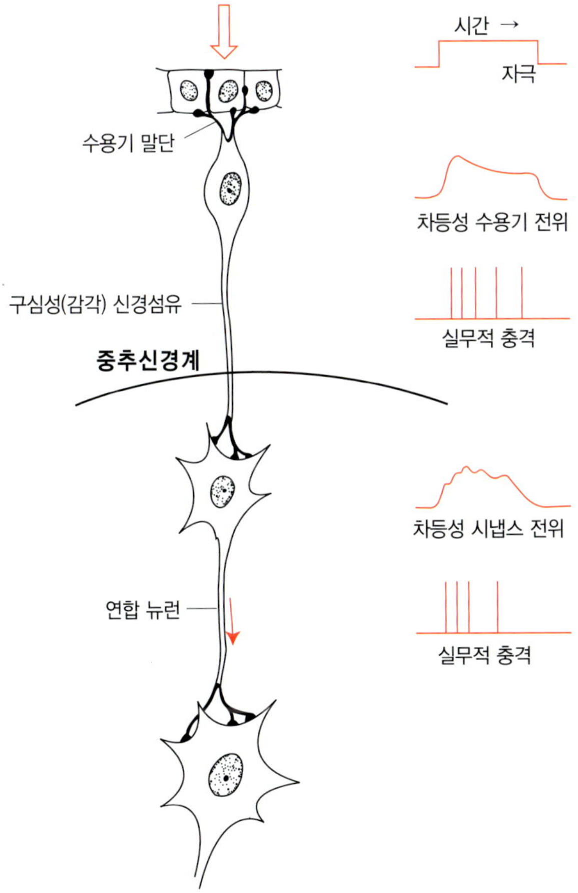

그림 8-4

수용체 전위와 활동 전위

감각 수용기 말단에서 자극의 크기에 따른 차등성 수용기 전위가 발생하며 이것이 축삭에서는 활동 전위의 빈도수로 변환되어 전파된다.

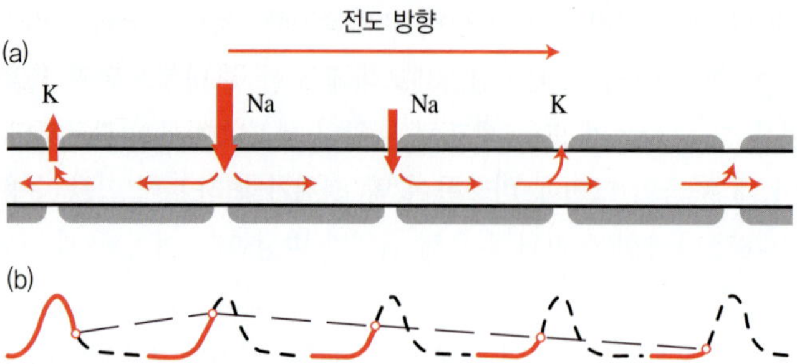

그림 8-5

유수 신경의 도약 전도

(a) 활동 전위는 랑비에 결절에서만 재생하므로 결절에서 결절로 도약한다.
(b) 각 결절사이에서는 수동적 전파로 전압이 감소하지만 역치 이상으로 유지되기만 하면 활동 전위가 재생된다.

위를 재생시켜준다(그림 8-5). 이처럼 랑비에 결절을 징검다리처럼 사용하는 **도약 전도**를 통하여 축삭 **말단**까지 빠른 속도로 자극이 전파되는데, 그 속도는 1초당 135 m 정도이며 전파 속도는 축삭의 굵기에 비례한다.

3. 신경전달과 시냅스

감각신경의 축삭 말단은 다음 뉴런의 세포체 또는 수상돌기에 연결되어 있다. 이와 같은 뉴런간의 연결점을 **시냅스**(신경 연접)라 하며 감각신경의 흥분은 시냅스를 통하여 중추 신경계로 전달된다. 시냅스에는 전기적 시냅스와 화학적 시냅스가 있다(그림 8-6). **전기적 시냅스**에서는 접점을 이루는 두 뉴런의 세포막이 간극연접(gap junction)으로 결합되어 있다. 간극연접을 이루는 두 세포사이에는 **코넥신(connexin)**이라는 단백질로 이루어진 직경 1.5 nm 정도의 개폐 가능한 통로가 형성되며 이를 통하여 전기적 자극이 전달되기 때문에 속도가 매우 빠르다. 그러나 전기적 시냅스의 단점은 시냅스 전·후 뉴런간에 흥분 전달의 방향성이 없고 정보종합능력이 약하다는 것이다. 전기적 시냅스는 말미잘과 같은 강장동물에서 발견되며, 척추동물에서도 소화관의 연동운동이나 심장근육의 수축과 같이 통제되고 반복된 움직임을 나타내는 조직에서 볼 수 있다.

신경조직을 전자현미경으로 관찰해 보면 한 뉴런의 축삭 말단과 다음 뉴런의 세포막 사이에 20nm 정도의 미세한 공간이 있는데 이를 **시냅스 간극**이라고 한다. 이러한 간극의 존재는 두 뉴런 사이의 자극 전달이 전기적으로 일어날 수 없음을 의미하며, 시냅스전 뉴런의 축삭 말단에서 분비하는 **신경전달물질**이라는 화학물질에 의해서 자극이 전달되기 때문에 **화학적 시냅스**라 한다. 화학적 시냅스에서는 시냅스전 뉴런의 축삭 말단까지 전파되어 온 전기적 흥분이 이 부위에 분포되어 있는 전압 의존성 칼슘 이온 채널을 열어 세포 내 칼슘 농도를 증가시킨다(그림 8-7). 그 결과 시냅스전 뉴런 말단에 축적되어 있는 시냅스 소낭들이 세포막과 융합하면서 그 속에 들어있던 신경전달물질들을 시냅스 간극으로 방출한다. 시냅스후 뉴런의 세포막에는 각 신경전달물질을 인지하는 수용체들이 있어서 신경 흥분을 전달받는다.

수용체와 결합한 신경전달물질은 그 종류에 따라 여러 가지 방법으로 시냅스후 세포에 변화를 일으킨다. 많은 종류의 수용체들은 그 자체가 이온 채널이거나 이온 채널과 연결되어 있으므로 채널이 열리면 전하를 띤 이온들의 이동을 통하여 시냅스후 막에 **시냅스 전위**를 발생시킨다. 이 시냅스 전위는 시냅스후 뉴런의 축삭 기점구에 이르러 활동 전위를 형성하고, 이로부터 신경 흥분의 전기적 전파가 재개된다. 화학적 시냅스는 이처럼 신경전달물질을 방출하는 시냅스전 뉴런으로부터 수용체를 가지고 있는 시냅스후 뉴런 쪽으로 흥분 전달의 **방향성**이 정해져 있다. 화학적 시냅스의 가장 대표적인 예는 운동뉴런과 근육세포를 연결하는 **신경근 접합부**로, 이 과정에서 이용되는 신호전달물질이 바로 **아세틸콜린**이다. 신경근 접합부를 통하여 중추신경에서 내린 명령이 근육에 전달되는 과정은 11장에 설명되어 있다.

화학적 시냅스를 통하여 신경 전달이 이루어짐과 동시에 시냅스 간극에 남아 있던 전달물질은 축삭 말단으로 재흡수 되거나 분해된다. 시냅스 간극에서 전달 물질이 신속히 소거되지 않으면 시냅스후 신경을 계속적으로 자극하게 된다. 화학적 시냅스에 사용되는 신경전달물질의 종류 및 기능에 대해서는 나중에 더 자세히 알아보기로 한다.

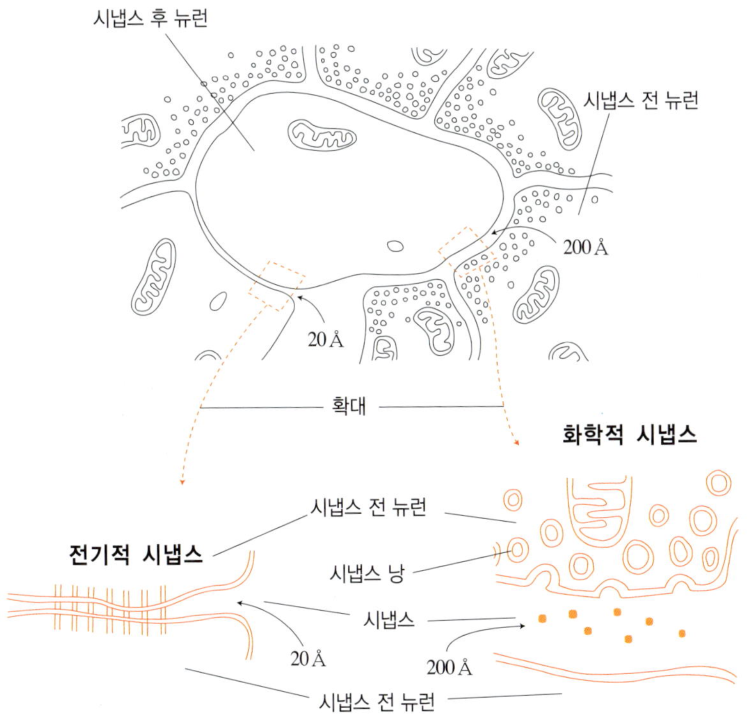

그림 8-6

전기적 시냅스와 화학적 시냅스의 비교

전기적 시냅스를 형성하는 뉴런들은 간극연접으로 열결되어 있다. 화학적 시냅스에서는 세포 간격이 넓으며 시냅스전 뉴런의 말단에 신경전달물질을 담고 있는 많은 시냅스 소낭이 있다.

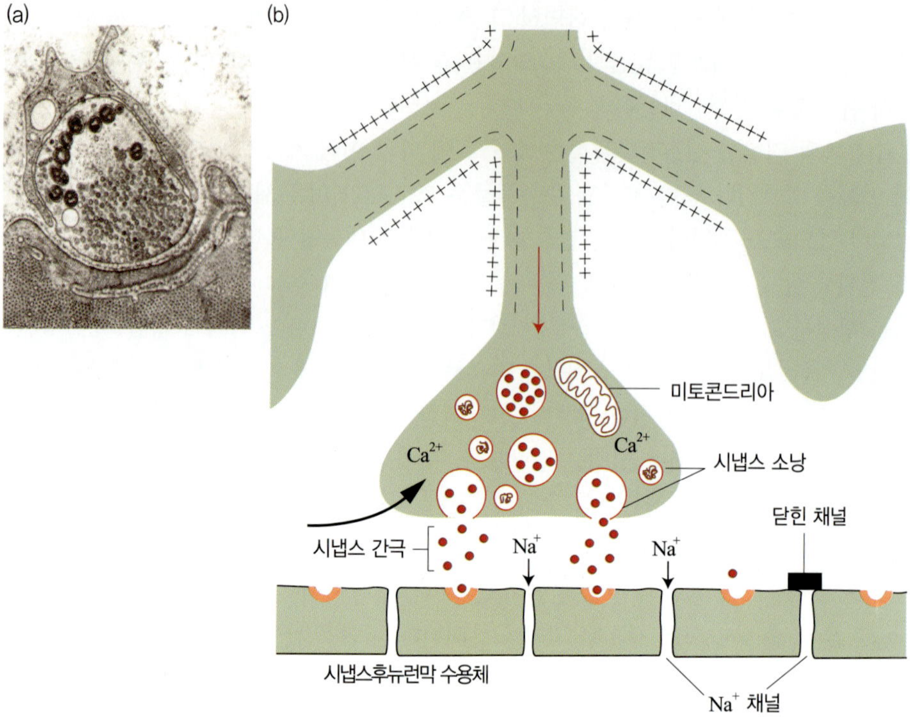

그림 8-7

화학적 시냅스의 기작

(a) 화학적 시냅스의 전자 현미경 사진.
(b) 자극이 축삭 말단에 도착하면 칼슘 이온이 유입되고 시냅스 소낭이 시냅스전 세포막에 융합하여 신경전달물질이 방출된다. 신경전달물질은 시냅스 간극으로 확산된 뒤 시냅스후 세포막의 수용체에 결합하여 이온 채널이 열리게 한다.

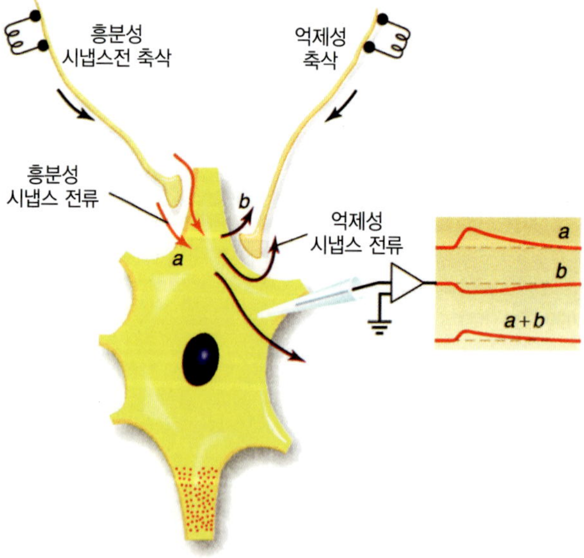

그림 8-8

흥분성 시냅스와 억제성 시냅스

흥분성 시냅스 전류와 억제성 시냅스 전류는 합해진다. 하나의 표적 신경세포에 시냅스를 이루는 복수의 독립된 축삭을 자극하면 흥분성 시냅스 전류(a)와 억제성 시냅스 전류가 발생한다. 오른편의 그래프는 a나 b가 독립적으로 자극되었을 때와 동시에 함께 자극되었을 때의 시냅스 전위를 나타낸 것이다. 두 축삭을 동시에 자극하면 각각의 시냅스후 효과는 합해진다.

더 읽을거리 (8-1)

뉴런의 손상과 재생

한 번 시냅스를 형성한 뉴런은 축삭의 말단 부위가 손상되더라도 남아있는 잔해를 따라 재생되면서 다시 이전에 접촉하고 있던 세포와 연결 될 수 있다. 하지만 남아있는 잔해가 훼손되거나 뉴런의 세포체 자체가 손상된 뉴런은 재생이 불가능하다. 따라서 사고나 질병으로 중추신경계가 파괴되면 그 손상 범위에 따라 전신 또는 반신 마비가 일어난다. 최근 과학자들은 성인의 뇌 속에도 신경줄기세포들이 있어 이들이 분열을 통하여 새로운 뉴런을 만들어내고 있다는 것을 발견했다. 이러한 신경줄기세포들을 추출하여 배양하거나 아직 분화가 완성되지 않은 태아의 뉴런을 손상된 뇌와 척수에 이식하면 이들이 올바른 표적 세포를 찾아가서 시냅스를 형성할 가능성을 조사하는 연구가 현재 매우 활발히 진행되고 있다.

시냅스를 통하여 전달되는 신호가 언제나 시냅스 후 뉴런을 흥분시키는 것은 아니다. 동일한 신경전달물질이 방출되었더라도 시냅스후 세포막에 어떤 종류의 수용체가 있는가에 따라 화학적 시냅스는 **흥분성 시냅스** 또는 **억제성 시냅스**로 작용 할 수 있다(그림 8-8). 흥분성 시냅스를 통한 신경전달은 시냅스후 뉴런에서 새로운 활동전위를 형성하여 전기적 흥분 전달의 연쇄반응을 시작한다. 그러나 억제성 시냅스의 시냅스후 세포막에는 신경 자극이 전달되면 막전위의 분극현상이 더욱 강화되어 새로운 활동전위의 형성을 억제하는 수용체가 분포되어 있다. 실제로 사람의 신경회로는 억제성 시냅스와 흥분성 시냅스가 복잡한 상호작용을 통하여 섬세한 조절을 나타내는데, 자극에 대한 반응이 사람마다 그 자라난 환경과 건강 상태 및 교육에 따라 다른 것은 바로 이 때문이다.

이 장의 서문에서 갓 태어난 아기의 신경계는 매우 불완전한 상태라는 것을 언급한 바 있다. 실제로 신생아는 눈 앞의 물체에 눈의 초점을 맞추거나 손을 내밀어 잡을 수도 없다. 그런데 성장하면서 이러한 작업들을 수행 할 수 있게 되는 것은 특정한 감각 뉴런과 운동 뉴런사이에 시냅스가 형성되면서 섬세한 신경 연락망이 만들어지기 때문이다. 한 번 만들어진 시냅스는 동일한 자극이 반복적으로 주어져야만 유지되며 그렇지 못한 경우는 기능이 약해진다. 이를 **시냅스 가소성**이라고 하는데, 자전거나 스케이트를 오랫동안 타지 않으면 서툴어지고 암기한 내용을 주기적으로 복습해야만 장기 기억으로 저장되는 것은 바로 시냅스의 가소성 때문이다. 그러나 신경계의 발달이 새로운 시냅스의 형성만으로 이루어지는 것은 아니다. 실제로 아기가 자라면서 몸을 자신의 의사대로 움직일 수 있게 되는 과정에서 뇌와 운동 뉴런을 연결해주는 시냅스중 상당수가 소멸하는 방식으로 교통 정리가 일어난다.

4. 신경전달물질과 신경 작용제

화학적 시냅스에서 자극 전달의 매개체로 작용하는 신경전달물질의 종류는 시냅스 회로의 복잡성만큼이나 다양한 종류가 있을 것으로 추정되지만 지금까지 밝혀진 것은 일부에 지나지 않는다. 지금까지 알려진 신경전달물질은 약 60여종이며, 그 화학적 조성은 아민 계열의 물질, 아미노산 또는 그 유도체, 펩티드 등으로 이루어져 있다. 이들 중 일부는 신경계 밖에서 생성되어 혈관을 타고 돌면서 호르몬의 역할을 담당하기도 한다. 대표적인 예로 신경전달물질인 아드레날린이 부신 피질에서 합성되어 호르몬으로 작용할때는 에피네프린이라고 불린다. 대부분의 신경전달물질들은 매우 다양하고 복잡한 기능을 가

표 8-1 신경전달물질의 종류와 기능

전달 물질	작용부위	작용성	기능
아세틸콜린	운동신경(신경근육)	흥분성	대사작용 억제 부교감신경의 조절
	자율신경	흥분성	
	부교감신경	흥분 또는 억제성	
	중추 신경계	흥분성	
	무척추동물	흥분 또는 억제성	
에피네프린 (아드레날린)	교감신경 후절	흥분 또는 억제성	대사작용 촉진 교감신경의 조절 면역 반응 조절
	중추 신경계	흥분 또는 억제성	
세로토닌	중추 신경계	흥분 또는 억제성	식욕, 순환기기능, 수면, 집중력, 감정 조절
도파민	중추 및 말초신경계	흥분 또는 억제성	감정 조절, 운동신경의 조절
엔돌핀	중추신경계	흥분 또는 억제성	쾌감 유발, 통증 억제
글루탐산	중추 신경계	흥분성	운동 뉴런의 자극 학습과 기억
γ-아미노브티르산	중추 신경계	억제성	세포 신호전달
글리신	척수	억제성	운동뉴런의 흥분억제

지고 있어 이들의 역할을 한마디로 요약하기는 어렵지만 대략 표 8-1과 같이 정리 해 볼 수 있다.

현대 의학에서는 신경전달물질의 성분과 기능이 속속 밝혀짐에 따라 이들과 유사한 구조를 가지는 화합물을 신경안정제, 수면제, 또는 마취제 등으로 사용할 수 있게 되었다. 신경전달물질의 유사 화합물 중 일부는 원래의 신경전달물질을 인식하는 수용체에 결합하여 동일한 효과를 내는 반면, 결합은 하지만 오히려 시냅스후 뉴런으로의 신경 전달을 차단하는 물질도 있다. 신경전달물질과 동일한 효과를 내는 물질을 **작용제**, 그리고 신경전달을 차단하는 물질을 **길항 작용제**라고 하며 이 둘을 통틀어서 **신경 작용제** 또는 **신경성 약물**이라 한다. 한편 뉴런의 축삭 말단에서 신경전달 물질의 방출을 억제하거나 촉진하는 물질들도 밝혀지고 있는데 이들은 신경전달 **조정물질**이라고 불린다. 이와 같은 조정물질들은 정제된 신경 작용제와 함께 각종 정신질환의 치료에 사용된다.

모든 신경성 약물은 전문의의 처방에 따라 정확하게 사용하여야 하는데, 그 이유는 이 약물들이 신경계의 섬세한 자체 조절 시스템을 방해하여 심각한 부작용을 일으킬 수 있기 때문이다. 신경성 약물의 대표적인 부작용은 **내성**과 **중독성**이다. 내성은 특정 약물에 대한 체내의 생리적 반응이 둔감해지거나 분해 속도가 빨라져서 점차 더 많은 양의 약물이 요구되는 현상이다. 한편 체내에 이 약물이 일정 농도 이상으로 유지되지 않을 경우 정신적, 또는 물리적으로 정상적인 신체 기능을 유지할 수 없을 정도로 의존하게 되는 현상을 중독이라고 한다. 그러나 신경성 약물이 해롭기만 한 것은 아니다. 진통제와 마취제처럼 선별적으로 신경 전달을 차단 또는 강화시키는 신경 작용제의 발견과 개발로 현대 의술이 가능하게 되었다고 하여도 과언이 아니다. 신경전달물질에 대한 연구는 아직까지도 현대 생명과학의 주요 숙제중 하나여서 선진국들 간에서 새로운 신경전달물질의 발견과 신약 개발에 대한 경쟁이 매우 치열하다.

5. 신경독성 물질

사람의 운동 신경은 아세틸콜린을 전달 물질로 사용한다. 따라서 이를 통한 자극전달을 방해하는 물질은 몸의 일부 또는 전체를 마비시키는 독성을 유발하는데, 예로부터 잘 알려진 독사의 독은 바로 아세틸콜린의 기능이 교란되어서 나타나는 현상이다(표 8-2). 신경독성물질 중 아세틸콜린의 작용제 역할을 하는 보툴리누스 톡신이나 무스카린은 심한 경련을 수반하는 강직성 마비를 일으키는 반면, 코브라의 독샘에서 나오는 나자톡신은 아세틸콜린의 길항 작용제로서 팔다리가 축 늘어져 움직일 수 없는 이완성 마비를 일으킨다. 아마존 인디언들이 새를 사냥할 때 화살촉에 바르는 쿠라레(d-튜보쿠라린), 화생방에서 독가스를 마시고 근육 경련이 발생하였을 때 이를 치료하기 위하여 주사하는 아트로핀도 아세틸콜린의 길항 작용제이다.

표 8-2 아세틸콜린을 통한 자극전달을 방해하는 신경 독성물질

신경 독성 물질	출처	방해하는 경로 및 인자
보툴리누스 톡신	부패한 육류	시냅스소포와 세포막의 융합
테타누스 톡신	파상풍균	시냅스소포와 세포막의 융합
무스카린	독버섯	아세틸콜린과 수용체의 결합
나자 톡신	코브라	아세틸콜린과 수용체의 결합
화생방가스	-	아세틸콜린의 분해
아트로핀	-	화생방가스의 기능
테트로도톡신	복어	활동전위 전파

6. 마약: 중추 신경 작용제

우리 몸의 중추 신경계에 있는 쾌감 중추는 **엔돌핀**, 네오엔돌핀, 엔케팔린과 같은 펩티드성 신경전달물질의 조절을 받는다. 양귀비에서 추출되는 **모르핀**(=아편)은 이들 전달 물질의 작용제로서 통증을 억제하는 효과를 나타낸다. 그러나 몰핀은 중독성이 매우 강하기 때문에 일반 의약품으로 사용되는 것은 엄격히 통제되고 있다.

모르핀을 비롯하여 헤로인, 코카인, 마리화나와 같이 쾌감중추에 작용하여 정신적 흥분을 야기하거나 최면 효과를 나타내는 물질은 **향정신성 약물**(마약)로 분류된다. 지난 30여 년간 의약계에서는 이와 같은 약물들이 진정제, 항우울제, 정신 분열증의 치료제로 사용해 왔고, 그 심각한 중독성을 포함한 제반 부작용을 개선하기 위하여 여러 가지 유사 약물이 꾸준히 개발되었다. 그러나 어떠한 경우라도 향정신성 약물을 의사의 처방에

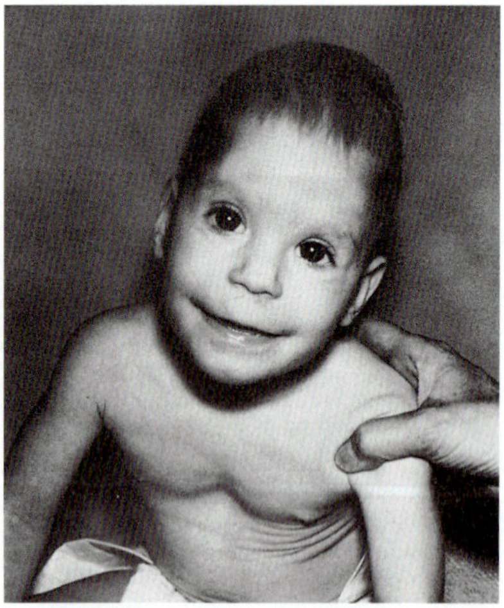

그림 8-9
임신중 음주로 생긴 태아알콜증후군 (FAS)

따른 치료 목적과는 무관하게 자의적으로 사용하는 것은 매우 위험하다(표 8-3 참조).

모든 신경성 약물이 정도의 차이는 있어도 궁극적으로는 내성과 중독을 일으키지만, 마약이라고 불리는 향정신성 약물에 중독되었을 때 나타나는 **금단증상**은 특히 심각하다. 금단증상은 약물의 사용을 중단하였을 때 나타나는 현상으로, 속이 메스껍고 구토가 나거나 몸이 떨리고 열이 오르며, 두통, 설사, 환청, 신경과민, 그리고 심지어는 코마를 수반한다. 심한 경우에는 응급처치를 받지 않으면 사망에 이르기도 한다. 항정신성약물은 자라는 태아의 신경계의 발달에 유해하므로 임신 중인 여성에게 특히 치명적이다. 이는 태아의 모든 기관이 형성되는 임신 초기 3개월에 더욱 심각하다.

마약류의 강력한 중독성과 금단현상은 이들이 뉴런의 신경전달물질 대사를 교란시키는것을 **보상**하기 위하여 일어나는 조절에서 유발된다. 신경계는 필요 이상으로 전달물질을 과다하게 합성하지 않기 때문에 유사한 물질이 외부에서 들어오면 즉시 그 합성이 줄어든다. 뿐만 아니라 유사물질이 높은 농도로 투여되면 원래의 신경전달물질을 인지하는 수용체가 많지 않아도 되므로 시냅스후 뉴런의 세포막에서 그 수가 감소한다. 따라서 상습적으로 마약을 투여하다가 중단하게 되면 체내에 해당 전달 물질은 물론 그 수용체도 줄어있기 때문에 일상적인 자극으로는 신경의 흥분 전달이 이루어지지 못한다. 이로 인하여 중독자는 정상적인 생활에서 인생의 기쁨이나 의미를 찾을 수 없게 되고 갈수록 불안이 증가하여 극단적인 우울증에 빠진다. 이와 같은 불안감, 우울증이 심화될수록 정상적인 사고 기능도 마비되므로 모든 것을 희생하고 오직 약물을 구

표 8.3 향정신성 약물의 목록별 규제 기준

목록	특징	예
목록 I	오 남용 및 중독 가능성이 높음 ; 의학적 사용 금지	헤로인(Heroin) 엘에스디(LSD) 마리화나(Marijuana)
목록 II	오 남용 및 중독 가능성이 높음 ; 제한적인 의학적 사용 허가	코카인(Cocaine) 메사돈(Methadone) 메사쿠엘론(Methaqualone) 펜사이크리딘(Phencyclidine: PCP) 세코바비톨(Secobarbitol: Secoral) 소디움펜토바비톨(Sodium pentobarbitol; Nembutal)
목록 III	오 남용 및 중독 가능성이 약함 ; 의학적 사용 인가.	휘오리날(Fiorinal) 코데인(Codeine) *
목록 IV	남용이나 중독 가능성이 낮음 ; 의학적 사용 인가.	클로르프로마진(Chlorpromazine; Thorazine) 페노바비톨(Phenobarbitol) 진정제
목록 V	남용 가능성이 가장 낮음 ; 의학적 사용 인가.	의사 처방 없이 판매

*사용에 따라 목록 II 나 목록 IV 로도 취급.

하기에 급급하게 된다. 또한 금단현상을 해결하기 위하여 더욱더 많은 양의 약물을 투여하는 악순환이 되풀이되어 결국에는 가산을 탕진하거나 직장을 잃고 폐인이 되는 경우가 대부분이다.

마약은 신경계에 작용하는 역기능뿐만 아니라 신체의 다른 조직에도 영향을 미쳐 기능 이상을 초래하며, 특히 정제되지 못한 약물을 섭취하는 경우 그 폐해가 더욱 심각하다. 마리화나의 경우 남성 생식계에 영향을 미쳐 테스토스테론의 생산이 억제되며, 상습적인 사용자의 정소와 난소 세포에서 염색체가 절단되어져 있다는 보고도 있다. 또한 면역 기능에 영향을 미치기 때문에 마리화나를 피우는 AIDS 환자는 폐질환에 걸릴 가능성이 매우 높다. 그러므로 어떤 마약이건 호기심에서라도 손을 대는 것은 위험하기 그지없는 행동이다.

신경계통 약물 중에는 의외로 생활 주변에서 흔하게 발견되는 것들도 있다. 예를 들어 앞의 표 8-3에서 목록 III에 포함된 코데인은 많은 종류의 감기약에 들어있는 성분이다. 따라서 감기약이라고 해도 의사의 처방에 따르지 않고 무분별하게 복용하는 것은 위험하다. 우리의 일상생활에서 빼놓을 수 없는 알코올도 중독이 되면 금단현상이 나타나며 우울증에 걸리기도 하는데, 이 때문에 일부 국가에서는 알코올도 마약의 일종으로 간주한다. 술을 마시게 되면 처음에는 기분이 좋지만 3시간 후부터 술이 깨는 5 – 8시간 동안은 오히려 불쾌감을 느낀다. 알코올은 억제성 신경전달물질인 γ-아미노브티르산(GABA)의 수용체에 작용하므로, 평소에는 자제력이 있던 사람도 술에 취하면 GABA 회로의 교란으로 자제력을 잃고 상식을 벗어난 행동을 하게 된다.

더 읽을거리 (6-2)

신경계 질환

신경계 질환 중에는 뉴런을 통한 신경자극 전달 과정에 결함이 생겨서 발생하는 경우가 상당수 있다. 예를 들어 다발성경화증은 우리 몸의 면역 세포들이 유수신경의 미엘린 수초를 공격하여 중추신경이 손상되면서 언어장애 및 운동마비를 일으키는 질병이다. 그런가 하면 유전적으로 뇌의 뉴런을 둘러싸서 보호하는 단백질에 유전적으로 결함이 있으면 나이가 들면서 헌팅턴 무도병에 걸릴 확률이 매우 높다. 또한 유명한 권투선수였던 무하마드 알리를 통하여 유명해진 파킨슨씨병은 도파민성 신경세포가 소실되어 나타나며, 신체 근육의 이완과 수축을 정상적으로 조절할 수 없는 증상을 나타낸다. 최근에 밝혀진 바로는 신경전달물질의 분비 이상이 정신분열증의 발병과도 관련이 있다고 한다.

1. 다음은 신경세포의 흥분 전달 과정에서 일어나는 일들을 설명한 것이다. 이들을 순서대로 배열하여라.

ㄱ. 전깃줄을 타고 전류가 흐르는 것처럼 축삭의 길이를 따라 신경흥분이 전파된다.

ㄴ. 감각 뉴런의 세포체의 휴지 전위가 변화하여 탈분극이 일어난다.

ㄷ. 축삭 기점구에서 활동전위가 형성된다.

ㄹ. 시냅스 간극에서 신경전달물질이 분비되어 표적 세포를 자극한다.

2. 시냅스에서 신경흥분이 전달되는 원리를 설명한 아래 내용과 관련 있는 용어를 〈보기〉에서 찾아 쓰라.

〈보기〉 길항 작용제, 금단증상, 역치, 분극, 시냅스의 가소성, 화학적 시냅스, 랑비에 결절

- 세포막 안팎은 이온의 선택적 투과와 능동수송을 통하여 농도 구배가 형성되어져 있다. (   )
- 활동 전위가 발생하려면 주어지는 자극의 강도가 일정 수준 이상이어야 한다. (   )
- 신경조직에서 한 뉴런의 축삭 말단과 다음 뉴런의 세포막 사이에는 20mm정도의 미세한 간극이 있어 전기 자극이 직접 전달되지 못하고 신경전달물질을 통하여 신경흥분이 전달된다. (   )
- 유수신경은 미엘린으로 싸여지지 않은 축삭 부분을 통한 도약적 전도가 일어나기 때문에 흥분 전달의 속도가 빠르다. (   )
- 지속적으로 자극을 받지 못하면 시냅스의 기능이 약해지거나 소멸된다. (   )
- 이 약물은 특정 신경전달물질이 결합하는 수용체에 달라붙어 신경전달을 방해 한다. (   )
- 중독성이 강한 신경성 약물은 갑자기 사용을 중단하면 심한 경우 의식 불명과 사망에 이르는 심각한 부작용일 일어난다. (   )

3. 신경 작용제들은 정도의 차이는 있지만 결과적으로는 모두 내성과 중독성을 일으킨다. 다음 중 그 원인에 해당되지 않는 것은? (   )

① 체내에서 해당 물질을 분해하는 속도가 빨라진다.

② 신경전달물질이 합성되는 양이 줄어든다.

③ 신경전달물질과 결합하는 수용체의 합성이 줄어든다.

④ 신경전달물질과 그 수용체 사이의 결합력이 약해진다.

⑤ 약물의 지속적인 사용으로 약물이 체내에 축적된다.

Exercise

참고문헌

[인체생리학 10판], 강신성·안태인 대표 역자, 지코사이언스, 2008.
[인체생명과학 10판], 안태인 등 번역, 라이프사이언스, 2008.
[동물생리학], 강봉균 등 역, 라이프사아언스, 2007.

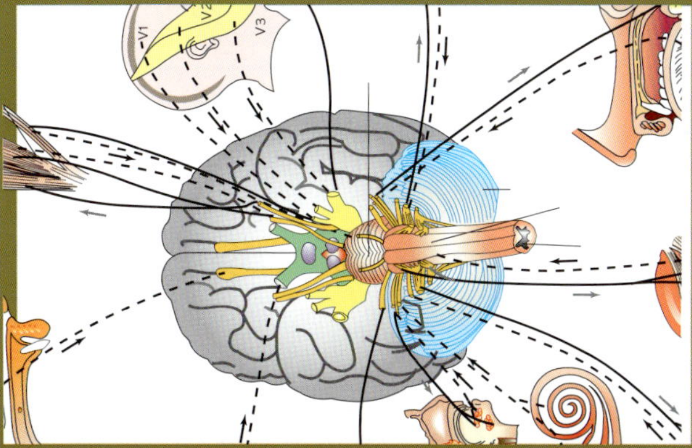

CHAPTER

09 정보의 수용체계

모든 생명체는 주위로부터의 자극을 받아들이고 그에 대처하면서 생활을 영위한다. 모든 생명체에게 있어서 정보의 수집이 부정확하거나 비효율적이면 그것은 곧 생활의 유지를 어렵게 하거나 후속적인 대응 과정에서 고비용을 지불해야 하며, 심지어 생존을 위협받게 된다. 고등한 생명체일수록 다양한 특성의 정보를 받아들이는데 적합한 정보 특이적인 정보수집 장치를 가지고 있다.

이 장에서는 우리 몸에 존재하는 다양한 형태의 정보수집 장치인 감각기가 어떻게 구성되어 있으며 어떻게 자극을 수용하는지 알아보자.

1. 정보수집 기구

외부 정보에 대한 인간의 정보 수집은 전통적으로 시각, 청각, 미각, 후각, 촉각 등 5감에 의한다고 생각해 왔다. 이러한 정보를 수용하는 각각의 감각기관은 눈, 귀, 코, 혀, 피부 등이다. 우리 몸에는 5감 이외에도 다양한 감각을 가지고 있다. 우리 몸은 냉온(冷溫)을 느끼는 온도감각이 있으며, 또한 회전감각 및 평형감각을 가지고 있다. 이와 같은 감각은 대뇌를 통하여 의식적으로 느낄 수 있으므로 **체성감각**이라 한다. 또한 우리 몸에는 팔 다리가 중력 방향에 대하여 어떤 상태로 있는지를 감지하는 **자기수용성감각**도 있다. 정교하지는 않지만 체내의 혈압감각, 염분농도 감각, 산성도 감각 등의 **내수용성감각**도 있다. 이와 같은 감각들의 중추는 소뇌, 연수 등에 있으며, 대부분 우리가 의식하지는 못하는 순간에 감각이 받아들여지고 처리될 수 있다.

눈, 귀, 코, 혀, 피부 등에 위치한 감각기에는 감각 신경세포의 축삭이 뻗어와 있으며, 각 감각기는 외부로부터 주어지는 자극을 활동 전위의 형태로 변환한 다음 신경세포의 축삭을 통하여 중추신경계로 전달한다. 각 감각을 수용하는 세포들은 저마다 자극을 수용하는 특징이 있어서 그에 해당하는 적합자극이 주어졌을 때에만 감각 신경세포가 흥분한다. 감각기에 분포하고 있는 감각 신경세포들이 자극을 받아들이는 양상은 다양하며, 그림 9-1은 대표적인 것들을 나타낸 것이다.

2. 자극의 수용 범위

우리 몸의 감각기의 감도와 상황 변화에 대한 감각 조절 능력은 어떠한가? 우리 눈은 캄캄한 어둠 속에서 아주 약한 빛을 느낄 수 있는가 하면 밝은 태양아래서도 더 밝은 빛을 인지할 수 있다. 뿐만 아니라 흰색에서 검은 색까지 다양한 회색을 구분할 수 있고, 자연을 다양한 총연색으로 감각할 수 있다. 이와 같이 빛의 다양한 명암과 색 감각의 수용은 어떻게 이루어지는 것일까? 이를테면 각각의 시세포가 이 모든 광범위한 빛을 다 감각하

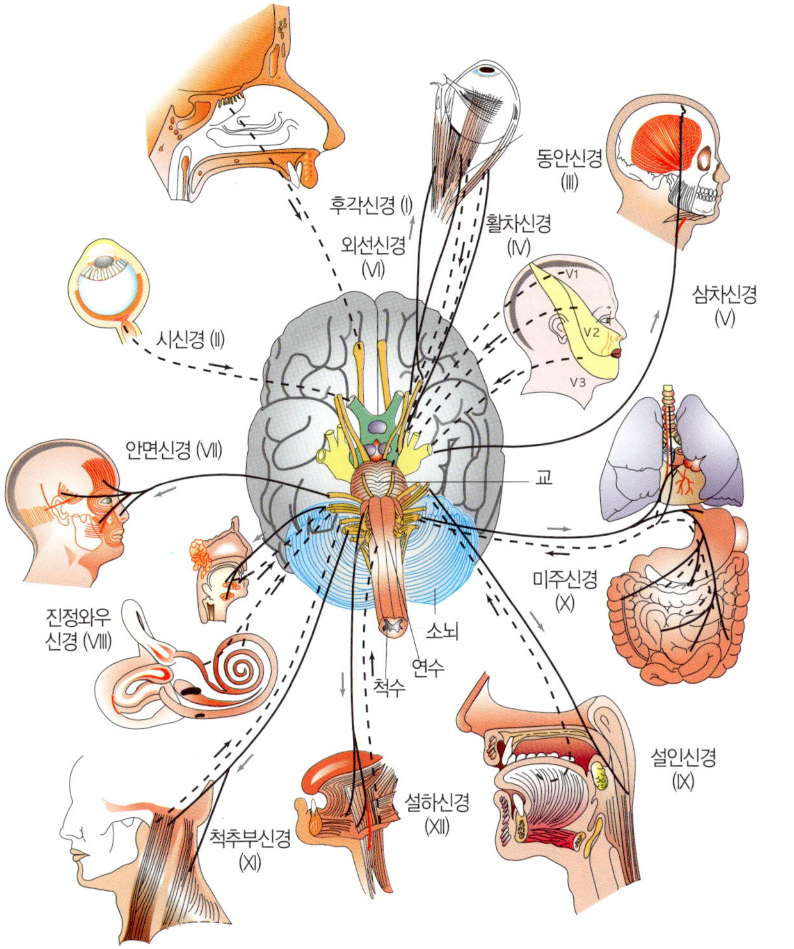

그림 9-1

감각기와 중추 신경계의 연결
점선: 감각신경 섬유
실선: 운동신경 섬유

는 것일까? 아니면 우리 눈에는 다양한 명암과 색깔을 감각하는 여러 종류의 시세포가 있는 것일까? 우리의 감각기는 아날로그 타입일까? 아니면 디지털 타입일까? 이와 같은 질문에 대하여 신경 생리학자들이 가지고 있는 증거 및 잠정적인 결론을 살펴보면 다음과 같다.

각각의 감각세포는 한정된 범위의 자극에 대해서는 크고 작은 차등적인 수용기 전위를 발생하며 그에 따라 감각 신경세포에서 발생하는 활동 전위의 발생 빈도의 차이로 변환된다. 그러나 감각 신경세포는 어느 한정된 범위 밖의 자극에 대해서는 아무런 반응을 하지 않거나, 범위 상한 빈도수의 활동 전위를 발생할 뿐 자극의 크기에 비례적으로 증가된 빈도의 활동전위를 발생시키지 않는다. 즉 하나의 감각 신경세포는 한계

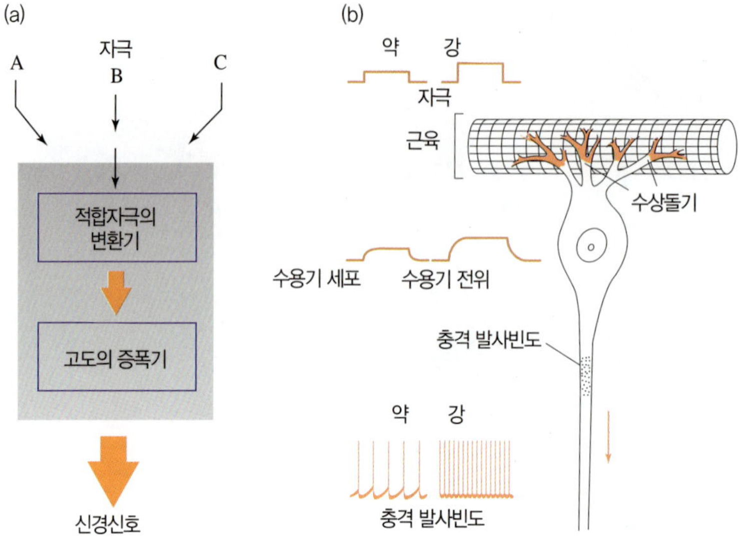

그림 9-2

감각기의 자극의 수용과 출력
(a) 감각 수용기 세포의 신호 변환 과정 모식도,
(b) 자극의 크기와 출력 빈도

범위 내에서만 **아날로그 방식**의 반응을 보인다. 우리가 광범위한 강도의 빛을 의식할 수 있는 것은 자극의 수용 한계가 서로 다른 다양한 감각신경세포들을 가지고 있기 때문이다. 즉 우리는 다양한 자극 강도에 특이적으로 반응하는 **디지털 방식**의 감각 신경세포들을 가지고 있다. 결과적으로 감각기는 아날로그 방식과 디지털 방식의 센서를 함께 가지고 있는 셈이다.

3. 순응과 적응

사람은 코로 냄새를 맡는다. 개인 간에 차이는 있지만 사람의 후각기는 매우 민감한 감각기 중의 하나이다. 코의 후각 상피에는 후각 신경세포들이 분포하고 있으며, 이들 신경세포의 세포막에는 특정의 냄새, 즉 화학 물질에 특이적으로 반응하는 수용체들을 갖고 있다. 이 수용체들에 특정의 냄새, 즉 화학물질이 결합하면, 후각 신경세포는 **수용기 전위**를 발생하며, 그 크기가 **역치** 이상이 되면 감각 신경세포가 흥분하여 신경세포의 축삭을 따라 전파되는 활동 전위를 발생시킨다. 감각 신경세포로부터 전달되는 신호는 정해진 신경회로를 거쳐 뇌의 후각 중추에 전달되면 뇌는 그 정보를 특정 냄새로 인지한다.

냄새뿐만이 아니라 대부분의 감각 세포에 역치 이하의 자극이 계속되면 감각세포의 역치가 서서히 증가하여 상당한 크기의 자극인데도 불구하고 활동 전위가 발생되지 않게 되는데 이를 **순응**이라고 한다. 또한 역치 이상의 동일한 자극이 계속되면 활동 전위가 발생되더라도 그 빈도수가 점차 줄어드는 데 이를 **적응**이라 한다. 그렇기 때문에 우리 몸의 감각기는 자극의 크기 변화가 적거나 같은 자극에 계속 노출되면 이와 같은 순응과 적응 현상으로 인해서 더 이상 감각이 이루어지지 않는 예가 많다.

4. 시각

사람의 눈은 시각정보를 받아들이는 감각기관이다. 눈의 바깥은 한 층의 세포로 구성된 **각막**으로 덮여 있으며, 각막의 표면은 마르지 않도록 눈물로 항상 젖어 있어 각막을 보호한다. 각막의 바로 뒤에 있는 수정체는 투명 단백질로 채워져 있으며, 수정체는 **모양체근**에 연결되어 있다. 수정체는 동공을 통하여 들어온 빛을 굴절시켜 망막에 상을 맺도록 한다. 이때 시각 중추는 자율신경을 통하여 상이 망막에 맺히도록 모양근의 수축을 조절하며 그에 따라서 수정체의 두께가 조절된다.

이 수정체에 투명 단백질 이외에 다른 물질이 축적되면 빛의 투과에 장애가 나타나는데 이를 **백내장**이라고 한다. 그리고 우리 나라 사람의 경우 43~44세를 지나면서 대체로 노안이 오는데, 이는 모양근의 수축이 원활하지 못하며 수정체의 두께 조절이 잘 이루어지지 않아 생긴다. 노안이 오면 가까운 물체를 보기 위해 수정체의 조절이 잘 안되며, 이때 돋보기를 사용하여 상의 굴절을 높이면 망막에 상이 바로 맺게 할 수 있다.

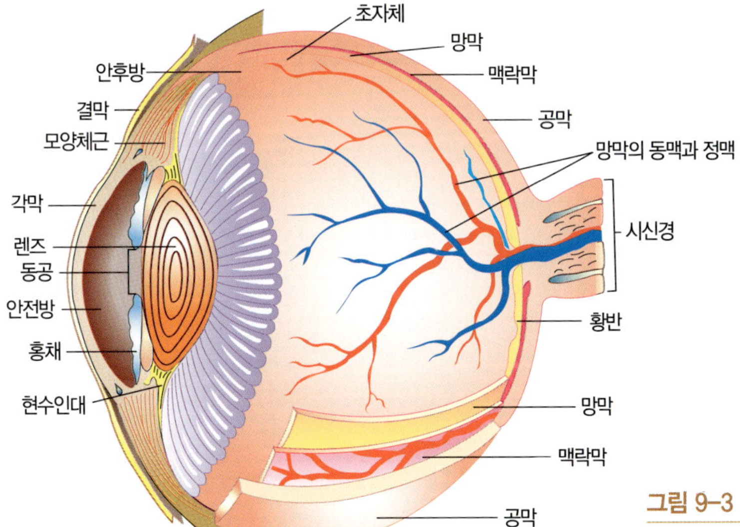

그림 9-3
눈의 구조

망막에는 두 종류의 시세포, 즉 **간상세포**와 **원뿔세포**가 있다. 막대세포는 명암을 감지하고 원뿔세포는 색을 감지한다. 사람의 눈에는 1억 3천만 개의 막대세포와 약 7백만 개의 원뿔세포가 있으며, 원뿔세포는 황반에 집중되어 있다. 밝은 곳에서 사물을 볼 때에는 황반의 원뿔세포들이 반응하지만 어두운 곳에서는 원뿔세포가 반응하지 못하고 다수의 간상세포에 의해서 실물의 명암만이 파악된다. 그렇기 때문에 어두운 길에서 만난 사람이 입고 있는 옷의 색깔을 알기는 어렵다. 황반의 원뿔세포는 시신경 세포와 1대 1로 대응하고 있어서 시각 정보를 정밀하게 뇌의 시각 중추로 전달할 수 있다. 이에 반하여 간상세포는 다수가 하나의 시신경 세포와 대응하여 명암의 감수성을 높인다. 황반을 비롯한 망막에 이상이 초래되면 시각 기능을 상실하게 되는데 이를 **녹내장**이라고 한다.

시세포, 즉 막대세포와 원뿔세포는 구조적으로 바깥분절과 속분절로 구분된다. 바깥분절에는 원반 모양의 막 구조물이 층층으로 빼곡히 채워져 있으며, 이들 원반 모양의 구조물의 막은 빛을 감각하는 **로돕신**이 갖고 있다. 로돕신은 **비타민 A**의 유도물질인 **레티날**과 **옵신** 단백질로 구성된 복합체다. **레티날**은 빛을 받으면 광화학 반응을 일으켜 **레티놀**로 전환되고, 그 결과로 옵신 분자의 구조적 뒤틀림을 유발한다. 이러한 옵신 분자의 구조 변화는 인접하는 **G-단백질** 분자의 활성화를 유발하고, 활성화된 G-단백질이 다시 인접하는 cGMP 분해효소의 활성을 증가시킨다. cGMP 분해효소 활성 증가는 시세포 내의 cGMP의 농도가 감소하게 되고, 결과적으로 cGMP에 의해 조절되는 **Na^+ 이온통로**가 cGMP 농도 저하로 닫히게 되며, 그 결과는 막 전위가 -30 mV에서 -60 mV로 과분극된다.

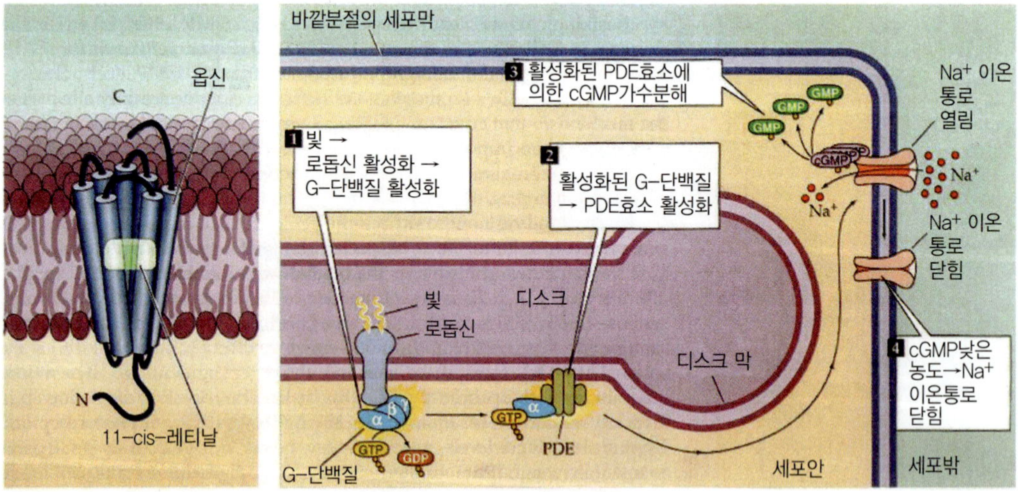

그림 9-4
시세포의 빛에 대한 생화학적 반응 변화

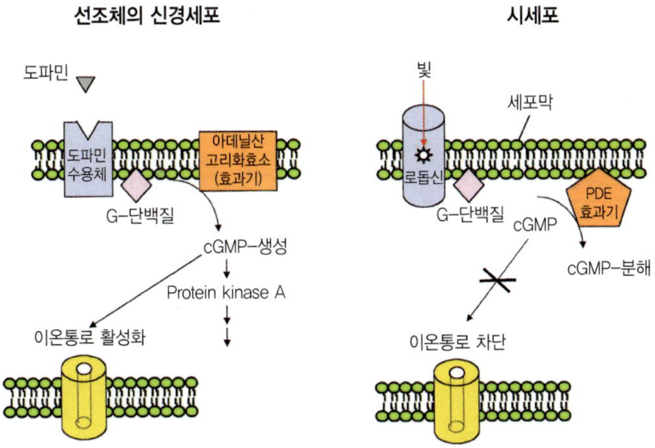

그림 9-5

빛에 의한 옵신의 활성화에 의한 시세포의 막전위 변화 유도 단계와 도파민 수용체의 활성화에 의한 신경세포내의 변화 유도 단계의 도식적 비교.

신경세포는 일반적으로 평상시 닫혀 있던 수용체(예, AMPA 수용체)가 활성화되면 이온 통로가 열려 세포내로 Na^+ 이온이 유입되어 막전위가 탈분극되는데 반하여 빛에 반응하는 시세포는 현상적으로 평상시 열려 있다가 시세포가 활성화되면 이온 통로가 닫히게 되어 반대로 과분극되는 셈이다.

사람의 시세포가 갖는 옵신에는 청색, 녹색, 적색광에 예민한 3종류가 있으며 청색광에 예민한 로돕신을 합성하는 정보는 7번 염색체에, 적색과 녹색을 감지하는 옵신을 합성하는 정보는 성염색체인 **X-염색체**에 위치하고 있다. 사람에 따라서 이들 유전 정보에 이상이 있는 경우에는 그에 해당하는 옵신이 기능을 하지 못하기 때문에 특정 색을 잘 감지하지 못함으로써 (즉 **색맹**이 되면) 세상을 총천연색으로 보지 못할 수 있다. 원뿔세포들은 청색, 녹색, 적색광에 예민한 3종류 로돕신의 분포에 따라서 각각 다른 파장의 빛을 민감하게 받아들인다. 사람의 황반에는 적색, 녹색, 청색에 반응하는 원뿔세포의 비율이 40: 20: 1의 비율로 분포한다. 사람의 눈에 적색이 가장 잘 띄는 것은 적색 광에 반응하는 원뿔세포의 비율이 높기 때문이다. 옵신 유전자들의 유전 정보를 고려하여 해석하면 인간은 진화 과정에서 3원색에 기반한 총천연색 감지력을 획득함으로써 주변 환경에 대한 정보 수집, 예를 들어 잘 익은 과일의 식별 등에서 월등한 우위를 갖는 방향으로 진화된 것으로 보인다. 적색을 감지하는 옵신은 진화적으로 가장 나중에 생성된 것으로 보이며, 적색 옵신 유전자가 X-염색체에 위치하는 것을 고려할 때 3원색에 기반한 총천연색 감지력을 가진 최초의 인간은 여성이었을 것이다. 사람의 경우 약 10%의 경우는 초록과 빨강을 구별하지 못하거나 노랑과 파랑을 구별하지 못하는 색맹 또는 색약

더 읽을거리 (9-1)

시각 · 인지 · 사유

사람의 시세포는 가시광선에 반응한다. 가시광선 영역은 빛이 갖는 전자기적 파장 전체에서 매우 좁은 범위에 해당한다. 우리의 눈은 가시광선으로 구성된 빛의 정보에 근거하여 우리 주변에 존재하는 대부분의 물체의 존재의 유무 및 생김새를 매우 정교하게 식별할 수 있다. 그러나 한편으로 생각해 보면 가시광선 영역으로 구성된 빛의 정보를 통해 사물을 인지한다는 것과 세상에 물리적 실체가 존재한다는 것은 경우에 따라 별개의 문제일 수 있으며, 따라서 많은 과학적, 철학적 호기심을 불러일으킨다. 우리가 사진, 그림이나 영화를 통해 보는 영상은 가시광선 영역의 빛의 정보가 만들어 내는 가상적 실체이며 실존하는 물리적 실체와는 별개의 것이다. 결국 감각기를 통하여 들어오는 정보가 곧 그 정보에 담긴 물리적 실체가 아니라 뇌의 정보의 처리 결과로서 물리적 실체로 인식한다는 것이며, 역설적으로 뇌의 정보의 처리 활동에 따라서는 보지 않고도 본 것으로 인지할 수 있을 개연성을 시사한다. 꿈을 꾸거나 죽음의 고비로부터 깨어난 사람의 뇌에서 일어난 뇌의 활동이 생생하게 이미지로 재생되는 것은 이러한 가능성을 지지한다.

존재한다는 것과 존재한다는 것을 인지하는 것, 그리고 존재의 문제를 사유하는 것은 별개의 문제로서 존재한다는 것을 인지하는 것과 그것을 사유하는 것은 뇌를 구성하는 신경세포들의 하모니가 만들어 내는 뇌의 고위기능의 영역의 문제이다.

그림 9-6

물리적 실체와 가상적 영상

백두산 천지 사진이다. 파란하늘, 구름, 천지, 산봉우리와 눈, 가까이 보이는 꽃 등의 이미지는 물리적 실체가 아닌 가상적 영상에 불과하지만 뇌에 의한 영상 처리의 결과로서 실재하는 물리적 실체로서 인식할 수 있다.

인 것으로 알려져 있다. 사람을 포함한 유인원 및 다람쥐 등의 극히 일부의 척추동물을 제외한 대부분의 척추동물, 즉 개, 고양이, 소, 마우스, 랫트 등은 적색광을 감지하는 옵신을 갖고 있지 않다. 따라서 이러한 척추동물이 보는 세상은 대부분의 사람들이 보는 총천연색이 아니다. 이를 고려하면 투우가 빨강망토에 달려드는 것은 빨강으로 인식하여 흥분할 수 있는 것이 아니다(아마도 "움직이는 흑색"의 위협적인 물체로 인식하기 때문일 것이다).

망막에 맺힌 상은 시신경의 활동전위의 단위로 시신경의 축삭 다발을 타고 **시상**(視床; **thalamus**)으로 들어간다(그림 9-6). 시신경의 축삭다발은 시상으로 들어가는 도중에 좌우의 반씩이 규칙성을 가지며 서로 엇갈리게 되는데 이를 **시신경교차**(**optic chiasm**)라고 한다. 이 시신경교차 지역의 바로 위에는 뇌하수체가 위치한다. 뇌하수체는 신경내분비의 중추적 역할을 하담당하여 이 부위에 종양이 발생하면 내분비계의 이상을 초래할 뿐만 아니라 시신경을 압박하여 시신경 손상을 초래할 수도 있다. 시신경의 축삭 다발은 시상의 **측면 슬상핵**(**LGN; lateral geniculate nucleus**)에서 시냅스를 거쳐 대뇌의 뒷부분에 위치한 후두엽의 시각 영역의 피질로 연결되며, 이곳에서 순차적으로 정보가 처리 된다.

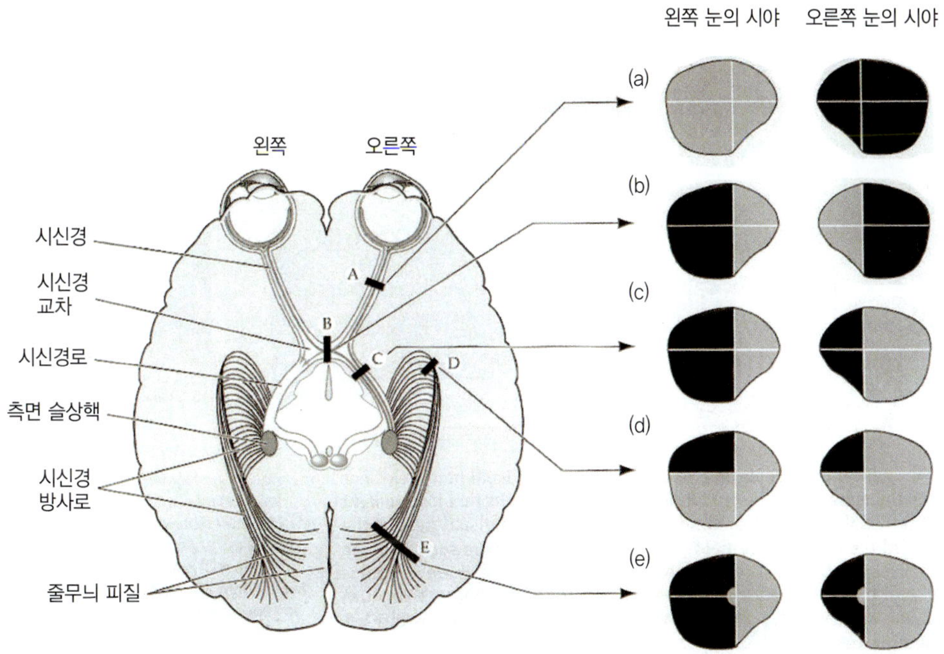

그림 9-7
시세포와 시신경의 연결

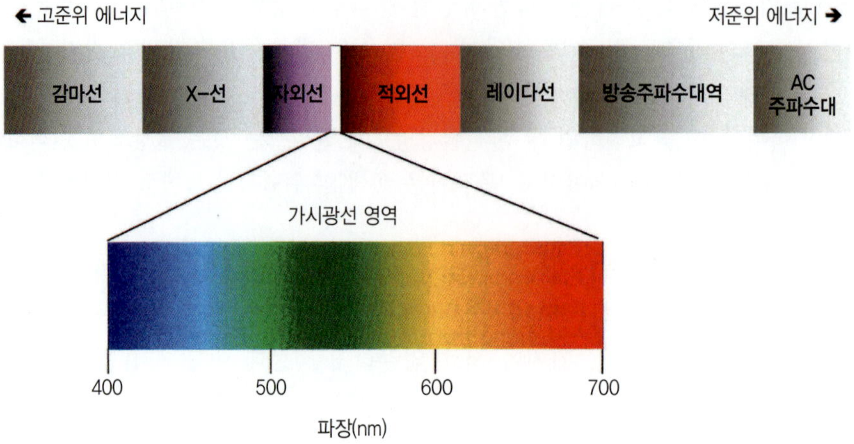

그림 9-8

전자기적 파장의 스펙트럼과 가시광선 영역

더 읽을거리 (9-2)

옵신과 천연색

우리가 사는 지상의 자연 현상 및 생명 현상이 연출하는 온갖 총천연색은 시세포 중 빨강, 초록 및 파랑색에 각각 반응하는 옵신 단백질, 즉 해당 유전자가 존재하기 때문에 인지 가능하다. 그러나 모든 사람들이 온갖 천연색을 인지할 수 있는 것은 아니다. 개략 12명중 1명은 빨강 또는 초록색을 인지하지 못한다. 이들이 보는 세상은 천연색이 아니다. 처음에는 빨강, 초록을 인식하는 옵신 단백질을 갖고 있다가 진화적으로 파랑을 인식하는 유전자가 생겨 천연색을 구별하는 능력이 선택된 것으로 보인다. 예를 들어, 수렵 및 채집의 시대에서 과일 나무에서 붉게 익은 과일과 아직 익지 않은 초록 과일을 구분하지 못하는 인간은 그것을 구분하는 인간과 비교해 생존에 불리할 것이다.

5. 후각과 미각

냄새를 맡는 후각과 맛을 느끼는 미각은 원리적으로는 매우 유사하다. 이들 두 감각 세포는 세포막에 결합한 냄새 또는 맛으로 인식되는 특정 화학물질과 수용체가 반응하여 각각의 감각을 인지하게 한다. 그러므로 이들 두 감각기는 화학물질을 감지하는 **화학적 수용기**이다.

후각은 들숨을 통해서 비강으로 들어온 냄새 물질(화학물질)이 코의 점액에 녹은 다음 비강의 표면을 이루는 후각상피세포의 후각 수용체와 결합한다(그림 9-9). 그 결과로 수용체의 구조적 변화를 유발하고, 수용체의 구조 변화는 다시 G-단백질의 구조 변화,

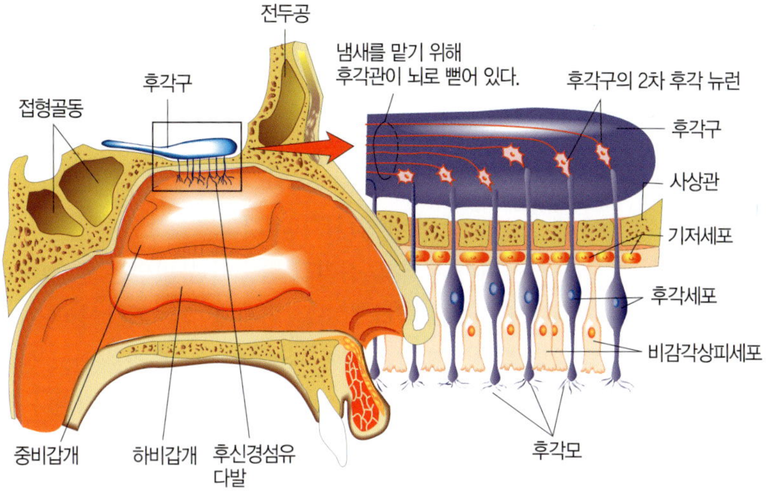

그림 9-9
코의 후각 세포

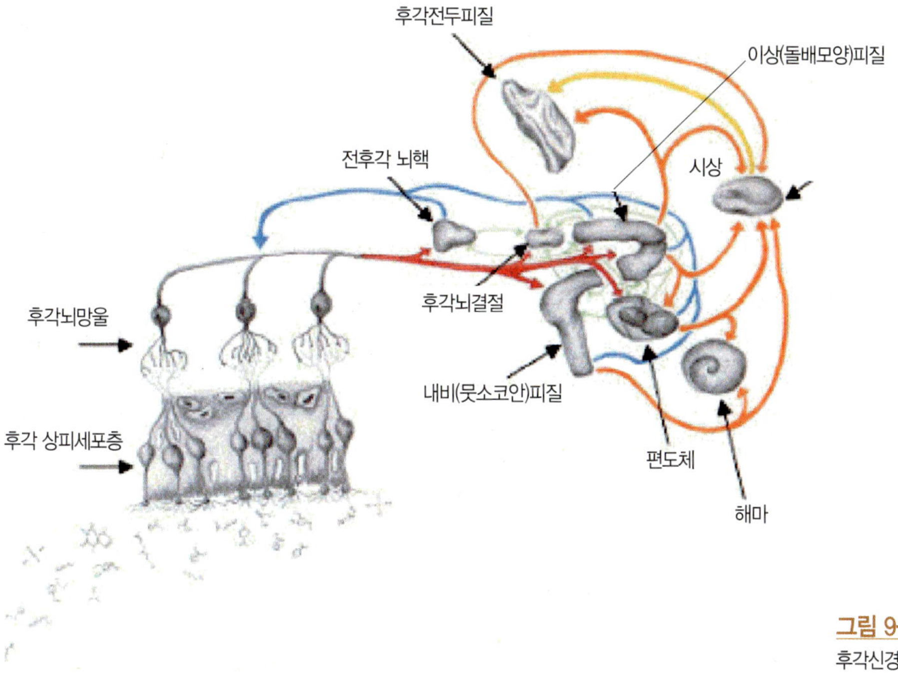

그림 9-10
후각신경계와 대뇌의 연결

G-단백질의 구조 변화는 감각세포막의 이온통로를 열어 막전위를 변화시켜 결과적으로 활동전위를 유발한다. 후각 정보를 제외한 다른 감각 정보는 모두 시상을 경유하여 대뇌의 각각의 감각 수용 피질에 투사되어 대뇌 변연계 (10장 참조) 등으로 다시 분배되는 데 비하여 후각정보는 시상과 관계없이 대뇌로 들어가 먼저 대뇌 변연계 등에 투사된다.

서로 다른 냄새를 구별하는 것은 부분적으로 서로 다른 화합물에 반응하는 서로 다른 수용체가 존재하기 때문이다. 인간의 유전체는 약 1,000개의 후각 수용체 구조를 갖는 유전자가 존재하며, 이중 약 400 개 유전자가 기능적으로 냄새 수용체로서 활동하는 것으로 알려져 있다. 수만가지의 냄새 종류를 식별할 수 있는 것을 고려하면 후각 수용체에서 후각 신경망을 거쳐 대뇌의 후각 피질에 이르는 여러 단계에서 이를 식별하는 메커니즘이 존재할 것으로 추정된다. 감기가 걸려서 코가 막히면 냄새의 원인 화학물질이 감각세포에 도달하지 못하여 냄새를 잘 맡을 수 없다(그림 9-10).

사람에게 있어서 후각의 자극에 의한 정서적, 심리적 반응이 유발되는 문제는 음식 냄새를 예로 들 수 있다. 맛있는 음식이라고 끌리게 하는 냄새 중에는 지방이 타는 냄새를 꼽을 수 있는데 그것은 대체로 영양 결핍의 상태를 피해야 하는 문제를 안고 살아온 인류가 생존의 안위를 위해 채택해 온 생리적 선택 또는 진화의 결과로 생각된다. 향수는 또 다른 흥미의 대상이다. 후각은 유인원을 제외한 대부분의 척추 동물에서 매우 민감하게 발달되어 있다. 인간의 후각은 다른 감각기관에 비하여 무뎌져 있다고 보면서도 후각을 자극하여 정서적 만족감과 특히 이성간의 이끌림을 유발할 수 있는 향수 시장은 발달하고 있다. 다른 한편으로 후각기관은 대뇌로 약물을 투여할 수 있는 통로가 될 수 있는 가능성이 있기 때문에 기초의학적 연구대상이기도 하다.

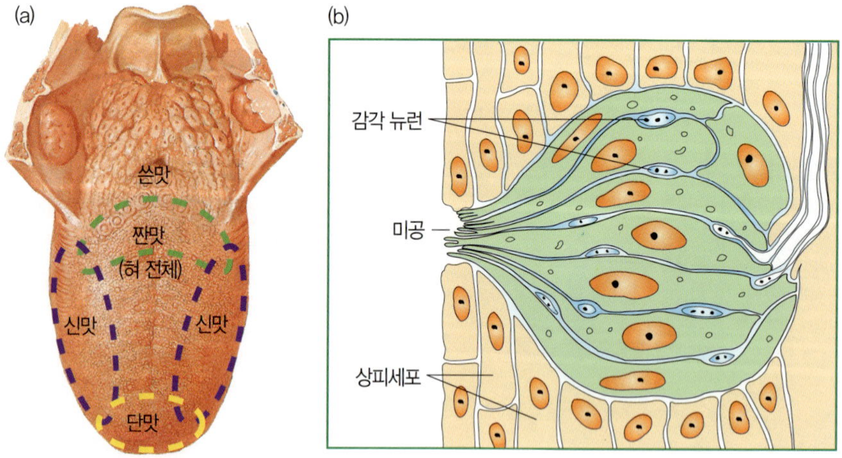

그림 9-11
미각의 분포(a)와 미뢰의 구조(b)

미각 세포는 혀에 분포하고 있으며, 음식물에 포함된 맛 물질이 침에 녹아서 **미뢰**에 닿았을 때 미각 세포의 수용체와 결합하여 그 결과로 활동전위가 발생하여 대뇌에 전달되어 **미각**을 이루게 된다. 수용체에서의 신호의 변환 및 활동전위의 발생은 후각의 경우와 매우 유사하다. 현재 5개의 기본 맛: 즉 짠맛, 신맛, 쓴맛, 단맛 그리고, 우마미 (umami-조미료 맛 비슷한 것)에 반응하는 맛 수용체가 존재하는 것으로 알려져 있다. 이들의 기본 맛을 감지하는 미각수용체에 대해 많은 교과서에 기술되기로는 '쓴맛은 혀 안쪽, 쉰맛은 혀 측면, 단맛은 혀앞쪽에서 감지'한다고 되어 있으나 이는 사실이 아니며, 실제로는 5개의 기본 맛을 감지하는 수용체가 혀 전체에 두루 퍼져 있다(그림 9-11).

6. 청각

사람은 귀를 통하여 소리를 듣는다. 귀에서 청각은 고막이 음파에너지를 진동 에너지로 전환하여 망치뼈, 도루뼈, 등자뼈를 순차적으로 진동시키게 되며, 이러한 진동에너지는 **달팽이관**의 막을 진동시킨다(그림 9-12). 달팽이관의 막이 진동하면 달팽이관을 채우고 있는 림프액이 진동하고, 이 진동 에너지는 기저막을 거쳐 청각세포인 유모세포를 진동시킨다(그림 9-13). 유모세포의 흔들림은 유모세포의 물리적 뒤틀림에 의해 개폐가 조절되는 이온통로로 전달된다. 결과적으로 유모세포의 막을 통한 이온 흐름의 변화는 막전위를 변화시켜 역치를 넘어서면 활동 전위를 만들어 중추신경계로 청각 신경의 활성화를 전달한다.

평형감각이나 **회전감각**은 각각 귀의 내부 구조에 해당하는 **전정기관** 및 **세반고리관**에

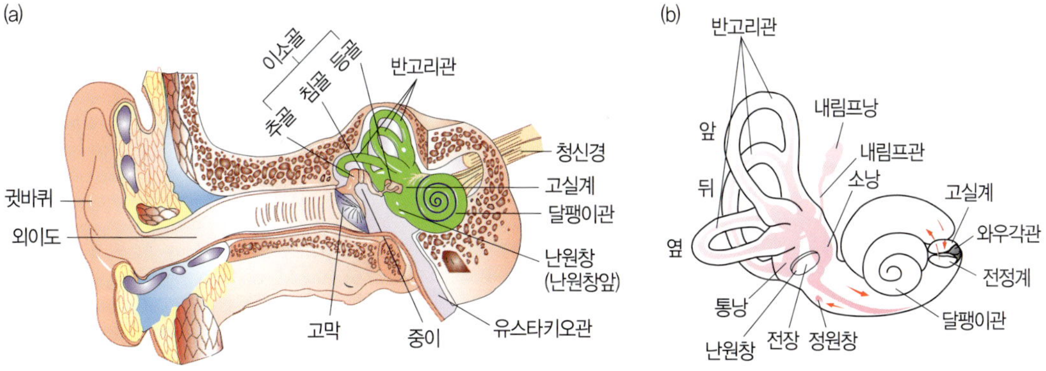

그림 9-12
귀의 단면도(a)와 내이(b)의 구조

서 이루어진다(그림 9-14). 이들은 모두 각각의 감각을 위한 유모세포를 가지고 있다. **유모세포**는 다른 물체에 닿거나, 주변의 림프액의 흐름이 달라지는 것을 자극으로 받아들여 흥분하며 전달물질을 방출하여 중추신경계에서 지각이 이루어지게 한다. 이는 원리적인 면에서 우리 피부의 촉각이 이루어지는 것과 유사하며 이와 같은 감각기를 **기계적 수용기**라고 한다.

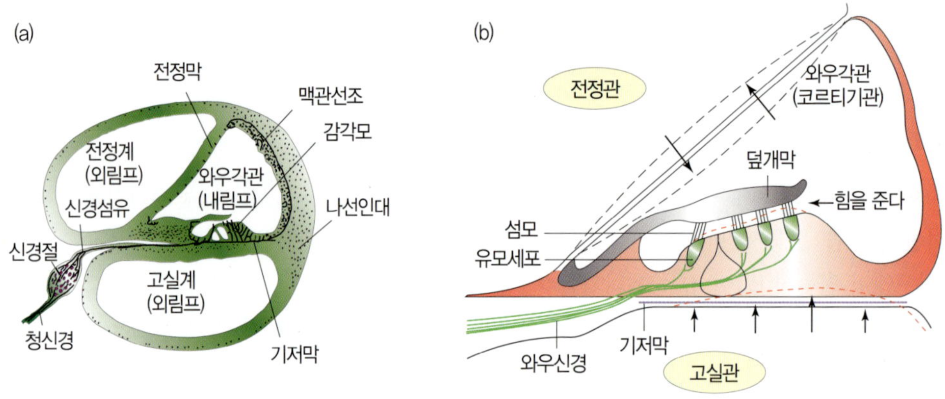

그림 9-13
달팽기관의 단면도와 코르티기관

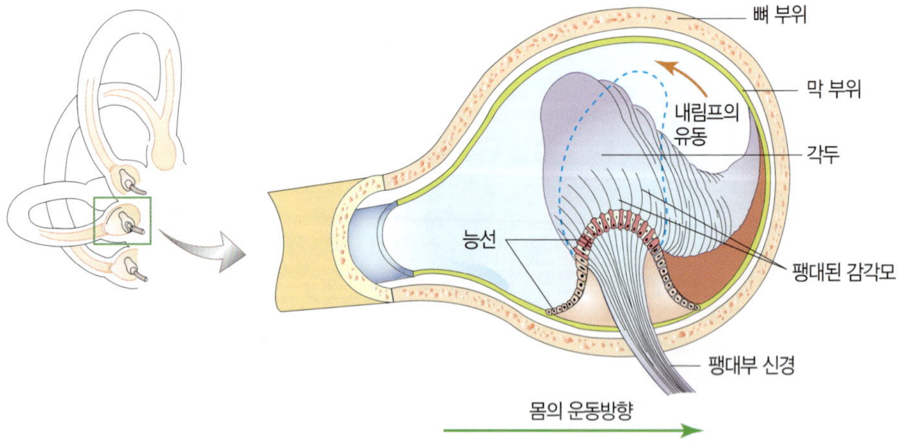

그림 9-14
세반고리관과 회전감각

1. 시세포 내에서의 빛에 의한 생화학적 변화를 중뇌 흑질의 도파민 신경세포의 표적 부위인 대뇌 선조체(striatum)의 신경세포에서 도파민 수용체의 활성화에 의한 신경세포내의 생화학적 변화와 비교하여 설명하여라.

2. 백내장과 녹내장의 원인 및 차이를 설명하여라.

3. 시각, 청각, 후각 정보가 수용되고 인식되는 과정을 수용체의 단계, 감각신경세포내의 생화학적인 변화, 감각신경세포의 전달 경로, 최종적인 대뇌의 투사 위치 등을 하나의 표로 만들어 비교 설명하고, 필요하면 추가적인 특징을 비고란을 만들어 기술하여라.

E x e r c i s e

참고문헌

Biological Psychology. Breedlove SM, Watson NV, and Rosenzweig MR. 2010. 6th edition. Sinauer Press.

Neuroscience. Edited by Purves D, Augustine GJ, Fitzpatrick D, Hall WC, LaMania A-S, McNamara JO, White LE. 2008. Sinauer Press.

Neuroscience. Exploring the brain. Edited by Bear MF, Connors BW, and Paradioso MA 2007. Lippincott Williams & Wilkins Press.

Principles of Neural science. Edited by Kandel ER, Schwarts JH, Jessel TM. 2000. McGraw Hill

Neuron. Vol. 48. (A special issue for the sensory system). November 3, 2005

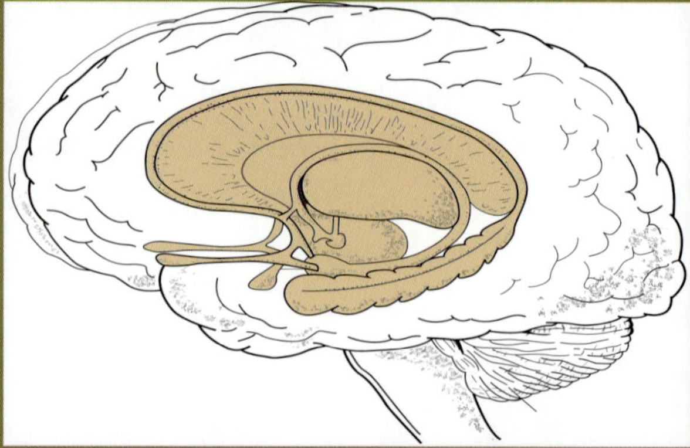

CHAPTER

10 중추 신경계와 정신 건강

모든 사람은 생김새뿐만 아니라 생각하고 행동하는데 있어서 백이면 백, 저마다의 특징이 있는 유일무이(唯一無二)한 존재이다. 일란성 쌍둥이조차 유사한 행동을 보이는 일이 있더라도 항상 동일하게 생각하고 행동할 수 없다. 이러한 인간의 개별적 특성은 어떻게 발현되는 것일까? 인간의 본능적 감정과 인식, 사회의 도덕과 규율을 따른다는 것은 인지과학적으로 무슨 의미를 갖는가? 뇌에 대한 궁금증은 생명현상 전반에 대한 궁금증 중에서도 가장 본질적이다. 뇌는 인간이 이룩한 모든 지식과 문화, 앞으로의 인류 문명, 그리고 비실체적 존재에 대한 사유에 이르기까지 모든 상상물의 근간이다.

뇌에 대한 연구는 크게 뇌의 구조 및 기능의 이해, 뇌 기능의 이상 및 질환에 대한 이해와 제어에 관한 영역으로 대별할 수 있다. 뇌의 기능에 대한 과학적 규명은 노인성 치매를 비롯한 퇴행성 뇌질환, 정신 질환, 정보 산업 및 교육에까지 지대한 영향을 미칠 것으로 예상된다. 또한 인간 뇌의 정보 처리에 대한 이해는 컴퓨터 칩에 의한 손상된 일부 감각기관의 대체, 유비쿼터스 사회에 있어서의 생체 정보의 관리 및 응용, 인간형 로봇의 개발, 교육의 혁신 등 인간 능력의 극대화에 크게 기여할 것으로 기대된다.

1. 중추 신경계

사람의 중추신경계는 뇌와 척수로 구성되어 있다. 성인 뇌의 무게는 1300g 정도이며, 부피는 1200-1500 mL이다. 뇌에는 150억 개의 뉴런들이 있으며, 대부분 신경세포들은 현미경의 도움이 있어야 볼 수 있지만 척수를 통과하는 신경세포는 1 m에 달하는 축삭을 갖는 것도 있다. 갓 태어난 아기의 뇌의 무게는 성인의 1/4 정도에 지나지 않는다. 그러나 신경세포의 수는 성인과 크게 차이가 없고 단지 신경세포간의 적절한 시냅스의 발달이 이루어지지 않았다. 그러나 6살 정도가 되면 90% 이상의 신경세포가 성인의 크기로 자라게 되고, 20세가 넘어서면 뇌의 신경세포의 수는 줄어들기 시작하며 하루에도 2-5만여 개가 죽어간다. 한편으로 최근의 연구 결과들은 성인의 뇌에서도 신경줄기세포가 존재하며, 끊임없이 새로운 신경세포가 태어나서 공급되는 것이 보고되었다. 즉 신경세포는 아이가들면서 점차 죽어나가 줄어들기만 하는 것이 아니라 제한적이지만 새롭게 태어나서 공급되는 신경세포가 있다는 것이다.

우리의 뇌는 신경세포로만 되어 있는 것이 아니다. 뇌에는 신경세포수의 10 배 이상의 **신경교세포(glia cell)**가 존재한다. 신경교세포에는 성상세포(별글리아세포), 소교세포(애기글리아세포) 및 수지아교세포의 3 종류가 있으며, 이들은 신경세포 활동을 보호하고 보완하는 역할을 하면서도 병리적 상황에서는 매우 활동적이며 능동적인 역할을 한다. 우리 몸에서 뇌의 산소 소모량과 혈류량은 신체 전체의 20%를 차지하며, 이는 유사한 크기의 다른 기관이 사용하는 양의 10배에 해당한다. 이와 같은 사실은 신체의 다른 장기에 비하여 뇌가 그만큼 많은 활동을 하면서 에너지를 소모하고 있으며, 뇌의 기본 기능이 지속적인 산소와 에너지의 공급에 절대적으로 의존적하고 있음을 의미한다.

사물을 경험하고 학습함에 따라 뇌의 신경세포들 간에 시냅스의 연결 및 효율이 증가한다. 이것은 성장하면서도 일어나지만 성인의 뇌에서도 일어나는 현상으로 이해된다. 경험이나 학습이 덜 이루어진 시기에 비하여 학습과 기억의 양이 증가하고 다양한 인생 경험을 할수록 신경세포들 간의 **시냅스** 및 **신경망**(neural network)은 더 정교해지고, 일부가 소실되더라도 빨리 복구 가능하도록 다중적인 안전장치가 생성되는 것으로 생각된다.

척수는 뇌와 말초신경간의 중계소 역할을 하며, 일부 반사작용의 중추 기능을 담당한다. 인간의 뇌는 다른 척추동물에 비하여 특히 대뇌가 발달되어 있는데 비하여 상대적으로 소뇌의 기능은 퇴화되어 있다. 다른 척추동물에 비하여 발달된 대뇌는 한계를 상상할 수 없는 수준의 지적 능력을 발휘할 수 있게 되었으며, 이로 인하여 인간은 지구상의 생태계에서 만물의 영장이 될 수 있었다.

2. 뇌의 구조

사람의 뇌는 여러 조각이지만 매우 정교하게 이어진 두개골 속에 보호되어 있다. 뇌의 표면 쪽은 지표면의 산맥과 계곡을 연상하는 많은 주름이 있다. 대뇌는 위에서 보았을 때 정 중앙을 따라 앞이마에서 뒤통수에 이르는 깊은 고랑이 있다. 이 고랑을 중심으로 좌, 우의 대뇌를 각각 **좌뇌**, **우뇌**(또는 **좌반구**, **우반구**)라고 한다. 좌뇌는 우리 몸 우반신의 말

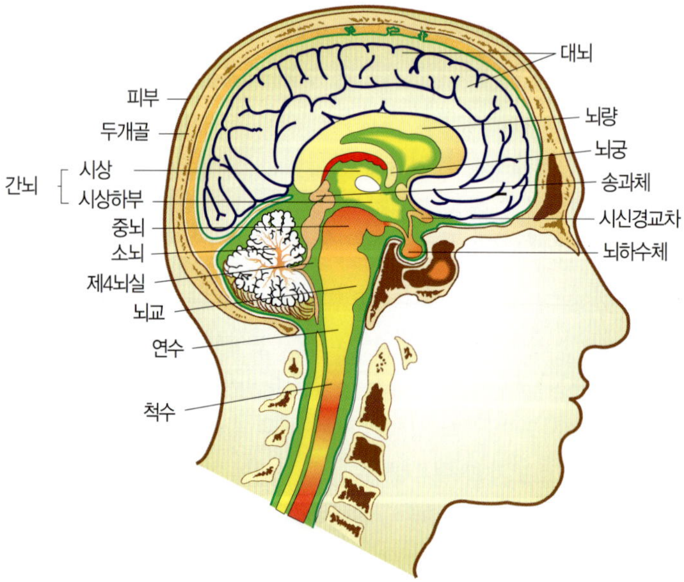

그림 10-1
뇌의 구조

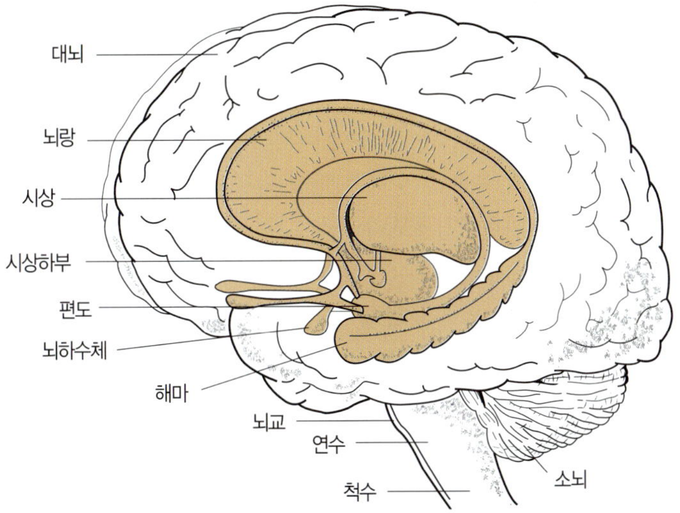

그림 10-2

대뇌 변연계

변연계는 편도, 해마, 시상, 시상하부 등으로 구성되어 있다.

초 신경계와 연결되어 있으며, 우뇌는 반대로 좌반신의 말초 신경계와 연결되어 있다. 그러므로 신체 좌반부에서 들어오는 감각은 우뇌에서 정보 처리가 되며, 좌반신의 운동은 우뇌가 내리는 명령에 따라서 움직인다. 좌우반구 사이에는 많은 신경세포들이 서로의 소통을 위해 축삭을 뻗고 있으며, 같은 성질의 신경세포들이 뻗는 축삭들은 서로 모아져 거대한 다발을 형성하고 있다. **뇌량**(**corpus collusum**)은 좌우 반구를 연결하는 여러 개의 대형 축삭다발 중 가장 크다.

뇌는 발생학적 관점에서 중요한 개념으로 앞에서부터 뒤로 가면서 **전뇌**, **중뇌**, **후뇌**로 크게 구분한다. 전뇌(forebrain)에는 뇌의 80%를 차지하는 **대뇌**(**telencephalon** 또는 cerebrum)를 비롯하여 시상과 시상하부를 포함하는 **간뇌**(間腦; diencephalon), 그리고, 뇌하수체 및 해마 등이 포함된다. 그리고 중뇌(midbrain)가 있고, 이어서 뇌교(pons)와 연수(medulla) 및 소뇌(cerebellum)를 포함하는 후뇌(hindbrain)로 구분된다. 중뇌(midbrain), 뇌교(pons)와 연수를 합하여 **뇌간**(腦幹; brain stem)이라고 부르기도 한다.

대뇌 표면에서 3~4 cm 깊이에 이르는 부분을 통칭하여 **대뇌 피질**이라 한다. 좌우 대뇌 피질은 다시 전두엽(frontal lobe), 두정엽(parietal lobe), 측두엽(temporal lobe), 후두엽(occipital lobe)으로 구분된다(여기서 엽[lobe]은 언덕, 둔덕이라는 의미의 일본한자식 표현이다). 대뇌 피질은 신경세포의 크기와 모양이나 밀집된 정도가 차이나는 6층으로 구성되어 있으며, 대체로 신경세포의 세포핵 및 신경교세포들이 밀집되어 있어 절단면이 짙게 보이는데 이를 **회백질**이라 한다. 이에 비하여 대뇌 피질의 안쪽으로 갈수록 신경세포로부터 뻗어 나온 축삭다발이 달리는 **대뇌 수질**이 있으며, 회백질에 비하여 세포의 수가 매우 성긴 이 지역은 상대적으로 희게 보여 이를 **백질**이라 한다. 대뇌 **전두엽**은 사고, 의지, 창조, 인격 등의 연합중추이며, **측두엽**은 청각, 기억, 감정의 조절 중추로 알려져 있다. 우리가 사물을 느끼는 감각, 인지, 판단과 관련된 중추는 종류에 따라서 두정엽, 측두엽, 후두엽에 위치하고 있다.

시상은 대뇌 안쪽에 자리하고 있으며, 그 위에 대뇌의 대부분이 얹혀 있는 모습이다. 후각을 제외한 모든 감각 신경의 축삭들은 척수 및 중뇌로 들어와 곧 연계신경세포와 1차로 시냅스를 형성하고, 이들 연계신경세포의 축삭은 시상으로 뻗어가 그곳의 신경세포와 다시 시냅스를 형성하게 된다. 즉 시상은 후각을 제외한 시각, 청각, 미각, 촉각 등 모든 감각성 정보가 정차하고 분배되는 일종의 종합 계류장과 같은 위치에 있다. 그리고 시상의 연계신경세포는 축삭을 대뇌의 감각 피질로 뻗어 시상에 도달된 정보를 감각 피질로 전달한다.

시상의 아래쪽에는 **시상하부**가 있으며 시상하부에는 식욕, 성욕, 호르몬 조절의 중추가 있다. 그리고 인접한 측두엽의 안쪽 아래 부위에 위치하는 **편도체**는 불안, 공포감 등의 감정을 조절하는 중추이다. 측두엽에는 편도체 이외에도 단기 기억을 장기 기억으로 전환하는 기능을 담당하는 **해마**가 있으며, 이들을 포함하여 시상 주변에 **대뇌 변연계**가 있다. 대뇌 변연계는 대뇌 피질, 시상, 시상하부 및 편도체 등과 연계되어 있으며, 인지기능과 감정을 조절하는 데 있어서 핵심적 역할을 하는 것으로 생각된다. 일반적으로 **대뇌 피질**은 대뇌 변연계나 편도체 등의 식욕, 성욕, 쾌락 등의 감정을 억제하고 있다. 따라서 대뇌 피질 부위의 외과적 손상이나 과다한 알코올의 섭취 등의 이유로 이러한 억제기능이 손상되면 감정의 표출이 강해지고 충동적 행동이 나타나는 것으로 설명할 수 있다.

중뇌(midbrain)는 대뇌와 뇌교(pons) 사이에 위치하며, 척수를 통하여 상달(上達)되는 모든 감각 신경과 하달(下達)되는 모든 운동 신경이 여기를 거치게 된다. 좌우 반신의 위로 올라가는 감각성 신경의 축삭다발과 척수를 향해 아래로 달리는 운동성 신경의 축삭다발이 **연수**(medulla)에서 좌우로 교차한 후 위, 아래로 가게 된다. 따라서 뇌졸중 등에 의해 우뇌의 감각 및 운동성 피질 부위가 손상되었다면 왼쪽의 팔다리의 감각이상이나 마비가 올 수 있다. **뇌교** 아래쪽은 반사작용의 중추이며, 호흡, 심장 박동 등의 무의식 중추인 연수가 자리하고 있다. 뇌간(즉, 중뇌, 뇌교 및 연수)의 등쪽 부분에는 신경의 축삭들이 다발을 이루어 위, 아래를 달리지 않고 마치 흩어져 있는 모양을 한 **망상체**가 있다. 망상체는 통증의 조절에 매우 중요한 역할을 한다. 예를 들어, 개가 상처 부위를 핥는 것은 상처의 강한 통증을 완화시키기 위한 것으로 이해된다. 상처가 난 곳 주변을 핥아 낮은 단계의 통증 정보를 가진 감각 신경세포가 활성화되면 그 감각 정보는 척수로 들어 온 후 연결성신경세포의 축삭을 타고 위로 향하다가 망상체에서 상처로부터 오는 강한 단계의 통증 정보를 운반하는 신경세포와 시냅스를 형성하여 강한 통증의 정보를 원만한 통증의 정보로 중화시키는 일종의 **인접 억제 효과**(**lateral inhibition effect**)를 만들어 내는 것으로 추측된다. 한방에서의 침의 효과도 이와 유사한 원리에 기초할 것으로 보인다.

3. 대뇌의 부위별 분업적 기능

대뇌 피질의 각 부위는 기능적으로 어느 정도 분업화된 기능을 담당하고 있다. **전두엽**은 대게 사고, 판단 등의 종합적인 정신작용의 중추이며 감각 및 운동의 중추이다. 측두엽은 인지 기능, 감정의 조절, 청각 및 언어 등을 담당한다. **두정엽**은 여러 가지 정보의 연합이 이루어지는 지역이며, **후두엽**은 주로 시각을 담당하는 부위이다. 좀 더 세부적으로 살펴보면 **전전두엽**이라 하는 전두엽의 전단부에는 사고, 판단, 통찰력 등의 종합적인 정신작용의 중추가 자리하고 있다. 전두엽의 후단부 중 정수리 위치에서 좌우로 달리며, 대뇌 피질의 주름 중 가장 뚜렷한 주름을 보이는 부위는 신체의 여러 부위에서 들어오는 자극 정보를 받아들이는 신경세포들로 구성된 **감각 중추**의 대뇌 피질이며, 이의 앞쪽에서 인접하여 평행하게 좌우로 달리는 대뇌 피질의 또 다른 주름은 신체의 여러 운동기관으로 명령을 내보내는 신경세포들로 구성된 **운동 중추**의 대뇌 피질이다. 후두엽에는 시각 정보가 처리되는 **시각 중추**가 있으며, 측두엽에는 청각 및 언어 정보가 처리되는 **청각 중추**, **언어 중추**가 위치하고 있다.

그러나, 이와 같은 대뇌 피질의 각 중추는 독자적으로 작용을 한다기보다 서로 연계되어 기능한다. 눈으로 보고 귀로 듣는 정보는 각각 후두엽과 측두엽으로 전달되어 그 정보가 해석되지만 해석된 정보는 전두엽에서 종합된 다음 전전두엽에서 과거의 경험, 학습 등의 기억에 비추어 판단을 하게 된다. 그리고 그 판단에 따라서 어떤 대응을 하게 되는 경우 전두엽 후단부의 운동 중추를 통하여 명령이 하달된다. 이 운동 명령은 소뇌를 거치는 동안에 조정되어 이를테면 말하는 입과 혀의 운동과 눈동자의 움직임이나 팔 다리의 행동이 일치되게 한다든지 신체의 균형을 유지할 수 있게 한다.

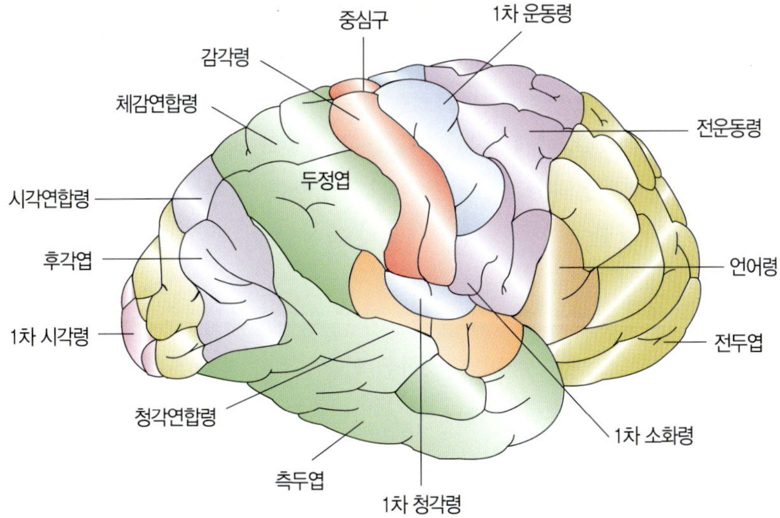

그림 10-3
대뇌 기능배역도

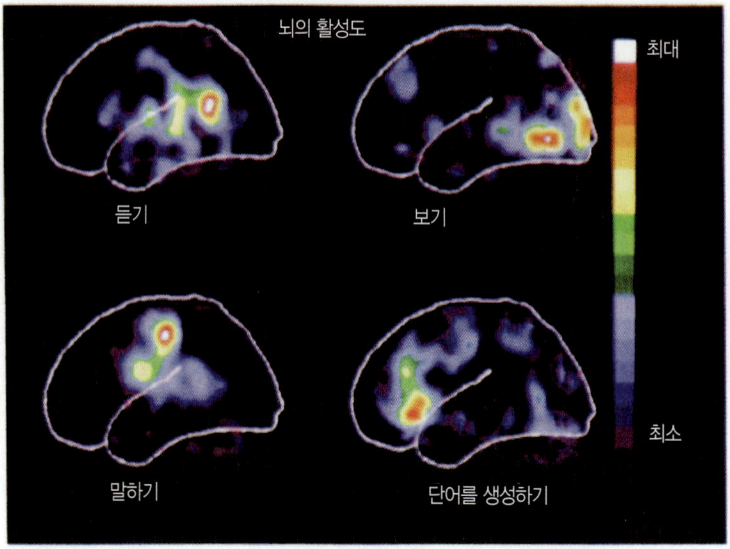

그림 10-4
양자단층촬영 사진

양자 단층 촬영

1970년대에 이르러 외과적 수술을 하지 않고도 뇌 기능을 조사할 수 있는 여러 가지 **단층 촬영법**(양자 단층 촬영법, 체축 단층 촬영법 등)이 개발되었다. 그리고 1990년대에는 이에 컴퓨터가 접목되어 다양한 단층촬영 자료를 입체적으로 재구성할 수 있게 되어 뇌 연구에 획기적인 발전을 이루게 되었다.

4. 척수

척수는 척추뼈에 감싸 보호되어 있으며, 위쪽으로는 연수아래부터 아래쪽은 마지막 척추골인 미골에까지 뻗어 있다. 그림에서 보는 바와 같이 척수의 내부에는 연결성 신경세포의 세포체가 밀집하여 **회백질**의 H자 모양을 이루고 있으며 그 바깥쪽에는 뇌의 신경세포와 소통하기 위한 다양한 상하행성 신경세포의 축삭들의 다발, 즉 **백질**이 자리하고 있다.

몸의 감각기와 연결된 감각 신경의 축삭들은 척수의 등쪽 방향에서 H 모양 지역으로 들어와 연결성 신경세포와 시냅스를 이루며, 활성화된 연결성 신경세포는 다시 뇌쪽으로 향하는 축삭을 뻗어 시상에서 시냅스를 이룬다. 시상의 연결성 신경세포는 다시 대뇌 피질의 감각 담당 부위에 있는 신경세포와 시냅스를 형성하게 된다. 반면에 뇌에서 시작된 운동성 신경세포의 축삭은 척수의 적절한 위치에 도달하면 역시 복측 방향의 H 지역 내

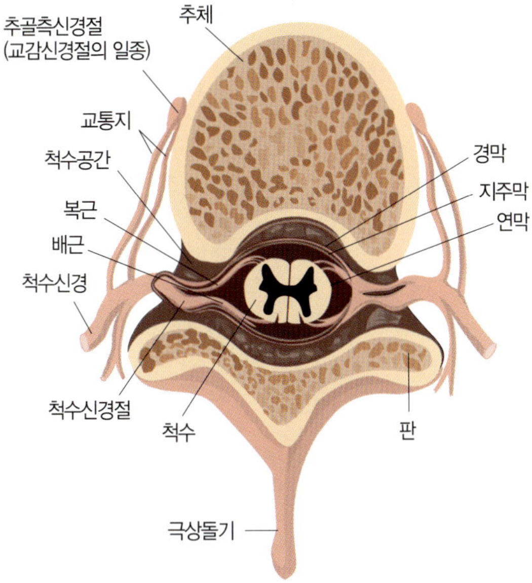

그림 10-5

척추와 척수의 횡단면

에 위치한 운동성 신경세포와 시냅스를 형성하고, 활성화된 운동성 신경세포는 H 지역을 출발하여 근육이나 기타 분비 기관을 향해 축삭을 뻗고 있다. 이들 축삭이 뻗어 나가는 지역은 H모양에서 척수의 복측으로 나간다. 척수는 이와 같은 신경계에서 뇌와 감각 기관과의 소통의 통로일 뿐만 아니라 척수 수준에서 자체적으로 일어나는 여러 반사 작용의 중추로도 작용한다.

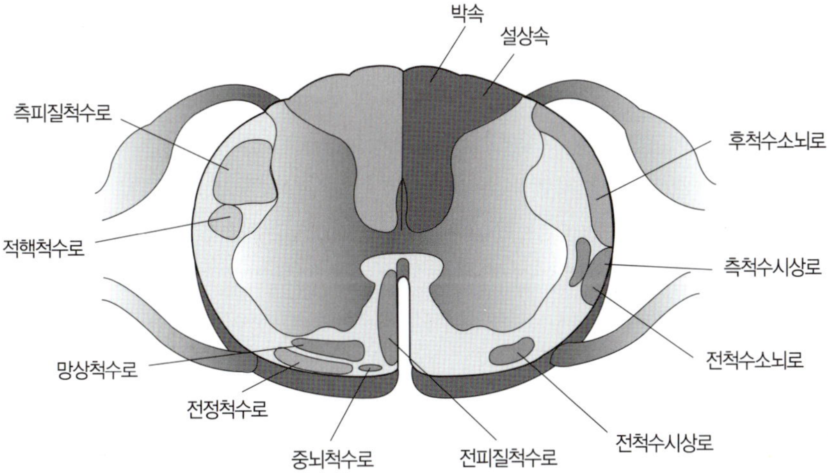

그림 10-6

척수의 신경로

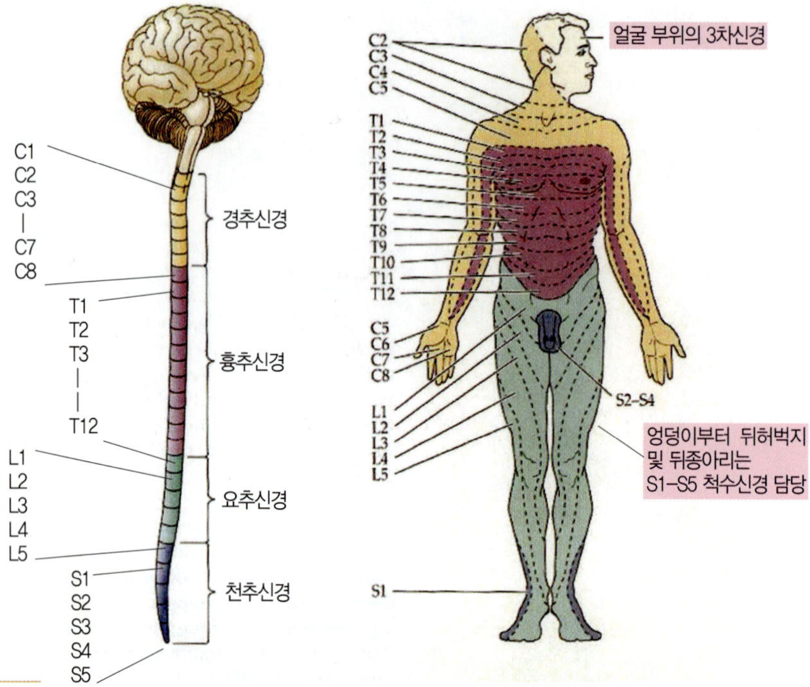

그림 10-7

척수신경과 진피판

왼팔의 감각성 신경 및 운동성 신경이 입력되는 신경은 심장을 조절하는 신경이 입력되는 신경과 척수 수준에서 서로 인접하여 만난다. 이러다 보니 심장의 이상은 간혹 왼팔이 저리다고 느끼는 신경적 이상으로 혼동되어 나타날 수 있으며, 따라서 중년 이상에서 관찰되는 이와 같은 증상은 심장의 건상 상황을 나타내는 임상적으로 매우 중요한 지표일 수 있다.

척추와 척추 사이는 추간판(디스크)이 자리하여 자유로이 허리를 굽히고 펼 수 있도록 하고 있으나 어떤 이유로 척추 사이의 추간판이 부분적으로 망가져 제자리에서 튀어나오거나 퇴화되면서 인접하는 척수를 누를 수 있다. 전체 척추 중 특히 아래 허리 위치의 요추 L4-L5 사이, 또는 L5-S1 사이가 체중에 의해 손상을 받기 쉬운 구조를 하고 있다. 요추 L4-L5 사이, 또는 L5-S1 사이의 추간판이 망가지면 그 결과로 해당 허리 부위의 통증을 유발함은 물론 L4-L5 또는 L5-S1 수준에서 뻗어 나가는 운동성 신경세포의 축삭다발이나 이 지역으로 들어가는 감각성 신경세포의 축삭다발의 신경 전달이 크게 방해받을 수 있다(그림 10-7). L5-S1 사이의 추간판이 망가지면 뒷 종아리나 허벅지 뒷 부위, L4-L5 사이가 망가지면 옆 종아리나 허벅지 옆면 및 앞처럼 지역적으로 매우 뚜렷한 경계를 가르는 부위에 비정상적인 전기 자극이 느껴지든가 감각이 없어지는 것과 같은 증상이 나타날 수 있다. 역으로 다리의 허벅지나 다리 부위의 감각이 없어지는 것과 같은 전형적인 증상에 근거하여 손상된 지역이 어디인지 신경과적인 예측이 가능하다.

5. 자율 신경계

자율 신경계에는 교감신경과 부교감신경이 있으며 이들은 서로 길항작용을 한다. 이들은 대뇌의 조절을 받기도 하지만, 일상적으로 일어나는 많은 경우 연수 및 척수의 수준에서 우리 몸의 장기에 분포하는 신경망에 의해 조절될 수 있다. 교감신경의 말단에서는 에피네프린이 방출되며 장기는 이에 대한 반응으로 우리 몸이 긴장을 해소할 수 있도록 대비시킨다. 이에 비하여 부교감신경의 말단에서는 아세틸콜린이 방출되며, 이에 대하여 장기는 우리 몸을 휴식 상태로 되돌려놓는 작용을 한다.

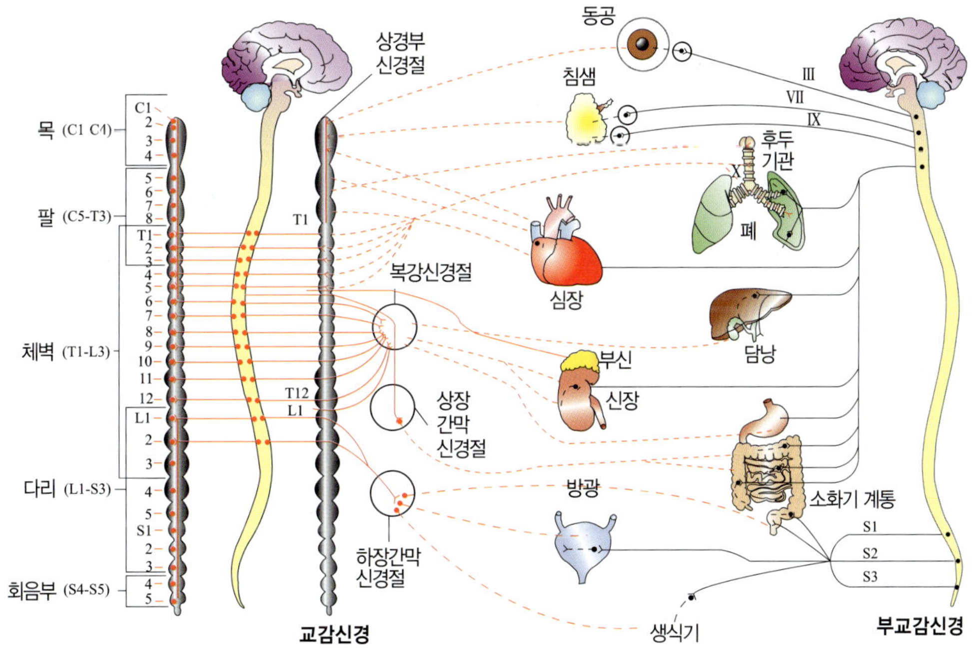

그림 10-8

사람의 자율 신경계

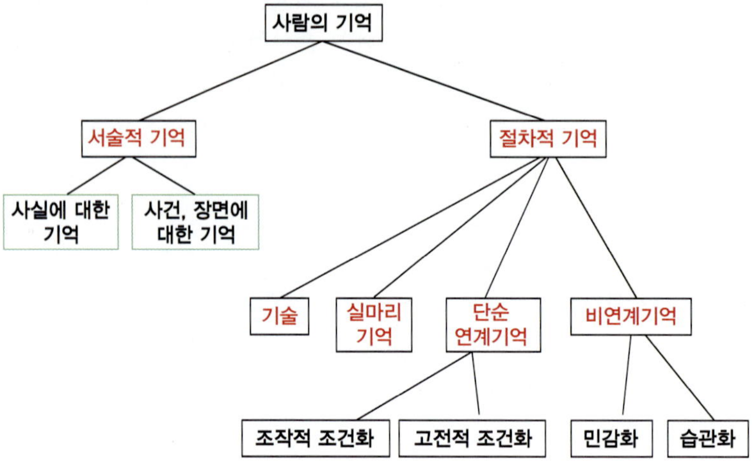

그림 10-9

기억의 분류

서술적 기억과 절차적 기억은 담당하는 뇌 부위는 서로 다를 수 있다. 절차적 기억의 발현에는 소뇌가 중요하며, 서술성 기억의 저장 및 발현에는 대뇌의 변연계가 중요한 것으로 보인다. 변연계 중에도 해마는 사물과 공간의 상호관계에 대한 기억에 중요하며, 편도체는 불안, 공포, 기분 등과 같은 정서와 관련한 정보를 처리에 중요하다.

6. 학습과 기억

학습과 기억은 생명 활동의 필수적인 뇌활동이다. 고등 생명체의 경우 뇌의 발달과 함께 정보를 처리하고 저장하는 능력 또한 발달하였다. 기억에 기초하고 뇌신경계가 갖는 사유력, 감성 조절 등에 의해 우리는 문제 해결력, 결단력, 창의성, 호기심, 슬픔, 환희 등을 생성해 낸다. 학습과 기억이 일반적인 본능과 구별되는 가장 큰 특징의 하나는 **행동의 가변성(behavioral plasticity)**에 있다. 일반적으로 특정한 정보에 대한 학습의 회수를 증가시키면 학습된 정보에 대한 기억이 오래 동안 지속된다. 학습되어 기억된 정보는 시간이 지나면서 점차 잊어버리는 것 또한 기억의 일반적인 특징의 하나이다. 여기서 **학습**이란 좁은 의미에서 한 개체가 주위 환경으로부터 정보를 받아들이는 것, 또는 그 과정을 말하고, **기억**은 학습을 통해 형성된 특징적인 정보를 **저장**하고, **유지**하며, 필요시 다시 **인출**해 내는 현상 또는 그 과정들이라고 정의할 수 있다.

인간의 기억은 크게 서술적 기억과 절차적 기억으로 대별할 수 있다. **서술적 기억**은 절차 기억과는 달리 의식작용(consciousness) 또는 사고(thinking)를 통해 **재생(recall)**되는 특정 사건 또는 사실에 대한 기억이다. 이 기억은 절차 기억보다 더 고차원적인 기억으로 볼 수 있으며, 저장된 내용을 말로서 설명하여 재생할 수 있다. 한강의 정경이나 백두산을 보고 난 후에 머릿속에 남는 기억은 이러한 영역의 기억에 속한다. 이러한 기억은 한 순간의 경험, 즉 학습에 의해서도 습득되고 보존될 수 있다. **절차적 기억**은 크게 연계 기억(associative memory)과 비연계 기억(nonassociative memory)의 두 종류로 구분할 수 있으며, 대개 반복적인 학습의 결과로서 기억의 저장 및 유지가 강화된다. **연계 기억**은 다시 **고전적 조건화(classical conditioning)**, **조작적 조건화**(operant conditioning), **실마리 기억**(priming), 조작적 또는 우연적 학습에 의해 형성되는 각종 **기술(skill)** 등이 있다. **비연계 기억**으로는 **민감화(sensitization)**와 **습관화(habituation)**로 구분할 수 있다.

기억의 정보가 어떻게 저장되고 재생되는지에 대한 연구가 지속되어 왔다. 광범위한 지지를 받고 있는 학설에 따르면 기억은 시냅스의 효율의 강화 및 시냅스의 구조적 변화를 수반한다. 일반적으로 신경세포가 활성화 되면 신경전달물질을 분비하고 이는 시냅스를

더 읽을거리 (10-1)

스트레스와 정신 건강

스트레스는 외부에서 오는 자극으로서의 스트레스와 이에 대응하는 신체 반응으로서의 스트레스를 통칭할 수 있으나, 신경과학자들은 주로 신체 내의 반응으로서의 스트레스를 스트레스라고 칭한다. 반응으로서의 **스트레스**는 우리의 일상생활에서 맞이하는 생리 반응의 일부분이다. 위험 상황의 스트레스가 주어지면 신경-내분비계의 일부인 **시상하부-뇌하수체-부신피질**(HPA 축이라고도 함)의 스트레스 경로가 활성화되며 혈액 내에 코티졸(예, 글루코코르티코이드)의 분비를 증가시킨다. **스트레스 호르몬**인 **글루코코르티코이드**는 신체의 여러 기관의 생리를 **스트레스 모드**로 변환시켜 몸의 긴장을 증가시키고, 순간적인 힘을 발산할 수 있게 하며, 인지 능력을 상승시켜 위기 상황에 대처하게 함으로써 생존 능력을 증가시키게 된다. 스트레스는 신체가 위기 상황에 대처하기 위한 일종의 고비용의 응급 반응이며, 따라서 스트레스 모드로의 변화가 반복적이고 장기적으로 지속될 경우 신체는 전반적으로 너무 부담을 안는 셈이 된다. 스트레스 상황에서는 일시적으로 기능이 떨어져도 위험하지 않은 기관(예, 소화기관)에 공급되는 혈류의 양을 감소시킨다. 또 과다한 글루코코르티코이드는 전반적인 신체 생리를 평상시의 항상성에서 벗어날 정도로 지나치게 에너지 생산을 강화하고 에너지 소모를 촉진하는 신체 생리를 가져가며, 또 글루코코르티코이드는 그 자체가 강력한 면역 억제제이기 때문에 면역력을 떨어뜨리고 다양한 질병의 위험에 빠트리게 한다. 예를 들어 글루코코르티코이드의 유사 합성물로 안약 등에 들어 있는 덱사메타손은 강력한 항염증제이다.

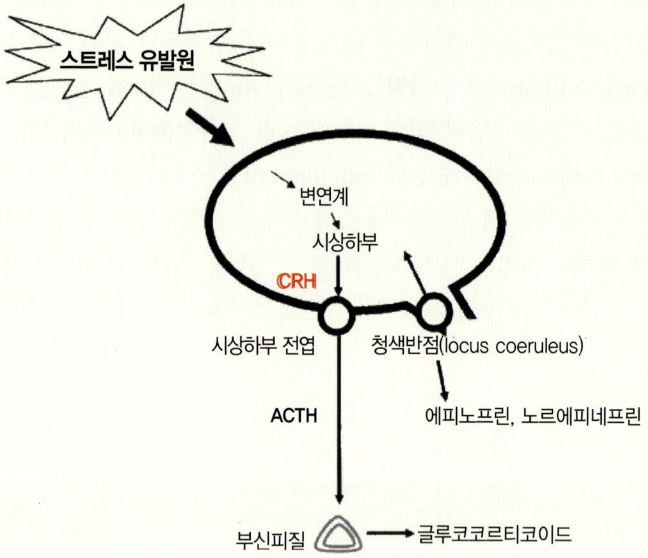

그림 10-10

스트레스에 의한 신경내분비계의 활성화 경로

스트레스유발원 (물리적, 화학적, 정서적 스트레스 등)을 인지하면 대뇌의 변연계가 활성화되며, 대뇌 변연계의 활성화는 시상하부를 화성화시켜 CRH 호르몬 분비를 촉진하고 CRH는 다시 뇌하수체 전엽을 활성화시켜 ACTH를 분비한다. ACTH는 혈액을 타고 이동하여 부신피질로부터 스트레스 호르몬인 글루코코르티코이드의 분비를 촉진한다. 이와 별개로 스트레스의 초기 반응에서는 청색반점이 활성화되어 **에피네프린**, **노르에피네프린**을 분비하고 교감, 부교감 신경계의 활성을 자극한다.

스트레스는 면역계, 신경전달물질계, 신경내분비계, 중추신경계의 총체적인 변화를 유발하여 신체적, 정신적 증상을 발현시키기 때문에 신체의 일상적인 균형 체계인 항상성의 붕괴를 가져와 결과적으로 신체건강 및 정신 건강문제를 야기하는 것으로 추정된다. 일반적으로 반복적으로 주어지는 만성 스트레스는 고혈압, 당뇨병, 관상동맥 질환, 소화불량, 위궤양, 발기부전 등을 포함한 성기능 장애, 불임, 각종 암 등과 같은 **정신-신체성 질환**(psychosomatic disease)을 야기하며, 불안감, 공포, 우울증, 공격성, 알코올 및 니코틴 탐닉 등의 문제를 포함하는 정신질환을 야기하게 된다. 선진국에서는 스트레스를 더 이상 정신과 의사, 심리치료사, 전문 종교인들만이 다루어야할 정신의학적 문제가 아니라 생물의학적인 바탕 위에서 진단하고 치료해야 한다는 인식이 구체화되면서 스트레스 전문치료기관들이 활성화되고 있다. 현실적으로 쉽게 접할 수 있는 스트레스 중화책의 하나는 운동이다. 운동을 통한 온몸의 생리적 활성화와 혈액순환의 증가는 스트레스에 의해 우울증에 빠지게 할 수도 있는 뇌신경계의 생화학적인 변화나 유전자 발현의 변화를 정상화 시키는 효과를 줄 수 있다.

형성하고 있는 다음 신경세포를 활성화시킨다. 학습이 반복되는 동안 두 신경세포간의 시냅스의 효율은 더욱 증가한 것으로 보고 있다. 수십 분 단위 미만의 단기 기억은 이 과정에서의 생화학적인 변화, 예를 들어 시냅스를 구성하는 신경세포 구성 요소, 예들 들어 수용체, 신호전달물질, 이온통로 등의 인산화와 같은 생화학적인 변화를 통해 이루어지는 것으로 이해된다. 이에 비하여 수 시간 이상 또는 수일 이상 지속되는 장기 기억은 새로운 유전자의 발현을 수반하며, 이러한 유전자 발현의 결과물이 참여하면서 새로운 시냅스의 형성이든가 기존 시냅스의 변화까지를 포함하여 신경세포간의 새로운 연결망 구축을 가져오는 것으로 보인다. 이와 같은 변화들은 어떤 자극에 의한 저장된 기억의 발현이 필요할 때 효율적인 기억의 발현을 가능하게 할 것이다. 또 기억의 흔적이 여러 개의 시냅스 또는 신경세포에 분산되어 다중적으로 입력되어 있다면 다양한 실마리에 의해서 기억이 쉽게 발현되도록 할 수 있으며, 또 저장된 기억의 흔적이 일부 소실되든가 손상되더라도 쉽게 복구 가능할 것이다.

이상과 같은 개념에 근거하여 기억의 의미를 분석해 보자. 우리가 흔히 기억이 잘 나지 않는다고 할 때 그 의미는 기억 자체가 처음부터 성립되지 않았거나(학습이 되지 않았거나), 학습된 정보가 저장이 안 되었거나, 저장이 되었더라도 오랫동안 유지가 안 되거나, 유지가 되어 있지만 인출이 안 되는 경우(예를 들어, 생각이 안 나다가 나중에 났다면 그것은 저장 및 유지의 문제 보다 인출 과정의 문제라고 볼 수 있다)로 구분할 수 있을 것이다.

7. 신경계 질환

치매, 파킨슨병, 뇌졸중, 간질, 우울증 등과 같은 신경계 질환은 뇌질환의 종류에 따라 급성 또는 만성적 상황에 의한 신경세포의 손상의 그 결과로서 나타날 수 있다. 정신분열증의 경우 태아 시기나 성장기 동안에 축적된 발달장애의 결과로 나타날 수 있다.

노인인구의 증가와 함께 삶의 질을 중요시하는 현대에 이르러 신경계 질환은 매우 중요한 사회적 관심사가 되었다. 알츠하이머성 **치매**는 65세 이상 인구의 5~10%, 75세 이상의 10~20%, 85세 이상의 30~50%에서 나타나는 제1의 만성 퇴행성뇌질환이다. 치매 환자의 뇌에는 기억의 중추인 해마나 대뇌 피질 부위에서 과다한 신경세포의 소실이 수반되기 때문에 인지기능이 상실되고, 건강한 판단력을 잃으며, 치매가 진행될수록 운동장애, 불안장애, 우울증 등 신경과적, 정신과적 증상이 나타난다. 치매는 여러 원인에 의해서 발생하며, 그중에서 대부분을 차지하는 것은 알츠하이머성 치매(알츠하이머 병)와 혈관성 치매이다. 서구인의 경우는 알츠하이머성 치매가 많은데 비하여 한국인의 경우는 알츠하이머성 치매에 못지않게 혈관성 치매의 빈도도 매우 높다. 아래에 설명할 일반적인 뇌졸중에 의한 경우 이외에도 뇌에 있는 미세혈관이 막히면 혈류 공급이 차단되는 경우에도 혈

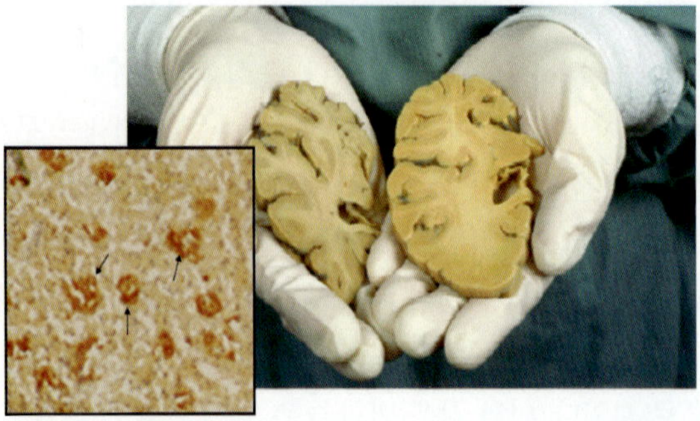

그림 10-11

치매 환자의 뇌조직

치매환자의 뇌(왼쪽)는 정상의 뇌(오른쪽)에 비하여 세포가 밀집되어 있는 대뇌 피질 부분이 크게 위축되어 있는 모습을 보인다. 왼쪽의 확대된 사진은 치매 환자의 뇌조직을 베타 아밀로이드 특이적 항체로 염색하여 보면 베타 아밀로이드가 엉겨서 침착된 노인반(화살표)을 관찰할 수 있다.

류 공급을 절대적으로 필요로 하는 해당 부위의 신경세포는 죽게 되어 이 현상이 광범위할 경우 **혈관성 치매**로 발전할 수 있다.

알츠하이머성 치매는 유전적인 원인과 환경적인 원인에 의한 경우로 대별되며, 90% 이상의 경우는 원인이 불분명한 환경적인 원인에 기인하는 것으로 알려져 있다. 알츠하이머성 치매의 뇌 조직에는 42개의 아미노산으로 구성된 Ab(1-42) 펩타이드가 비정상적으로

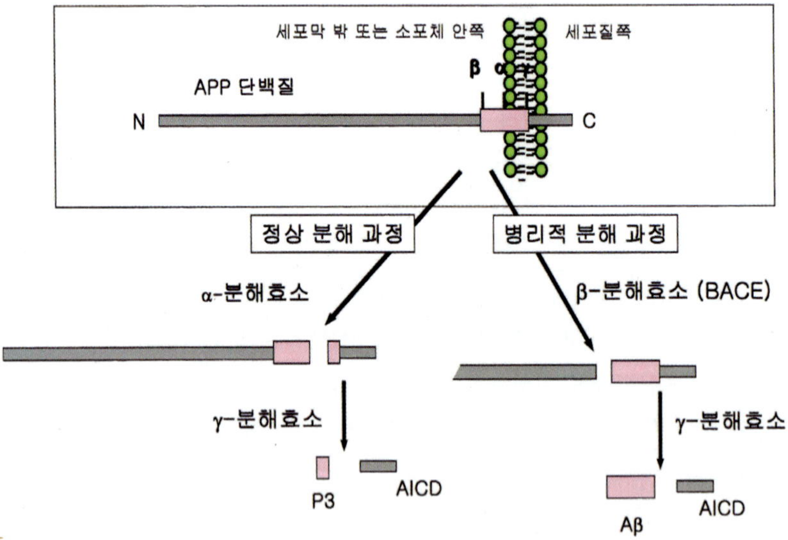

그림 10-12

베타아밀로이드의 정상 분해 및 병리적 분해 과정의 경로.

그림 10-13

파킨슨 병과 도파민 신경세포의 소실

1965년 5월 25일 , 알리의 KO승 장면 전 챔피언 〈소니 리스턴〉과 리턴 매치에서 1회 1분 만에 바닥에 누이고 "빨리 일어나!"라고 소리치는 무하마드 알리(왼쪽). 알리는 당대 최고의 권투선수였으나 현재 파킨슨 병을 앓고 있다. 파킨슨 병 환자의 중뇌에는 대부분의 도파민 신경세포가 소실되어 흑질이 잘 보이지 않고 있다 (오른쪽 위는 정상의 중뇌 사진, 아래는 파킨슨 변 환자의 중뇌 사진).

축적되어 나타나는 **노인반**(senile plaques)이 관찰되고, 기타 여러 가지 병리학적 특징과 함께 신경세포의 사멸이 일어난다. 따라서 알츠하이머성 치매가 진행되어 대뇌 피질에 있는 신경세포 수가 많이 소실되면 대뇌 피질의 부피까지도 위축된다. Ab(1-42) 펩타이드는 신경독성이 있다. 또 치매 동물 모델에서 Ab(1-42) 펩타이드의 생성을 억제하면 치매의 증상이 사라진다. 이러한 증거들에 근거할 때 Ab(1-42) 펩타이드의 과다 생성이나 생성된 Ab(1-42) 펩타이드의 제거 능력이 부실해지면 알츠하이머성 치매로 발전하는 것으로 보인다.

파킨슨병은 휴식 상태에도 팔다리가 떨리고, 전반적으로 동작이 느리며, 근육의 긴장이 증가하는 등의 증상을 보인다. 50세 이상의 인구 200명에 1명 정도로 발병할 정도로 드물지 않은 질환이다. 파킨슨병은 중뇌에 있는 흑질이라는 지역의 도파민성 신경세포가 소실되어 나타난다. 도파민의 전구체인 L-도파(dopa)를 경구 투여하는 것만으로도 파킨슨병의 증세를 완화시킬 수 있지만 L-도파는 장기 투여시 매우 심각한 부작용을 일으킨다.

뇌졸중은 예로부터 중풍이라고 부르는 질환으로 뇌혈관이 막히거나 파열되어 발생

(a) (b)

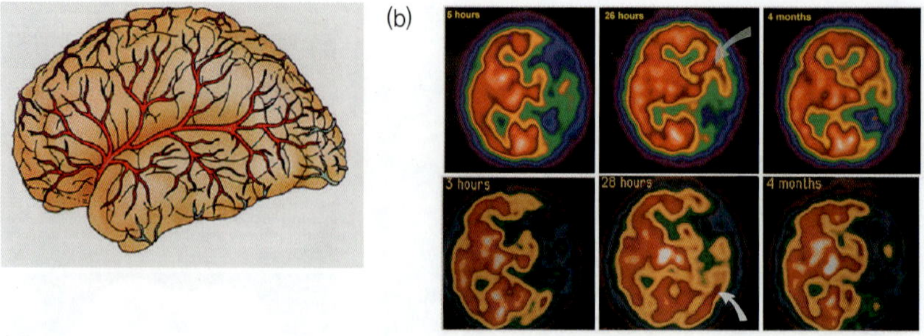

그림 10-14

단일광자전산화 단층술(SPECT scan)에 의한 뇌졸중 환자의 뇌영상

(a) 여러 개의 뇌를 지원하는 동맥 중 **중대뇌동맥** (middle cerebral artery)이 막히게 되면 그림에서 적색 혈관이 분포하는 부위가 손상을 받게 된다. 대뇌 피질의 배역도에서 보듯이 이 지역은 청각, 언어, 운동, 감각 등을 담당하는 지역을 포함한다. 허혈의 시간이 얼마나 경과하느냐에 따라 1차 손상, 2차 지연성 손상 등의 크기가 좌우된다.

(b) 뇌졸중 발생 3시간에 찍은 사진에서의 손상 지역의 크기는 유사하게 시작하였으나, 즉각 적절한 재관류 및 후속 조처가 있었던 위쪽과 달리 그러지 못한 했던 아래쪽은 차후 시간이 경과하면서 뇌손상 부위가 더 광범위함을 보여준다. 그림에서 파랑–검은 색은 비활동 또는 손상 지역임

한다. 뇌혈관이 막히는 경유를 **허혈성 뇌졸중**이라고 한다. 많은 에너지와 산소를 필요로 하는 뇌는 평상시 포도당과 산소를 거의 전적으로 혈액을 통해 공급받고 있으며, 따라서 일시적으로라도 혈류 공급이 차단되면 해당 부위의 신경세포는 비정상적으로 과다활성화 되면서 급격히 죽게 된다. 따라서 혈관이 막힌 경우라면 빠른 시간 내에 재관류를 해줘야 하며, 사건 발생 후 최대 4-6시간 이내, 바람직하게는 1-2 시간 이내에 재관류를 해줄 수 있느냐 아니냐에 따라 손상 받는 뇌조직의 크기가 결정적으로 좌우될 수 있다.

임상에서 재관류는 tPA라는 혈전용해제를 투여하는 방법으로 시술된다. 빠른 시간 내에 재관류가 이루어지면 뇌손상을 대단히 줄일 수 있는 것도 시간을 놓치면 심한 전신 장애를 유발할 정도의 뇌손상에 이르게 된다. 갑자기 보행에 문제가 생기거나 언어 사용이 어눌해지다가 사라지는 경우도 좁은 범위나 미세 혈관 수준의 뇌졸중이 온 것일 수 있기 때문에 즉각적으로 후속 조치를 통하여 조만간 다가올 더 심한 뇌졸중을 예방할 필요가 있다. 재관류가 이루어 진 이후에도 자극을 받은 해당 뇌 조직에는 신경교세포들의 과다 활성화가 수반되고, 그에 따른 신경염증 유발 물질이 방출됨으로써 결과적으로 주변의 신경세포의 손상이 어느 정도 지속되는 것은 피할 수 없다. 이와 같은 신경계 염증 반응 및 지연성 신경세포 사멸에 대한 현상은 항산화제 등에 의해 제한적으로 조절될 수 있는 것이 밝혀지고, 관련 메커니즘이 집중적으로 연구되고 있다. 한국인의 사망원인을 보면 암에 의한 사망률이 수위를 차지하지만 모든 암을 동시에 걸리지 않는다고 볼 때 뇌졸중은 실질적으로 수위를 차지하는 질환이며, 생활수준이 향상되면서 음식과 관련된 생활 습관의 영향 등의 원인에 의해 뇌혈관이 막히는 허혈성

뇌졸중의 경우가 많다. 기름기가 많은 부위의 육류 섭취를 자제하고, 운동을 통해 전신의 혈액순환을 원활히 유지하는 것이 뇌의 건강에도 매우 중요하다.

간질은 측두엽의 해마 지역 등 뇌의 특정 지역의 신경세포들이 일시적으로 비조절적 양상으로 과도하게 흥분하여 나타나는 신경계 증상이다. 일반적으로 간질은 치료가 잘되는 병이며, 다양한 약물이 개발되어 있다. 또 약 80% 환자는 약물치료로써 간질 발작이 없는 정상 생활을 할 수 있으며, 이중 과반수 이상은 일정기간 동안 약물을 복용한 후에 약물을 중단하여도 완치에 가까운 호전이 가능하다.

우울증은 20% 이상의 사람이 일생을 통하여 한두 번쯤 경험할 정도로 빈도가 높은 정신과적 질환이다. 마음의 감기라고도 하는 우울증은 심해지면 무기력하고 삶의 의미를 느끼지 못하는 상황에 빠져 자살에 이르게 될 수도 있다. 최근의 통계청 자료에 의하면 우리나라 자살 사망률은 교통사고 사망률을 훨씬 앞질렀으며, 특정한 암이나 당뇨에 의한 사망률을 능가하는 수준에 이르렀다. 자살의 중요 원인의 하나는 우울증이다. 감기가 걸리거나 열이 나면 그에 대응하는 적절한 치료가 필요하듯이, 우울증은 자연 치유의 대상으로 방치할 일이 아니며 반드시 적절한 치료를 필요로 하다. 우울증을 치료하는 다양한 약물이 개발되어 있어 한시적인 약물 복용으로 단숨에 인생의 새로운 활력을 찾게 할 수 있다. 우울증의 원인은 다양하지만 만성 스트레스는 우울증의 중요한 원인의 하나이다.

Exercise

1. 중추신경계의 기본적인 해부학적 구조 및 신경생리학적 경로는 비교적 잘 알려져 있다. 중추신경계의 뇌와 척수의 세부 부위 또는 중요 신경생리학적 구조를 예시와 같이 50개 이상 나열하고(예시; 대뇌의 측두엽, 측두엽에서 (i) 해마, (ii) 편도체 등과 같은 해부학적 구조의 상, 하위 개념을 고려하면서 나열할 것), 각각의 신경계 부위의 위치, 기능 등을 기술하여 중추신경계의 구조와 기능을 잘 이해하고 있다는 것을 보여라.

2. 인간의 기억은 서술적 기억과 절차적 기억으로 대별할 수 있다. 이와 같은 논의를 더 세밀하게 전개하면서 기억의 종류와 특성에 대하여 설명하여라.

3. 치매, 파킨슨 병, 뇌졸중, 간질의 대표적인 증상, 병인, 치료 및 대응 방법에 대하여 하나의 표를 만들어 서로 비교하여 설명하고, 필요시 각각의 질병의 특징에 관련된 사항을 추가하여 설명하여라.

4. 과다한 스트레스는 신체건강과 정신건강을 해친다고 하지만 임상에서조차 스트레스에 대한 체계적인 의료적 프로토콜이 체계적으로 완성되어 있지 못하다. 과다한 스트레스가 어떤 경로를 통해, 그리고 어떻게 신체건강과 정신건강에 해를 줄 수 있는지에 대하여 조사하라(예시, 필요하면 구체적인 사례나 연구 결과들을 중심으로 4~5페이지의 보고서를 작성하고, 필요시 인터넷 탐색 방법을 이용할 것. 단 인터넷 내용을 퍼와 그대로 보고서를 작성하는 것은 표절에 해당하며, 사실 여부의 확인여하에 따라 평가 상 0점 처리보다 더 엄격하게 벌점 처리될 것임에 유의할 것).

참고문헌

Basic Neurochemistry. Edited by Siegel GJ, Albers RW, Brady ST, Price DL. 2006. Academic Press

Biological Psychology. Breedlove SM, Watson NV, and Rosenzweig MR. 2010. 6th edition. Sinauer Press.

Neuroscience. Edited by Purves D, Augustine GJ, Fitzpatrick D, Hall WC, LaMania A-S, McNamara JO, White LE. 2008. Sinauer Press.

Neuroscience. Exploring the brain. Edited by Bear MF, Connors BW, and Paradioso MA 2007. Lippincott Williams & Wilkins Press.

Principles of Neural science. Edited by Kandel ER, Schwarts JH, Jessel TM. 2000. McGraw Hill

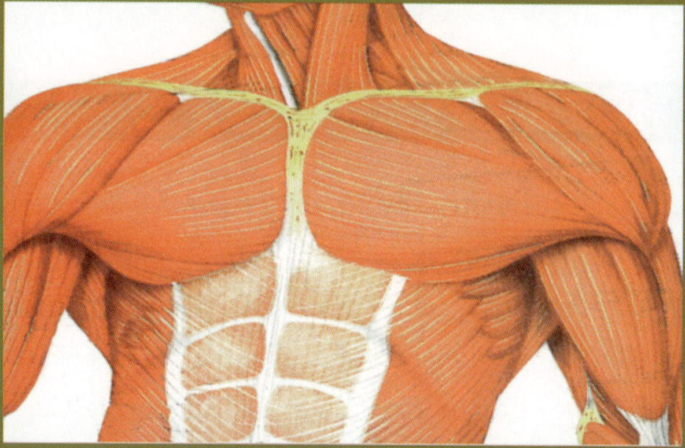

CHAPTER

11 운동의 원리와 근력

"준비!" "탕!" 학창시절 누구나 한번 쯤 긴장된 마음으로 단거리 경주의 출발선에서 신호를 기다려 본 경험이 있을 것이다. 출발을 알리는 총소리가 울리자마자 선수들은 일제히 앞을 향하여 뛰어 나간다. 실제로 이 반응은 선수들의 귀에 감지된 총소리가 감각 뉴런의 전기적 자극을 통하여 뇌로 들어 간 뒤 이곳에서 신체 동작을 명령하는 자극으로 바뀌어서 척수를 거쳐 팔다리와 발의 근육에 전달되는 일련의 과정을 거쳐서 일어나는 것이다. 그런데 우리 몸의 움직임 중에는 심장의 박동이나 소화기관의 연동 운동처럼 의식하지 않아도 저절로 일어나는 것도 있다. 이 장에서는 중추신경계의 실행기로서 골격과 근육의 구조와 운동의 원리에 관하여 알아보기로 한다.

1. 골격 근육계

우리 몸은 골격계에 의해 지지(支持)되며, 골격에 붙은 근육들의 작용으로 몸을 움직이고 운동을 할 수 있다. 운동의 원리를 배우기에 앞서 우리 몸의 골격계와 근육계에 대하여 먼저 알아보자.

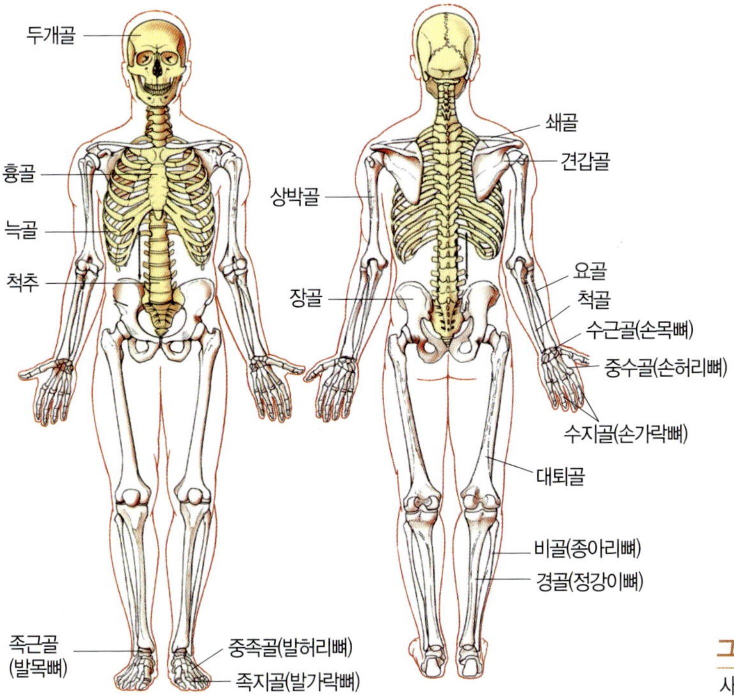

그림 11-1
사람의 골격계

골격과 관절

사람의 골격계는 모두 206개의 뼈로 이루어져 있으며, 다양한 장기들이 이 뼈대에 의해서 위치가 고정되고 보호된다. 뼈대는 이와 같은 **지지 작용** 외에도 **조혈 기능**을 수행한다. 즉 우리 몸을 순환하는 혈액 속의 적혈구, 백혈구, 대식세포, 혈소판 등은 뼈의 안쪽에 위치한 **골수**에서 만들어진다. 골수의 이상으로 혈구 생산에 이상이 생기게 되면 백혈병, 면역 기능 감퇴, 빈혈 등의 증상을 유발하며 경우에 따라서는 골수 이식을 받아야 한다. 또한 뼈대는 인체가 가지고 있는 칼슘의 99% 이상, 그리고 인의 90%이상을 보유하고 있어 몸속의 칼슘과 인의 저장고의 역할을 한다고도 할 수 있다. 노년에 이르러 칼슘 및 인의 저장이 정상적으로 유지되지 않으면 골다공증을 앓게 된다.

단단한 뼈가 성장과 함께 자라날 수 있는 것은 경골조직의 형성과 파괴가 동시에 일어나고 있기 때문이다. 뼈는 성장중인 뼈의 층판에 달라붙어 새로운 층을 형성하는 조골세포(osteoblast)와 오래된 뼈조직을 녹이는 파골세포(osteoclast)의 균형잡힌 협동을 통하여 그 형태가 유지된다. 이 두 세포중 한 쪽 기능이 저하되면 골다공증이 생기거나 뼈 속 골수의 부피가 줄어들어 면역세포들이 제대로 만들어 질 수 없게 된다. 여성 호르몬인 에스트로겐은 파골세포의 활동을 억제하는 기능이 있어 폐경기 이후의 여성에게서 골다공증이 많이 발생한다. 남성의 경우는 과도한 음주로 인한 조골세포의 파괴가 골다공증으로 이어지기도 한다.

척추동물 중에서 소나 말 같은 네발 동물의 척추는 몸을 지탱하는 대들보와 같은 역할을 하는 반면 사람은 척추에 모든 장기를 달고 직립하고 있다. 그러므로 척추에 이상이 생기면 장기가 제 위치를 유지하지 못할 뿐 아니라 사지를 지탱하는데 문제가 생겨 대부분의 운동이 어렵게 된다. 원래 디스크(추간판)라는 말은 척추를 이루는 원판형 뼈의 생김새에서 온 것이지만 최근에는 추간 연골의 이탈로 인한 척추 질환을 **디스크**라고 한다.

뼈대가 서로 마주 닿는 모든 부분을 가리켜서 **관절**이라고 하며, 관절을 사이에 둔 두 뼈는 인대에 의하여 서로 연결되어 있다. 관절은 그 운동성에 따라서 부동 관절, 반관절, 가동 관절로 구분되고 또한 그 연결 부위의 조성 물질에 따라 섬유성 관절, 활막 관절, 및

(a) (b)

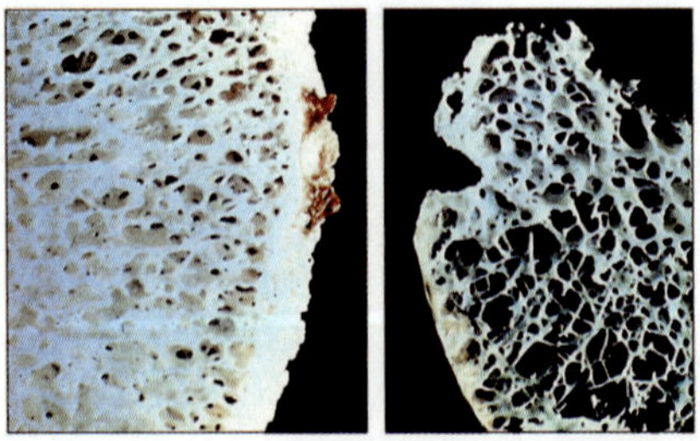

그림 11-2

정상 뼈(a)와 골다공증 뼈(b)의 비교

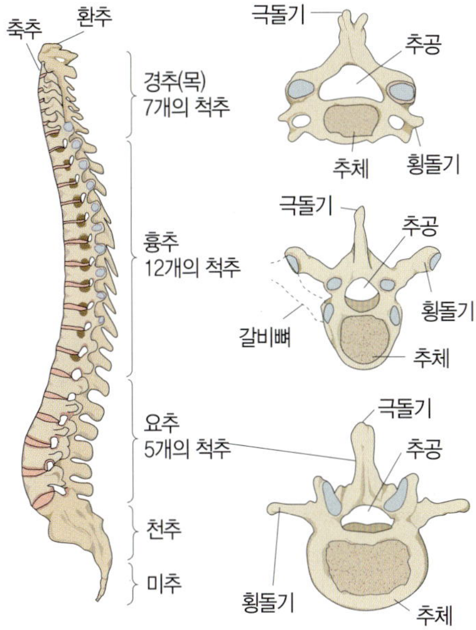

그림 11-3
사람의 척추
천추와 미추는 유합되어 있으며 흉추에는 갈비뼈가 부착되어 있다. 추체는 경추에서 요추로 갈수록 크다.

연골 관절로 나뉜다. 예를 들어 두개골은 부동 관절이면서 섬유성 관절이고, 척추를 이루는 추골 사이의 관절은 물질로는 연골성이며 운동성으로 보면 반관절이다. 이에 비하여 어깨, 무릎과 팔꿈치, 그리고 손목 발목은 활막성 관절이면서 운동성으로 보면 가동 관절이다.

활막성 관절의 내부에는 윤활유의 역할을 하는 기질이 채워져 있어서 뼈대와 뼈대가 직접 부딪치는 것을 방지해준다. 그러나 과도한 운동을 하거나 체중이 과다해지면 관절의

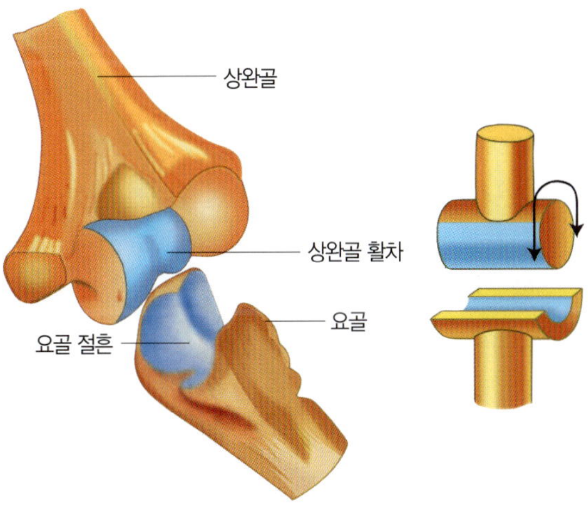

그림 11-4
상완골과 요골 사이의 경첩 관절

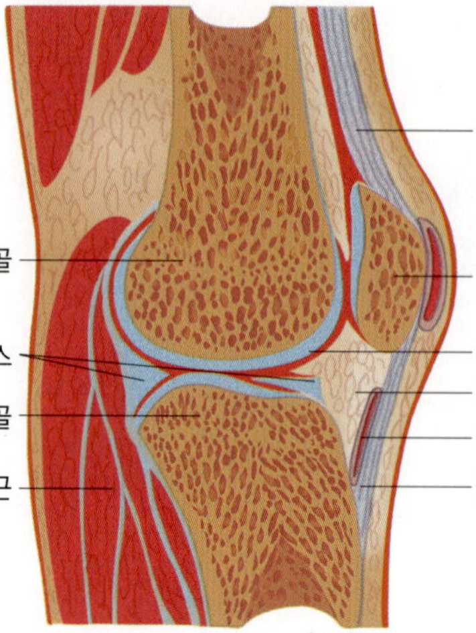

그림 11-5

무릎의 활막 관절 구조

더 읽을거리 (11-1)

우주여행과 파골세포

뼈에 지속적인 힘이 가해지지 않으면 조골세포의 기능은 저하되는 반면 파골세포의 활성이 과도하게 일어난다. 이 현상은 민간우주여행의 현실화를 가로막는 문제점으로 작용한다. 왜냐하면 무중력상태에서는 뼈에 중력으로 인한 스트레스가 가해지지 않아서 골밀도가 감소하기 때문이다. 실제로 오랜 기간을 우주에서 보낸 우주인들 중에는 심한 경우 지구에 귀환 한 뒤 1년 이상 골밀도 회복을 위한 재활치료를 받아야 할 만큼 상태가 심각했던 경우도 상당수 있었다고 한다. 따라서 미항공우주국(NASA)을 포함한 여러 선진국 우주항공기관에서는 부작용이 없이 조골세포의 활성을 촉진하거나 파골세포의 기능을 억제하는 약물 개발, 그리고 레이저나 초음파로 뼈를 자극하여 골밀도를 유지하려는 시도가 활발히 진행중이다. 이러한 연구들이 성과를 거둔다면 우주여행의 일반화에 대처할 수 있을 뿐 아니라 고령화 사회에서 증가 추세에 있는 골다공증의 치료에도 크게 도움이 될 것이다.

뼈대사이에 마찰이 증가하여 통증이 야기된다. 또한 나이가 들어서 뼈대 끝의 연골이 마모되고 관절 활액의 점성도가 감소하는 경우에는 과체중이 아니더라도 관절에 통증을 느끼게 되는데 이를 **퇴행성관절염**이라고 한다. 반면 **류마티스성 관절염**은 관절 연골 조직의 구성성분을 우리 몸속의 면역 세포가 공격하는 자가면역 질환의 일종이다. 관절의 이상에는 이외에도 **통풍**(gout)이 있다. 엄격한 의미에서 통풍은 관절 자체의 이상이 아니라 핵산의 분해 중간 산물인 요산이 과다하게 축적되어 생기는 질환이다. 요산은 물에 잘 녹지 않는데 신장에서 잘 배설되지 못하여 체내 농도가 증가하면 그 결정체가 관절에 침착해서 움직일 때마다 관절의 섬유질을 손상시키므로 통증이 발생한다.

근육계

근육은 그 생김새에 따라서 **횡문근**과 **평활근**으로 구분하며, 또한 의도하는 바에 따라서 운동의 조절이 가능한 **수의근**과 그렇지 못한 **불수의근**으로 나뉜다. 한편 근육은 위치에 따라 각각 **골격근**, **심장근**, **내장근**으로 불리는데, 예를 들어 심장 근육은 횡문근이면서

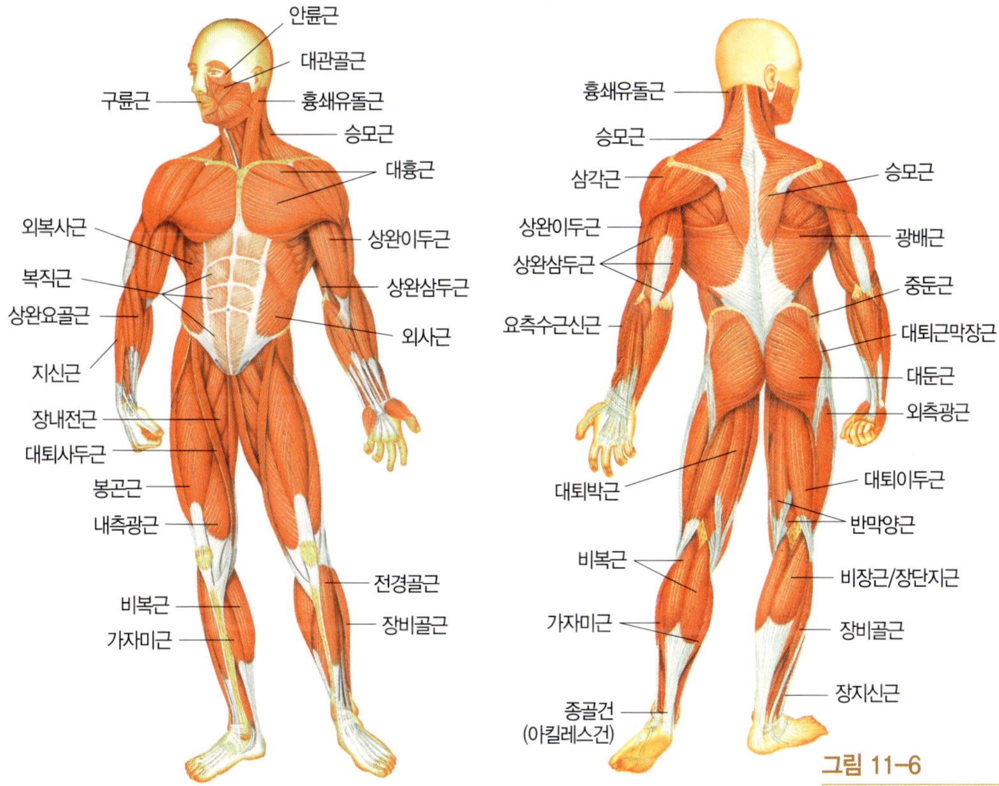

그림 11-6
우리 몸의 골격근

불수의근에 해당하고, 삼두박근은 횡문근이며 수의근이라 할 수 있다. 이 중 그 종류가 가장 다양한 것은 골격근으로, 우리 몸에는 약 700 여개가 있다.

골격근은 **힘줄**(腱, 인대)에 의해 골격에 부착한다. 이 때 신체의 중심부로부터 가까운 쪽에 근육이 부착하는 점을 **기점**이라 하며, 바깥쪽에 있는 부착점을 **착점**이라고 한다(그림 11-7). 모든 근육은 수축작용으로 오므라들 수는 있지만 능동적으로 늘어나지는 못한다. 우리가 팔을 구부릴 때에는 이두근이 수축하여 아래팔을 잡아당긴다. 그러나 수축된 이두근은 스스로 펴지지 못하기 때문에 반대쪽에 있는 삼두근이 수축하였을 때 팔을 펼 수 있다. 이와 같이 우리 몸의 골격근은 대부분 서로 반대 방향으로 작용하는 근육들이 짝을 이루고 있다. 이때 같은 방향으로 수축하는 근육을 **협동근**이라 하며, 반대 방향으로 수축하는 근육을 **길항근**이라 한다. 또한 신체 부위를 굽히거나 펼 때 사용되는 근육은 그 기능에 따라 각각 **굴근**과 **신근**으로 구분하기도 한다.

2. 근육의 구조

우리 몸의 근육은 근막에 싸여 있으며, 근막의 내부는 무수한 근섬유들로 채워져 있다. 이들 근섬유가 바로 근육을 이루는 세포 단위이다. 근육 세포는 그 기원이나 생김새가 우리 몸의 다른 세포와는 많은 차이가 있다. 근육 세포는 핵이 여러 개인 다핵 세포인데, 이는 발생 과정에서 근육의 기원이 되는 **근원세포**들이 서로 융합하여 다핵 세포인 **근관**을 형성하기 때문이다. 이들 근관은 액토미오신과 같은 섬유상 단백질을 합성하여 **근섬유** 즉 근육세포로 분화된다. 사람에 있어서 근육의 분화는 임신 3개월경에 이루어지며, 세상에 태어날 때에는 개인 간 차이가 없이 각 근육별로 일정수의 근섬유를 가지고 태어난다. 그러나 생후 운동량에 따라 신체 각 부위에서 근섬유 하나 당 액토미오신의 합성량이 달라지고 결과적으로 특정 근육이 크게 발달하기도하고 퇴화하기도 한다. 이처럼 근육은 우리 몸에서 용불용의 효과가 가장 두드러지는 조직으로, 평소에 운동을 꾸준히 하지 않으면 튼튼한 근육을 유지 할 수 없다.

근육의 단위세포인 근섬유를 현미경으로 관찰해 보면 여러 개의 밝고 어두운 띠가 보인다. 이 띠를 이루는 섬유상의 기질을 **근원섬유**라 하는데 각각의 근섬유는 무수한 근원섬유들로 빼곡히 채워져 있다. 근원섬유의 세부 구조는 그림 11-8에서 보는 바와 같이 **명대**(I-대)와 **암대**(A-대)로 구성되어 있다. 암대에는 액틴 필라멘트와 미오신 필라멘트가 겹쳐 있어서 어둡게 보이며, 명대에는 액틴 필라멘트들만이 분포하고 있어서 상대적으로 밝게 나타난다. 명대의 중심 부를 위아래로 가로지르는 구조물을 **Z-선**이라고 하는데 여기에 액틴 필라멘트가 고정되어 있다. 하나의 Z-선과 그 다음 Z-선 사이의 구간을 **근절**이라 하며, 근절은 근수축의 최소 단위로 액틴 필라멘트가 미오신 필라멘트 사이로 미끄러져 들어가게 되면 그 길이가 짧아진다. 우리가 물건을 들어 올릴 때 근육이 수축하는 원리가 바로 여기에 있다.

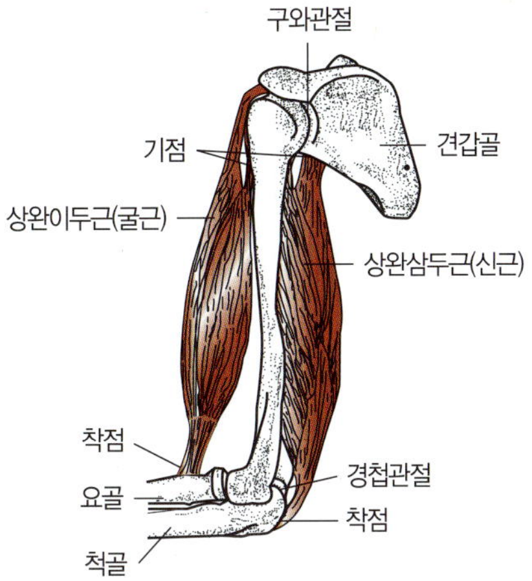

그림 11-7

굴근과 신근

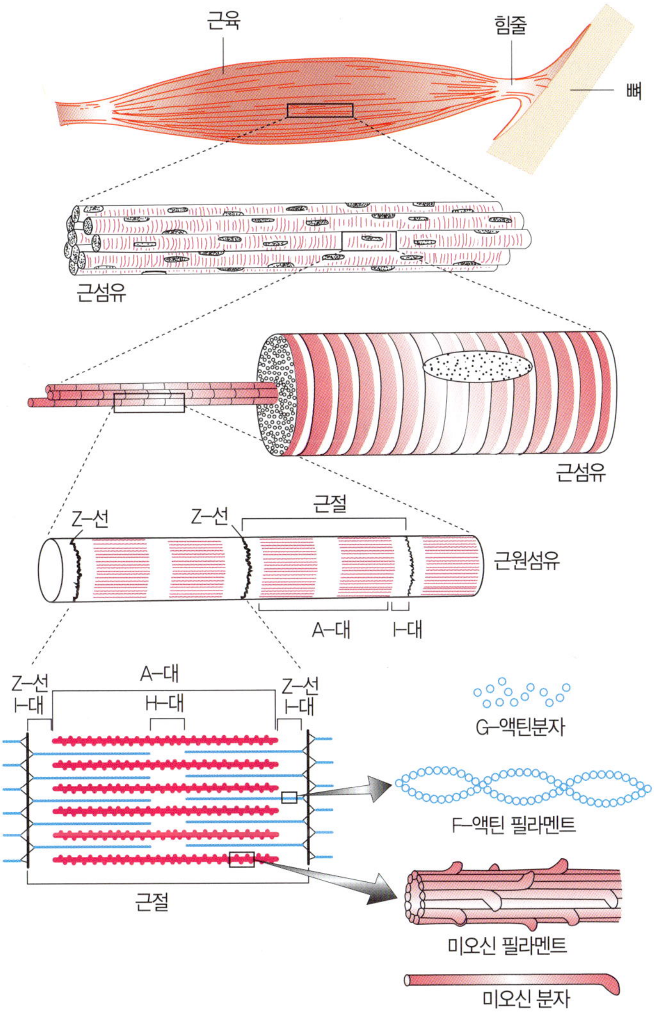

그림 11-8

골격근의 구조 모식도

3. 근육의 수축 원리

대부분 골격근에서 근섬유의 Z-선이 위치한 부위는 세포막이 안으로 함입되어 **가로소관**을 이루고 있다. 이 가로소관 주변에는 잘 발달된 소포체의 연결망이 늘어서서 칼슘이온의 저장고 역할을 담당한다. 근섬유의 소포체는 세포질 내 칼슘이온의 농도를 조절하여 근수축 과정에서 중요한 역할을 담당하므로 일반 세포의 소포체와 구분하여 **근소포체**라고 부른다. 다른 세포들과 마찬가지로 근섬유의 칼슘은 대부분 소포체에 저장되어 있으므로 세포질에 유리된 칼슘이온의 농도는 매우 낮다($<10^{-7}$ mol). 이와 같은 조건에서는 액틴과 미오신 필라멘트 사이에 결합이 이루어지지 않으므로 근 수축이 이루어지지 않는다.

근수축은 운동 뉴런의 흥분이 **신경근 접합부**(시냅스)를 통하여 전달되면서 시작된다. 운동 뉴런의 축삭 말단에서 분비된 아세틸콜린이 근섬유 막의 수용체와 결합하여 활동전위가 가로소관을 따라서 세포 내부로 전파되면 근소포체 안에 저장되었던 칼슘 이온이 방출된다. 세포질 내 칼슘 이온의 농도가 증가하면 액틴과 미오신이 결합하고, 미오신의 머리 부분에 달라붙어 있던 ATP를 가수분해하여 얻은 에너지를 이용해서 액틴 필라멘트와 미오신 필라멘트 사이에 활주가 이루어진다. 그 결과 근절의 길이가 단축되어 근 수축이 일어나는 것이다.

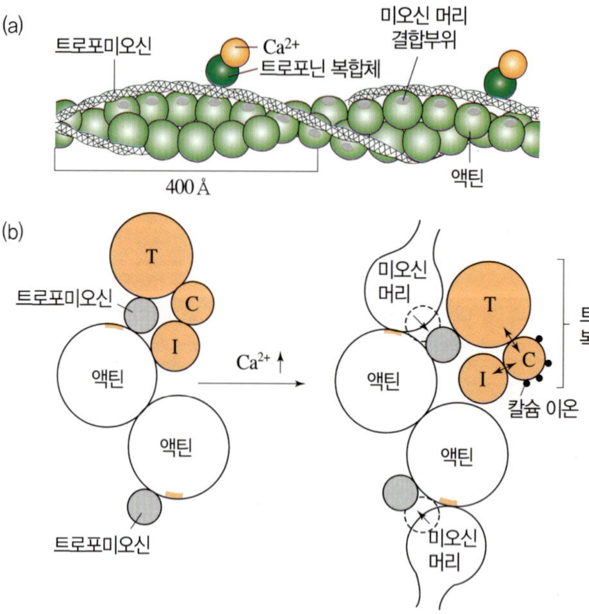

그림 11–9

칼슘에 의한 액틴 필라멘트와 미오신 필라멘트의 결합 조절

(a) 액틴 필라멘트상의 트로포미오신과 트로포닌 복합체의 배열. 트로포닌 복합체는 T, C, I 소단위체로 구성되어 있다.
(b) 칼슘 농도가 낮은 상태에서 트로포미오신은 미오신 머리가 액틴에 결합하는 것을 방해하고 있다. 칼슘이 트로포닌 C에 결합하면 트로포닌 T의 위치를 이동시켜 액틴과 미오신간의 결합이 이루어진다.

근섬유의 세포질 내 칼슘 이온 농도에 따라 액틴과 미오신의 결합이 조절되는 원리를 이해하려면 먼저 액틴 필라멘트를 구성하고 있는 세 가지 단백질을 살펴보아야 한다. 액틴 필라멘트는 액틴 이외에도 **트로포미오신**과 **트로포닌**으로 이루어져 있는데, 칼슘 이온이 근소포체에 갇혀 있을 때는 액틴 필라멘트 상에 있는 미오신 결합 부위가 트로포미오신에 의해서 가려져 있다(그림 11-9). 그러나 가로소관을 통한 활동전위의 전파로 방출된 칼슘 이온이 트로포닌과 결합하면 가려졌던 미오신 결합 부위가 노출되면서 액토미오신이 형성되어 근수축이 일어난다. 활동전위의 전파가 중단되면 소포체는 능동 수송을 통하여 세포질에 유리된 칼슘 이온들을 회수하여 저장하고, 이로 인하여 칼슘 농도가 낮아지면 액틴과 미오신 사이의 결합이 해체되어 더 이상 근수축이 일어나지 않는다.

4. 근수축의 종류

하나의 운동 뉴런과 그에 연결된 근섬유들은 하나의 조절 단위로 운동을 일으키므로 이를 **운동 단위**라 한다. 척수 복각에 세포체를 둔 하나의 운동 신경세포의 축삭은 약 100여 개의 근섬유와 연결되어 있다. 이 때 전달된 운동신경의 흥분 빈도수에 따라서 근섬유 내의 칼슘 농도가 다르게 유지되며 그에 따라서 근육은 **연축**(연 수축) 또는 **강축**(강 수축)

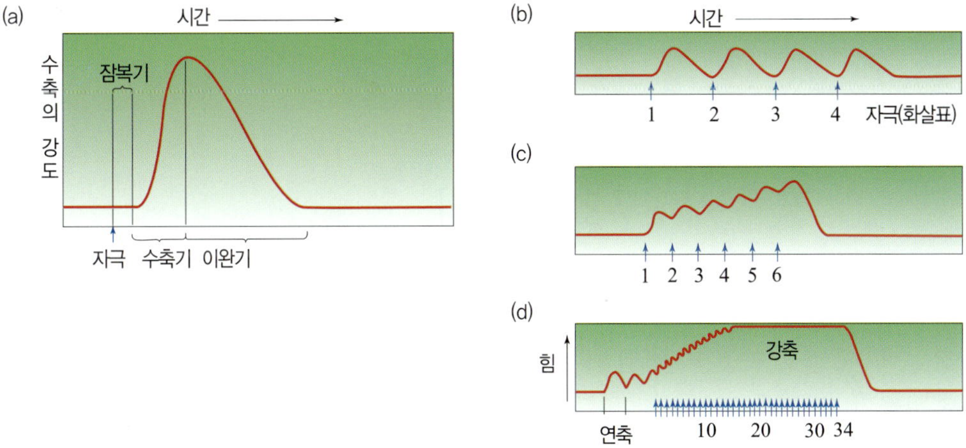

그림 11-10

근육의 연축과 강축

(a) 하나의 활동전위가 발생하여 일어나는 연축은 수축기와 이완기가 확실하게 구분 된다.
(b) (c) 시간당 활동전위 빈도가 증가함에 따라서 완전 연축이 서로 겹쳐지는 불완전 연축이 일어난다.
(d) 활동전위 빈도가 매우 증가하면 많은 연축들이 합쳐져서 근섬유가 최대로 수축하는데, 이를 강측이라고 한다.

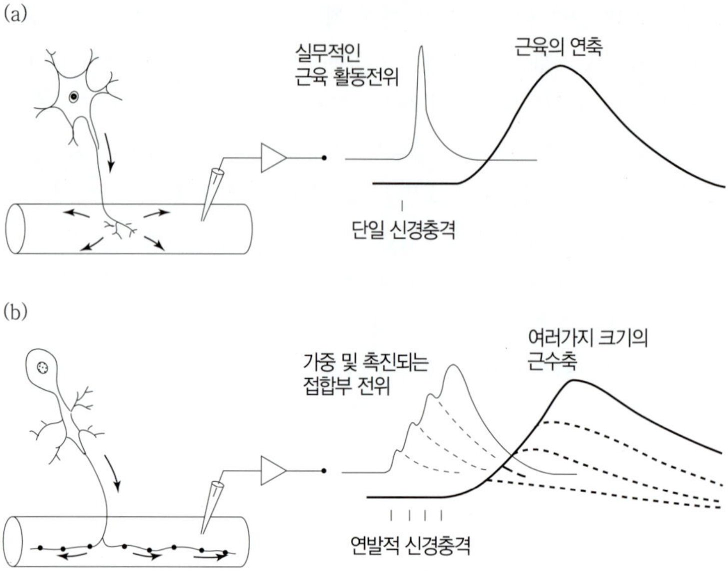

그림 11-11

실무적 운동 단위와 비실무적 운동 단위의 비교

실무적 운동 단위는 활동 전위발생과 더불어 연축한다. 비실무적 운동 단위는 운동신경이 근섬유의 여러 부위에 시냅스를 이루며 가중되는 시냅스 전위의 크기에 비례하여 차등적인 수축을 한다.

더 읽을거리 (11-2)

무조건 반사

우리 몸에서 일어나는 근육의 움직임 중에는 감각기를 통하여 받아들인 자극이 대뇌에서 분석되는 과정을 거치지 않고 그 중간 단계인 척수나 연수에서 운동 뉴런으로 전달되어 일어나는 것들도 있는데 이를 가리켜서 무조건 반사라고 한다. 무조건 반사는 신체가 위험에 처했을 최단 시간 내에 이에 대응하는 반응을 나타낼 수 있게 해 준다. 연수에서 관장하는 반사 운동에는 구토, 딸꾹질, 재채기, 기침 등이 있으며, 뜨거운 것을 만졌을 때 순간적으로 손을 움츠리거나 얼굴 가까이 무엇이 날아오면 눈을 감는 행동 등은 척수반사에 속한다. 또 망치로 무릎 아래쪽 힘줄을 때려서 유도하는 무릎차기 반사에 대해서는 앞의 10장에서 설명하였다.

운동을 하게 된다. 이처럼 신경근 접합부를 통한 활동 전위의 발생으로 수축하는 운동 단위를 **실무적 운동 단위**라 한다. 실무적 운동 단위로 구성된 근육은 이완과 수축의 중간 단계가 없어 장력의 조절 폭이 적은 대신 빠르고 강력한 수축이 장점이며 동원된 운동 단위의 수에 의해서 힘이 조절된다.

근육이 힘을 발휘하는 데에는 두 가지 방법이 있다. 우리가 어떤 물건을 들어 올릴 때에는 이두근과 같은 팔의 근육은 길이가 짧아지면서 일정한 힘을 발휘한다. 이와 같은 수축을 **등장성 수축**이라 한다. 이와는 달리 우리가 어떤 물건을 계속 들고 있을 때에는 우리 팔의 근육은 길이에는 변화가 없지만 여전히 그 무게를 지탱할 수 있는데, 이와 같은 수축작용을 등척성 수축이라 한다. 실제로 근육을 사용할 때 이 두 가지 종류의 수축을 분명히 구분하기는 쉽지 않으며, 이들이 각각, 또는 복합적으로 작용하여 일정한 자세를 유지하거나 몸을 움직인다고 볼 수 있다.

근섬유에 운동신경이 연결되어 있더라도 운동 신경의 흥분이 근섬유 막에서 반드시 활동 전위를 발생하는 것은 아니다. 근육의 종류에 따라서는 근섬유 막에 시냅스후 전위는 발생하더라도 활동 전위는 발생하지 않는 것들도 있다. 이 경우 근섬유의 모든 근절에서 수축이 이루어지지는 않고 일부에서만 근절의 수축이 이루어지는데, 이를 **비실무적 운동 단위**라고 한다. 비실무적 운동 단위로 구성된 근육에는 운동신경이 여러 부위에 시냅스를 형성하여 부위별로 차등적인 시냅스후 전위가 발생되고, 그 결과 근섬유는 완만하고 지속적인 수축을 한다.

각 근육 조직에는 몇 개의 변형된 근세포들로 구성된 근방추가 있다. **근방추**는 인접한 근육이 수축하면 이에 자극되어서 활동 전위를 발생시켜 근육의 수축 상태를 중추신경으로 전달하는 역할을 담당한다. 이와 같은 근방추의 작용으로 서로 다른 운동 단위 사이에도 조화된 수축이 이루어져 균형 잡힌 운동을 할 수 있다. 이 근방추를 통한 조절은 일종의 자율적 감각이므로 우리가 의식하지는 못하는데 이를 **내수용성 감각**이라고 한다. 우리가 무거운 물건을 들고 걸어가더라도 비틀거리지 않는 것은 팔의 근육에서 발생하는 내수용성 감각에 맞추어 다리 근육에 부위별로 적절한 힘이 주어지기 때문이다.

5. 근수축의 에너지 공급

앞서 근수축은 미오신에 의하여 ATP가 분해되면서 발생한 화학 에너지를 기계 에너지로 전환시키는 과정임을 설명하였다. 그러면 근 수축의 에너지원인 ATP는 어떤 경로로 공급되는 것일까? 우리 몸을 구성하는 세포들은 탄수화물, 지방, 단백질과 같은 고분자 물질들을 무기호흡 또는 유기호흡을 통하여 분해하며, 이때 방출되는 에너지로부터 ATP를 합성한다. 일반적으로 근육은 세포에 저장되어 있는 글리코겐이라는 탄수화물을 주 에너지원으로 사용한다. 근육세포에서는 글리코겐이 먼저 포도당으로 분해된 뒤 각 근육

조직의 특성에 따라 이 포도당이 다시 유기호흡 또는 무기호흡 과정을 거쳐서 분해되면서 ATP가 생성된다.

세포질에서 포도당은 **해당작용**을 거쳐 2 분자의 피루브산으로 분해되며 이 과정에서 2분자의 ATP와 NADH가 생성된다. 이 피루브산은 미토콘드리아로 운반되어 **삼탄산 회로**(TCA 회로)를 거치는 동안 여러 분자의 NADH와 $FADH_2$를 생성한다. 이들 NADH와 FADH2는 산화환원력이 높은 물질이며 미토콘드리아 내막의 **전자 전달계**를 거쳐 산소에 전자 전달을 한다. 이때 미토콘드리아의 안팎에는 수소 이온 농도 구배가 형성되며 이로부터도 많은 ATP을 얻을 수 있다.

근육세포가 **유기 호흡**을 통하여 분해되는 경우에는 해당과정과 TCA 회로, 산소 의존적인 전자전달 과정을 모두 거치게 되므로 포도당 1 분자당 36분자의 ATP가 생성된다. 그러나 근육에 산소 공급이 부족하여 **무기 호흡**이 일어나면 TCA 회로와 전자 전달 과정이 없이 해당 과정만 이루어진다. 이 해당 과정의 산물인 피루브산이 세포 내에 축적되면 그 음성 되먹임 작용으로 해당 과정도 억제된다. 이를 막기 위하여 근육 세포는 NADH를 사용해서 피루브산을 젖산으로 환원한다. 결과적으로 무기 호흡 과정은 포도당 1 분자를 분해하여 2분자의 ATP를 생성하는데 그치므로 열효율 면에서 유기 호흡의 1/16에 불과하다. 또한 근육에서 무기 호흡이 계속되면 다량의 젖산이 생성되어 근육통의 원인이 된다. 이와 같은 근육통은 근육내의 젖산이 축적되어 있는 동안 계속되며 근육의 젖산이 간으로 운반되어 다시 포도당으로 전환되어야만 해소된다. 심한 운동으로 인한 근육통이 사라지는데 며칠이 걸리는 것은 이 때문이다.

근육 운동이 시작되려면 순간적으로 ATP가 공급되어야 하며 그 근육을 계속 사용 할 경우 ATP 공급도 지속적으로 이루어져야한다. 일반적으로 세포는 많은 양의 ATP를 미리 축적하여 놓지 않고 필요할 때 생산하여 사용한다. 그러나 무기 호흡 또는 유기 호흡 과정으로 ATP를 생성하는 데에는 어느 정도 시간이 필요한 반면 세포가 저장하고 있는 ATP는 운동이 시작되는 순간 모두 소모될 정도로 적다. 근육 세포는 이와 같은 ATP의 고갈에 대비하여 비교적 긴급히 활용할 수 있는 ATP의 비축원으로 **크레아틴인산**을 저장하고 있다. 하지만 비축된 크레아틴인산도 운동이 수 분간 지속되면 모두 없어지므로, 이때부터는 유기 호흡 또는 무기 호흡을 통하여 ATP가 공급되어야 운동을 계속할 수 있다.

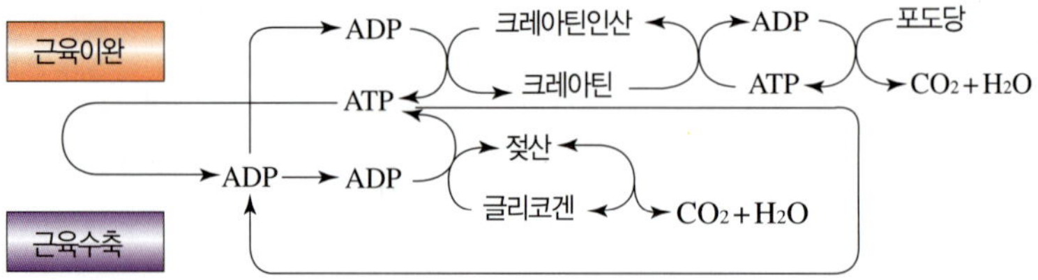

그림 11-12
근수축의 에너지 공급

근육의 호흡성은 근육의 종류에 따라서 다르다. 일반적으로 **유기 호흡성 근섬유**에는 미토콘드리아가 많으며 세포 주변에 모세혈관이 분포하고 있어서 산소 공급이 원활하게 이루어진다. 이에 비하여 **무기 호흡성 근섬유**는 미토콘드리아의 수가 적다. 유기 호흡성 근섬유에는 또한 산소의 저장 기능을 담당하는 미오글로빈이라는 단백질이 있다. **미오글로빈**은 산소에 대한 친화도가 높기 때문에 모세혈관을 통하여 운반되어온 산소를 받아 일시적으로 저장하는 기능을 한다. 미오글로빈이 많은 근육은 어두운 적색을 띠고 있어서 **적색근**이라 한다. 이와는 달리 미오글로빈이 적은 근육은 흰색을 띠므로 **백색근**이라 한다. 바다 깊이 다이빙을 하는 어류나 고래, 하늘을 나는 조류는 적색 근육이 많다. 이에 비하여 닭이나 칠면조처럼 날지 않는 조류의 가슴살은 일반적으로 백색 근육이다.

근육에 에너지원이 고갈되면 더 이상 무기 호흡도 유기 호흡도 불가능하게 되므로 근수축에 필요한 에너지 공급이 차단된다. 이 상태에서는 중추 신경계로부터 운동 단위에 명령을 보내도 움직일 수가 없다. 이와 같이 영양 고갈로 인한 근육의 이완을 근육 피로라고 한다. 운동선수가 장시간에 걸친 시합을 원만하게 치룰 수 있으려면 근육에 충분한 량의 글리코겐이 비축되어 있어야 하는데, 평소 운동으로 다져진 튼튼한 근육에는 글리코겐, 지방 등의 에너지원이 많이 저장되어 있어 근육 피로가 적게, 그리고 늦게 나타난다. 그러나 평소에 운동을 하지 않아서 비축된 영양분이 없는 사람이 갑자기 운동을 많이 하게 되면 쉽사리 근육 피로를 경험하게 된다.

우리 몸은 평소의 활동에 필요한 에너지를 충족할 만한 양의 글리코겐을 저장하고 있으며 나머지 영양분은 지방 및 단백질로 저장하고 있다. 비축된 글리코겐이 모두 소모된 후에는 지방을 분해하여 에너지원으로 사용하며 이때부터는 유기호흡이 절대적으로 필요하다. 마라톤과 같은 장시간 운동에서 소위 "마(魔)의 시간대"라고 불리는 시간은 바로 글리코겐을 모두 써버리고 지방을 에너지원으로 할 수 밖에 없는 시점이다.

6. 운동의 효과

운동을 하게 되면 근세포의 수가 증가하지는 않지만 근세포내의 근원섬유의 수가 증가하거나 그 길이가 신장되어 근육이 발달된다. 이에 따라서 해당 부위의 근육이 커지고 근력이 증대된다. 또한 운동은 근세포 내에 글리코겐이나 지방과 같은 에너지원의 저장과 미토콘드리아의 수를 증가시키는 동시에 혈액의 공급을 원활하게 하여 근육 세포의 유기 호흡성을 증대시키며 젖산의 축적을 지연시킨다. 평소 운동으로 단련된 사람의 근육이 장시간 피로하지 않고 운동할 수 있는 것은 비축 에너지원이 많기 때문이며, 운동 후에도 근육통이 없는 것은 젖산 축적을 반복적으로 경험함에 따라서 젖산의 축적에 대한 근육의 내성이 증가되었기 때문이다. 이와 같이 운동의 직접적인 효과는 구조적으로 근육을 발달시켜 근력을 좋게 하며, 호흡 특성 및 내성에 변화를 초래하여 운동에 있어서 지구력을 향상시킨다. 그러므로 뛰어난 운동선수가 되기 위해서는 특정 근육을 발달시키고 지구력을 키우는 다양한 훈련 계획과 영양의 관리가 필요하다.

운동은 근육의 발달 이외에도 다양한 생리작용에서 간접효과를 발생하기 때문에 직업적인 운동선수가 아닌 보통 사람들도 건강 유지를 위하여 반드시 적절한 운동을 하여야 한다. 운동은 근육에 산소 공급 체계를 증가시키기 위한 방편으로 모세혈관의 분포를 증대시킬 뿐만 아니라 심장의 근육을 발달시켜 심장 박출량을 증대시키는 효과를 가져 오므로 휴식 상태에서도 심장 박동을 원활하게 하여 혈압을 낮추어주는 효과가 있다. 따라서 평소 적절한 운동을 계속하면 심장 마비를 비롯한 순환기 계통 질환을 예방할 수 있다. 또한 운동은 폐의 기능을 향상시켜 폐활량이 증가하고 폐에서 가스 교환이 잘 이루어지게 한다. 이 때문에 운동을 주기적으로 하는 사람은 계단이나 오르막길에서도 쉽게 숨이 가빠지지 않는다.

이외에도 운동은 근육의 반복적인 수축작용으로부터 오는 힘을 계속적으로 받는 뼈대를 자극하여 뼈의 밀도를 높여줌으로 골절에 대한 위험이 줄어든다. 뿐만 아니라 에너지 소모를 수반하므로 혈중 지방 및 콜레스테롤을 제거하며 불필요한 지방 조직을 감소시키는 효과가 있다. 심장 질환 및 운동 전문의사인 파펜바거 박사(Paffenbarger, R.)가 17,000명의 하버드대학 졸업생과 6,000명의 항만 노동자를 대상으로 조사한 결과에 의하면 주당 최소한 2000 칼로리 이상을 소비하는 운동을 하는 경우 심장병으로 인한 사망률이 1/2로 감소한 것으로 나타났다. 이와 같은 근거로 그는 주당 2000 칼로리를 소모하는 운동을 권장하면서 2000 칼로리를 매직 넘버라고 하였다. 이를 충족하기 위해서는 주당 달리기 32 km, 주당 5회 1시간씩의 정구, 또는 매일 30분씩의 걷기 운동이 필요하다고 한다.

Exercise

1. 근섬유의 구조 중 근육이 수축할 때 그 길이가 짧아지는 것은? ( )

① 암대(A 대) ② 액틴 필라멘트 ③ 미오신 필라멘트

④ Z선 사이의 거리 ⑤ 위의 모두

2. 다음 중 근육 세포가 유기호흡을 통하여 ATP를 생성하는 과정과 관련 없는 것은?

① 글리코겐이 포도당으로 분해된다.

② 포도당이 피브루산으로 분해된다.

③ 피브루산이 젖산으로 환원된다.

④ TCA 회로를 통하여 ATP가 생성된다.

⑤ 미토콘드리아의 전자전달계에서 ATP가 생성된다.

3. 다음 설명과 관련이 있는 용어를 〈보기〉에서 고르라.

ㄱ. 근육세포의 긴급 ATP 비축원 :

ㄴ. 유기호흡성 근세포에서 산소의 저장 기능을 담당하는 단백질 :

ㄷ. 근육 세포의 가로소관 근처에 발달하여 칼슘 이온의 저장고로 사용되는 소기관 :

ㄹ. 근육의 수축 정도를 중추신경계에 보고하는 조직 :

ㅁ. 근절이 수축할 때 칼슘 이온이 결합하는 단백질 :

〈보기〉

신경근접합, 글리코겐, 크레아틴인산, 미오글로빈, 근소포체, 액토미오신, 아세틸콜린, 트로포미오신, 트로포닌, 근방추

참고문헌

[인체 생리학 10판], 강신성·안태인 대표 역자, 지코사이언스, 2008.

[동물생리학], 강봉균 등 번역, 라이프사이언스, 2007.

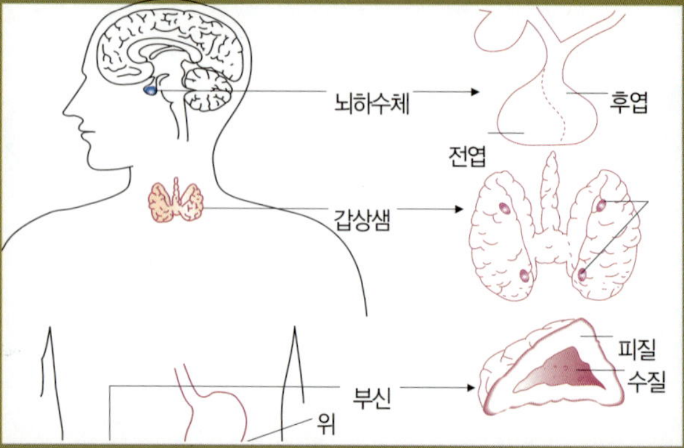

CHAPTER

12 호르몬과 항상성

우리 몸의 체온, 포도당과 염분 농도, 수분 함량 등은 정체된 상태로 일정한 것이 아니라, 몸의 구성 요소들 사이에서 또는 몸과 환경 간에 지속적인 흐름이 이루어지는 가운데도 일정 수준을 계속 유지하는 동적인 평형 상태에 있다. 우리 몸은 신경계의 작용으로 환경 변화를 감지하고 그에 대하여 반응할 뿐만 아니라, 신체의 내부에 일어나는 환경 변화에도 민감하게 반응하는 기구로 내분비계를 가지고 있다. 표 12-1에서 보듯이 우리가 마시는 탄산 음료수는 대부분이 pH 3.0 정도로 산성이다. 따라서 체내에서 적절한 조절이 이루어지지 않는다면, 사이다 한잔을 마시더라도 체액의 산성도 변화로 심각한 지경에 이를 수 있다. 그러나 우리 몸은 이와 같은 환경 변화에 대응하는 기작을 가지고 있기 때문에 그 어느 경우에도 체액의 pH는 7.4로 유지된다. 또한 추운 겨울이나, 더운 여름에도 체온은 항상 37℃를 유지한다. 이와 같이 우리 몸의 물리 화학적 상태를 항상 일정한 수준으로 유지하는 성질을 **항상성**(homeostasis)이라 한다.

우리 몸의 체온, 혈액의 포도당이나 염분의 농도, pH 등의 변화는 핵산 및 단백질과 같은 생체 고분자의 기능에 직접적으로 영향을 미치며 에너지 대사 작용, 수분조절 등에 이상을 초래하여 궁극적으로는 생명 현상의 유지를 위협할 수 있다. 이와 같은 체내의 물리 화학적 환경 요소뿐만 아니라 인간의 성징 발현과 생식 활동까지도 내분비계에 의하여 조절된다. 생식에 관련된 호르몬은 6장에서 상세히 다루었으므로 이 장에서는 그 밖의 각종 내분비샘과 각 내분비 호르몬이 가지는 생리적 조절 작용에 대하여 알아보기로 한다.

1. 사람의 내분비 기관

그림 12-1은 우리 몸의 내분비 기관을 나타낸 것이다. 내분비 기관은 신체의 다른 장기와는 달리 크기가 작고 대개의 경우 다른 장기에 붙어 있어서 잘 알아보기가 어렵다. 실제로 의학의 역사를 통하여 이들 내분비 기관은 주로 특정 장기를 수술한 환자에서 나타나는 신체의 이상을 규명하는 과정에서 발견되었다.

내분비 기관은 신경계로부터 어느 정도 독립되어 있기는 하지만 신경계와 밀접하게 연

표 12-1 음료수 및 체액의 산성도

액체의 종류	pH	액체의 종류	pH
위액	1.2 - 3.0	토마토 주스	4.2
레몬 쥬스	2.2-2.4	커피	5.0
식초, 맥주, 포도주	3.0	석회수	12.3
사이다	2.8-3.3	우유	6.6-6.9
파인애플 쥬스	3.5	오줌	4.6-8.0
오렌지 쥬스	3.5	침	6.4-6.9

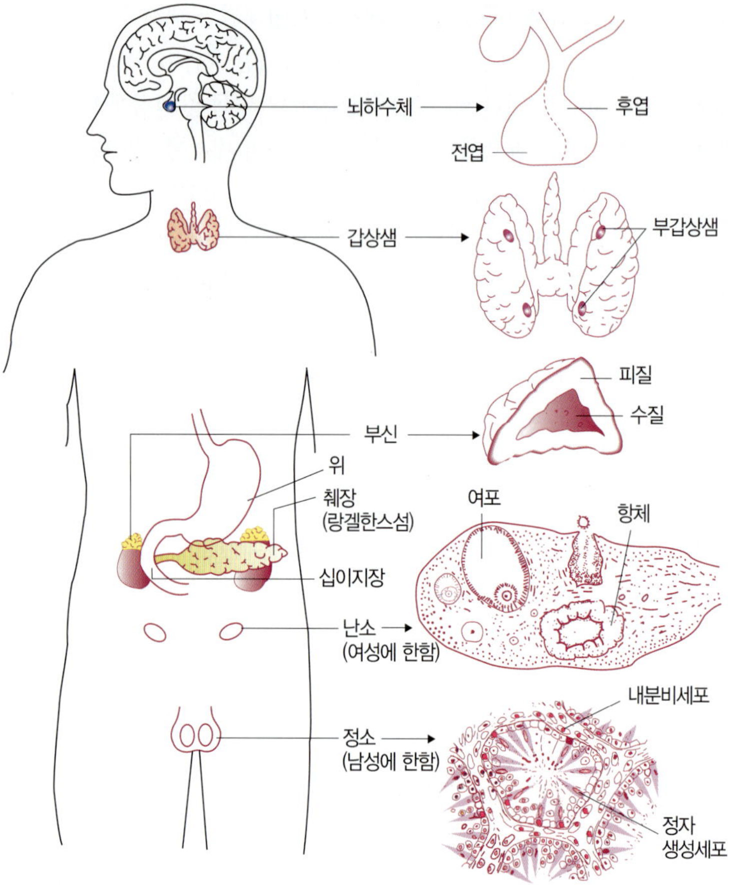

그림 12-1

사람의 내분비 기관

관되어 있으며 특히 신경성 내분비 기관은 신경계의 영향을 직접적으로 받는다. 옛날의 어린이들에 비하여 현대 어린이들은 성적 성숙이 더 빠르고 사춘기도 빨리 겪는 추세인데, 이는 어린이들이 옛날에 비하여 TV, 인터넷 등 여러 시청각 매체를 통하여 받는 자극이 이들의 성적 성숙과 관련된 내분비계에 영향을 미치기 때문이다.

우리 몸에는 물리 화학적인 내부 환경 요소를 감지하는 장치가 있다. 감지기에 탐지된 측정치가 기준치 이하이면 중추 내분비 기관으로 하여금 해당 호르몬의 분비를 촉진시키며, 그 결과 해당 물질의 농도가 올라가게 되면 감지기로부터 내분비 기관에 보내는 신호가 중단된다. 이와 같은 일련의 신호 조절 작용을 **피드백(feedback)**이라 하며 항상성은 이 **피드백 조절(feedback control)**에 의해서 유지된다.

우리 몸에서 항상성은 내분비 기관에서 분비되는 호르몬의 작용으로 조절된다. 호르몬은 신체의 특정 조직에서 분비된 다음 인접한 조직의 세포에 작용하거나, 순환계에 의해서 운반되어 원거리에 있는 다른 기관이나 조직에서 그 작용을 나타낸다. 각각의 호르

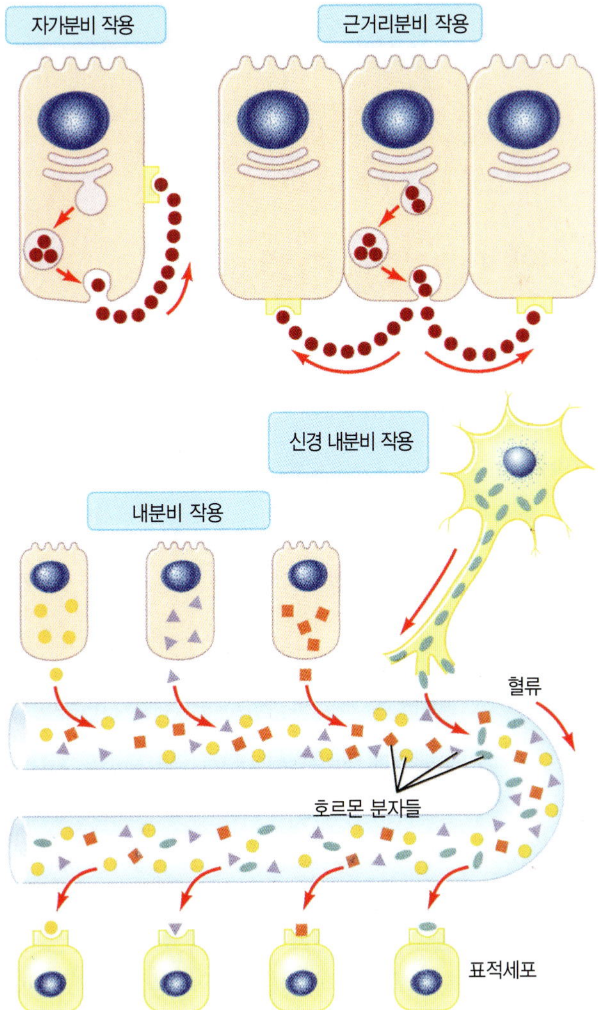

그림 12-2
호르몬의 분비현상과 작용

몬은 신체의 특정 기관이나 조직에서만 그 작용을 나타낸다. 이때 특정 호르몬이 작용하여 생리적 조절이 이루어지는 조직 및 세포를 **표적 기관**(target tissue) 또는 **표적 세포**(target cell)라고 한다.

2. 호르몬의 화학적 성질과 작용

여러 내분비선에서 분비되는 호르몬의 구조는 크게 4개의 화학군으로 분류할 수 있다. 첫째로 **아민**(amine)은 아미노산에서 유래한 작은 분자들로써 에피네프린과 노르에피네

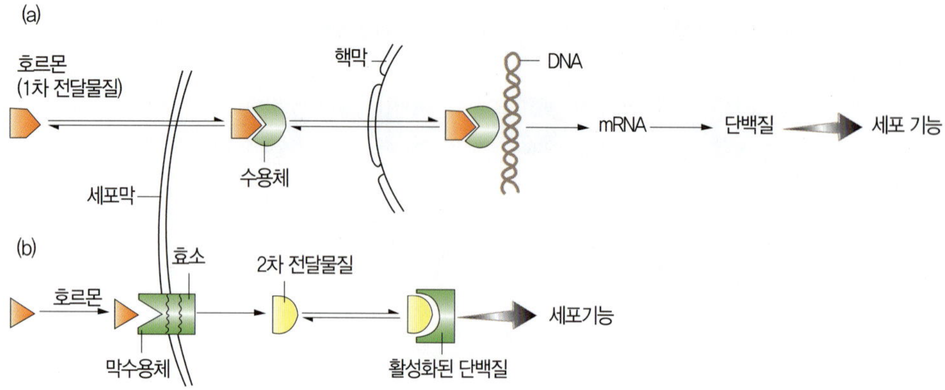

그림 12-3

지용성 호르몬(a)과 수용성 호르몬(b)의 작용 경로

프린과 같은 카테콜아민 뿐 만 아니라 갑상샘 호르몬을 포함하고, 둘째로 **아이코사노이드**(eicosenoids)는 아라키돈산의 대사에 의하여 만들어지는 프로스타글란딘, 리폭신등을 포함한다. 셋째로 **폴리펩티드** 혹은 **단백질** 호르몬은 인슐린, 항이뇨호르몬, 및 성장호르몬 등 많은 종류가 있으며, 넷째로 **스테로이드**(steroid) 호르몬에는 테스토스테론, 프로게스테론, 및 코르티솔 등 콜레스테롤로부터 합성된 고리구조의 탄화수소 유도체이다. 콜레스테롤 및 지방 유도체로 구성된 호르몬은 지질에 잘 녹으므로 이들을 **지용성 호르몬**이라 하며 아민이나 단백질 호르몬은 물에 잘 녹으므로 **수용성 호르몬**이라고 한다.

이와 같이 특성이 다양한 호르몬들은 표적 조직에서 나타내는 반응 기작도 서로 다르다. 호르몬은 혈액에 의해서 온몸으로 운반되지만 표적 조직에서만 반응을 나타낸다. 이는 표적 조직의 세포들만이 특정 호르몬과 결합하는 특정한 수용체(receptor)를 가지고 있어서 각 호르몬이 특정한 **수용체**에 결합한 다음 일련의 **신호전달**(signal transduction) 과정을 거쳐서 그 작용을 나타내기 때문이다. 일반적으로 지용성 호르몬에 대한 수용체는 세포질이나 핵내에 있는데 비하여, 수용성 호르몬에 대한 수용체는 세포막에 있다. 이러한 차이는 지용성 호르몬이 표적 조직에서 세포막을 통과할 수 있는 반면에 수용성 호르몬은 세포막을 통과할 수가 없는 것과 관계가 있다.

대부분의 지용성 호르몬은 수용체에 결합한 다음 핵으로 운반되며 유전자 발현조절 부위에 결합하여 특정한 유전자의 발현을 촉진 또는 억제한다. 즉 특정 유전자로 하여금 단백질 산물을 합성하게 하여 그 단백질의 특성에 따라서 생물체의 구조 또는 대사 기능에 변화를 일으키는 것이다. 그렇기 때문에 지용성 호르몬은 2차 성징을 나타나게 하는 여성의 에스트로겐이나 남성의 테스토스테론처럼 장시간에 걸쳐서 서서히 작용하는 특성이 있다.

이에 비하여 수용성 호르몬은 표적 조직의 세포막 수용체에 결합하며, 그 결과로 발생되는 일련의 신호 전달 과정을 거쳐서 세포 대사에 일시적인 효과로 나타난다. 세포막 수용체에 수용성 호르몬이 결합하면 세포 내에서 호르몬에 대한 반응을 매개시키는 **2차 전령자(second messenger)**의 합성이 유도 되는데 잘 알려진 세 종류의 2차 전령자로는 **고리형 아데노신 1인산(cAMP)**, **이노시톨 3인산(IP_3)**과 **디아실글리세롤(DAG)**과 같은 **이노시톨 인지질(inositol phospholipid, IP)**, 그리고 **Ca^{2+}** 등이 있다. 이들 2차 전령자를 생성하기 위해서는 세포막에 있는 특정 단백질을 활성화시켜야 하는데 막효소 활성에 따라 **아데닐산 고리화효소(adenylate cyclase)**와 **포스포리파아제 C(PLC)** 등이 작용하게 된다.

cAMP-2차 전령계의 한 예로써 혈당량 조절호르몬인 에피네프린에 대한 세포막 **β-아드레날린 작동성 수용체(β-adrenergic receptor)**는 **G-단백질**과 결합하고 있다. 에피네프린과 수용체와의 결합은 G-단백질 복합체에서 소단위를 분리시키고 일시적으로 활성화시킨다. 분리된 소단위는 아데닐산 고리화효소를 활성화시켜 ATP로부터 cAMP의 합성을 유도한다. 합성된 cAMP가 **단백질 인산화효소 A(protein kinase A)**의 억제 소단위와 결합하면 비로소 단백질 인산화효소 A의 촉매 소단위가 ATP를 이용하여 특정 단백질을 인산화 시킨다. 이러한 방식으로 인산화된 단백질들은 종류에 따라 그 활성이 증가되거나 저해되어 세포반응을 진행시키게 되는 것이다. 이와 같이 cAMP-2차 전령자의 생성을 유도하는 호르몬으로는 갑상샘 자극 호르몬(TSH), 항이뇨 호르몬(ADH), 글루카곤 등이 있다.

IP-2차 전령계는 에피네프린이 β-아드레날린 작동성 수용체(β-adrenergic receptor)에 결합할 경우 작동하는 것을 볼 수 있다. G-단백질 복합체에서 분리된 소단위는 PLC를 활성화시키고 활성화된 PLC는 막 구성성분인 **포스파티딜이노시톨 2인산(phosphatydylinositol 2-phosphate, PIP2)**을 IP_3와 DAG로 가수 분해시킨다. 생성된 두 물질은 2차 전령자로서 작용하여 각각 자신의 경로를 따르게 되는데 IP_3는 세포기질로 확산되고, DAG는 세포막에 남아 작용하게 된다. IP_3는 세포내 Ca^{2+} 저장소인 소포체에 작용하여 소포체로부터 Ca^{2+}을 세포기질로 나오게 하는데 이 Ca^{2+}은 또 다른 전달자로서 작용하므로 이 전달계에서는 3차 전달자로 간주되고 있다. DAG는 분해되어 프로스타글란딘 등의 합성을 위한 전구물질로 이용되거나 막에 존재하는 단백질 인산화효소 C를 활성화시켜 호르몬에 대한 세포의 반응에 참여하게 된다.

이와 같이 수용성 호르몬은 세포의 구조 단백질 또는 대사 조절 단백질을 일시적으로 활성화시켜 그 반응이 나타나게 하며, G-단백질이 가지고 있던 일시적 활성이 없어지고 나면 신호 전달이 중단되어 원상태로 회복된다. 그러므로 수용성 호르몬의 효과는 흔히 일시적인 세포의 구조 및 운동성의 변화 또는 대사 작용의 조절로 나타난다.

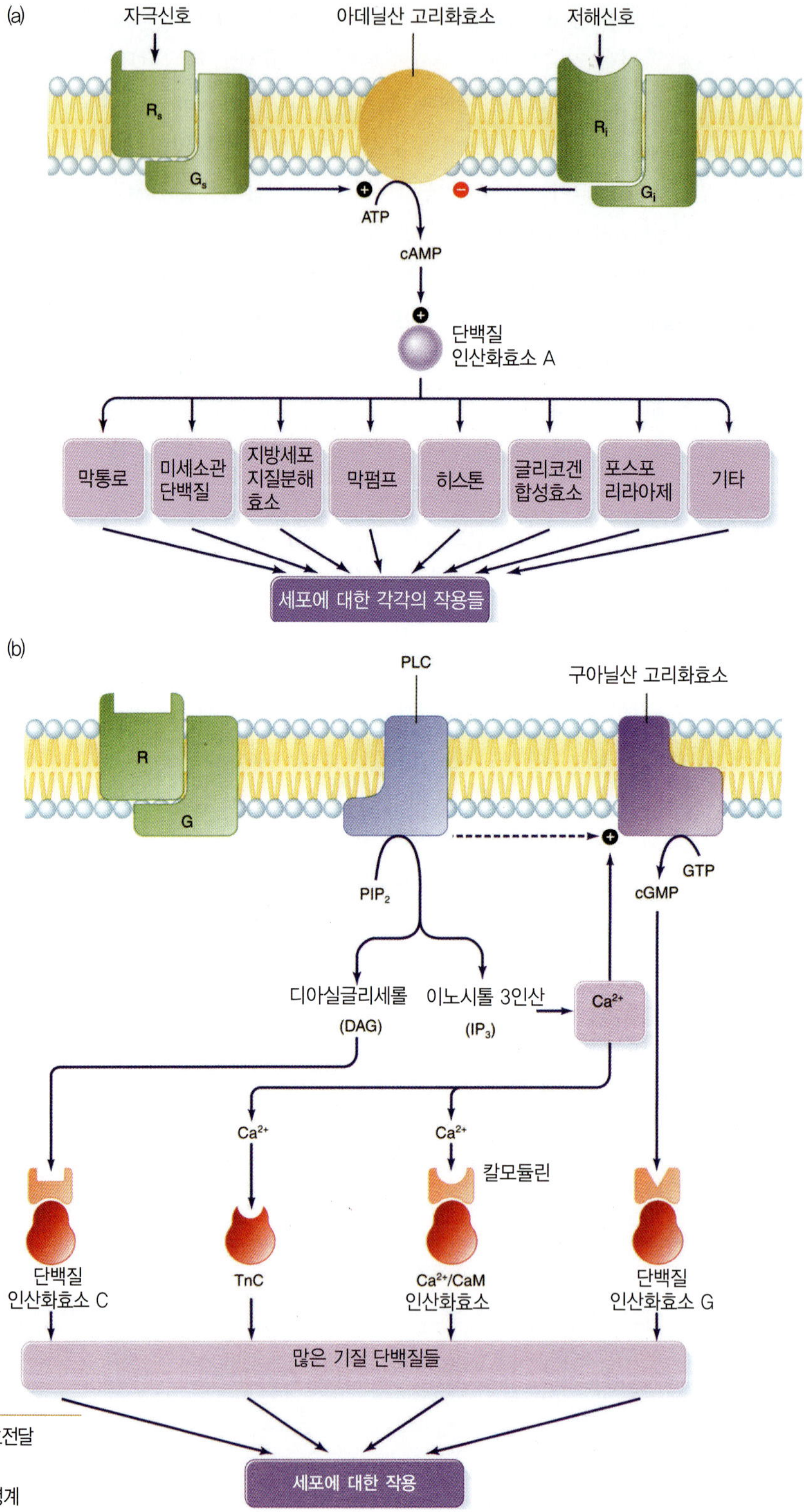

그림 12-4

수용성 호르몬의 신호전달

(a) cAMP 2차 전령계

(b) 이노시톨 2차 전령계

3. 내분비 중추와 호르몬 분비의 조절

사람의 **뇌하수체**는 전엽과 후엽으로 구성되며 중엽은 퇴화하여 흔적만 남아 있다. 뇌하수체는 새끼손가락 정도의 크기로 누두(漏斗)에 의해 **시상하부**(**hypothalamus**)에 매달려 있다. 뇌하수체에서 분비되는 호르몬에 의해 갑상샘, 부신, 생식소 등 다른 내분비 기관의 호르몬 분비가 조절되기 때문에 이 뇌하수체를 내분비 중추라고도 한다. 그러나 뇌하수체는 뇌의 일부인 시상하부의 조절을 받는다. 뇌하수체 후엽에서는 시상하부의 **실방핵**(**paraventricular nuclei**)과 **시삭상핵**(**supraoptic nuclei**)에 세포체를 둔 뉴런들의 축색말단이 후엽에 이르러 호르몬을 분비한다. 그러므로 뇌하수체 후엽은 신경계의 일부이며 **신경분비** 조직이다. 이와 같이 신경분비 조직에서 나오는 호르몬을 **신경성 호르몬**(**neuronal hormone**)이라고 한다. 이에 비하여 뇌하수체 전엽은 선조직으로 구성되어 있어서 **샘 뇌하수체**라고도 한다.

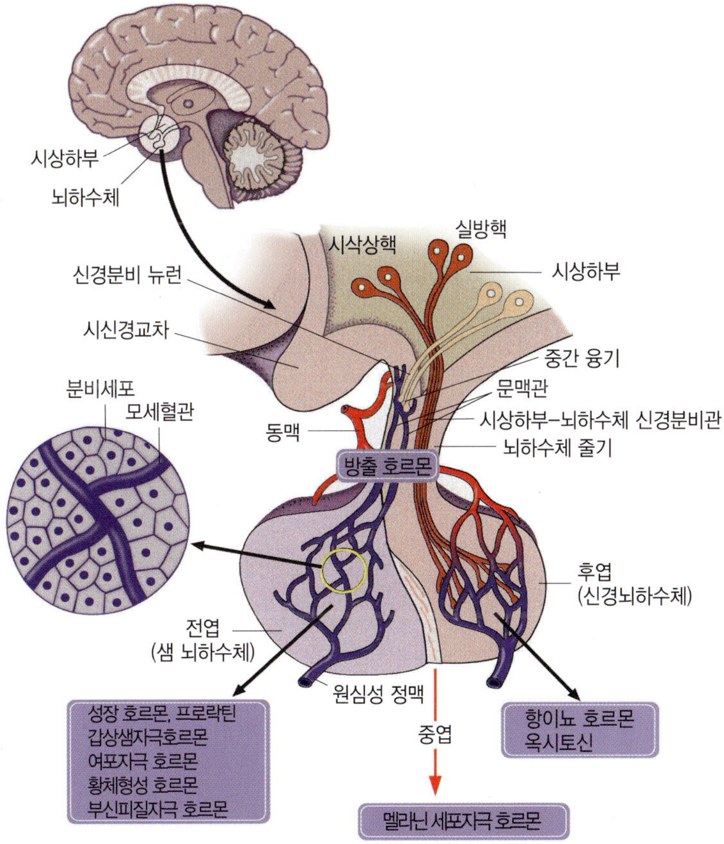

그림 12-5

사상하부 및 뇌하수체의 위치
뇌하수체 전엽 및 후엽 분비 호르몬.

뇌하수체 후엽에서는 항이뇨 호르몬(ADH)과 옥시토신(oxitocin)이 분비된다. **항이뇨 호르몬**은 제16장에서 상세히 설명하겠지만 신장에 작용하여 오줌의 형성 과정에서 **수분 재흡수**를 촉진하고 염분 농도의 증가를 억제하며 삼투압을 낮추어 혈액의 부피 증가에 기여한다. 즉 혈액의 염분 농도 및 삼투압의 항상성에 기여한다. 뇌하수체 후엽에서 분비되는 두 번째 호르몬인 옥시토신은 임신부인 여성에서 유선의 발달과 젖 분비를 촉진하며, 출산할 때에는 자궁 수축을 야기하여 분만을 촉진하는 호르몬이다.

표12-2에 보는 바와 같이 뇌하수체 전엽에서는 단백질 또는 펩티드로 구성된 다양한 호르몬을 합성하여, 분비한다. 뇌하수체 전엽 호르몬들은 시상하부의 분비세포들에 의해 분비되는 여러 가지 신경호르몬의 조절을 받는데, 적어도 7개의 신경호르몬이 뇌하수체 전엽의 분비활성을 자극하거나 저해하는 것으로 알려져 있다. 뇌하수체 전엽에서 분비되는 호르몬 중 ACTH, TSH, LH 그리고 FSH는 다른 내분비 조직들(부신피질, 갑상샘, 생식샘)을 자극하여 표적조직으로부터 호르몬들을 방출시키는 방식으로 작용

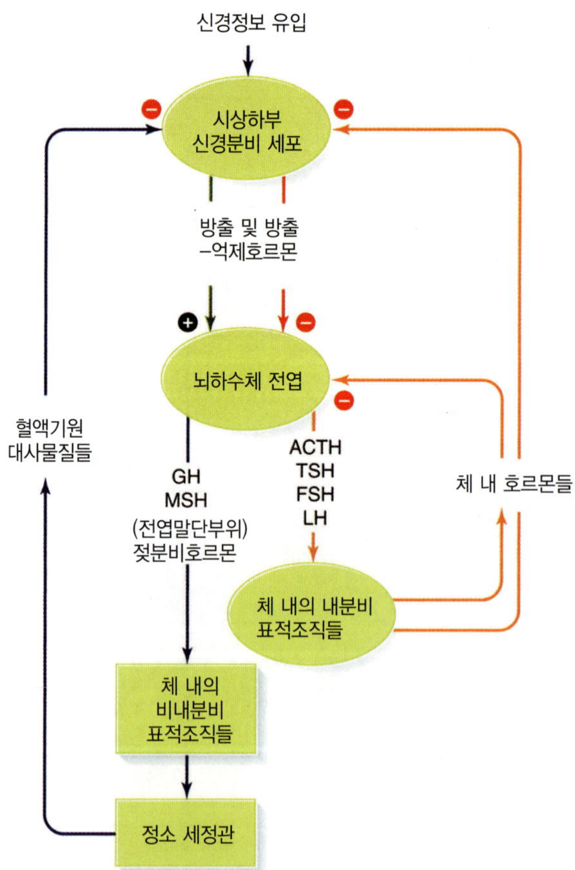

그림 12-6

뇌하수체 전엽 호르몬 분비의 음성 되먹임 작용

표 12-2 뇌하수체 전엽 호르몬의 종류와 작용

호르몬	표적조직	작용
부신피질자극호르몬(ACTH)	부신피질	스테로이드 호르몬 합성 및 분비 촉진
갑상샘자극호르몬(TSH)	갑상샘	갑상샘 호르몬 합성 및 분비 촉진
여포자극호르몬(FSH)	소 세정관 난소 여포	남성 정자 형성 촉진 여성 난자 성숙 촉진
황체형성호르몬(LH)	정소 간격세포 난소 세포	남성 안드로젠 분비 촉진 여성 여포 최종 성숙, 에스트로겐 분비, 배란, 황체 형성 및 황체 호르몬 분비 촉진
성장호르몬(GH)	모든 조직	세포의 원형질 합성 및 조직의 성장 촉진 포도당 및 아미노산 소모, 지방 분해 및 항체 형성 촉진
젖분비호르몬(Prolactin)	유선조직	단백질 합성과 유선 성장 촉진
멜라닌세포자극호르몬(MSH)	흑색소포	색소세포의 멜라닌 합성과 분산 촉진

더 읽을거리 (12-1)

뇌하수체 후엽호르몬: 알코올 효과와 사랑의 호르몬

알코올과 가장 연관이 있는 호르몬은 뇌하수체 후엽에서 분비되는 호르몬 중의 하나인 항이뇨 호르몬(ADH)이다. 항이뇨 호르몬의 분비는 혈중 알코올 농도에 대단히 민감한데 알코올이 포함된 음료를 마시면 항이뇨 호르몬의 분비가 감소하게 된다. 그 결과 신장에서 수분 재흡수가 줄어들게 됨으로써 술을 마실 경우 평소보다 배뇨가 많이 일어나는 현상을 경험하게 되는 것이다. 이는 결국 혈액의 수분을 잃게 하는 원인이 되며, 술이 깨일 때쯤 심한 갈증을 느끼고 뒷골이 무거운 것은 바로 이 탈수 증세로 나타나는 것이다.

최근에 뇌하수체 후엽에서 분비되는 호르몬인 **옥시토신**이 성적 오르가즘에 관여된 것으로 밝혀져 주목되고 있다. 옥시토신은 성행위에 의하여 분비가 촉진되며, 평활근을 자극한다. 이 호르몬은 성적 접촉이 이루어졌을 때 신경의 감성을 높여 더욱 더 성적 자극에 집착하게 하므로 그래서 "사랑의 호르몬(love hormone)"이라고 명명하게 되었다. 옥시토신은 이성의 표정, 목소리, 촉각 등의 물리적 자극뿐만 아니라 정서적인 자극에 의해서도 분비가 촉진되며 온몸을 자극한다. 특히 여성이 이 호르몬에 더 민감한 것으로 알려져 있다.

한다. 그 외의 뇌하수체 전엽 호르몬들(GH, 젖분비호르몬, MSH)은 중간에 다른 호르몬들을 개입시키지 않고 표적조직에 직접 작용한다.

뇌하수체 전엽으로부터 ACTH, TSH, LH, FSH가 분비되는 과정은 표적세포에서 만들어지는 호르몬들에 의한 **음성되먹임**(**negative feedback**) 작용을 통하여 조절된다. 이 때 해당 호르몬들은 시상하부의 신경분비 세포들을 대상으로, 또 어떤 경우에는 뇌하수체 전엽 세포들에 대해 음성되먹임 작용을 한다.

4. 에너지 대사와 혈당량의 조절

이자

우리 몸에서 대체적인 혈당량의 조절은 이자(췌장)에서 분비되는 **인슐린**(**insulin**)과 **글루카곤**(**glucagon**) 두 호르몬의 길항작용으로 이루어진다. 특히 이자의 β세포에서 인슐린

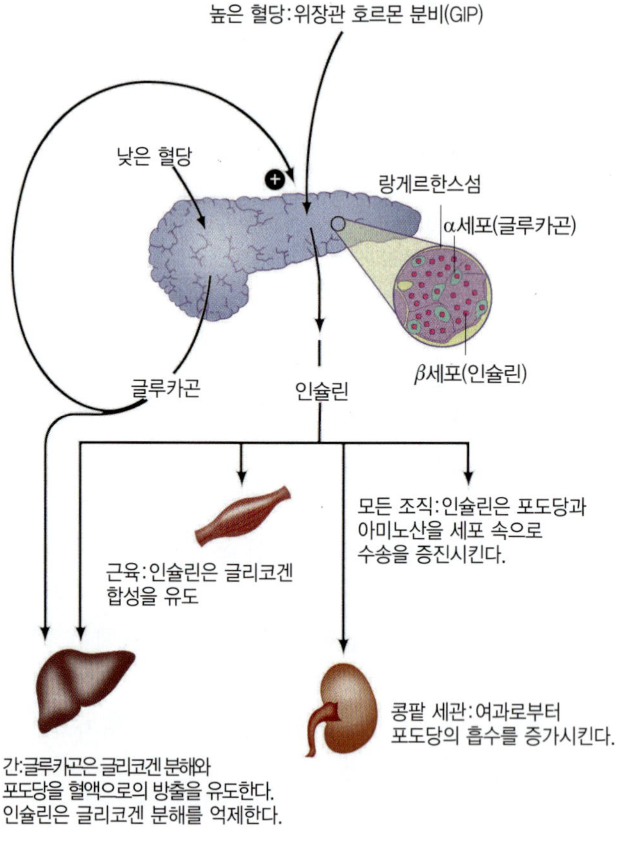

그림 12-7
인슐린과 글루카곤의 작용

분비가 정상적으로 이루어지지 않으면 음식물로 섭취한 포도당이 혈액으로 들어간 다음 세포로 흡수가 잘 이루어지지 않아 혈당량 증가와 더불어 당뇨의 직접적인 원인이 된다. 인슐린의 분비는 글루카곤, 성장 호르몬, 에피네프린 및 증가된 아미노산 농도 등에 의해서 자극되며, 탄수화물, 지방과 단백질 대사에도 중요한 효과를 가진다. 인슐린은 간, 근육, 지방세포들로의 포도당 흡수율을 증가시키며 포도당으로부터 **글리코겐(glycogen)**의 합성을 유도한다. 인슐린은 지질대사에서는 간과 지방조직으로부터 지방산의 방출을 자극하고, 단백질 대사에서는 간과 근육으로의 아미노산의 흡수를 자극하여 단백질 합성율을 증가시킨다.

이에 비하여 α세포에서 분비되는 글루카곤은 혈당량이 감소하였을 때 방출되며 간이나 지방 조직의 세포에 작용하여 혈당량을 증가시킨다. 글루카곤은 간에서는 포도당 중합체로 저장되어 있던 글리코겐을 분해하여 포도당을 세포 밖으로 내보내며, 지방 조직 세포에서는 지방을 분해하여 에너지원으로 사용되게 함으로 혈당량을 증가시킨다.

더 읽을거리 (12-2)

당뇨

당뇨는 "보이지 않는 암"로 불리기도 하며 어느 특정한 기관이나 장기에 만 영향을 미치는 것이 아니라 사람의 전체 기관과 장기에 영향을 주어 심각한 질환을 일으킨다. 현재 전 세계적으로 이 당뇨병 환자의 숫자가 급격하게 늘고 있는 추세여서 각 나라마다 국가적 차원에서 당뇨와의 전쟁을 하고 있다고 해도 과언이 아닐 것이다.

당뇨는 크게 타입 I과 타입 II로 나눈다. 타입 I 당뇨는 인슐린 의존성 당뇨(insulin dependent diabetes mellitus, IDDM)로써 전체 당뇨 중 5-10%를 차지하며 대부분 소아성 당뇨가 이 유형에 속한다. 이 병은 전형적인 자가면역 질환의 일종으로 이자의 β세포가 파괴되어 인슐린을 생산하지 못함으로 혈액중의 혈당량을 스스로 조절할 수 없는 경우이다. 아직까지 명확한 원인 규명이 되지 않고 있으며 환자는 인슐린 주사나 인슐린 펌프로써 체 내의 혈당을 관리한다. 당뇨환자의 90-95%가 속하는 타입 II 당뇨는 인슐린 비의존성 당뇨(non-insulin dependent diabetes mellitus, NIDDM)로써 인슐린은 생산되나 이를 효과적으로 사용하지 못하는 경우이다. 이 타입에 속하는 환자의 80% 이상은 비만 체형을 보이며, 인슐린에 저항성을 나타낸다. 타입 II 당뇨의 많은 경우에 있어서 인슐린 수용체나 포도당 수송체에 돌연변이가 일어난 것을 알 수 있다.

갑상샘

뇌하수체에서 분비되는 TSH에 자극받아 갑상샘에서는 두 종류의 갑상샘 호르몬으로 트리요오드티로닌(T_3)과 **티록신**(T_4)을 합성하여 분비한다. 이 호르몬들은 요오드화된 티로신 전구체들로부터 합성되는데 요오드는 체 내에서 합성되지 않아 음식물에서 흡수되어야만 한다. 갑상샘 호르몬들은 간, 신장, 심장, 신경계와 골격근에 작용하여 이 조직들이 에피네프린의 작용에 민감하도록 해주며 세포호흡, 산소 소모 등과 같이 기초대사율을 증가시킨다. 물질대사가 활발해지면 그 결과 열이 발생하게 되는데 이는 많은 동물들의 체온조절에 있어서 매우 중요하다. 또한 갑상샘 호르몬들은 성장호르몬(GH)과 함께 상승작용으로 발생과 성숙과정에 중요한 역할을 하는 것으로 알려져 있다.

유아시기에 요오드가 결핍되면 정상적인 성장을 할 수가 없으며, 면역력이 약화되어 여

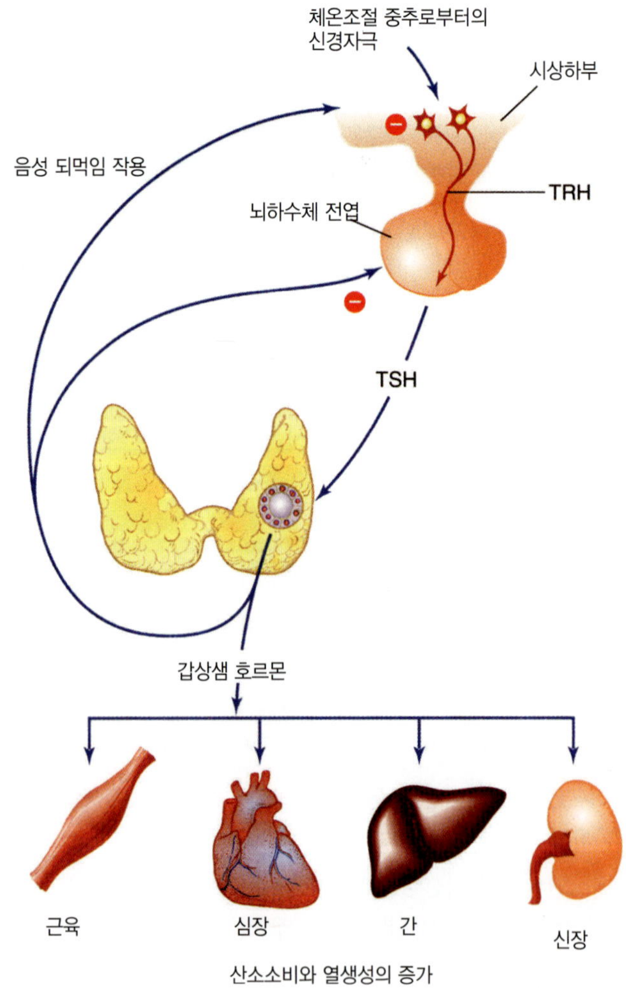

그림 12-8

갑상샘 호르몬의 분비와 조절

러 가지 질병을 앓게 되는 경우가 많다. 그 중에도 특히 신경계의 발달 저하로 정신박약 증세를 보이는데 이를 **크레틴병**(cretinism)이라고 한다. 또한 성인에서 요오드 섭취가 부족하면 티록신의 결핍에 대한 피드백으로 뇌하수체 전엽에서 과다하게 TSH를 방출시킨다. 이 TSH는 갑상샘 호르몬 부족을 충당하기 위하여 갑상샘 조직을 발달시키므로 갑상샘이 이상적으로 커지는 **갑상샘종**(갑상샘 비대증)을 유발한다. 갑상샘종을 가진 사람은 티록신 결핍으로 에너지 소모가 줄어들면서 체중이 증가하며, 더불어 우울하고 무관심한 심리 상태와 거칠고 마른 피부 등의 증세를 나타낸다.

갑상샘 호르몬의 분비는 음성 되먹임 작용에 의해 조절되는데 분비된 갑상샘 호르몬들이 갑상샘 호르몬 방출호르몬(TRH)을 분비하는 시상하부 신경과 뇌하수체 전엽의 TSH 분비세포에 작용하는 것이다. 이러한 조절 기작 이외에도 다른 스트레스가 이 호르몬의 분비를 조절하기도 하는데, 예를 들면 피부 온도가 낮아지게 되면 시상하부로부터 TRH의 분비가 촉진된다.

부신

부신수질에서 **노르에피네프린**과 **에피네프린**이 분비되는 과정은 교감신경의 조절을 받는다. 일반적으로 교감신경의 작용은 우리 몸이 긴장 상태를 극복할 수 있게 한다. 또한 에피네프린은 교감신경 후절에서 분비되는 신경전달물질이기도 하다. 그러므로 부신수질에서 분비된 이들 호르몬은 교감신경의 작용을 받는 대부분 표적 기관에서 교감신경의 전달을 강화하는 효과가 있다. 심장 박동이 증가하거나 혈관 수축에 따라서 혈압이 상승하는 것은 이 부신수질 호르몬과 교감신경의 작용에 의한 것이다. 또한 이들 호르몬은 글리코겐 및 지방분해를 촉진하여 일시적으로 혈당량을 높여줌으로 긴장 상태를 극복하는 활동에 필요한 에너지의 공급이 원활하도록 하여준다.

생체시계(biological clock)의 조절에 따라서 시상하부에서 부신피질 자극 호르몬 방출인자(CRH)가 분비되며, CRH는 뇌하수체 전엽에서 부신피질 자극 호르몬(ACTH) 분비를 촉진한다. 이 ACTH의 작용으로 부신피질은 **글루코코르티코이드**(glucocorticoid)를 분비한다. 이 글루코코르티코이드의 분비는 생체시계에 따라서 조절되는데, 주로 잠자리에서 일어나기 전 이른 아침에 분비가 촉진되어 기상 후에 이루어질 활동에 대비하여 혈당량을 높여준다. 사람은 잠에서 깨어나 눈을 뜨는 순간부터 눈, 귀, 코, 피부 등 모든 감각기가 작동하기 시작하며, 뇌에서는 이에 대한 반응으로 다양한 활동 및 명령을 하기 위하여 복잡한 신경 회로를 작동해야한다. 뿐만 아니라 팔다리를 움직이는 경우에는 더욱 많은 에너지 소모를 수반하게 된다. 따라서 일어나기 직전에 글루코코르티코이드를 분비하여 혈당량을 높여 줄 필요가 있다.

또한 글루코코르티코이드는 단식을 하고 있는 경우에 분비가 촉진되어 뇌 활동이 유지되게 한다. 단식 중에는 외부로부터 영양분의 공급이 이루어지지 않으므로 대부분의 기

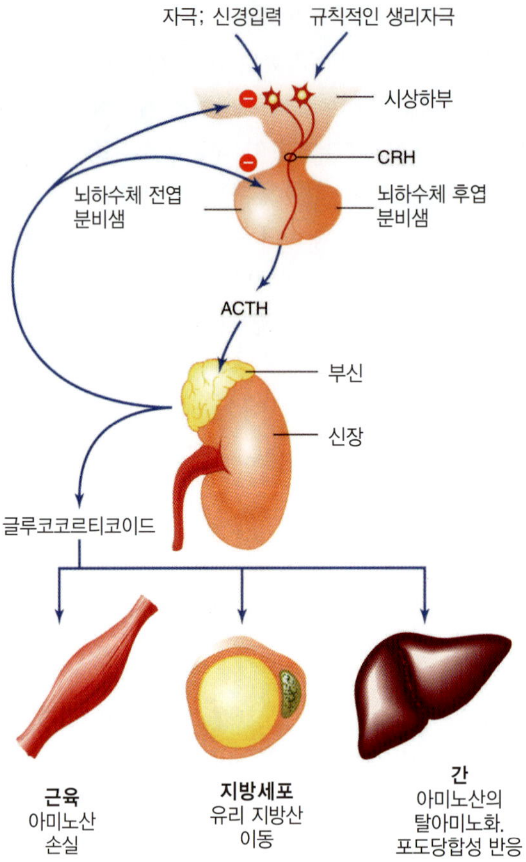

그림 12-9
글루코코르티코이드 호르몬의 분비와 조절

관이나 장기에서 단백질 또는 지방을 분해하여 생성되는 아미노산과 지방산을 에너지원으로 사용하게 된다. 그러나 중추 신경계인 뇌의 경우에는 뇌의 혈관과 조직액 사이에는 **뇌혈관 장벽**이 있어서 포도당 이외의 영양분은 투과가 불가능하다. 따라서 단식을 하더라도 뇌의 활동을 유지하려면 포도당이 공급되어야 한다. 단식 상태에서 포도당이 고갈되기 시작하면 글루코코르티코이드가 분비되며 그 결과 우리 몸의 근육은 단백질을 분해하여 아미노산을 혈액으로 방출하고, 아미노산은 간으로 운반된 다음 포도당으로 합성되어 혈당량을 보충한다.

생장기의 혈당량은 **성장호르몬**의 영향을 받는데 성장호르몬의 합성, 분비는 시상하부 신경분비세포들에 의해 방출되는 두 개의 신경 호르몬 즉 GH-방출 호르몬(GRH)과 GH-억제 호르몬(GIH)에 의해 조절된다. 성장호르몬은 물질대사와 발생과정에 영향을 미쳐 체세포로 하여금 포도당 및 아미노산의 흡수를 증가하도록 만든다. 생장기에는 이처럼 대부분의 영양소가 원형질 합성에 사용되기 때문에 지방질의 축적이 상대적으로 적어서 쉽게 살이 찌지 않는 것이다. 일반적으로 성장호르몬에 의한 다양한 효과들은 인슐린의 효과와 상반되게 나타난다. 예를 들어, 성장호르몬은 글루카곤과 같이 혈당농도를 증가시키며, RNA와 단백질 합성을 자극함으로써 세포 수의 증가 및 이에 따른 조직의 성장을 유도한다. 또한 성장호르몬은 간, 뼈 등의 세포들로 하여금 분열촉진제인 IGF-I(소마토메딘 C라고도 함)을 분비하게 하여 간접적으로 세포분열을 촉진한다. IGF-I의 분비와 활성은 다른 여러 호르몬의 작용과 영양 상태에 의하여 영향을 받기 때문에 어린 시절에 영양이 결핍되면 성장호르몬이 충분하더라도 IGF-I의 생산이 억제된다.

성장호르몬 분비의 이상은 사람에게 있어 여러 유형의 비정상적인 성장과 발생을 유발하는데, 어린 시기의 과다한 성장 호르몬의 분비에 의한 **거인증**, 과소 분비에 의한 **왜소증** 등이 그것이다. 또한 성숙기 직후 골단 폐쇄가 이루어진 다음에 호르몬이 과다하면 뼈의 길이 생장이 이루어지지 못하고 머리와 사지 뼈가 기형적으로 굵어지는 **말단비대증**이 유발된다.

성장호르몬의 분비는 이자에서 분비되는 **소마토스타틴**(somatostatin)에 의해서 억제된다. 소마토스타틴은 운동에 의해서 분비가 촉진되는 것으로 알려져 있다. 그러므로 생장기에 과다한 운동 또는 중노동은 소마토스타틴의 분비를 촉진하여 성장호르몬의 분비를 억제하므로 정상적인 성장을 못하게 한다.

표 12-3 에너지 대사를 조절하는 호르몬

호르몬	분비 조직	화학물질	표적 조직	작 용	조 절
인슐린	이자 β-세포	펩티드	대부분 체세포*	세포의 포도당, 아미노산 흡수 촉진. 혈당 감소	혈중 포도당, 아미노산 증가, 글루카곤에 의해 분비 촉진
글루카곤	이자 α-세포	펩티드	간 지방조직	글리코겐 및 지방 분해. 혈당 증가	혈당 감소시 분비
티록신	갑상샘	아미노산 유도체	근육, 심장, 간, 간장	대사율 및 열 발생 촉진. 성장 및 발생 촉진	TSH에 의해 분비 촉진
에피네프린 노르에피네프린	부신수질	아미노산 유도체	대부분 체세포	글리코겐 및 지방 분해 촉진, 긴장 상태 혈당 증가	교감신경 자극으로 분비촉진
글루코코르티코이드	부신피질	스테로이드	대부분 체세포	근육의 아미노산 기동 간에서 포도당 합성 혈당 증가	CRH, ACTH를 통한 생물 시계에 따라 분비 조절. 단식 및 스트레스에 의한 분비 촉진
성장호르몬	뇌하수체 전엽	펩티드	대부분 체세포	원형질 합성 및 조직의 성장 촉진 세포의 포도당 흡수 및 지방 분해 촉진. 항체 형성 촉진	혈중 아미노산 농도 증가로 GRH 증가되면 분비 촉진, 소마토스타틴에 의해 분비 억제

*: 신경조직 세포를 제외한 체세포. CRH: 피질자극 호르몬 방출 요소. GRH: 성장 호르몬 방출 요소.

성장호르몬의 분비는 생체시계에 따라 하루를 주기로 하여 조절된다. 성장호르몬은 스트레스, 저혈당증 및 운동 등으로 자극을 받은 경우를 제외하면 낮 동안에는 거의 분비되지 않다가 잠든 후 한두 시간사이에 많이 분비된다. 성장호르몬의 분비는 시상하부의 조절 외에도 성호르몬, 인슐린, 갑상샘 호르몬 등에 의해서 조절되는데 사춘기에 가장 많이 분비되고 그 다음이 어린아이 시기이며 성인이 되면 분비가 가장 적다. 요즘에는 유전자 재조합 기술로 인간 생장호르몬이 생산되어 비정상적인 성장을 초래하는 질환의 치료에 활용되고 있다.

5. 무기 염류의 조절

우리 몸의 생리적 조절이 정상적으로 이루어지기 위해서는 혈액, 조직액 등의 체액에 Na^+, K^+, Ca^{2+} 등의 무기 염류의 이온 농도가 적절히 조절되어야 한다. Na^+, K^+ 이온은 신경의 흥분 전달이나 전기화학적 평형에 필수적이며, Ca^{2+}은 특히 여러 가지 효소의 활성 조절과 근 수축 등에서 중요한 역할을 하므로 이들 이온의 농도는 정밀하게 조절되고 있다.

우리 혈액의 칼슘 농도는 뼈대에서 칼슘의 저장 및 방출, 신장에서 배설 및 재흡수, 소장 및 대장에서 칼슘 흡수 정도에 따라서 증가하고 감소한다. 이와 같은 칼슘 대사는 갑상샘이 분비하는 **칼시토닌(calcitonin)**과 갑상샘에 부착되어 있는 팥알 크기의 4개의 부

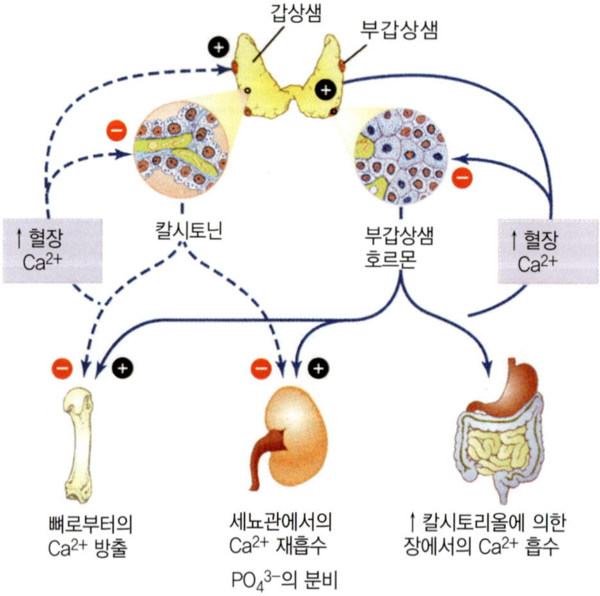

그림 12-10

칼시토닌과 PTH에 의한 칼슘의 분비와 조절

표 12-4 무기 대사 및 기타 조절 호르몬

호르몬	분비 조직	화학물질	표적 조직	작 용	조 절
칼시토닌	갑상샘	펩티드	뼈, 신장	혈중 칼슘 농도 감소 칼슘과 인의 배설 촉진	혈중 칼슘 농도
부갑상샘호르몬	부갑상샘	펩티드	뼈, 신장	혈중 칼슘과 인 농도 증가 장에서 칼슘 흡수 촉진	혈중 칼슘 농도
레닌	신장	단백질	혈액	안지오텐신 활성화	교감신경 흥분, 혈중 Na^+ 이온 감소, 혈액량 및 혈압 감소에 의해 분비 촉진.
멜라토닌	송과샘	아미노산 유도체	흑색소세포 및 신경계	멜라닌 색소의 응집 촉진 GnRH 분비 및 생식 주기 조절	어둠에서 분비 촉진 광주기에 의한 조절
적혈구생성소	신장	당단백질	골수	골수 증대, 적혈구 생성 및 방출 촉진	산소 분압 감소 및 빈혈에 따라 분비 촉진
리랙신	난소	펩티드	요인대	요인대와 자궁문 이완 촉진	임신 말기에 여성 호르몬 분비 증가로 촉진

갑상샘이 분비하는 **부갑상샘 호르몬**(PTH)의 길항적인 작용에 의해서 조절된다. 칼시토닌은 뼈로부터 칼슘이 방출되는 것을 억제하고 저장을 촉진함으로 혈장의 칼슘 농도를 낮추어주는 조절 작용을 한다. 이에 비하여 부갑상샘 호르몬은 뼈대의 칼슘 방출을 증가시키며, 소화 기관에서 칼슘 흡수를 촉진하고, 신장에서 칼슘 배설을 억제하므로 궁극적으로 혈액의 칼슘 농도를 증가시킨다. 따라서 이들 두 호르몬의 평형에 따라서 혈중 칼슘 농도의 항상성이 유지된다.

칼시토닌이 부족하면 뼈대의 칼슘이 빠져나간다. 뼈대는 무기 염류인 인산칼슘과 결합 조직의 주요 구성 요소인 콜라겐이란 단백질로 구성되며 여기서 인산칼슘은 뼈대의 경도를 콜라겐은 탄력을 부여한다. 그러므로 두 가지 요소 중 어느 한쪽이라도 결핍되면 뼈대는 지지 작용을 할 수가 없다. 칼시토닌이 결핍되어 뼈대의 칼슘이 과다하게 방출되면 뼈에 구멍이 생기게 되는데 이를 **골다공증**이라고 한다. 또한 콜라겐이 결핍되면 뼈대를 구성하고 있는 인산칼슘들 간의 결합이 약화되어 뼈대가 부스러지기 쉽게 되는데 이를 **메짐성 골증**(brittle bone syndrome)이라고 한다.

그밖에도 척추동물에는 레닌, 멜라토닌, 에리스로포이에틴, 리렉신 등의 호르몬이 있는데 이들의 분비와 작용은 표 12-4에 요약되어 있다.

6. 환경 호르몬

지난 세기동안 전 세계는 산업화의 과정에서 많은 종류의 화학물질을 생산하고 그 화

더 읽을거리 (12-3)

스트레스와 호르몬

스트레스는 여러 가지 복합적인 요인들에 의해서 발생하며 생물체에 있어서 체내의 항상성을 위협하여 생리적 균형을 상실하게 만든다. 스트레스 반응은 경고, 저항, 노이로제의 단계가 있으며 첫 경고 단계는 생리적 반응으로 항상성이 파괴되며, 뇌는 신속하게 무의식적으로 스트레스를 받아들여 신체로 하여금 "전투 또는 도주(fight or run away)"에 대비하게 한다.

일상생활에서 긴장이 계속되는 경우에는 만성적인 부신수질 호르몬의 분비로 혈압이 높아지고 혈당량이 증가하여 부작용을 나타낸다. 일상생활에서 스트레스를 능동적으로 해소하지 못하고 스트레스가 쌓이게 되면 본인도 모르는 사이에 체내에서는 면역 기능이 약화되어 있어서 질환에 걸릴 가능성이 커지게 된다. 부신피질은 사람 및 척추동물에서 다양한 스트레스에 대한 반응으로 **코르티손**이라는 호르몬을 분비한다. 스트레스는 뇌하수체 전엽에서 ACTH 분비를 증가시키며, ACTH는 부신피질에서 코르티손의 분비를 촉진한다. 코르티손은 면역계를 통솔하는 주역으로 알려져 있다. 코르티손은 면역 세포들의 시토카인(cytokine) 분비를 억제하므로 면역 기능을 약화시킨다. 그러므로 스트레스를 많이 받으면 살이 빠지고 병을 앓게 되는 것은 바로 이 때문이다.

학물질들을 응용하여 현대 사회를 발전시켜 왔다. 그러나 최근에 이르러 이들 대부분의 화학물질이 지구환경을 위협하는 오염원으로 밝혀져 그 대책 마련이 시급하다. 그뿐만 아니라 이들 화학물질 중에는 생물체내에서 호르몬의 작용을 교란시키는 것들도 있는 것으로 밝혀지면서 많은 화학물질들의 사용이 인류를 위협하는 환경 문제로 대두되고 있다. 생체 내에서 호르몬의 분비 및 작용 등을 교란시키는 유해한 화학물질을 내분비 교란 물질이라 하며, 호르몬과 동일한 작용을 하는 **내분비 교란 물질**을 **환경 호르몬**이라고 한다.

내분비 교란 물질의 피해는 크기가 작고 수명이 비교적 짧은 야생 동물에서 먼저 발견되었다. 그것은 크기가 작은 동물일수록 교란 물질의 축적된 효과가 빨리 나타나며 수명이 짧을수록 눈에 띄게 집단의 감소로 나타나기 때문이다. 내분비 교란 물질은 야생 동물의 생식 기관의 발생에 이상을 초래하여 자웅이체인 생물 종에서 암수동체가 발견되는 등 심각한 부작용을 초래하고 있다. 최근에는 인류도 그 피해자 중의 하나라는 것이 밝혀짐에 따라 전 세계적으로 심각한 우려를 낳고 있다. 환경 호르몬의 영향으로 최근 50년 동안 남성의 정자 밀도는 절반으로 줄어들고 유방암, 자궁암, 전립선암 등 생식과 관련된 암 발생이 현저히 증가한 것으로 추정된다.

1997년까지 67종의 화학물질이 내분비 교란 물질로 분류되었으며 그 중에는 **다이옥신**, **PCB(polychlorinated biphenyl)** 등과 같은 잔류성 유기 할로겐류, **DDT**를 비롯한 농약, 도료로 사용되는 유기주석, 계면 활성제인 페놀류, 수지 원료인 비스페놀 등이 포함된다. 내분비 교란 물질은 환경으로 배출되는 당시에는 극히 미량일지라도 생체의 대사 물질과는 달리 분해가 잘되지 않기 때문에 체내에 잔류성이 높다. 그러므로 생태계의 먹이사슬을 따라 최종 소비자인 인체에 축적되기 때문에 위험하며, 그 효과는 노출 경로나 노출 시기에 따라 건강에 엄청난 피해를 야기할 수 있다. 그 뿐만 아니라 화학물질 각각은 악영향이 없더라도 살충제와 같이 몇 가지 물질을 혼합하여 사용할 때에는 단일 화합물의 몇 백 또는 수천 배에 이르는 교란 효과를 나타낼 수 있으므로 한 가지 물질의 안전성만으로는 그 유해성을 판단할 수 없는 경우가 있다.

내분비 교란물질의 작용은 크게 3가지로 구분한다. 첫째로, 환경 호르몬의 화학적 구조가 정상 호르몬과 비슷하여 그 화학물질이 정상 호르몬의 역할을 흉내냄으로써 생식과 발생에 이르는 항상성을 교란하는 경우이다. 이와 같은 교란 물질은 생식기 기형, 암 발생률 증가, 신경계 및 면역계에 손상을 미친다. 둘째로 정상 호르몬이 그 수용체에 결합하지 못하도록 방해하여 항상성 유지를 교란하는 것으로 DDT가 이 유형에 속한다. 셋째로 다이옥신 등과 같이 호르몬 수용체에 결합한 뒤 원래와는 전혀 다른 생리반응을 유발시켜 대사를 교란시키는 경우이다.

최근에는 이와 같은 내분비 교란 물질에 대한 경각심이 고조되고 있으며 선진 국가에서는 화학물질 안전성을 재검토하고 내분비 교란 물질의 작용에 대한 연구가 활발히 수행되고 있다. 그 결과로 식품 관리법과 음용수 관리법을 강화하고 식품 및 수질에서 내분비 교란 물질로 밝혀진 화학물질의 분석을 의무화하도록 하고 있다. 또한 유해 화학물질 관리법과 살충제법 등을 개정하여 모든 신규 화학물질의 내분비 교란 시험을 의무화하고 있는 추세이다.

Exercise

1. 지용성 호르몬과 수용성 호르몬의 표적세포에서의 작용 기작 차이점을 서술하여라.

2. 호르몬과 표적세포와의 관계에 대하여 구체적으로 설명하여라.

3. 호르몬과 수용체의 결합에 의한 제2 전령자 이노시톨 3인산(IP3)의 생성과정과 IP3의 역할에 관하여 설명하여라.

4. 뇌하수체 전엽과 후엽의 호르몬 분비의 차이점에 대해서 설명하여라.

5. 뇌하수체 전엽에서 분비되는 호르몬들에 의한 음성되먹임 작용에 대해서 설명하여라.

6. 단식을 행할 때 체내에서 일어나는 생리적 변화에 대한 호르몬의 조절 기작에 대해서 서술하여라.

7. 칼시토닌과 부갑상샘 호르몬의 체내 칼슘이온 농도 조절에 있어서의 길항작용을 설명하여라.

8. 갑상샘 호르몬의 기능에 대하여 서술하여라.

9. 환경 호르몬을 정의하고 종류를 열거하여라.

Exercise

참고문헌

[인체생물학], 강성구 외, 서울: 아카데미 서적, 2004.
[인체생명과학], 안태인, 서울: 아카데미서적, 2003.
[동물생리학], 강봉균 등 번역, 라이프사이언스, 2007.
[인체생리학], 강신성·안태인 대표 역자, 지코사이언스, 2008.
[인체생명과학 10판], 옮긴이 대표 안태인, 라이프사이언스, 2008.

PART 03

영양과 건강

우리가 건강할 때에는 신체의 어느 부분이 어떤 작용을 하는지 별로 관심이 없지만 건강을 잃고 나면 모든 관심이 건강으로 집결된다. 건강은 한번 잘못되면 회복하는 데에 많은 노력이 필요하다. 건강을 지키기 위해서는 평소에 적절한 영양의 섭취와 긍정적인 사고방식을 가지도록 하고 적절한 운동을 하는 것이 필수적이다.

우리는 매일 하루 3끼의 식사를 하고, 때로는 간식을 먹고 음료수 등을 마신다. 우리 몸에서 이와 같은 음식물은 어떤 과정을 통해서 체내로 흡수되며, 체세포는 어떻게 영양분과 산소를 공급받는 것일까? 그리고 우리 몸에서 생성된 대사 노폐물은 어떤 과정을 통해서 배설되는 것일까? 이처럼 지속적으로 음식물이 들어오고 배설물이 나가면서도 포도당 농도, 체온, 염분 농도, 수분함량 등 체내의 환경이 항상 일정하게 유지되어 체세포의 생존에 쾌적한 환경을 제공하고 있다. 이러한 항상성은 어떻게 유지되는 것일까?

제3부에서는 이와 같은 영양분의 공급과 배설 및 항상성이 유지되는 원리를 알아보고 우리 몸은 감염성 질환이나 암에 어떻게 대처하는지 알아보자.

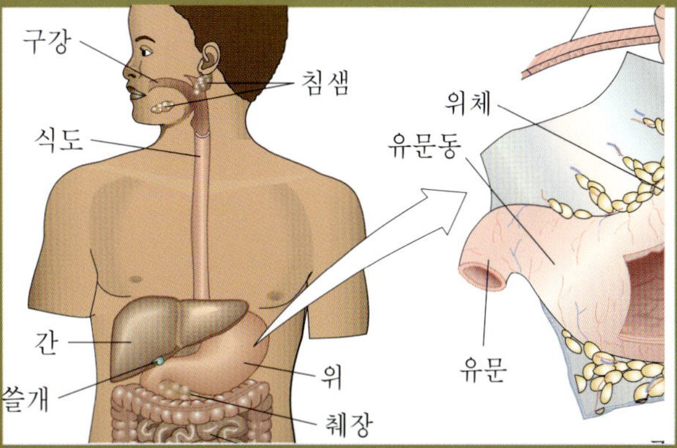

CHAPTER

13 소화

가슴앓이, 소화 불량, 가스가 차는 것, 변비와 설사 등 소화기와 관련된 여러 증상들은 생명에 위험은 없지만 일상생활에 적지 않은 불편을 주기 때문에 결코 가볍게 볼 수 없다. 오늘날 소화기관과 관련된 질환에 사용되는 금액은 복지 예산의 10%에 육박하고 있으며 약방의 선반에 놓인 약물의 숫자만 보더라도 소화 불량이 우리 사회에 얼마나 큰 영향을 미치는지 알 수 있다. 이 장에서는 소화기관계와 음식물의 영양분이 어떻게 소화되고 활용되는지 알아보기로 한다.

더 읽을거리 (13-1)

소화기 궤양

위 속은 생물체가 살기에 가장 부적합한 환경이라고 할 수 있는데 이는 위에서 분비되는 강한 산으로 채워져 있기 때문이다. 그래서 한때 위에는 그 어떤 생물도 살 수 없다고 생각하였으나 이와 같은 극단적인 환경에서도 번창할 수 있는 미생물이 발견되었다. 바로 그 놀라운 미생물이 1982년 호주의 두 과학자 베리 마샬과 로빈 워런에 의해 발견된 헬리코박터 세균(*Helicobacter pylori*)이다. 이 두 과학자는 이 세균이 특이한 방어 기작으로 위에서 생존할 뿐 만 아니라 다양한 궤양을 일으키는 원인균임을 해명한 업적으로 2005년도 노벨생리의학상을 수상하였다.

위나 십이지장벽의 상피세포가 근육성 점막까지 파괴되어 부어오른 증세를 **궤양(ulcer)**이라고 하며 흔히 십이지장에서 발생(십이지장궤양)하며 위에 발생하는 경우도 있다(위궤양). 십이지장궤양은 위산의 과다분비에 의해, 위궤양은 자가소화에 의한 위점막의 감소에 의해 일어난다고 알려져 있는데 이와 같은 대부분의 소화성 궤양환자들은 위장관에 서식하는 헬리코박터 세균에 감염되어 있다. 요소는 아미노산 분해로 생성된 질소 화합물인데 헬리코박터는 이 요소를 활용하여 위의 강산성에 대응하여 자신을 보호한다. 즉, 이 세균은 그 외막에 요소 가수분해 효소를 가지고 있어 요소를 이산화탄소와 염기성인 암모니아로 전환시킨다. 그래서 현재는 위궤양을 진단하는 척도로 환부조직에서 이 효소의 활성도를 조사하여 세균의 존재 여부를 확인한다.

1. 소화의 일반과정

소화에 관련된 위를 비롯한 여러 기관을 **위장관**(gastrointestinal tract: GI tract)이라고 하는데, 이 위장관은 구강에서 항문까지 긴 관상 구조로 되어 있으며 영양분, 물, 무기염류 등을 신체 외부로부터 내부로 운반하는 작용을 한다. 우리가 먹는 음식물은 대부분 단백질, 복합 탄수화물과 같은 고분자이기 때문에 신체의 내부로 흡수되기 전에 흡수 가능한 작은 분자 또는 영양소로 분해되어야 하며, 위장관은 음식물의 분해를 위하여 강력한 소화효소를 분비한다. 한편 위장관은 다양한 보호 장치를 이용하여 소화효소를 불활성화 하고 격리시켜 이들 효소로부터 자신을 보호한다. 이 보호 기작이 실패할 경우에는 소화관의 벽이 부분적으로 손상되어 궤양이라는 질환이 발생될 수 있다.

위장관이 매일같이 당면하는 또 다른 문제는 들어오고 나가는 물질량의 균형을 유지하는 것이다. 여러 종류의 외분비샘과 세포들은 소화기관 속으로 하루에 약 7L나 되는 액체를 분비하며, 이 분비물에는 소화기능 수행에 필수적인 소화 효소, 점액, 그리고 물이 포함되어 있다. 그러나 이 분비물도 상당량 재흡수 되어야 하며 그렇지 못할 경우 우리 몸은 심각한 탈수 위험에 직면하게 된다. 설사와 같이 소화기관으로부터 액체 손실이 심각한 경우에는 조직액의 수분이 고갈되어 순환계가 적절한 혈압을 유지할 수 없을 만큼 심각하기 때문에 설사 환자도 응급 환자가 될 수 있다.

이와 같은 생리적 과제는 위장관의 소화, 흡수, 운동, 분비라는 4가지 기본 과정의 통합 관리에 의해서 성취된다. **소화**(digestion)란 음식물을 화학 및 기계적 분쇄 과정을 거쳐 거대분자를 흡수 가능한 작은 단위 분자로 분해하는 것이며, **흡수**(absorption)는 소화산물을 소화관의 상피세포를 통하여 조직액으로 운반하는 과정이다. 그리고 **운동**(movement)은 근수축을 통하여 소화관 속의 물질을 이동시키는 것을 의미하며, **분비**(secretion)는 장 상피세포가 합성한 소화효소와 호르몬들을 여러 경로를 통해 방출하는 과정이다.

대부분의 영양분에 대하여 흡수 과정은 조절이 불가능하기 때문에 먹는 만큼 모두 몸속으로 들어가게 되어 있다. 이에 비하여 운동과 분비는 흡수 가능한 물질을 최대한 활용하는 방향으로 지속적으로 조절된다. 운동을 통해서 음식물이 너무 빨리 이동할 경우 소화관에서 소화와 흡수에 시간이 부족하기 때문에 조절되어야 하며, 소화 효소가 부족하면 음식물의 분해가 완결될 수 없으므로 이들의 분비량도 적절히 조절되어야 한다.

우리 몸에서 소화관은 신체의 내부를 관통하고 있으므로 소화관 속의 내용물은 외부환경의 연장선이라고 볼 수 있다. 소화관은 물과 영양분은 흡수해야 하는데 비하여 세균, 바이러스 등은 체내로 들어오지 못하도록 방지해야하는 두 가지 문제를 동시에 해결해야 한다. 소화관은 생리적인 방어 기작과 관련하여 상피조직에서 점액, 소화 효소 및 산을 분비하며, 체내에서 가장 거대한 림프조직인 **장림프조직**(gut-associated lymphoid tissue; GALT)을 가지고 있다.

2. 소화기관계의 구조

우리 몸의 소화기관계는 구강, 인두, 식도, 위, 소장 및 대장으로 구성되어 있으며, 부속소화기관으로는 침샘, 간, 쓸개(담낭), 췌장(이자) 등이 있다. 소화는 구강의 저작 작용과 침에 의한 소화작용에서 시작되어 주로 관속에서 이루어지며 소화 산물은 소화관 벽의 상피세포를 통해서 흡수된 다음 조직액으로 들어가서 혈액 또는 림프액에 의해서 심장으로 운반되고, 혈액순환에 의해 온몸으로 전달된다. 그리고 남은 찌꺼기는 소화관 끝에 도달하여 항문의 개폐에 따라서 몸 밖으로 배출된다.

구강에서 침과 뒤섞인 음식물은 식도로 들어간다. **식도**의 벽은 처음 부분은 골격근이지만 2/3쯤 내려가면 평활근으로 바뀌며 평활근에 의해 둘러 싸여 있으며, 식도는 횡격막 바로 아래에 있는 위에서 끝난다. **위**는 충만할 정도로 팽창하면 그 내부의 용적이 2-3L에 이른다. 위는 분문, 위저, 위체, 유문동 등 4부분으로 등으로 나누어지며, 음식물을 산 및 효소와 섞어서 **유미죽**을 만든다. 유미죽은 위와 소장사이에 있는 유문을 통해서 조금씩 소장으로 내려가며, 그 양과 속도는 유문에 의해서 통제된다. 그러므로 위는 구강에서 이루어지는 섭식 행동과 내장이 소화하고 흡수하는 생리적 활동 사이에서 중재 역할을 한

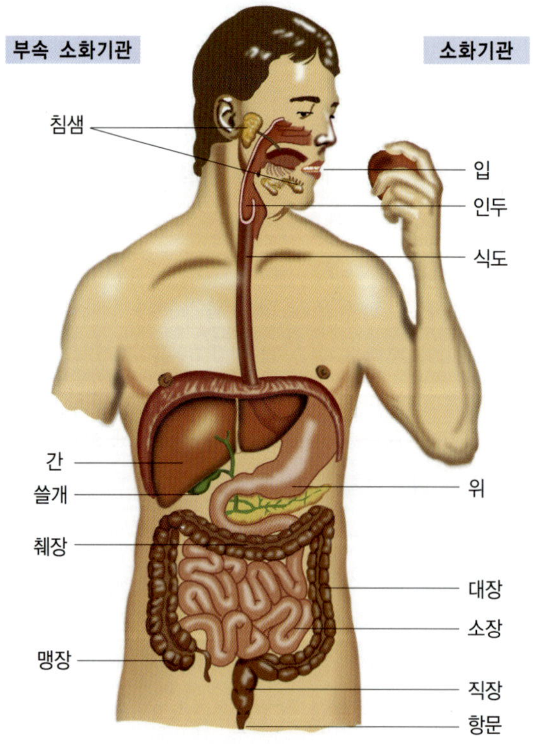

그림 13-1

사람의 소화기관계

다. 유문은 내장이 소화 흡수할 수 있는 최대 용량을 결코 초과하지 않도록 그 흐름을 조절한다.

소화는 위에서도 계속되지만 대부분의 소화는 소장에서 이루어진다. **소장**은 **십이지장**, **공장**, **회장**으로 구성되어 있으며, 십이지장은 25cm 정도이지만 공장과 회장의 길이는 260cm에 달한다. 보조 분비샘 기관인 이자와 간의 분비물은 주기적인 괄략근의 개폐로 십이지장으로 들어간다.

소화는 소장에서 끝나며 대부분의 영양분이나 분비물은 소장에서 흡수되고 하루에 1.5L 정도의 유미죽이 대장으로 들어간다. **대장**으로 들어간 유미죽은 **맹장** 및 **결장**을 통과하면서 수분 및 무기 염류가 흡수됨에 따라 반고체의 변이 만들어진다. 변은 대장의 끝부분인 직장으로 내려가며 항문을 통해서 밖으로 나간다. 항문의 외괄략근은 골격근이어서 수의적으로 조절이 가능하다.

위장관은 4개의 층 또는 막으로 구성되어 있는데 안쪽으로부터 **점막층**, **점막하층**, 두 층의 평활근으로 구성된 **외근막층**, 그리고 가장 바깥의 층인 **장막층**으로 이루어져 있다. 위장관의 점막에는 많은 주름이 있으며 점막의 상피세포는 미세 융털돌기를 가지고 있어서 그 표면적이 매우 넓다. 이밖에도 상피조직이 함입하여 결합조직까지 침투하여 표면적

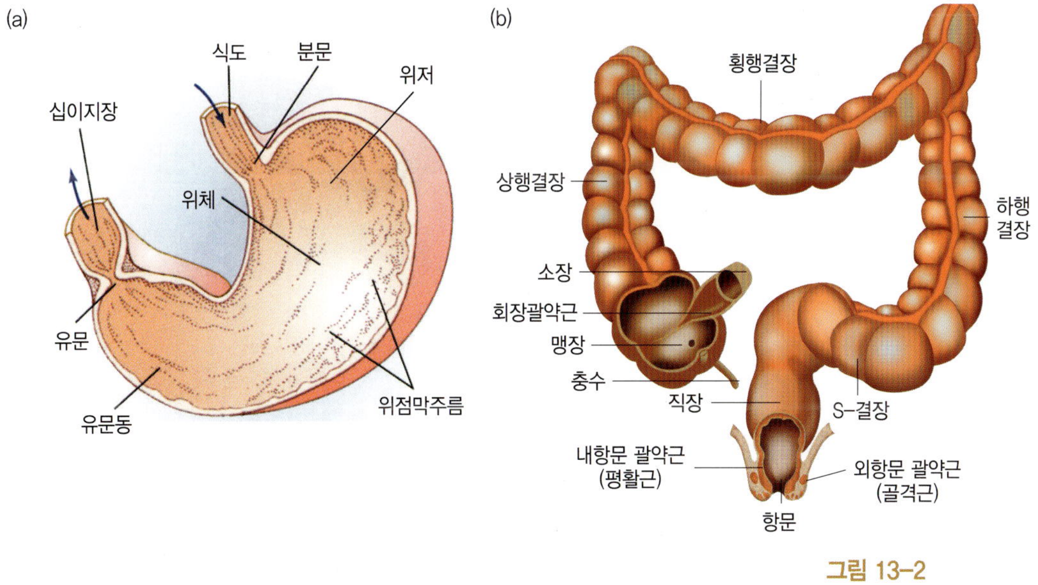

그림 13-2
(a) 위의 주요 부분들
(b) 대장의 구조

더 읽을거리 (13-2)

반추동물의 중 위

소, 양, 고라니, 사슴 등 초식동물들의 위는 크게 두 부분으로 나눠지고 4개의 소실로 구성되어 있어 중위라고 부른다. 첫 부분은 혹위와 벌집위로써 여기에서 공생하는 미생물은 먹이 속의 유기 성분들을 더 단순한 성분으로 전환하여 ATP 에너지를 생성하는 발효과정을 수행한다. 두 번째 부분은 겹주름위와 소화효소를 분비하여 실질적인 위 기능을 하는 주름위이다. 위에서 언급된 동물들은 모두 반추를 수행하며, 이 과정에서 부분적으로 소화된 먹이는 다시 씹기를 위하여 입으로 다시 운반된다. 게운 먹이를 씹어서 다시 삼킬 때는 중 위중위의 두 번째 부위로 들어가며 내벽에서 분비되는 소화효소의 도움으로 가수분해가 일어난다.

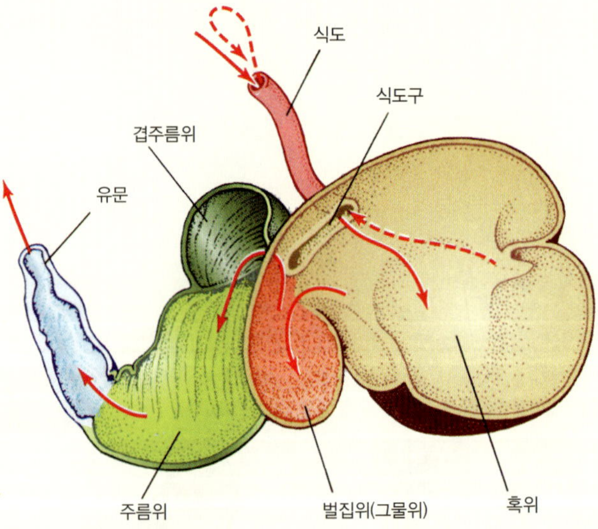

그림 13-3
반추동물의 중 위

을 더욱 넓혀주는 효과를 나타내는데 이 같은 함몰 부위를 위에서는 **위선**(胃腺), 소장에서는 **소낭선**이라고 한다.

장점막에는 장의 점막층에는 운반형 상피세포, 내분비 및 외분비 세포, 줄기세포 등이 있다. 운반형 상피세포는 무기염류, 수분, 영양분을 흡수하며, 분비세포는 효소, 점액, 측분비 호르몬 등을 분비한다. 장관벽의 장막 쪽에서는 호르몬이나 측분비 호르몬을 조직액으로 분비하여 인접한 조직세포의 작용을 조절한다.

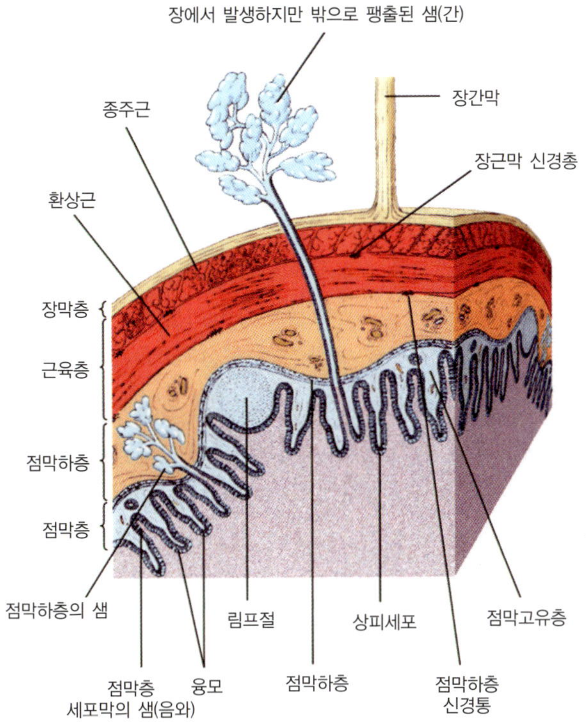

그림 13-4

소화관의 세포층과 신경망

장 상피세포들간의 결합은 다양하다. 위에서는 그 결합이 견고하여 물샐 틈이 없으나, 소장에서는 결합이 느슨하여 틈새로 물이나 용질 분자가 통과할 수 있다. 최근 연구에 의하면 이 틈새는 유연성이 있으며, 체내의 영양상태에 따라서 어느 정도 유동성 있게 조절된다고 한다. 점막하층 결합조직인 프로프리아 층에는 **장신경계**의 두 가지 주요 신경망 중의 하나인 **점막하 신경총**이 분포하고 있어 소화 기능을 통제하며 투과된 영양분을 흡수할 혈관과 림프관이 분포하고 있다. 또한 프로프리아 층에는 대식세포, 림프구, 등이 있어서 손상된 상피세포를 통해서 침입하는 병원균들을 감시하고 있다. 소화관의 바깥 부분에는 평활근으로 구성된 종주근과 환상근이 있어 소화관이 연동 운동과 분절 운동을 한다. 그리고 이들 두 근육층 사이에는 장신경계의 제2 신경망인 **장근막 신경총**이 분포하고 있다.

3. 소화관의 운동성

소화관의 운동은 음식물을 입에서 항문까지 이동시키는 일과 음식물을 작은 입자로 깨어지도록 기계적으로 혼합시키는 역할을 한다. 이 혼합 작용은 음식물 입자의 표면적을 넓게 하여 소화 효소에 대한 노출면을 최대로 만들어준다. 위장관의 운동성은 평활근의 특성에 의해서 결정되며 신경, 호르몬 및 측분비로부터 오는 화학적 신호에 의해서 조정된다.

대부분의 위장관은 독립적으로 수축하는 평활근으로 구성되어 있으며 집단을 이루는 세포들은 간극연접을 통하여 전기적으로 연결되어 있어서 분절운동을 하며, 수축 양상은 부위에 따라서 다르다. 위의 전단부나 일부 괄략근의 긴장성 수축은 수분 또는 몇 시간동안 지속되기도 하며, 수축-이완 주기가 수초 단위인 상동성 수축은 위의 후단부나 소장에서만 일어난다. 평활근의 수축-이완주기는 지연 파동 전위라고 하는 자발적인 탈분극과 재분극 주기와 연관되어 있다. 평활근 수축은 심근 수축과 같이 근섬유 내로 유입된 칼슘 양에 따라서 차등적 수축을 보인다. 지연파의 높이가 높을수록 활동 전위 발생수가 증가하여 근 수축력이 커진다. 그리고 지연파가 지속되는 시간은 수축 시간과 비례하며 신경전달물질, 호르몬 및 측분비에 따라서 조정된다. 지연파의 빈도는 소화관 부위별로 차이가나며 십이지장에서는 분당 3~12회 정도이다. 지연파는 카잘(Cajal) 간격 세포라고 하는 변형된 평활근 섬유에서 시작되어 간극연접을 이루고 있는 인접 세포로 전파된다.

위장관의 수축 양상은 소화관이 대부분 비어있는 식사와 식사 사이에는 위에서 시작된 수축이 서서히 **분절운동**을 하면서 90분 정도 걸려서 대장에 도달한다. 이 같은 수축은 일상적인 기능으로써 음식물 찌꺼기나 세균 등을 상부 위장관으로부터 대장으로 쓸어내리는 작용을 한다. 식사중이나 식후에는 연동수축과 분절수축을 한다. 연동수축은 점진적인 수축파동이 위장관의 한 부위에서 그 다음 부위로 전파된다. **연동수축**은 음식물 덩어리 바로 뒤쪽의 환상근이 수축하여 음식물을 초당 2~25cm 속도로 그 다음 분절로

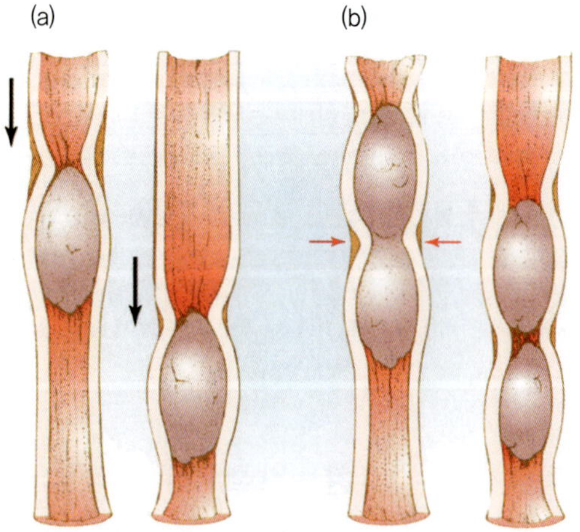

그림 13-5

소화관의 수축운동
(a) 연동운동 (b) 분절운동

밀어주는 역할을 한다. **분절수축**은 1~5cm 되는 장의 분절이 수축과 이완을 반복하는 것을 말한다. 분절수축에서는 환상근이 수축하면 종주근은 이완된다. 이 같은 분절수축은 창자를 따라서 불규칙하게 또는 일정 간격을 두고 일어난다. 분절수축은 음식물을 앞뒤로 움직여 섞어주는 역할을 하고 음식물과 흡수상피의 접촉이 잘 이루어지게 한다. 위장관에서 발생하는 가장 일반적인 식도 경련, 변비, 설사 등의 질환은 이와 같은 운동성에 이상이 발생하기 때문이다.

4. 분비

성인의 위장관은 하루에 약 9L 정도의 액체가 통과하는데 그 중 입을 통해서 들어오는 것은 2L에 불과하며, 나머지 7L 정도는 체액으로부터 분비된 것이다. 즉 3.5L는 부속기관과 침샘, 이자, 간 등의 선 분비기관에서 분비되며 나머지 3.5L는 소화관의 상피세포에서 분비된다. 말하자면 소화기관으로 분비된 액체의 양이 체액 총 부피의 1/6에 해당하고 혈장의 2배나 되는 셈이다. 그러므로 이렇게 많이 분비된 액체가 위장관에서 재흡수 되지 않는다면 우리 몸은 심각한 탈수 위험에 처하게 된다. 소화기관에서 분비되는 7L 액체의 대부분은 물, Na^+, K^+, Cl^-, HCO_3^-, H^+이온으로 구성되어 있으며, 이들의 대부분은 소장에서 흡수되고 추가적인 물과 이온의 흡수는 대장에서 이루어진다.

대부분의 소화효소는 활성화된 형태로 분비되어 소화에 참여하게 되는데 그 중 일부 소화 효소는 **효소원(zymogen)**이라 일컫는 비활성인 선구효소 형태로 분비되었다가 위장관에서 활성화되기도 한다. 소화효소의 방출은 신경, 호르몬, 측분비 신호 등 다양한 방법으로 조절되지만 일반적으로 **미주신경**인 부교감신경의 자극에 의해서 분비가 촉진된다.

점액은 끈적끈적한 분비물로서 주성분은 **점액소(mucin)**라는 당단백질이다. 점액소의 주요 기능은 위장관의 점막을 덮는 보호기능과 장의 내용물이 잘 미끄러져 내려가게 하는 윤활기능이다. 점액은 위의 **점액세포**와 소화관의 **배상세포**와 같이 특수화된 외분비세포에서 만들어진다. 입에서는 부속기관인 침샘이 침의 점액의 70%를 분비한다. 점액의 분비는 부교감신경을 포함하여 장신경계의 다양한 신경성 펩티드, 면역 세포가 분비하는 시토카인 등에 의해서 조절된다. 점액은 기생충이 감염하거나 장기에 염증이 발생하면 분비가 더욱 촉진되어 신체의 보호 장벽 역할을 한다.

5. 소화와 흡수

소화에 참여하는 효소들은 최대 활성을 보이는 pH가 각각 다르며, 그 최적 pH 값이 바로 그 효소가 소화에 참여하는 장소를 결정해준다. 강산성에서 가장 활성이 높은 효소는 위에서 소화에 참여하며, 알카리성 pH에서 가장 잘 작용하는 효소는 소장에서 소화에 참여한다.

보통 우리가 먹는 음식물에 포함된 칼로리의 반 이상은 전분, 설탕과 같은 탄수화물에 들어있다. 이외에도 식용 **탄수화물**에는 포도당 중합체인 글리코겐, 셀룰로오스, 이당류인 젖당, 맥아당, 단당류인 포도당과 과당이 있다. 그러나 사람은 셀룰로오스를 분해하는 효소가 없기 때문에 이를 소화하지 못하며, 단지 섬유소로서 작용할 뿐이다. 글리코겐은 육류에 많이 포함되어 있으나 대부분이 조리 과정에서 파괴되므로 우리가 에너지원으로 사용할 수 있는 주요 복합탄수화물은 전분이다. 침 속의 아밀라아제는 전분을 분해하여 긴 사슬 모양의 포도당 중합체 또는 더 작은 포도당 사슬이나 맥아당으로 분해한다. 그리고 이당류는 말타아제, 수크라아제, 락타아제 등의 효소에 의해 단당류로 분해된 다음 흡수된다.

표 13-1 소화기관계에서 분비되는 주요 효소와 작용

효소	작용부위	기질	작용산물
구강			
타액 a-아밀라제	구강	전분	이당류(약간)
위			
펩시노겐:펩신	위	단백질	대형 펩티드
췌장			
췌장 -아밀라제	소장	전분	이당류
트립시노겐:트립신	소장	단백질	대형 펩티드
키모트립신	소장	단백질	대형 펩티드
엘라스타제	소장	탄력섬유	대형 펩티드
카르복시 말단 펩티드 가수분해효소	소장	대형 펩티드	소형 펩티드 (올리고펩티드)
아미노 말단 펩티드 가수분해효소	소장	대형 펩티드	올리고펩티드
지방 가수분해효소	소장	트리글리세리드	모노글리세리드. 지방산, 글리세롤
핵산 가수분해효소	소장	핵산	뉴클레오티드
소장			
엔테로키나제	소장	트립시노겐	트립신
디사카리다아제	소장*	이당류	다당류
펩티다아제	소장*	올리고펩티드	아미노산
뉴클레오티드 가수분해 효소	소장*	뉴클레오티드	뉴클레오시드, 인산
뉴클레오시드 가수분해 효소	소장*	뉴클레오시드	당, 퓨린, 피리미딘

*세포 내

대부분 **단백질**은 아미노산 중합체이지만 소화되는 정도는 단백질 종류에 따라서 차이가 많다. 식물성 단백질은 소화가 가장 안 되는데 비하여 달걀의 단백질은 85~90%가 소화되어 흡수된다. 그러나 놀랍게도 소화되는 단백질의 30~60%는 음식물에서 온 것이 아니라 죽은 세포나 효소 및 소화관에서 분비된 점액 속의 단백질이다. 단백질을 소화하는 효소에는 아미노산 중합체를 중간에서 절단하는 엔도펩티다아제와 끝에서부터 잘라오는 엑소펩티다아제가 있다. 단백질 소화효소는 위, 창자, 이자의 상피세포에서 전구효소로 분비된다.

지방질에는 중성지질, 콜레스테롤, 인지질, 지방산, 지용성 비타민 등이 있다. 중성지질은 동식물에 모두 포함되어 있기 때문에 지방 칼로리의 약 90%는 중성지질에서 나온다. 지방은 물에 녹지 않기 때문에 소화가 복잡하다. 지방은 담즙의 유화제에 의해서 작은 입자로 분산된 다음 리파아제, 포스포리파아제 등에 의해서 분해되며, 콜레스테롤은 분해되지 않고 흡수된다.

핵산인 DNA나 RNA는 대부분 식품에 소량 포함되어 있으며, 이자와 장에서 분비되는 효소에 의해서 염기와 단당류로 분해된 다음 흡수된다.

6. 위장관의 기능 조절

소화기관계의 조절은 매우 복잡하여 아직까지도 이해되지 못한 부분이 많다. 신경계에 의한 위장관의 조절은 감각 뉴런-뇌-자율신경 경로를 엄격히 따른다고 할 수가 없는데, 그 이유는 위장관의 조절이 신경계의 다른 부분과 교통하지 않고 **장신경총**이 하나의 작은 뇌의 역할을 하여 반사적으로 이루어지기 때문이다. 그러나 여행성 변비, 조바심으로 인한 소화 불량, 심리적 소인에 의한 설사 등을 보면 장신경계가 뇌와도 상호 교감을 한다는 것을 알 수 있다.

1970년대에 이르러 장신경계는 뇌나 척수와 같은 뚜렷한 통합중추가 없으면서도 자극을 받아들이고 감각 정보를 종합하여 그에 대한 반응으로 장기의 운동성 또는 분비에 변화를 일으킨다는 것이 밝혀졌다. 이와 같은 의미에서 장신경계는 강장동물의 신경계와 유사하다. 장신경계의 반사는 외부에서 들어오는 정보가 없이도 자체에서 통합되기 때문에 이를 **단거리 반사**라고 한다. 장신경계의 **장근막 신경총**은 종주근과 환상근 사이에 분포하며 장기의 수축을 조절한다. 이보다 더 작은 **점막하 신경총**은 장기 안팎에서 오는 자극을 받아들이는 감각뉴런을 가지고 있다. 점막하 신경은 신호를 장근막 신경총의 운동 뉴런에 보내어 운동성에 영향을 미치며, 위장관 세포의 분비를 직접 조절한다.

장신경계는 독립적인 작용을 하지만 뇌와도 연결되어 있다. 장신경계는 감각 신경을 통하여 중추 신경계로 신호를 보낸다. 그 정보는 중추 신경계에서 통합된 다음 수백 개의 출수 자율신경을 통해서 수백만 개의 장신경에 신호를 보낸다. 또한 위장관의 반사는 장신경계

바깥에서 시작될 수도 있다. 이 같은 반사는 뇌에 의한 소화 조절로 예를 들면 음식 냄새를 맡으면 입에 침이 돌고 위가 꿈틀거리는 것은 뇌 반사의 일환으로 나타나는 것이다.

뇌의 반사는 소화기관으로 하여금 감각계가 기대하는 음식물을 받아들일 준비를 시키는 것으로 앞먹임(feed-forward) 방식으로 작용한다. 이 같은 반사는 중추 신경계에서 통괄되어 자율 신경계를 통해서 나타나기 때문에 **장거리 반사**라고 한다. 일반적으로 위장관에 콜린성인 부교감신경은 대부분 미주신경이며 흥분성 신호로 위장관의 기능을 촉진하며, 교감신경은 아드레날린성 뉴런으로 위장관의 기능을 억제한다.

위장관은 여러 호르몬 작용을 위한 내분비샘이자 그 표적기관이다. 위장관 펩티드 호르몬은 크게 3가지 물질 군으로 분류하는데 가스트린 군에는 **가스트린**, **콜레시스토키닌**(CCK) 등이 있으며, 세크레틴 군에는 **세크레틴**, 신경 분비물인 **혈관 작용성 장펩티드**(VIP) 등이 속하며, 제3군에는 **모틸린**(motilin) 호르몬 등이 있다.

위장관 펩티드 호르몬은 운동성과 분비 작용을 억제 또는 촉진한다. 운동성 효과는 연동 운동, 담낭 수축을 통한 담즙 분비, 위를 비우는 속도를 지연시키는 작용 등으로 나타난다. 위장관 펩티드 호르몬의 분비는 음식물을 삼키는 것이 자극이 되어 발생한다. CCK는 기름기가 많은 음식에 대한 반응으로 분비되며 담낭 수축을 자극하여 담즙을 방출시킨다. CCK는 위의 비움 반응을 지연시킴으로 지방 성분의 소화가 서서히 이루어져 완전히 흡수될 수 있게 하여준다. **위억제 펩티드**(GIP)는 장내의 포도당에 반응하여 방출되며 인슐린 방출을 자극한다. 세크레틴은 소장의 산에 반응하여 췌장에서 중탄산 분비를 촉발한다. 신경계도 펩티드 방출에 영향을 미치는데, 음식물 섭취로 부교감신경의 활성이 증가되면 위에서 가스트린 방출이 촉진된다.

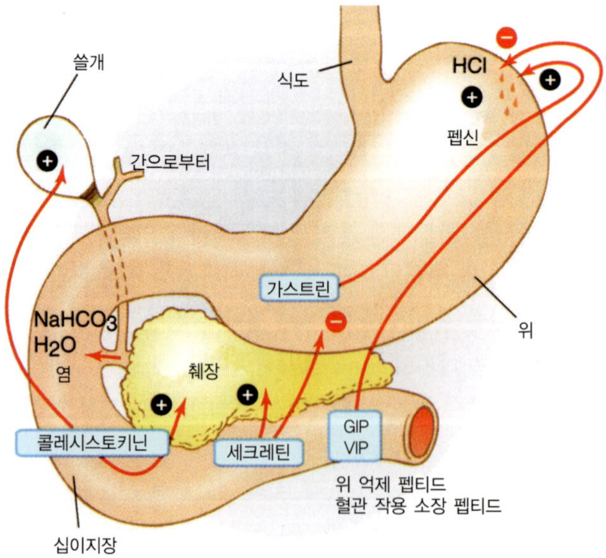

그림 13-6
위장관 펩티드 호르몬의 작용

7. 위장관 기능의 통합

위장관에 음식물이 통과하면서 각 구간별로 음식물의 소화는 일반적으로 뇌의 기능 단계, 위의 조절 단계, 장의 소화 단계로 구분된다.

소화 과정은 입에 음식물이 들어가기 이전부터 시작된다. 단순히 음식에 대한 시각, 후각, 또는 생각만으로도 입에 침이 돌고 위가 꿈틀거린다. 이 장거리 반사는 뇌에서 시작되며 앞먹임반응을 일으키는 뇌 기능 단계의 소화라고 한다. 이와 같은 기대 자극과 구강에 들어온 음식물의 자극은 연수의 뉴런을 활성화시킨다. 이에 대하여 연수는 자율신경을 통하여 침샘에 신호를 보내며 미주신경을 통하여 장신경계에 신호를 보낸다. 이들 신호에 대응하여 위, 장 및 부속샘 기관은 분비를 시작하고 음식물이 들어올 것에 대비하여 운동성이 증가하는 것이다.

위

위에서 소화 작용은 뇌 기능 단계인 미주신경을 통한 장거리 반사에 의해서 음식물이 들어오기도 전부터 시작된다. 음식물이 위로 들어오면 위 내부의 자극이 일련의 단거리 반사를 시작한다. 이 단거리 반사가 바로 위의 조절 단계이며 이는 곧 가스트린에 의한 염산

더 읽을거리 (13-3)

가슴앓이

식도의 아래쪽 끝에는 식도와 위 사이의 장벽 역할을 하는 식도하부 괄략근이 있는데 긴장으로 닫혀있다. 음식물이 내려오면 이 근육의 긴장이 풀리면서 음식물이 위로 들어간다. 이 괄략근이 수축해 있지 않은 경우에는 위산과 펩신이 식도 벽을 자극함으로써 통증을 발생시켜 가슴앓이(heartburn)의 원인이 된다. 음식물을 삼키는 과정에서 하단이 열린 상태로 식도가 팽창하면 내부 압력이 내려가 위의 산성 내용물이 빨려 올라오는 수가 있는데, 이를 신트림이 난다고 한다. 식도하단이 충분히 수축해 있지 않고 위가 음식물로 가득 채워진 상태에서 섞임 작용이 이루어질 경우에도 위산은 식도로 뿜어 올라올 수 있다. 쥐 등과 같은 설치류는 이와 같은 역류기능이 없기 때문에 소위 쥐약이라고 하는 독물을 사용하여 효과적으로 이들을 박멸하는 것이 가능하다.

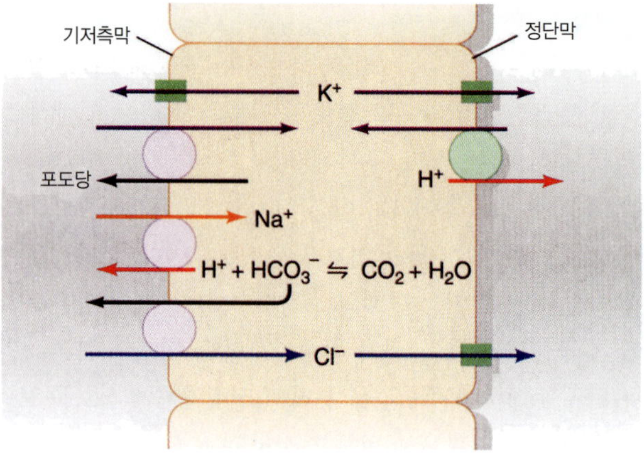

그림 13-7

위 벽세포에 의한 염산(HCl)의 생성

의 분비 조정과 연관된다. 이 반사에서 위의 팽창 및 아미노산의 출현은 내분비 세포와 장신경을 활성화시킨다. 그렇게 되면 호르몬, 신경 분비 및 측분비로 인해 소화기관의 운동성과 분비가 촉진된다.

위에서 위산(염산)은 이황화 결합과 수소 결합을 끊어주어 단백질의 삼차구조를 파괴하므로 단백질이 변성된다. 이처럼 단백질의 사슬이 풀리면 아미노산간의 펩티드 결합이 효소에 노출되어 소화가 시작된다. 펩신은 단백질을 분해하며 특히 콜라겐(collagen)에 유효하기 때문에 육류의 소화에 중요한 작용을 한다. 펩신과 함께 분비된 리파아제는 구강 리파아제의 도움을 받아 지방 소화를 시작하며, 지방 소화의 10%가 위에서 이루어진다. 입에서 시작된 탄수화물의 소화는 아밀라아제가 위산과 섞일 때까지 계속되지만 pH가 낮아지면 활성을 잃게 된다.

위의 **벽세포**(parietal cell)는 H^+/K^+-ATPase 펌프의 능동수송에 의하여 H^+이온을 위강으로 분비한다. 동시에 기저측막은 Cl^- 이온 수송을 HCO_3^- 이동에 결합시킴으로써 전기화학적 구배를 역행하여 Cl^- 이온을 받아들인다. 위는 하루에 1~3L의 염산을 분비하며, 위 내부의 pH를 2.0정도로 유지한다. 또한 벽세포는 **내인성 인자**(intrinsic factor)라고 하는 단백질을 분비하는데 이 단백질은 비타민 B_{12}와 복합체를 형성하여 비타민 B_{12}가 체내로 흡수될 수 있게 한다. 이 인자가 없어서 비타민 B_{12}가 결핍되면 적혈구 생산이 심각하게 감소하여 악성빈혈에 걸린다.

위샘의 **주세포**(chief cell)는 **펩시노겐**(pepsinogen)을 분비하며 이 효소는 위액에서 H^+의 HCl의 작용을 받아 **펩신**(pepsin)으로 전환되어 활성을 가지게 된다. 또한 위의 벽세포와 밀접한 관계를 가지고 있는 D세포는 측분비로 **소마토스타틴**을 분비하며, 엔테로크로마핀 유사 세포(ECL cell)는 **히스타민**(histamine)을 분비한다. 위샘의 깊은 곳에 있는 **G세포**는 위에 아미노산과 펩티드가 출현하거나 가스트린 방출 펩티드에 대한 신경계의 반사에 의해서 **가스트린**을 분비한다. 소마토스타틴과 낮은 pH는 가스트린의 방출을 억제한다.

위샘의 입구에 있는 점막 세포는 점액과 중탄산염을 분비하여 위를 보호하며 스스로 소화되는 것을 방지해준다. 점액은 물리적 장벽을 만드는데 비하여 중탄산염은 점액하부에서 화학적 완충제로 작용한다. 위 내부의 pH가 2.0이더라도 위벽 상피세포의 상단을 덮고 있는 중탄산염 층의 pH는 7.0에 가깝다. 위는 아스피린이나 알코올 같은 물질에 의해 자극을 받으면 점액 분비를 증가시킨다.

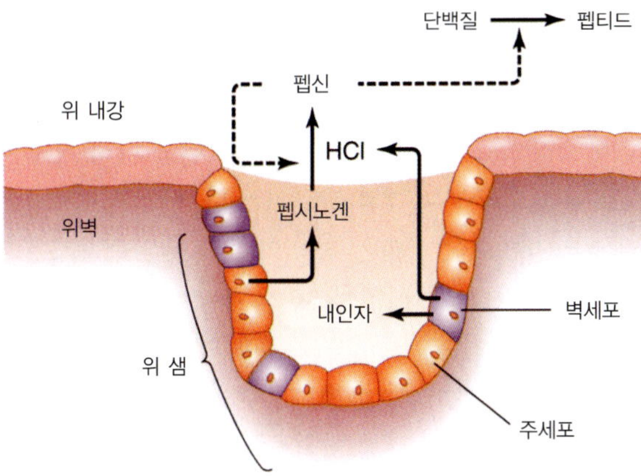

그림 13-8

염산에 의한 펩신의 활성화

더 읽을거리 (13-4)

구토

구토는 위와 십이지장의 내용물을 입으로 쏟아내는 것이다. 구토 반사는 연수의 구토 중추에 의해서 이루어지며 감각 수용기가 메스꺼움에 자극되어 시작된다. 구토 중추에서 나오는 신경 신호는 소장에서 시작된 연동운동을 반대 방향으로 진행시키며 복강의 압력을 높여 복강 수축이 심화된다. 이에 따라서 위는 이완하기 때문에 증가된 압력이 위의 내용물을 식도와 입 밖으로 밀어내는데, 이는 위장관에 독 물질이 흡수되기 이전에 제거하기 위해 설계된 일종의 보호 반사이다. 신체 모든 부위에서 다양한 자극이 구토를 유발할 수 있는데 혈액의 시토카인, 특정 약물과 같은 화학 물질, 통증, 차멀미나 배 멀미와 같은 균형 감각의 교란 등이 모두 자극원이다.

정상적인 상태에서 위점막은 점액-중탄산염 장벽에 의해 소화 효소나 산의 노출로부터 보호되어 있다. 그러나 이자에 암이 발생하여 가스트린이 과량 분비되면 이는 위산의 과다 분비를 초래하여 위벽의 정상적인 보호 기능을 능가하기 때문에 **위궤양**이 발생하게 된다. 위산과다에 대하여 흔히 위산을 중화시키는 제산제를 처방하였으나 최근에 분자생물학적으로 위벽세포에 의한 산 분비 기작이 밝혀짐으로 새로운 처방 법이 나오게 되었으며, 위산과다에 대한 신약으로 H_2-히스타민 수용체에 대한 길항작용제인 씨메피딘(cimefidine), 라니티딘(ranitidine)등과 H^+/K^+−ATPase 펌프를 봉쇄하여 H^+−펌프를 억제하는 물질로 오메프라졸(omeprazole), 란소프라졸(lansoprazole)등이 사용된다.

소장

장의 소화 단계는 유미죽이 소장으로 들어가면 시작되는데 이는 여러 가지 호르몬의 분비조절에 의하여 위의 운동성을 억제하는 것과 관련이 있다. 산성 유미죽이 십이지장에 들어오면 세크레틴이 혈액으로 분비되어 위의 산 분비와 운동성을 억제시키며 위의 음식물 비우기를 지연시킨다. 또한 세크레틴은 장내로 들어온 산성의 유미죽을 중화시키기 위하여 이자의 중탄산염 생산을 촉진시킨다. 유미죽에 지방이 포함되어 있는 경우에는 십이지장으로부터 혈액으로 CCK가 분비되어 위의 운동성과 산 분비를 지연시키는 한편 담낭의 수축을 자극하여 담즙을 십이지장으로 분비시킨다. 지방의 소화는 단백질이나 탄수화물의 소화에 비하여 시간이 더 많이 걸리므로 유미죽이 위에서 소장으로 조금씩 들어오게 해야 한다. 한편 음식물에 탄수화물이 포함되어 있으면 위억제 펩티드(GIP)가 분비된다. 유미죽은 산, 효소 및 소화된 음식물 혼합체로서 고장액이며 소장 벽의 삼투수용체는 이에 반응하여 위의 비우기 작용을 억제한다.

유미죽이 소장으로 들어오면 소장에서는 장상피, 이자, 간으로부터 효소 및 액체가 분비된다. 대부분의 소화와 흡수는 십이지장과 공장에서 이루어진다. 이자가 분비하는 중탄산염은 장점막의 손상을 방지하기 위하여 산성 유미죽을 중화시키며, 이자와 장상피는 단백질, 탄수화물, 지방을 소화하는 효소를 함유한 액체를 분비한다. 간은 지방의 소화를 돕는 물질과 배설물 혼합액인 담즙을 내보낸다. 소장의 운동은 유미죽을 효소와 섞어주며 점막을 통해 흡수될 수 있게 하여 준다. 소장의 점막은 주름을 이루며 내강으로 **융모**를 돌출시키는 한편 융모에 배열된 상피세포의 정점표면(apical surface)은 **미세융모(microvilli)**를 형성, 흡수 표면적을 증가시키기 위한 구조로 전환되어져 있다.

소장에 음식물이 들어오면 연동운동과 분절운동이 시작되며 부교감신경, 가스트린 및 CCK가 모두 장의 운동을 촉진하며 교감신경은 이를 억제한다. 이자의 효소는 장내에 들어와서 활성화되며 소장이 분비한 효소는 장상피의 미세융모에 고정되어 있다. 융모의 효소에는 펩티다아제, 수크라아제, 락타아제, 엔테로펩티다아제라는 단백질 분해효소 등이 있다. 이자의 효소는 장의 신축 및 소장으로 들어온 음식물에 자극 받아 분비되며, 아밀라아제, 리파아제 및 단백질 분해효소는 트립신에 의해서 활성화되며 트립신은 융털돌기의 효소에 의해서 활성화된다.

담즙은 간세포에 의해서 분비되며, 지방의 소화를 돕는 담즙염, 헤모글로빈 분해 산물인 빌리루빈(bilirubin) 같은 담즙색소, 콜레스테롤, 인지질(주로 레시틴) 등을 함유하고 있다. 담즙산은 아미노산과 결합하여 담즙염 담즙산염을 생성하는 스테로이드이며, 담즙염 담즙산염은 비누와 같은 세탁제 역할을 하여 지방을 분산시키는 작용을 한다. 담즙은 간관으로 분비된 다음 담낭에 저장되며, 식사를 하는 동안 담낭이 CCK에 자극되어 수축하면 담관을 통해 십이지장으로 들어간다.

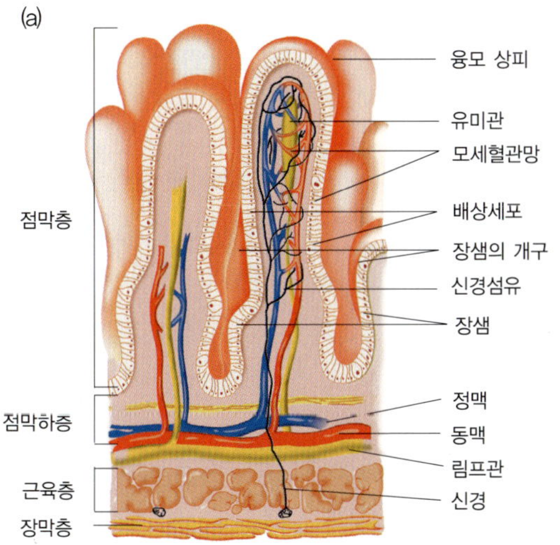

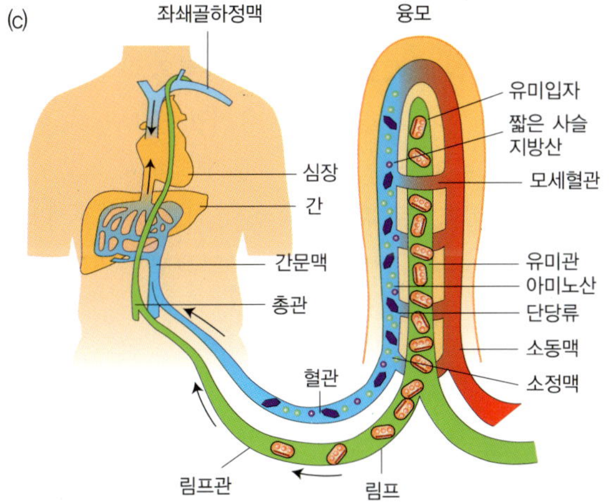

그림 13-9

소장의 소화와 흡수

(a) 소장 융모의 모식도
(b) 사람의 소장 내 흡수상피 세포와 미세융모 전자 현미경 사진
(c) 소장의 혈관과 림프에서의 영양 흡수 과정

더 읽을거리 (13-5)

황달

황달은 헤모글로빈의 분해산물인 빌리루빈에 의해 조직이 황색으로 착색되는 현상을 말한다. 성인의 경우 황달의 원인을 크게 두 요인에서 찾을 수 있는데 첫 번째 요인은 담즙의 배설이 담석의 생성에 의해 막혔을 때이며, 두 번째는 혈액 내의 적혈구가 대량으로 파괴될 때 일어난다. 신생아의 황달은 유리형 빌리루빈의 농도가 높은데서 기인하는데 이 경우 청색 계통의 광선 파장(400-500nm)을 쬐어주면 쉽게 치료가 가능하다. 광선을 흡수한 빌리루빈은 혈장에 잘 용해되기 쉬운 형태로 전환되어 담즙과 소변으로 배설된다.

탄수화물은 소장에서 소화가 완료되어 단당류로 되며, 장상피의 세포막 수송체에 의해서 세포 안으로 수송된 다음 다시 조직액으로 운반되어 모세혈관으로 들어간다. 단백질의 소화에는 17여종의 단백질 분해 효소가 참여하며, 최종 산물은 아미노산, 디펩티드, 트리펩티드로 되어 흡수된다. 아미노산은 구조가 다양하므로 다양한 수송체에 의해서 흡수된다. 소화가 완료되지 못한 디펩티드, 트리펩티드는 기저막을 통하여 수송된다. 크기가 더 큰 폴리펩티드는 상피세포 막의 수용체에 결합한 다음 세포의 **운반포 작용**(**transcytosis**)에 의해서 흡수되는데 이처럼 운반포 작용으로 흡수된 폴리펩티드는 항원으로 작용하여 알레르기 반응을 일으키기도 한다.

지방의 소화산물인 지방산과 글리세롤은 담즙염 담즙산염과 결합하여 **미셀**(**micelle**)을 형성함으로써 쉽게 융모막을 단순 확산으로 통과하여 장 상피세포로 들어간다. 장 상피세포의 소포체에 존재하는 합성효소에 의해 이들은 다시 지방으로 재합성된 다음 흡수된 콜레스테롤이나 인지질 등과 결합하여 **유미입자**(**chylomicron**)로 만들어지게 된다. 유미입자는 상피세포에서 **유미관**으로 외포 작용에 의해서 이동하고 림프관을 따라 **가슴관**(**thoracic duct**)을 거쳐 혈액으로 운반된다. 일반적으로 지용성 비타민(A, D, E, K)은 지방과 함께 흡수되며, 수용성 비타민은 수송체에 의해서 운반된다. 그리고 무기 염류는 대부분이 능동 수송에 의해서 흡수된다.

대장

대장은 맹장, 결장, 직장으로 구성되어 있으며, 대장은 한쪽 끝이 막힌 맹장에서 시작되며 맹장의 끝에는 충수돌기가 달려 있다. 유미죽은 맹장을 거쳐 상행 결장, 횡행 결장, 하행 결장, S자 결장을 거쳐 길이가 12cm 정도인 직장으로 들어간다. 직장의 끝에는 괄약근으로 된 항문이 막고 있다. 항문은 내부의 평활근과 외부의 골격근으로 되어 있다.

결장의 벽은 소장의 벽과는 달리 근판에 안쪽 환상근은 있으나 종주근은 불연속적으로 단절되어 3개의 붕대를 이루고 있다. 그래서 종주근 수축은 벽을 잡아당겨 툭 튀어나온 주머니 모양을 만드는데 이를 **하우스트라(haustra)**라고 한다. 결장의 점막은 융털돌기가 없이 편평하다. 결장의 연동운동은 식 습관과 유관하게 하루에 3~4회 이루어지며 유미죽을 집단으로 밀어낸다. 배변은 소변과 마찬가지로 장관 벽의 신축에 대한 척수 반사로 이루어지며, 평상시에는 비어있는 직장에 변이 들어가면 반사가 시작된다. 의식적으로 변을 참거나 장의 운동성이 감소하여 변이 결장에 오래 머물게 되면 수분 흡수가 계속되어 변이 굳어져 배변이 어렵게 된다.

사람은 대장에 2~11kg의 소화폐기물을 가지고 있다. 폐기물은 과체중, 대장암 뿐만 아니라 치명적인 독성 및 기생충 증가의 원인이 된다. 폐기물에 세균과 독성 물질의 축적으로 몸이 오염되면 일상적인 질환에 걸릴 가능성이 높아진다. 모든 질환이나 불편의 약 90%가 불결한 대장과 관련이 있다. 그러므로 건강을 유지하려면 가장 필요한 것이 대장 청소이며, 거기에는 섬유질이 필요하다. 야채와 도정하지 않은 거친 곡류는 풍부한 섬유질원이다. 요즘같은 편의점 식사가 판을 치는 세상에서 건강하기 위해서는 섬유식품을 많이 섭취해야 한다.

대장에서 유기물 소화는 결장에 상주하는 여러 가지 세균들에 의해서 이루어진다. 결장의 세균은 소화 잔여물인 복합 탄수화물, 단백질 등을 발효에 의해서 상당량 분해하며, 젖산, 지방산 등이 생성되어 장상피세포의 에너지원으로 사용된다. 또한 결장의 세균은 비타민 K를 생산한다. 그러나 음식물 찌끼기에 따라서는 발효 과정에서 황화수소와 같은 고약한 냄새가 나는 기체가 생산되기도 한다.

결장은 유미죽의 수분을 대부분 흡수한다. 하루에 결장으로 1.5L가 들어오며 정상적인 상태라면 0.1L 정도를 변으로 내보낸다. 결장의 점막 세포는 알도스테론의 작용을 받아 신장과 마찬가지로 NaCl을 능동 수송으로 흡수하고 K^+를 내보낸다. **설사(diarrhea)**는 장기의 액체 분비가 장의 흡수와 균형이 맞지 않아서 발생하는 병리적 상태이다. 설사는 장의 정상적인 수분 흡수 과정에 장애가 발생하거나, 흡수 불가능한 삼투 활성 물질이 있어서 물이 장기에서 흡수되지 못하기 때문에 생긴다. 소화되지 않은 락토오스나 식물성 소비톨(sorbitol)같은 것은 **삼투성 설사(osmotic diarrhea)**를 유발하는 좋은 예가 되는 물질들이다. **분비성 설사(secretory diarrhea)**는 비브리오 콜레라나 대장균의 장내독소가 결장에서 Cl^-의 분비를 촉진시키기 때문이다. 장내 세균 감염에 대한 반응으로 분비성 설사가 나는 것은 장내 병원균을 씻어내려는 일종의 적응 반응으로 볼 수 있다. 그러나 설사로 액체의 손실이 과다하면 탈수증의 원인이 된다. 설사가 심할 경우에는 염분과 수분 손실을 보충하는 액체를 구강으로 투여하면 설사 질환 및 그로 인한 사망을 상당히 예방할 수 있다. 구강용 수분 보충제는 대체로 포도당, Na^+, K^+, Cl^-를 포함하고 있는데 포도당을 첨가하는 이유는 Na^+ 흡수를 향상시키기 때문이다.

8. 식욕과 비만

식욕도 총 에너지함량, 그 중에서 총 저장 지방을 항상 일정하게 유지하는 방향으로 조절된다. 이 조절 과정에는 지방 조직세포가 합성하여 저장 지방의 함량에 비례적으로 분비되는 호르몬인 **렙틴**(leptin)이 가장 중요한 작용을 한다. 렙틴은 시상하부에 작용하여 식욕을 억제시키고 대사율을 조절하여 에너지 소모를 조절한다. 장기적으로 단식을 할 경우 이 호르몬은 시상하부와 뇌하수체에 작용하여 성호르몬 및 갑상선 호르몬 분비를 감소시키는 반면 부신의 글루코코르티코이드 분비는 촉진시킨다. 우리가 배고픔을 느끼는 것은 이 렙틴 외에도 혈중 포도당, 인슐린, 글루카곤 농도와 체온 등에 따라서 피드백으로 조절된다.

과체중은 일종의 기능적 표현으로 체 지방의 증가로 고혈압, 동맥경화, 심장 질환 및 당뇨와 같은 다양한 질환을 일으킬 정도로 건강상태가 나빠질 가능성이 높아짐을 의미한다. 비만(obesity)은 지방 축적이 특히 과다하여 과체중을 심히 초과하여 건강위험이 더욱 심한 경우이다. 과체중과 비만의 기준을 정하는 데에는 여러 가지 다른 기준이 있으나 일반적으로 체중보다는 **체질량 계수**(**body mass index; BMI**)를 사용한다. BMI는 체중(kg)을 키의 제곱으로 나눈 값이다. 이를 테면 체중 70kg, 키 1.8m인 경우 $70 \div 1.8^2 = 21.6$

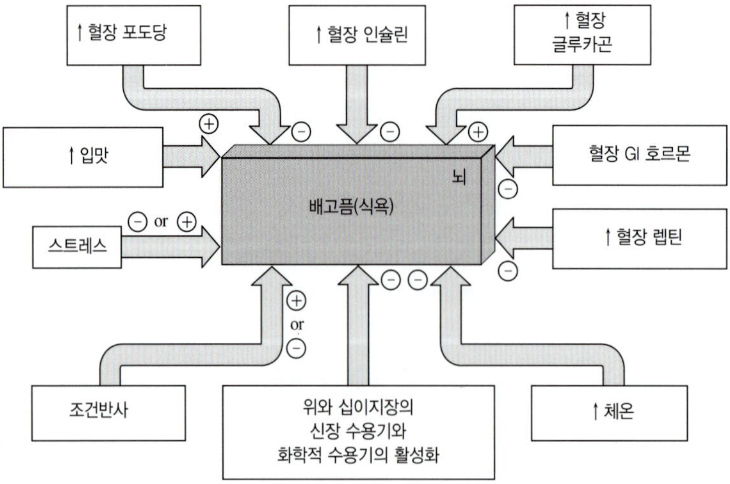

그림 13-10

식욕 조절 모식도

이 된다. 이 BMI 값이 25 이상이면 과체중이며 30 이상이면 건강 위험도가 심각하게 높아 비만이라고 한다. 그러나 이와 같은 계수법이 건강 상태를 알려주는 절대적인 방법은 아니며 계수 값이 같더라도 지방 축적이 신체의 어느 부위에 많은가에 따라서 질환 가능성 다르게 나타날 수 있다.

비만의 유형에는 두 가지가 있는데 소아기에 발생하는 비만은 지방세포의 수적 증가와 세포 크기의 증가를 수반하며, 성인에 발생하는 비만은 주로 지방의 축적에 따른 지방세포의 크기 증가로 나타난다. 비만은 치료를 하더라도 지방세포의 크기만 줄어들 뿐 그 숫자는 감소시킬 수가 없기 때문에 쉽게 체중이 다시 불어난다. 그렇기 때문에 소아기 때 비만 발생을 예방하는 것의 중요성이 강조된다.

비만의 요인에는 유전적 체질, 가족의 식사 습관, 심리적, 문화적, 사회적 요인 등이 있는 것으로 설명되지만 명확히 규명된 원인은 없다. 청소년기의 비만은 정서적 스트레스일 뿐만 아니라 사회적으로도 불리한 점이 많으며, 장차 심장 혈관질환이 될 위험성을 내포하고 있다. 체중 증가는 성장이 빠른 청소년기 일수록 관절에 과부하가 되어 통증의 원인이 되며, 골격의 생장에도 영향을 미친다. 따라서 균형 있는 식사로 활동량에 필요한 만큼의 칼로리를 섭취하고, 적절한 운동으로 계속적인 체중 조절 노력을 하는 것이 매우 중요하다.

Exercise

1. 위의 벽세포에서 염산의 분비는 어떻게 조절되는지 설명하고 위산의 생성 기작을 설명하여라.

2. 소화에 있어서 장거리 반사와 단거리 반사의 차이점을 서술하여라.

3. 트립신이 십이지장에서 활성화되는 과정과 그 기능에 대해여 설명하여라.

4. 위 기능의 외인성 통제에 있어 뇌 기능 단계, 위 소화 단계, 그리고 장의 조절 단계가 각각 무엇인지 설명하여라.

5. 위장관 펩티드 호르몬인 가스트린, CCK, 세크레틴의 기능에 대하여 서술하여라.

6. 간에서 분비되는 담즙이 어떻게 지방의 소화에 도움을 주는지 설명하여라.

Exercise

7. 소화된 물질들의 흡수와 연관하여 소장과 대장의 구조적 차이점을 설명하여라.

8. 위장관 운동과 관련하여 교감신경과 부교감신경의 길항작용을 설명하여라.

9. 부속 소화기관에 속하는 췌장의 내분비와 외분비 기능을 각각 설명하여라.

10. 연동운동과 분절운동에 있어 환상근과 종주근의 운동을 설명하여라.

참고문헌

[인체생명과학], 안태인, 서울: 아카데미서적, 2003.
[생명, 생물의 과학], 이광웅 외 역, 서울: 교보문고, 2003.
[동물생리학], 강봉균 등 번역, 라이프사이언스, 2007.
[인체생리학], 강신성·안태인 대표 역자, 지코사이언스, 2008.
[인체생명과학 10판], 옮긴이 대표 안태인, 라이프사이언스, 2008.

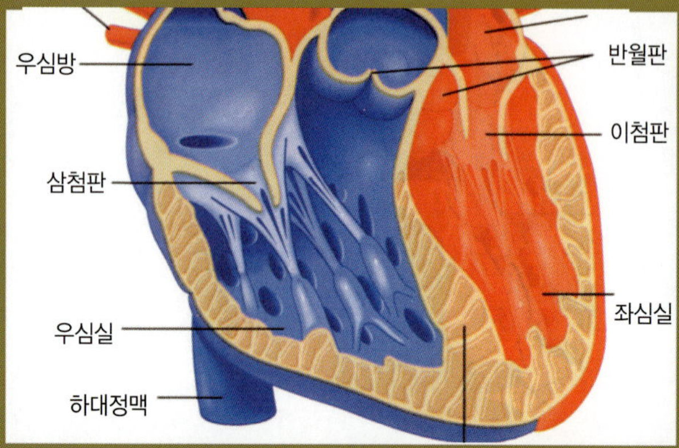

CHAPTER 14

순환계와 순환계 질환

우리 몸에서 순환계의 기능은 태아에서부터 죽음에 이르기까지 잠시도 쉬지 않고 이루어져야하며, 혈액 순환의 중단은 곧 사망을 의미할 만큼 순환계는 생명을 유지하는데 절대적으로 중요하다. 순환계는 간, 폐, 신장 등과 각 조직사이에 각종 영양분과 산소, 노폐물, 이산화탄소 및 열을 운반하며 각종 물질의 공급 및 방출을 원활하게 한다. 순환기 계통의 질환은 지난 30여 년간 30% 이상이 감소하였지만 21세기에 이른 지금까지도 전체 사망 원인의 50%를 차지할 만큼 흔한 질환이다. 우리나라의 경우 소득 증대와 더불어 국민의 영양 상태가 좋아지고 지방 섭취가 늘어나는 부영양화로 비만 인구가 증가 일로에 있으며 산업화와 더불어 사회 여건이 복잡해지면서 사람들이 많은 스트레스를 받고 있다. 이와 같은 요인들 때문에 현대 의학의 발달에도 불구하고 순환기 계통의 질환은 좀체 줄어들지 않고 있다. 이장에서는 순환계의 기본구조 및 기능을 이해하고 순환기 계통의 질환에는 어떤 것이 있는지 알아보자.

1. 혈액의 구성과 기능

건강 진단을 위해 병원에 가면 가장 먼저 혈액 검사를 한다. 그러나 혈액에 무엇이 들어 있으며 채취한 혈액을 대상으로 어떤 검사가 이루어지고 또 어떤 진단이 내려지는 지에 대해서는 구체적으로 모르는 경우가 많다. 혈액은 우리 몸에서 체중의 7%, 체액의 25%를 차지한다. 혈액은 고형성분인 혈구와 액체인 혈장으로 구성되어 있다. 혈구에는 적혈구, 백혈구, 혈소판이 있으며, 적혈구는 혈구의 99% 이상을 차지하며 산소를 운반한다. 백혈구는 감염 및 암으로부터 우리 몸을 보호하며 혈소판은 혈액의 응고에 관여한다. 심혈관계에서 혈액은 끊임없이 흐르기 때문에 모든 혈구 세포는 혈장에 분산되어 있다.

간단하게 빈혈을 알아보는 한 가지 방법은 혈액을 가는 모세관에 받은 다음 원심분리로 침전시켜 **혈구 용적률**을 분석하는 것이다. 혈액을 원심분리하면 아래쪽 대부분을 차지하는 적혈구 층과, 그 위에 백혈구와 혈소판이 있는 얇은 회색 층, 그리고 혈장으로 분

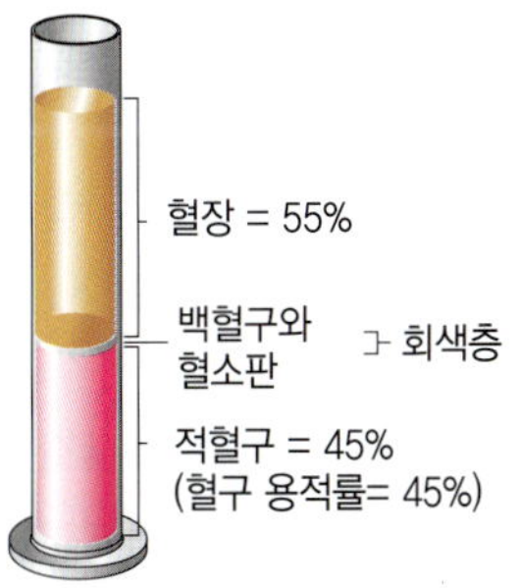

그림 14-1
혈구 용적률

리된다. 정상적인 혈구 용적률은 남자 45% 여자 42%이다. 체중 70 Kg인 사람이라면 혈액의 부피는 약 5.5리터이며, 적혈구 부피는 2.5리터, 혈장 부피는 3리터 정도가 된다.

혈장

혈장은 92%가 물이며, 7%는 단백질 나머지 1%가 아미노산, 포도당, 지질, 질소 폐기물 등을 포함하는 유기물, 무기 이온(Na^+, K^+, Cl^-, H^+, Ca^{2+}, HCO_3^-), 미량원소, 비타민, 산소 및 이산화탄소이다. 혈장이 옅은 황색을 띠는 것은 헤모글로빈이 파괴되어서 생긴 노폐물인 **빌리루빈**(bilirubin)이 포함되어 있기 때문이다.

혈장 단백질은 대부분 간에서 합성되어 혈액으로 분비된 것이며 혈액의 완충제 역할과 삼투압 요소로 작용한다. 그중 **알부민**(albumin)이 가장 많으며, 다음으로는 글로불린 단백질이 있는데 이중 감마 글로불린을 비롯한 몇 종류는 항체 기능을 갖고 있다. 그리고 **피브리노겐**(fibrinogen)은 혈액의 응고에 관여한다. 이외에도 혈장 단백질은 스테로이드 호르몬, 콜레스테롤, 철분, 약물 등의 운반체 역할을 하며, 호르몬 또는 효소로 작용하는 것도 있다.

혈액을 응고시키면 혈구 성분은 피브리노겐을 비롯한 응고 관련 단백질에 의해 가라앉고 맑은 액체가 남는데 이를 **혈청**이라고 한다. 즉 혈청은 혈장 성분 중에서 혈액 응고 관련 단백질을 제외한 액체 성분이다.

혈구

혈액의 혈구 성분은 적혈구, 백혈구, 혈소판, 3가지로 구분된다. 이중 세포의 온전한 구조를 가진 것은 백혈구뿐이며, 적혈구는 핵이 없고, 혈소판은 거핵세포(megakaryocyte)의 단편이다. **적혈구**는 많은 양의 **헤모글로빈**(Hb)을 가지고 있어서 폐와 조직사이에서 산소와 이산화탄소를 운반하는데 주도적인 역할을 한다. 산소는 헤모글로빈의 철에 결합하며, 혈액 100 ml당 남자는 16 g 여자는 14 g의 헤모글로빈을 가지고 있는데 이는 적혈구 무게의 33~35.6%에 달한다. 적혈구는 안쪽이 옴폭한 원반 모양이며 직경은 7μm 정도로 작기 때문에 부피당 표면적 비율이 높아 세포 안팎으로 기체가 신속하게 확산될 수 있다. 적혈구의 세포막에는 혈액형을 결정하는 특이한 다당류와 단백질이 있다.

적혈구는 골수 중에서도 적골수에서 생성되며 전구세포는 분화 과정에서 헤모글로빈을 합성한 다음 핵과 세포기관은 퇴화된다. 골수에서 성숙이 완료되지 못한 세포들은 약간의 리보솜을 가지고 있으며 특정 염료로 염색하면 망상 구조가 보인다고 하여 **망상적혈구**(reticulocyte)라고 한다. 망상적혈구를 거쳐 분화가 완료된 적혈구는 골수에서 혈액으로 들어간다. 그러나 빈혈이 심한 경우에는 미성숙 망상적혈구가 순화계로 들어오기 때문에 혈액 내 망상적혈구의 숫자가 빈혈의 지표가 되기도 한다. 적혈구는 핵이 없으므로 스스로 재생 능력이 없으며 수명은 120일 정도이다. 그러므로 우리 몸에서는 하루에 약 1%의 적혈구, 숫자로 환산하면 2500억 개의 세포가 생성되고 파괴되는 셈이다. 적혈구는 지라와 간에서 파괴되며 분해된 헤모글로빈의 철분은 회수되어 재활용되고, 헴(heme) 부분은 빌리루빈으로 전환되어 간에서 담즙 색소가 된다.

적혈구 생산에는 철분과 비타민으로 엽산(folic acid)과 비타민 B_{12}를 비롯한 특정 생장 요소가 필수적이다. 적혈구는 신장의 결합조직에서 주로 분비되는 호르몬인 **적혈구생성소**(erythropoietin)에 의해서 생산이 조절된다. 이 호르몬은 일상적인 적혈구 생산 조절 외에도 심장 박동 감소, 폐질환, 빈혈 등이 있거나 고산지대에 적응하는 과정에서 특히 많이 분비되어 혈액의 산소 운반을 증대시킨다. 남성이 여성보다 적혈구나 헤모글로빈의 양이 더 많은 이유 중 하나는 남성호르몬인 테스토스테론이 적혈구생성소의 분비를 자극하기 때문인 것으로 추정된다.

적혈구가 파괴될 때 대부분의 철분이 회수되기는 하지만 일부는 대소변과 땀으로 손실되며 특히 여성에는 월경으로 인한 추가적인 손실이 있다. 이와 같이 손실된 철분은 음식물을 통해서 보충되어야 하는데, 철분은 육류, 간, 갑각류, 난황, 콩, 견과류 등에 많이 포함되어 있다. 철분이 부족하면 **철분 결핍성 빈혈**이 생기며 과다한 경우에는 심각한 독성이 나타난다. 철분의 항상성은 장 상피세포에서 조절되며, 일반적으로 섭취한 철분 중 소량만이 소화기관에서 흡수된다.

철분은 주로 간에 **페리틴**(ferritin)이란 단백질에 결합된 상태로 저장되어 있으며, 파괴된 헤모글로빈에서 회수된 철분은 혈장에서 **트렌스페린**(transferrin)이란 단백질에 의해서 운반된다. 우리 몸에서 철분의 50%는 헤모글로빈에, 25%는 페리틴에, 나머지 25%는 시토크롬(cytochrome)을 비롯한 헴 함유 분자에 결합해 있다.

백혈구는 구조와 염색되는 특징에 따라서 구분한다. **다형핵 과립백혈구**(**polymorphonuclear granulocyte**)는 핵이 여러 덩어리로 되어 있으며 세포질 과립이 많다. 그중 산성 염색액인 에오신에 의해서 염색되는 것들을 **호에오신성 백혈구**(호산성 백혈구, **eosinophil**)라고 하며 청색 염기성 염료에 잘 염색되는 것을 **호염기성 백혈구**(**basophil**), 이들 두 가지 염료에 잘 염색되지 않는 것들을 **중성 백혈구**(호중구, neutrophil)라고 한다. 혈액에는 중성 백혈구가 단연 많다. 그 밖에도 과립백혈구보다 크지만 과립이 거의 없고 난원형 또는 말굽 모양의 단일 핵을 가지고 있는 백혈구를 **단핵 백혈구**(단구, **monocyte**)라고 하며, 단핵 백혈구와 비슷하면서도 세포질이 거의 없는 것들을 **림프구**(**lymphocyte**)라고 한다. 이들 백혈구의 기능은 면역에서 다루기로 한다.

혈소판은 적혈구보다도 더 작은 무색의 세포 단편으로 다양한 과립을 가지고 있다. 혈소판은 대형 골수 세포인 거핵세포의 세포질 일부가 떨어져 나와 순환계로 들어온 것이며 다음에 설명할 혈액 응고에 관여한다.

혈구 생성의 조절: 이와 같은 다양한 혈구들은 모두 골수에서 만들어지며, 적혈구 생성은 적혈구생성소, 혈소판 생성은 **트롬보포이에틴**, 백혈구는 **인터루킨** 등에 의해서 생

성이 촉진된다. 어릴 적에는 대부분 뼈의 골수에서 혈구가 생성되지만 성인이 되면 가슴을 싸는 뼈와 두골 하단, 사지뼈의 상부에서만 혈구 생성이 활발하다. 성인에서 골수의 무게를 모두 합치면 간과 비슷하다. 골수에서는 엄청난 속도로 세포를 생산하는데 모든 혈구는 골수에서 다양하게 분화될 수 있는 **다능 조혈모세포**(**pluripotent hemopoietic stem cell**, 조혈세포)에서 유래하며 혈구를 생성하는 **조혈작용**의 과정은 다음 그림과 같다.

조혈작용은 배 발생 초기에 시작되어 일생동안 계속된다. 태아 발생 3주면 난황주머니의 특정 세포들이 괴를 형성하며, 일부는 혈관 내피세포를 형성하며 나머지는 혈구를 생산한다. 배 발생이 진행됨에 따라서 혈구 생산은 간, 지라, 골수로 나누어진다. 출생하면 간과 지라는 혈구 생산을 중단하고 골수에서만 이루어지며 5세 이상 되면 골수의 활성이 감소하며, 적골수에서만 생산이 계속된다. 조혈 활성이 없는 골수는 지방세포들이 늘어나면서 황색이 된다. 조혈작용이 활발한 골수에서 세포의 25%는 적혈구로, 75%는 백혈구로 분화되는데 이는 백혈구의 수명이 중성 백혈구의 경우 6시간에 불과할 정도로 적혈구보다 짧기 때문인 것으로 보인다.

그림 14-2
조혈작용

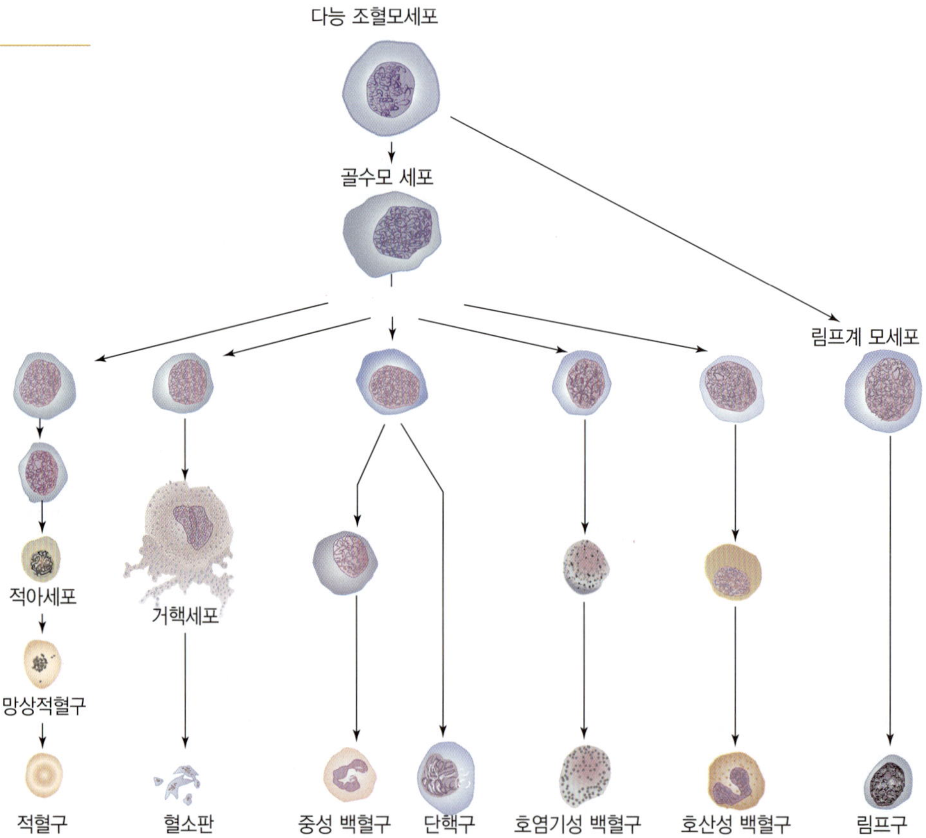

2. 순환계의 구조

순환계는 심장과 혈관계로 구성되어 있으며 혈관계에는 동맥, 정맥, 모세혈관이 있다. 사람의 심장은 주먹만한 크기의 근육질로 된 주머니이며 2심방 2심실로 구성되어 있다. 심장의 바깥은 심낭에 싸여 있으며 대동맥에서 갈라져 나온 관상동맥이 심장 벽에 영양분과 산소를 공급하고 노폐물을 운반한다.

심장은 자율 신경계의 조절을 받기는 하지만 자율신경을 절단하여 중추 신경계로부터 분리되더라도 얼마동안은 자발적으로 박동한다. 심장의 우심방 상단에는 심장 박동의 자발성과 관련하여 **동방 결절**이라는 조직이 있다. 이 조직은 중추 신경계의 흥분 전달과는 관계없이 주기적으로 스스로 신경 흥분을 발생시켜 심장 박동을 일으키기 때문에 이를 심장의 **박동원**이라고 한다. 이 박동원의 흥분이 좌우 심방 벽으로 전파되면 심방이 수축하며, 동시에 그 흥분은 심방과 심실사이에 위치한 **방실 결절**로 전파된다. 방실 결절로 전파된 흥분은 이어서 심실 벽으로 전파되면서 일시에 좌우 심실을 수축시키고, 그 결과 심실의 혈액을 밖으로 밀어낸다. 우리 몸의 피부에 전극을 부착시켜 이와 같은 심장의 흥분 전달을 간접적으로 볼 수 있게 만들어 놓은 것이 **심전도**이다.

이와 같이 자발적으로 이루어지는 심장 박동은 자율 신경계의 작용에 따라서 그 속도가 조절된다. 스트레스 또는 긴장으로 교감신경의 흥분이 동방 결절에 전달되면 심장 박동이 촉진되어 혈압이 올라가며, 부교감신경의 흥분이 전달되면 심장의 박동이 지연된다.

태아의 혈액 순환은 성인과 많은 차이가 있다. 태아 시기에는 태반을 통하여 물질 순환 및 가스교환을 모체에 의존하고 있다. 태아도 폐를 가지고 있지만 세상에 태어나기 전에는 폐로서의 기능을 수행하지는 않으며 신체의 다른 장기와 마찬가지로 산소를 소모하는

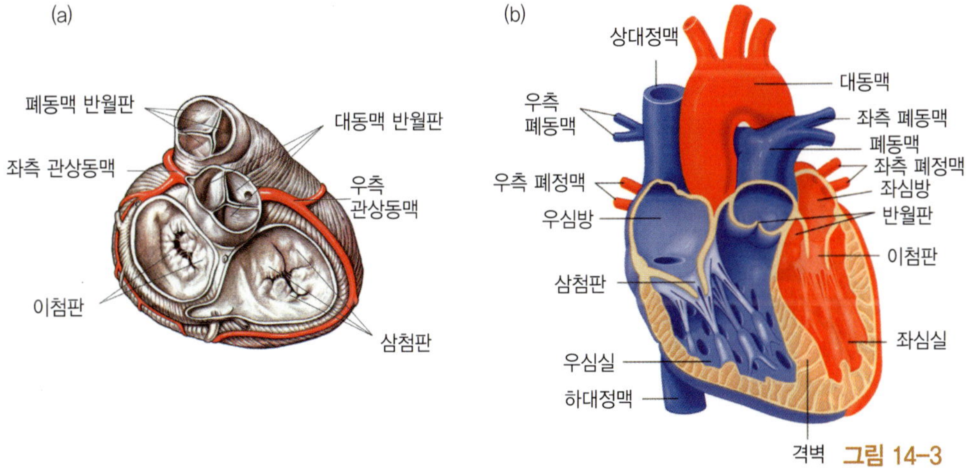

그림 14-3
심장의 구조
(a) 판막의 구조 (b) 종단면

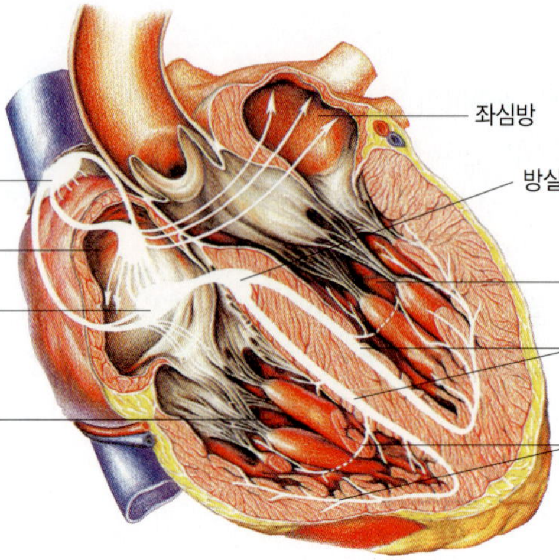

그림 14-4
심장 박동의 흥분 전달

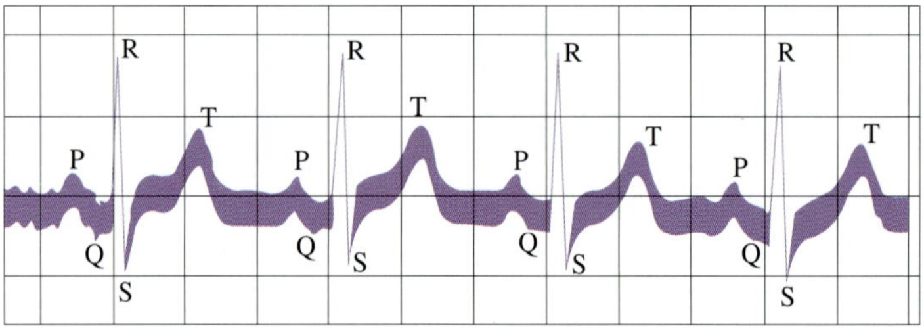

그림 14-5
심전도

기관에 지나지 않는다. 태아의 호흡 특성이 이처럼 다르기 때문에 심장의 구조도 차이가 나며, 태어난 후 자신의 폐로 호흡을 하면서부터 심장도 성인의 심장 구조를 가지게 된다.

성인에 있어서 온몸을 돌고 온 혈액은 우심방으로 들어간 다음 우심실을 거쳐 폐에서 가스 교환을 하고, 좌심방으로 들어온 다음 좌심실의 박동으로 다시 온몸을 돌게 된다. 그러므로 성인의 혈액 순환은 혈액이 한 방향으로만 흐르게 되므로 폐순환과 체순환이 각각 100%라고 할 수 있다. 이에 비하여 태아의 혈액 순환은 태반에서 가스 교환을 하므로 폐순환이 7%, 체순환이 93%이다. 이는 앞에서 설명한 바와 같이 폐의 기능이 가스 교환에 있지 않고 단지 체순환의 일부에 지나지 않음을 의미한다. 태아의 심장은 구조면에서도 우심방과 좌심방 사이의 벽이 완전히 막혀있지 않고 **난원공**이라는 구멍을 통하여 열려 있다. 그러므로 우심방 혈액의 상당 부분이 우심실과 폐순환을 거치지 않고 직접 좌심방으로 들어가 체순환을 한다. 그 뿐만 아니라 우심실을 나간 혈액을 폐로 운반하게 되

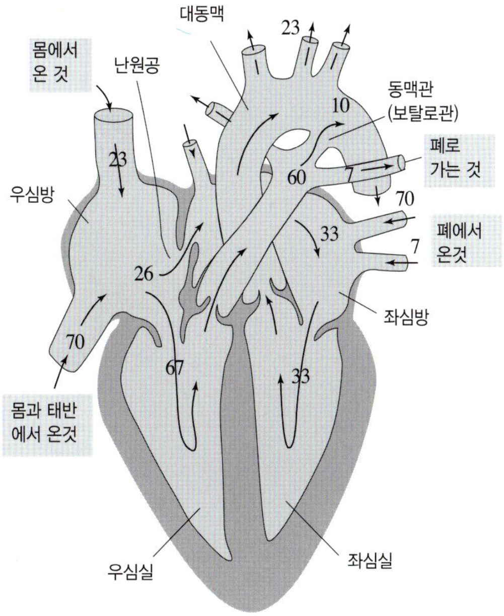

그림 14-6

태아의 심장과 혈액순환

그림에서 숫자는 심장에서 나가는 혈액을 100으로 하였을 때 각 부위에서 상대적인 혈류량을 나타내는 것임.

어 있는 폐동맥이 대부분의 혈액을 **동맥관**을 거쳐 곧바로 대동맥으로 운반한다. 이와 같은 심장과 혈관계의 구조적 차이로 인하여 태아 적에는 폐동맥 혈과 대동맥 혈이 섞여서 흐르며, 폐순환과 체순환이 구분되지 않는다.

태아가 세상에 태어나면서부터는 태반을 통한 혈액 순환은 중단되므로 스스로 폐를 통하여 가스 교환을 효율적으로 할 수 있도록 혈액 순환이 이루어져야 한다. 이는 태아가 세상에 태어나서 좌심방의 수축이 강화되어 그 압력으로 좌우 심방을 연결하고 있던 난원공이 점차 막히고 동맥관이 차단되면서 가능해진다. 아기가 자라면서 운동량이 늘어나는 만큼 근육에 산소의 요구량이 증가하며 폐순환이 100% 이루어져야할 필요성이 증대된다. 그러나 이와 같은 심방 벽의 차단이 완결되지 않으면 계속적으로 폐순환과 체순환이 완전히 분리되지 못하기 때문에 신체 조직에서 산소 결핍 현상이 초래된다. 이와 같은 심부전에 의한 어린이의 심장 이상은 유아기에는 외양적인 증세가 없으나 초등학교에 다니는 동안 운동량이 늘어나면서 그 증세가 점차 나타나기 시작하는 경우가 많다.

또한 태아는 적혈구의 헤모글로빈도 성인이 비하여 차이가 난다. 성인은 폐로 호흡하며 적혈구에는 α-사슬 2개, β-사슬 2개로 구성된 **HbA**라는 **헤모글로빈**이 들어 있다. 이 HbA는 산소 분압이 높은 폐포에서 100% 산소로 포화되며 산소 분압이 낮은 조직에 도달하면 산소를 해리하여 조직 세포가 이용하게 한다. 그러나 태아는 폐를 통하여 호흡을 하지 않고, 태반까지 운반되어온 모체의 혈액에서 산소를 공급받는다. 태반에서 모체의 혈액은 폐에 비하여 산소 분압이 높지 않으므로 태아는 산소 부족에 빠질 가능성이 있다. 이와 관련하

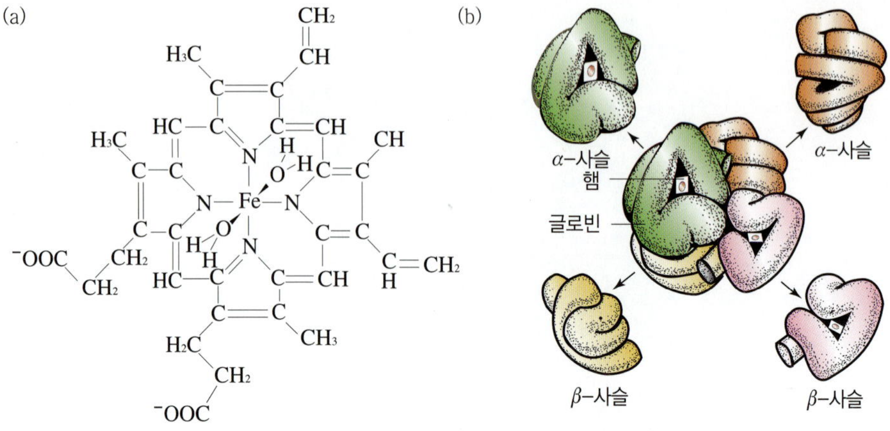

그림 14-7

헤모글로빈
(a) 헴의 구조, (b) 헤모글로빈의 분자 구성

여 태아는 산소에 대한 친화도가 큰 α-사슬 2개, γ-사슬 2개로 구성된 **HbF**라는 태아 헤모글로빈을 가지고 있어서 이 문제를 해결한다.

태아가 세상에 태어나 스스로 폐호흡을 시작하면 더 이상 산소에 대한 친화도가 큰 HbF의 필요성이 없게 된다. 따라서 출생 후 유아의 몸에서는 HbA를 합성하여 HbF를 대체하게 된다. 헤모글로빈은 간에서 파괴되며, 철분은 재활용되고, 피롤환 구조를 이루는 분자단은 간에서 쓸개즙으로 분비된다. 이와 같이 헤모글로빈의 교체가 급격히 이루어지는 경우에는 분해중간 물질로 빌리루빈이 축적되며 이로 인하여 황달이 나타난다. 특히 갓 태어난 아기의 태아 헤모글로빈이 대량 분해되면서 나타나는 황달을 **신생아 황달**이라고 한다.

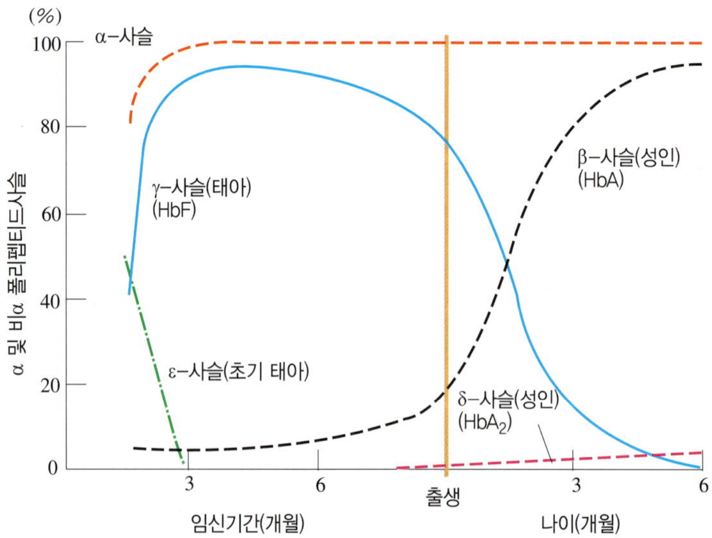

그림 14-8

태아의 출생과 헤모글로빈의 변화

3. 지혈과 혈액 응고

지혈은 피가 몸 밖으로 빠져나가는 것을 차단하는 효과가 있다. 일상생활에서 동맥, 모세혈관, 정맥과 같이 작은 혈관이 손상되어서 나타나는 출혈은 생리적 항상성을 통하여 지혈이 되지만 큰 혈관의 출혈은 항상성만으로는 멈추기 어렵다. 지혈은 혈관 손상부위의 수축, **혈소판 응집** 반응에 의한 마개 형성, **혈액 응고**로 손상 혈관이 회복될 때까지 구멍을 메우는 3단계 과정으로 이루어진다.

첫 단계인 혈관의 수축은 혈관 내피세포의 측 분비에 의해서 이루어지는 것으로 보이며, 일시적으로 손상부위에 혈액 흐름과 혈압을 감소시킨다. 이는 즉각 다음 단계로 손상부위에서 혈소판 응집 반응으로 **혈소판 마개**가 형성되는 것을 촉진한다. 혈소판은 혈관 손상으로 혈관을 싸고 있는 기저막의 구성요소인 콜라겐에 달라붙으면 활성화되어 시토카인(cytokine)을 방출한다. 이에 따라서 국부적인 혈관수축이 강화되며 더욱 많은 혈소판이 손상부위에 달라붙어 상처 부위를 막는다.

동시에 세 번째 단계로 노출된 콜라겐과 조직 요소가 일련의 복잡한 과정을 통하여 엉기면서 혈액이 응고된다. 이 과정에서 불활성이던 혈장 단백질이 활성 효소로 전환되며, 최종적으로는 활성화된 **트롬빈**(thrombin)이라는 단백질 분해효소가 피브리노겐을 피브린으로 전환시키고, 피브린은 상호간의 결합 및 혈소판 마개에 결합하여 **혈병**(blood clot)을 형성한다. 최종적으로는 내피세포의 생장 및 분열을 통하여 손상된 혈관이 회복되며, 혈병은 서서히 **플라스민**(plasmin)이라는 효소에 의해서 분해된다.

우리 몸에는 이외에도 순환계 내에서 혈액이 응고되는 혈전현상을 억제하는 물질로 내

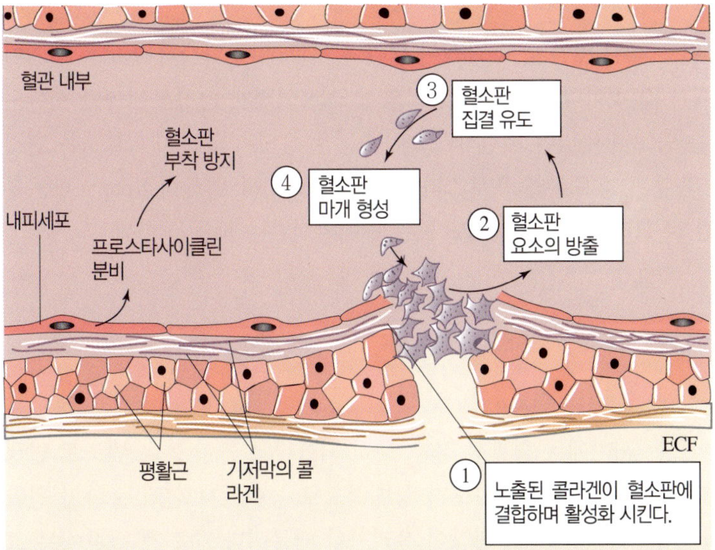

그림 14-9
혈소판 마개 형성

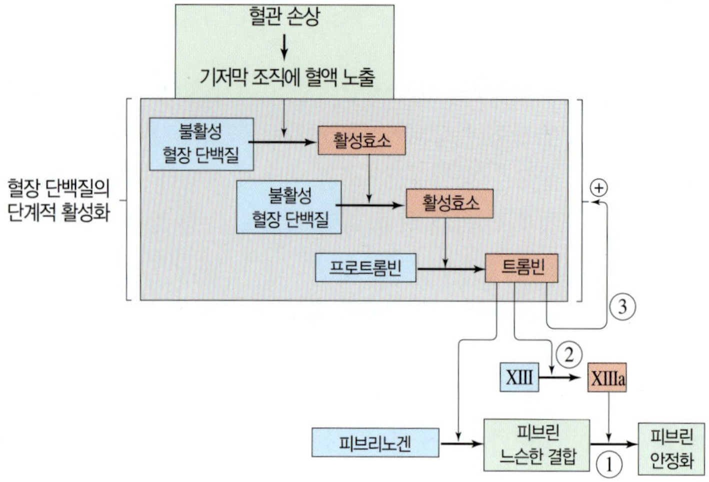

그림 14-10

혈액의 응고 과정

피세포막에 결합해 있는 헤파린(heparin), 트롬빈의 작용을 억제하는 혈장의 항트롬빈 III와 단백질 C가 있다. 임상적으로 혈전을 예방하거나 혈전을 용해하기 위하여 사용되는 약물에는 쿠마린(coumarin)과 와파린(warfarin)이 있으며 이들 약물은 혈액 응고 요소 II, VII, IX 및 X의 합성에 있어서 주요소 중 하나인 비타민 K의 활성을 억제한다. **아스피린**은 혈소판 마개의 형성과 응집을 억제하는 작용이 있어서 심장 마비로 인한 장애를 예방하는 효과가 있다. **혈우병**은 혈액 응고의 특정단계가 이루어지지 않기 때문에 나타나는 질환이며, 혈우병의 80%를 차지하는 혈우병 A는 응고 요소 VIII이 결핍되어서 나타난다. 이 질환은 열성 성연관 유전으로 남성에서만 나타난다.

혈액 응고의 방지 : 한번 시작된 혈액 응고 과정이 혈관 전체로 퍼져 나간다면 모든 혈액이 굳어버려 심각한 문제가 될 것이다. 그렇다면 혈액의 응고는 어떻게 손상부위에만 제한되고 다른 부위의 혈액은 응고하지 않는 것일까? 그 이유는 손상되지 않은 내피세포는 혈소판 응집을 억제하는 측분비 호르몬인 **프로스타사이클린**(PGI_2)과 일산화질소(NO)를 분비하기 때문이다(그림 14-11). NO는 이 외에도 혈관을 이완시키는 작용을 한다.

4. 순환계 질환

가을에서 겨울로 접어드는 시기에는 혈관성 질환, 특히 뇌혈관 질환이 높은 빈도로 발생한다. 이는 날씨가 추워지면서 혈액의 점성도가 상대적으로 높아져서 혈액 순환이 원활하지 않거나, 근육의 긴장도가 높아져서 혈압이 올라가기 때문이다. 순환계 질환에는 고

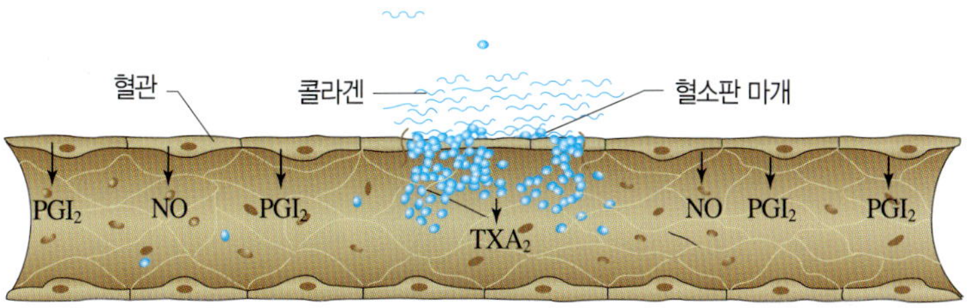

그림 14-11

혈액 응고 확산의 방지

혈압, 동맥경화, 뇌졸중, 관상 동맥 질환, 심장 마비 등이 있으며, 이들 질환은 독립적으로 발생하기 보다는 상호 의존적인 경우가 많다.

혈압은 심장 박동으로 분출된 혈액이 혈관 벽에 부딪치는 압력이다. 그러므로 혈압은 심장에 가까운 동맥일수록 높고 심장에서 멀어질수록 약하다. 동맥에서 혈압은 심장이 수축하였을 때 발생하는 **수축압**과 심장이 이완되었을 때 나타나는 **이완압**으로 구분하며, 이를 각각 최고 혈압, 최저 혈압이라고 한다. 우리가 일반적으로 말하는 혈압은 팔의 상박 동맥에서 측정하며 성인의 경우 최고 혈압이 140이하, 최저 혈압이 90이하 일 때 정상 혈압이라 하며, 둘 중 어느 한쪽이라도 이보다 높으면 고혈압이라고 한다.

고혈압은 중풍(뇌출혈, 뇌경색), 관상 동맥 질환, 심장병의 중요한 원인이 되며 이외에도 신부전증, 동맥류 등을 유발하는 무서운 질환이다. 혈압은 성인에서 노년기로 가면서 증가하는 경향이 있다. 이는 통계적으로도 50세 이상 사망의 15~20%, 70세 이상 사망의 80% 이상이 고혈압이 원인인 것을 보아도 알 수 있다.

고혈압에는 원인 불명 고혈압과 원인 명확 고혈압이 있다. 고혈압 환자의 90~95%는 원인 불명 고혈압인 것으로 알려져 있으며, 이는 유전적인 소인, 짠 음식, 스트레스, 음주, 흡연, 비만 등과 관련이 있는 것으로 추정된다. 그 나머지 고혈압은 신장 질환, 신동맥 협착, 피임약의 복용 등에 수반되는 원인 명확 고혈압이다. 고혈압은 심계 항진(가슴 울렁거림), 두통, 현기증, 피로, 근력 약화, 홍안 등의 증세로 나타난다. 고혈압의 직접적인 원인은 동맥 경화나 혈관 축소로 인하여 혈액의 흐름이 원활하지 못하거나 니코틴 등에 의하여 소동맥에 경련이 유발되었을 때 조직에 산소 결핍에 대한 신호로 심장 박동이 강화되어서 나타난다. 일반적으로 스트레스, 신경과민 등으로 인하여 지속적으로 교감신경의 흥분이 야기되거나, 스트레스로 인하여 부신수질 호르몬인 **아드레날린**이 과다하게 분비되면 심장 박동이 증가하여 고혈압이 나타난다. 또한 신장 질환으로 인하여 염분 및 무기 염류의 재흡수에 이상이 발생하였을 때 나타나기도 한다. 혈중 염분 농도가 과다하게 되면 물을 많이 마시게 되며 신장에서는 수분 재흡수가 증가한다. 이는 혈액 증가를 수반하게 되며 혈압 상승의 원인이 된다.

고혈압은 별다른 자각 증세가 없기 때문에 무심코 지나치는 경우가 많으며, 고혈압에 수반되는 합병증이 나타난 다음에야 고혈압이 발견되는 수가 많다. 대부분 고혈압은 원

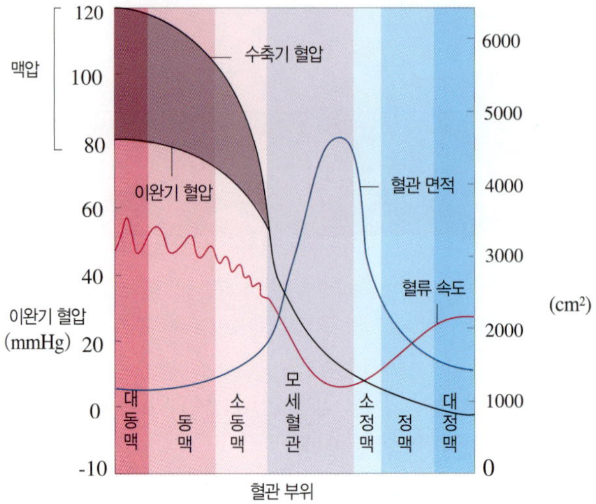

그림 14-12

혈압과 혈류

인 불명 고혈압이므로 건강관리로 상당 부분 그 증세를 해소할 수 있다. 비만인 사람의 경우 체중을 줄이고, 등산, 조깅 등 호기성 운동을 하는 것이 좋다. 그리고 음식을 짜게 먹지 않고 능동적으로 스트레스를 해소하는 습관을 가지는 것이 좋다.

동맥경화는 중년기인 50대에 많이 발병하며 열정적이고 얼굴이 붉은 활동적인 사람에 비교적 많다. 동맥 경화는 무기 염류와 지방질의 축적 등으로 혈관 벽이 비후되어 탄력을 상실하는데 그 원인이 있다. 혈관 내벽에 처음에는 작은 황색 침적물 형성되며 여기에 결합 조직 세포들과 지방질, 염류 등이 추가적으로 축적된다. 이로 인하여 혈관이 경화되면 탄력을 잃게 되며, 혈관 벽의 근육조직이 약화된다. 이와 같은 침적물이 있는 부위에는 혈소판이 파괴되면서 혈액을 응고시켜 폐색될 위험이 증가하며, 혈관 벽의 약화로 인해 일시적으로 혈압이 상승하였을 때 그 압력을 감당하지 못하고 파열될 위험이 증가한다. 그러므로 동맥 경화는 침적물 증가로 인한 혈관 폐색, 혈전 형성 등에 의하여 혈액 공급이 원활하지 못하거나 중단되는데 따른 뇌졸중, 심장 마비, 사지 혈관의 혈액 부패 및 응혈의 원인이 된다.

이와 같은 침적물의 생성은 식생활에서 지방과 특히 콜레스테롤의 과다 섭취나 당뇨가 원인인 것으로 알려져 있다. 그러므로 식생활 습관이나 생활 태도의 개선으로 상당 부분 동맥경화를 개선할 수 있다. 생활 태도란 과로하지 않고 매사에 과민하지 않는 것이다. 가계(家系)에 유전적으로 동맥 경화가 있는 경우에는 55세 미만에 발병하며, 여성의 경우 폐경기 이후 호르몬 이상으로 나타나기도 한다.

뇌졸중(중풍)은 년간 50만 명이 새로 발생하거나 재발하며, 미국에서는 10만 명당 30.3명이 뇌졸중으로 사망한다. 뇌졸중은 뇌의 혈액 순환에 문제가 있어서 뇌신경의 기능이 약화되는 모든 질환을 말한다. 일반적으로 말하는 뇌졸중은 동맥 경화로 인하여 뇌동맥이 좁아지거나 막혀서 뇌의 신경 조직에 혈액 순환이 이루어지지 못하여 발생하는 뇌경색과 뇌혈관이 파열되었을 때 발생하는 출혈로 신경 조직이 압박되거나 파괴되어 뇌의 신경 기능이 저하되는 **뇌출혈**로 구분한다.

뇌졸중은 혈액 순환 장애 정도와 원인에 따라서 다양한 증세를 보인다. 뇌졸중은 그 증상이 수 분내지 수 시간 지속되다가 하루 만에 증상이 회복되는 일과성 **뇌허혈**, 증상이 수주 또는 수개월 지속되어 신경 장애 증상을 남기는 완전 뇌졸중, 그리고 증상이 계속 악화되는 진행성 뇌졸중 등이 있다. 허혈성 뇌졸중은 그 발생 원인별로 동맥 경화증, 동맥염 등으로 혈관 벽에 혈괴가 생겨 혈류 장애를 일으키는 혈전성 뇌졸중, 그리고 뇌 이외의 장소에서 생성된 혈괴가 떨어져 나와 뇌혈관을 갑자기 폐쇄시켜 혈류 장애를 일으키는 색전성 뇌졸중이 있다.

뇌출혈은 뇌실질 출혈이 가장 많으며, 고혈압이 가장 주된 원인으로 알려져 있다. 이와 같은 뇌혈관 질환은 결국 뇌에 국부적인 산소 및 영양분 공급 결핍을 초래하며 이로 인하여 발생되는 국부적 손상이다. 이에 따라서 대개는 손상된 뇌가 지배하는 손 또는 안면의 마비, 구두마비, 귀에 울림소리, 현기증, 일시적 실명 등으로 경고가 발생되며, 기침, 구토, 과식 등의 심한 장기의 운동으로 급성 두통, 의식 마비, 호흡 곤란, 체온 강하, 사지 마비, 등을 초래한다. 이와 같은 뇌질환의 경우에는 수 시간 또는 수일 내에 치사하며 미국에서만 년간 10만 명이 발병하며, 90%가 50세 이상에서 발병한다. 혈청 지질 이상, 경구 피임약 복용, 흡연, 당뇨 등도 발병률을 높이는 요인으로 보고되고 있다.

관상 동맥 이상은 심장 근육에 혈액을 공급하는 관상 동맥이 좁아지거나 동맥 경화로 인하여 영양분과 산소가 부족하여서 발생하는 만성적 질환으로 알려져 있다. 관상 동맥 이상은 협심증, 앞가슴 통증, 등의 증세로 나타나며 심한 경우에는 심장 마비로 나타난다. 관상 동맥 이상은 흡연, 콜레스테롤의 과다 섭취, 고혈압이 3대 위험 요소로 알려져 있으며, 혈중 지질이 과다한 경우와 운동 부족, 스트레스, 비만, 등도 관상 동맥 이상을 촉진한다.

심장 마비는 심장 박동이 멈추어 사망에 이르는 위급한 질환이며 일반적으로 왼팔에 내려 뻗는 통증이 경고 증세로 나타난다. 동맥 경화 및 관상 동맥 혈전으로 인하여 심장 근육에 영양분 및 산소 공급이 원활하지 못하였을 때 경고 증세가 나타나며, 공급이 차단되어 심장 근육이 치사 상태에 이르렀을 때에는 마비 증세가 나타난다. 중년이상 연령에서 주 1, 2회 정도 **아스피린**을 복용하거나, 매일 포도주 한잔 정도를 마시는 것이 심장 마비를 예방하는 효과가 있는 것으로 보고되고 있다. 아스피린은 혈소판의 파괴 및 혈구의 응집을 저해하므로 혈전 형성을 억제하는 효과가 있으며, **알코올**은 간에서 콜레스테롤 복합체인 **저밀도 지방단백질**(LDL)의 분해를 촉진하며 **고밀도 지방단백질**(HDL)을 증가시킴으로 동맥 경화를 예방하는 것으로 알려져 있다.

이외에도 심장 질환에는 열병 등에 의한 심장 판막의 협착으로 발생하는 심장 판막 질환, 폐쇄 부전증, 만성 알코올, 당뇨, 약물 등에 의한 심장 근육 손상이 원인이 되어 나타나는 심근증, 결핵, 종양, 신부전 등에 의한 심 외막 질환 등이 있다.

더 읽을거리 (14-1)

혈액검사

1. 전혈구 계산

전혈구 계산(Complete Blood Count) 검사에서 혈구용적률과 헤모글로빈 수치를 알 수 있다. 이 두 수치가 낮으면 적절한 조치를 받지 않을 경우 빈혈과 혈액장애를 일으켜 심장부정맥을 일으킬 수도 있다. 빈혈일 경우 철분이 함유된 영양제를 아침식사 30분전에 오렌지주스 또는 비타민 C와 함께 복용하라. 비타민 B12와 엽산 또한 도움이 된다.

2. 당수치

혈액검사는 제2형 당뇨병을 찾아낼 수 있다. 혈당수치를 알아보기 위해서 보통 포도당 검사와 당화 혈색소 검사를 함께 실시한다. 이 두 가지 검사 중 하나에서라도 당수치가 높게 나왔다면(포도당 검사에서 100㎎ 이상/dl, 당화 혈색소 검사에서 6% 이상) 경구 당부하 검사를 받을 것을 추천한다. 특히 집안에 당뇨병이나 심장질환 병력이 있다면 필히 받는 것이 좋다.

3. 체지방수치

체내 지방은 건강 상태를 가늠하는 중요한 정보 중 하나다. 혈액검사 결과 HDL(좋은 콜레스테롤) 수치가 45~50㎎/dl이고 LDL(나쁜 콜레스테롤) 수치는 130㎎/dl 이하, 그리고 트리글리세리드 수치는 150㎎/dl 이하라면 정상이다. 만약 가족 중 심혈관 질병이나 고혈압을 앓았던 병력이 있거나, 혹은 흡연을 한다면 LDL 수치는 100㎎/dl 이하여야 안전하다. 조금이라도 미심쩍다면 의사에게 가는 것이 현명하다.

4. C-반응성 단백질(CRP)

염증에 대한 지표로 C반응성 단백질 테스트는 매우 민감해서 모든 종류의 염증을 다 잡아 낼 수 있다. 혈액 1ℓ당 1㎎ 이하의 C반응성 단백질이 있어야 정상이다. 만약 3밀리그램 이상이라면 심장마비에 걸릴 위험이 두 배가 된다고 생각하라.

5. 전립선 특이항원

전립선 특이항원 검사로 전립선의 이상 유무를 확인할 수 있다. 하지만 이 검사는 100% 신뢰할 수 있는 것은 아니기 때문에 매년 이 검사를 받아야 한다는 주장도 나오고 있다. 50대남성이라면 반드시 해야 한다. 셀레늄이 풍부한 호두와 종합비타민을 꾸준히 복용한 사람은 전립선암에 걸릴 확률이 39%나 낮다는 연구 결과도 있다.

6. 갑상샘 기능항진증

스트레스와 수면 부족으로 휴식을 제대로 취하지 못하면 특히 갑상선에 큰 부담이 되어 갑상샘에 질병이 유발된다. 갑상샘 기능항진증이라고 일컫는 이 병은 그 이름처럼 심박수를 증가시키고 예민하게 만들며 체중 감소를 유발한다. 성격이 갑자기 날카로워지거나 머리카락이 평상시보다 많이 빠지거나 체중이 갑자기 늘거나 또렷하지 않은 기억력이 바로 그 징후다. 제때에 치료를 받지 않으면 치명적인 질병으로 발전할 수 있다.

표 14.1 심장병 위험 요소 목록						
나이	10-20세 1	21-30세 2	31-40세 3	41-50세 4	51-60세 6	61세 이상 8
유전(가족의 심장병 내력)	내력이 전혀 없음 1	60세 이후의 내력 한번 2	60세 이후의 내력 두번 3	60세 이전의 내력 한번 4	60세 이전의 내력 두번 6	60세 이후의 내력 세번 8
체중 (표준 대비)	2 kg 이상 미달 0	± 2 kg 1	2-7.5 kg 초과 2	7.5-13 kg 초과 3	13-18.5 kg 초과 5	18.5-24 kg 초과 7
흡연	비흡연자 0	가끔 흡연, 주변에 흡연자 있음 1	하루 10개피 이하 2	하루 11-20개피 4	하루 21-30개피 6	하루 31개피 이상 10
운동량	운동량이 많은 직업 종사하며 여가 운동 0	운동을 적절히 요하는 직업과 여가 운동 1	사무직이며 격렬한 여가 운동 2	사무직이며 보통 여가 운동 4	사무직이며 간헐적 여가 운동 6	사무직이며 특별한 운동을 않음 8
콜레스테롤 검사치(mg) 와 식사의 지방 함량	180 이하 지방 섭취 않음 1	181-205 지방 10% 2	206-230 지방 20% 3	231-255 지방 30% 4	256-280 지방 40% 5	281-300 지방 50% 7
성별 연령	40세 미만 여성 1	40~50세 여성 2	51세 이상 여성, 20세 미만 남성 4	20~35세 남성 5	35~55세 남성 6	56세 이상 남성 7
수축 혈압	110 미만 0	111-130 1	131-140 2	141-160 3	161-180 5	180 이상 7
이완 혈압	80 미만 0	80-85 1	86-90 2	91-95 4	96-100 7	100 이상 9
스트레스	없음 0	이따금씩 약한 스트레스 1	잦지만 약한 스트레스 2	잦고 심하지 않은 스트레스 3	잦고 심한 스트레스 4	지속적이고 심한 스트레스 5
현재의 심장 질환 증세	없음 0	간헐적 빠른 심박동이나 부정맥이 있음 2	자주 빠른 심박동이나 부정맥이 있다 4	운동시 빈혈 6	간헐적 협심증 (가슴 통증) 8	잦은 협심증 (가슴 통증) 10
심장질환 경력	전혀 없음 0	의사 진단으로 심장질환성 징후 없었음 2	의사 진단으로 심장질환성 병력 있음 4	약한 심장질환 있으나 현재 치료하지 않음 6	심장질환 치료 중임 8	심장질환 입원 중임 10
당뇨병	증세나 가족 병력 없음 0	족 병력 있음 1	당 내성 결함 3	식이요법 치료 5	내복약 치료 7	인슐린 치료 9

이 자료를 이용하여 자신이 심장 마비에 걸릴 확률을 예측해 볼 수 있다. 그러나 이는 단지 하나의 예측일 뿐 진단은 아니라는 것을 유념하자. 계산 방법은 각 위험 요소별로 각 열에서 자신이 해당하는 칸의 점수를 체크한다. 13개 항목의 위험 요소에 대하여 체크를 했으면, 그 점수를 모두 더한 값으로 점수별 위험도를 예측할 수 있다. 위험도가 평균 보다 높으면 의사와 상의하여 위험 요소를 줄이기 위한 노력을 해야 한다.

점수별 위험도

6-14 = 평균 보다 매우 낮음 15-19 = 평균 보다 낮음 20-25 = 보통 26-32 = 약간 높음
33-40 = 위험 수준 41-56 = 매우 위험 57 이상 = 극심한 위험도

Exercise

1. 혈장의 구성성분과 주요 기능에 대해 설명하여라.

2. 혈구의 종류와 그 기능을 설명하여라.

3. 심전도를 설명하여라.

4. 태아와 성인의 혈액순환의 차이에 대해 설명하여라.

5. 혈압을 정의하고 혈관에 따른 혈압의 변화에 대해 설명하여라.

6. 고혈압의 주요 원인을 살펴보고 이를 예방할 수 있는 방법을 설명하여라.

7. 혈액응고가 우리 몸에 유리한 점과 불리한 점에 대해 설명하여라.

참고문헌

[인체생명과학]. 안태인, 서울: 아카데미서적, 2003.

[생명, 생물의 과학]. 이광웅 외 역, 서울: 교보문고, 2003.

[동물생리학], 강봉균 등 번역, 라이프사이언스, 2007.

[인체생리학], 강신성·안태인 대표 역자, 지코사이언스, 2008.

[인체생명과학 10판], 옮긴이 대표 안태인, 라이프사이언스, 2008.

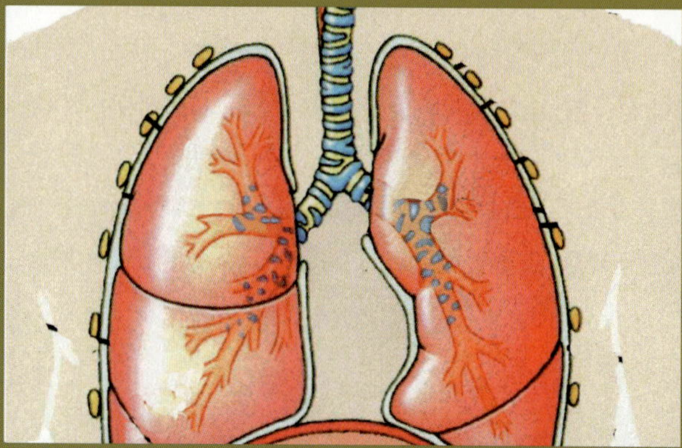

CHAPTER

15 호흡과 폐질환

얇은 비닐로 라켓볼 구장(75 m^2)을 덮는다고 가정해보자. 그리고 그 비닐을 꾸깃꾸깃 접어서 어떤 용기에 담는 다면 그 부피가 얼마나 될까? 체중 70 kg인 사람의 폐에서 가스교환 면적은 이 비닐 면적에 해당하며 폐의 용적은 3 리터가 조금 못된다. 이와 같은 가스 교환 면적이 있기 때문에 우리 몸의 수많은 세포에 적절한 량의 산소가 공급될 수 있다.

동물 세포가 유기 호흡을 하려면 환경으로부터 계속적으로 영양분과 산소가 공급되고 이산화탄소와 노폐물이 제거되어야한다. 크기가 작은 수서 생물은 체 표면을 통한 단순 확산으로 이 문제를 해결한다. 그러나 대부분 다세포 생물은 확산이 가지는 거리의 한계 때문에 순환계와 연계된 호흡기관계를 사용하여 이를 해결한다. 가스 교환 기관의 형태는 다양하지만 공통적으로 넓은 표면적을 좁은 공간에 압축해 가지고 있는 것이 특징이다. 그러나 육상 동물에 있어서 큰 표면적은 수분 손실의 원인이 된다. 민달팽이는 이 탈수 문제를 행동 적응으로 해결하며 고등한 생물에서는 신체의 내부에 호흡 상피를 두어서 수분 손실을 최소화하고 있다. 이 장에서는 호흡기관계가 가스 교환을 어떻게 수행하는지 그리고 폐와 조직사이의 산소와 이산화탄소의 운반에서 순환계와 호흡기관계가 어떻게 협력하는지 알아보자.

더 읽을거리 (15-1)

만성 폐쇄성 폐질환

만성 폐질환은 원인에 관계없이 장기간 기침, 담 분비 및 호흡 곤란을 호소하는 질환을 말하며, 그 중 만성 기관지염, 폐기종 및 기관지 천식은 원인이나 증상을 근본적으로 구분하기 어렵기 때문에 통칭해서 만성폐쇄성 폐질환(COPD; chronic obstructive pulmonary disease)라고 한다. COPD는 기도가 좁아져서 공기의 교환이 잘되지 않는 질환이며, 환자의 대부분이 폐기종 또는 만성 기관지염을 함께 가지고 있다. 만성 기관지염이 심한 환자는 체중이 과다한데다 피부가 푸릇푸릇하기 때문에 푸른 뚱보(blue bloaters)라고도 한다. 이에 비하여 폐기종 환자는 몸이 야위고 정상적인 피부색을 가지고 있으나 숨을 가쁘게 쉬지만 깊이 쉬지 못하여 고통이 더욱 심각하다. 대부분의 COPD는 흡연이 원인이므로 금연하면 이 병에 걸릴 위험이 거의 없다. 그러나 오랫동안 흡연을 한 만성 기관지염 환자는 점액을 과다하게 분비하여 기관 전체에 염증이 있으며 점액이 기도를 막아 숨쉬기가 어렵다. 담배연기는 기도에서 먼지와 점액을 쓸어내는 섬모를 마비시킨다. 섬모의 작용이 마비되면 기도에 점액과 먼지가 쌓여 만성적으로 기침이 나며 결국 호흡이 어렵게 된다. 폐기종 환자의 폐는 숨을 내쉬는 동안 폐포의 되감김을 돕는 탄성 섬유인 탄력소(elastin)가 부족하여 숨을 들여 마실 때는 문제가 없으나 수동적으로 이루어지는 날숨을 의식적으로 쉬어야한다.

1. 호흡기관계

호흡은 그림 15-1과 같이 4단계를 거쳐서 이루어진다. 이와 같은 **외호흡**(external respiration)은 이장의 주제로서 환경과 조직세포간의 가스 교환을 의미하며, 이는 환기(숨쉬기)를 통한 대기와 폐사이의 교환, 폐와 혈액사이의 가스 교환, 혈액에 의한 산소와 이산화탄소의 운반, 혈액과 조직세포간의 가스 교환을 통해서 이루어진다. 산소는 최종적으로 **세포 호흡**(cellular respiration)에 이용된다. 세포호흡은 **내호흡**이라고도 하며 산소는 대부분의 ATP를 생성하는 미토콘드리아의 전자전달 과정에서 최종 전자 수용체로 작용하여 물이 된다. 이산화탄소는 세포에서 영양소가 분해되면서 생성된다.

외호흡을 달성하기 위해서는 호흡기관계와 심혈관계의 기능이 일치되어야 한다. 호흡기관계는 환기와 가스 교환에 관여하는 여러 기관들로 구성되어 있다. 이에는 기체가 환경으로부터 폐의 가스 교환 표면에 이르는 통도 기관, 공기와 혈액사이에 산소와 이산화탄소가 교환되는 표면인 **폐포**(alveoli), 환기를 돕는 가슴의 골격과 근육 등이 있다. 호흡기관계는 입, 비강, 인두, 후두로 구성된 상부 호흡기관과 기관, 기관지, 세기관지 및 폐포로 구성된 하부 호흡기관으로 구분한다.

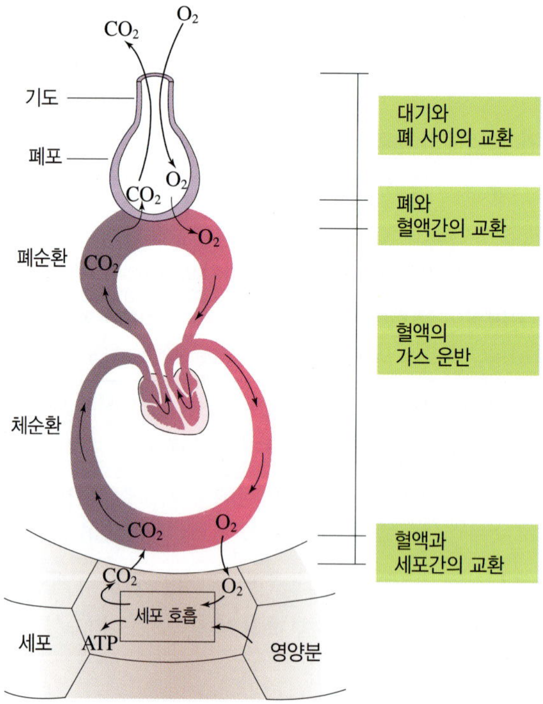

그림 15-1
호흡의 4단계

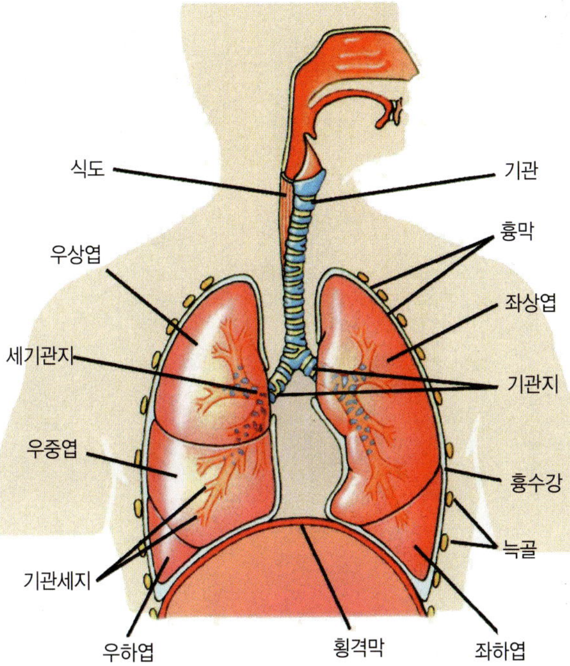

그림 15-2
호흡기관계의 구조

가슴 또는 **흉강**은 척추와 늑골, 그리고 이에 부착된 근육으로 싸여 있다. 이들 골격과 근육을 합하여 **흉곽**이라고 한다. 흉강의 측면과 위쪽은 척수와 늑골로 되어 있으며 늑골 사이에는 12쌍의 늑간근이 연결되어 있다. 그리고 흉강의 아래쪽 바닥은 골격근인 **횡격막**으로 되어 있다. 흉강 속의 폐는 공기로 채워진 가벼운 스폰지 조직으로 구성되어 있으며 불규칙한 원추형 모양이다. 폐는 견고한 공기 통로인 기관지를 통해 주 통로인 기관과 연결되어 있다. 각각의 폐는 두 겹의 **흉막**으로 구성된 흉낭에 싸여 있으며, 흉낭의 한층 막은 가슴 내부를, 다른 한층 막은 폐를 덮고 있다. 각각의 흉막은 여러 층의 탄성 결합조직으로 구성되어 있으며, 많은 모세혈관이 분포하고 있다. 그리고 두 흉막 사이에는 3 ml에 불과한 **흉수액**이 채워져 있다. 흉수액은 흉강 내에서 폐가 움직일 때 두 막간의 마찰을 줄여 잘 미끄러지게 하며, 폐가 흉강 벽에 밀착되게 해준다.

입과 코를 통하여 상부 호흡기관으로 들어간 공기는 소화기관과 공통 통로인 인두로 들어가며, 후두를 지나 **기관**(trachea)으로 들어간다. 인두에는 공기가 지날 때 닫히면서 소리를 내는 결합조직인 성대가 있다. 기관은 약간 유연성이 있으며, 15~20개의 C자 모양의 연골환이 있어서 항상 열려 있다. 기관은 가슴 높이에서 가지를 쳐 **기관지**가 되며, 각 기관지의 끝에 폐가 달려 있다. 폐 속에서 기관지는 계속 가지를 쳐 **세기관지**로 된 다음 관의 굵기가 더욱 작은 **기관세지**(bronchiole)가 되며, 기관세지는 평활근으로 되어 있어

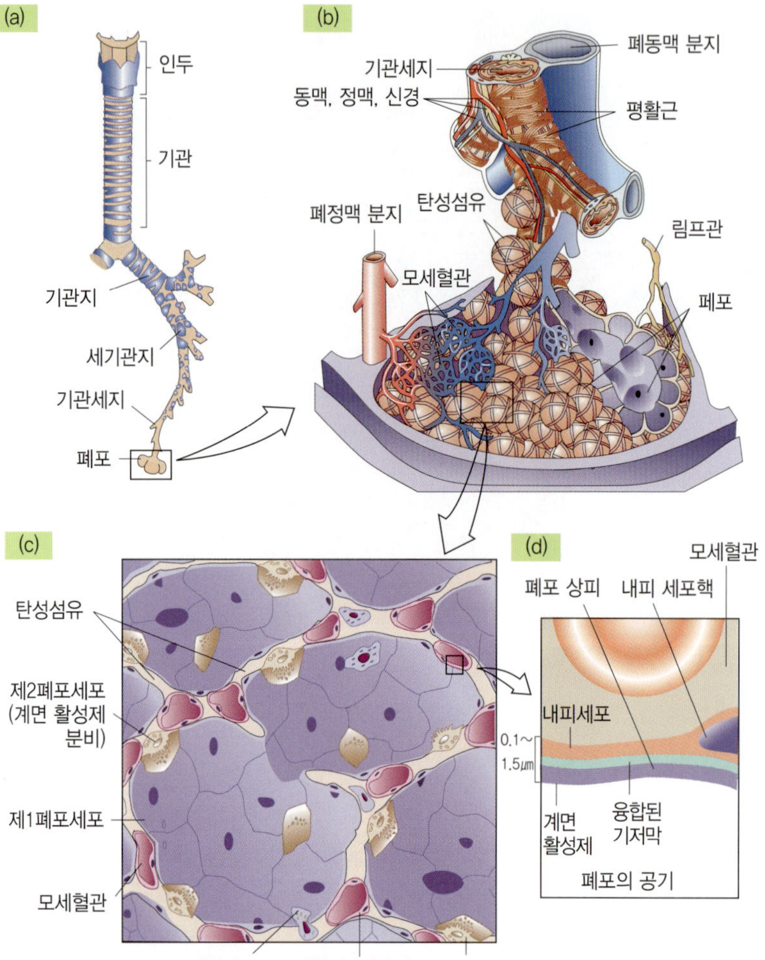

그림 15-3

호흡기관계의 세부 구조

(a) 기관과 기관세지 (b) 폐포와 모세혈관 (c) 폐포의 구조 (d) 폐포의 가스교환 표면

찌부러질 수 있다. 기관세지는 공기의 통로가 폐의 교환 상피와 만날 때까지 계속 가지를 쳐서 좁아지지만 그 수가 증가하여 총 단면적을 엄청나게 넓다. 그러므로 공기의 유속은 기관에서 가장 빠르며 최종 기관세지에서는 매우 느리다.

이들 기관세지 끝에 포도처럼 달려있는 주머니모양의 조직을 **폐포**라고 한다. 각각의 폐포는 단층의 교환 상피로 구성되어 있으며, 두 가지의 상피세포가 같은 수만큼 분포하고 있다. 크기가 조금 더 큰 제1 폐포 세포는 매우 얇아서 가스가 신속하게 확산할 수 있으며, 더 작고 융털돌기를 가지고 있는 제2 폐포 세포는 계면 활성제라는 화학 물질을 합성하여 분비한다. 계면 활성제는 폐포를 덮고 있는 얇은 액체와 섞여 숨을 쉴 때 폐의 팽창이 쉽게 이루어지도록 한다.

폐포의 얇은 벽에는 근육이 없으므로 폐 조직은 스스로 수축을 할 수가 없으며, 폐가 늘어났을 때 탄력적으로 꼬이는 탄성 섬유를 가진 결합조직이 폐포들 사이에 있다. 폐포에는 많은 모세혈관이 분포하고 있어 호흡기관계와 심혈관계가 밀접한 관계를 유지하고 있다. 폐포 표면적의 80~90%는 모세혈관이 덮고 있어 폐포의 표면은 얇은 혈액 층으로 싸여 있다고 할 수 있다. 폐에서 가스 교환은 얇은 제1 폐포 세포와 모세혈관사이에 확산으로 이루어진다. 교환 면적의 대부분은 폐포 상피의 기저막과 모세혈관의 내피 막이 융합되어 있다. 따라서 세포간 조직액이 매우 적기 때문에 신속하게 가스가 확산된다.

폐순환은 우심방에서 정맥혈을 받아오는 폐동맥에서 시작되며, 폐동맥은 둘로 나뉘어 양쪽 폐로 들어가며 가스교환을 거쳐 산소가 충만한 혈액이 폐정맥을 거쳐 좌심방으로 들어간다. 폐순환에서 혈액의 부피는 0.5 L이며 이는 총 혈액의 10%이다. 이중 75 ml 정도가 모세혈관에서 가스 교환을 하며 나머지는 폐동맥과 정맥에 있다. 폐는 우심방의 박출량 (5 L/분)을 그대로 받기 때문에 다른 조직에 비하여 혈액의 흐름은 매우 빠르지만 혈압은 낮다. 체순환의 동맥 혈압이 평균 120 mmHg인데 비하여 폐동맥의 혈압은 25 mmHg이다. 폐순환은 저항이 적기 때문에 우심실이 강력한 펌프질을 할 필요가 없다. 폐순환의 혈압이 낮은 또 다른 이유는 폐의 혈관은 길이가 짧고 폐동맥은 신축성이 좋으며 단면적이 크기 때문이다.

폐포의 모세혈관은 평균 혈압이 낮기 때문에 모세혈관에서 조직액으로 미는 정수압이 낮으며, 림프계가 모세혈관에서 빠져 나온 액체를 효과적으로 제거하기 때문에 폐의 조직액은 양이 적다. 따라서 폐포와 모세혈관사이의 간격이 좁아 가스가 빠르게 확산한다.

2. 기체 법칙

공기는 압축이 가능한 혼합 기체이지만 여러 가지 의미에서 호흡기관계의 공기 흐름은 심혈관계의 혈액 흐름과 유사하다. 혈압과 대기압은 mmHg로 나타내며, 해수면에서 대기압은 760 mmHg이다. 대기는 기체와 수증기 혼합물이며 혼합 기체의 압력은 각 기체 압력의 합과 같다는 **달톤의 법칙**이 적용된다. 그러므로 760 mmHg에서 건조한 공기는 78%가 질소, 21%가 산소 압이며 나머지는 기타 기체의 압력이다. 혼합기체에서 각 기체가 가지는 압력을 **분압(partial pressure)**이라고 하며 P_{gas}로 표시한다. 760 mmHg에서 산소 분압(P_{O2})은 160 mmHg가 된다. 혈압은 대기압을 기준으로 하며, 혈압 110mmHg는 (760+110)mmHg, 즉 870mmHg 대기압에 해당한다.

공기는 압력 구배를 따라 압력이 높은 쪽에서 낮은 쪽으로 흐르며, 이 법칙은 각 기체에 대해서도 적용된다. 닫힌 용기에서 기체 또는 혼합 기체의 압력은 기체 분자간 또는 기체 분자와 용기간의 충돌에 의한 것이며, 용기의 부피와 압력간에는 **보일의 기체 법칙**이

성립된다. 호흡기관계는 환기 과정에서 흉강의 부피를 변화시켜 압력 구배를 형성하며 그에 따라서 공기가 흐른다. 흉강의 부피가 증가하면 폐포의 기압이 감소하여 공기는 호흡기관 안으로 들어오며 반대로 흉강의 부피가 감소하면 폐포의 압력이 증가하여 공기는 밖으로 나간다.

기체의 용해도는 압력과 온도에 따라서 다르다. 기체는 물에 녹으면 압력 구배에 따라 물속으로 녹아 들어가기도 하고 물속에서 기체로 나오기도 한다. 공기 속의 기체가 용액으로 녹아 들어가는 것은 기체 분압, 용액에 대한 기체의 용해도, 및 온도에 따라서 다르다.

3. 환기

상부 호흡기관은 공기의 통로를 제공함과 동시에 호흡 컨디션을 조절한다. 호흡 컨디션이란 들여 마신 공기에 의해서 폐포가 손상되거나 체온이 변하는 것을 방지하기 위하여 들숨의 공기 온도를 올려주고, 호흡 상피가 건조하지 않도록 수분을 첨가해주며, 비루스, 세균 및 먼지가 폐포에 들어가지 못하도록 걸러주는 작용을 한다. 코로 들어온 공기는 상부 호흡관을 통과하는 동안 열에 의해 데워지고 점막의 증발 작용으로 가습되어 정상적인 환경에서 호흡할 경우 공기가 기관에 도달할 시간이면 공기의 온도는 37℃, 습도는 100%가 된다. 입으로 숨을 쉬는 것은 코로 숨을 쉬는 것에 비해 이와 같은 컨디션 조절이 효과적이지 못하다. 몹시 추운 날 야외에서 운동을 하면 가슴에 통증이 오는 것은 입을 통해서 찬 공기를 들여 마셔서 호흡 컨디션이 조절되지 못하기 때문이다.

공기를 거르는 작용은 기관과 기관지에서 이루어지며, 이들 공기 통로는 점액을 분비하는 배상세포와 묽은 염분을 분비하는 섬모 상피로 되어 있다. 그래서 섬모는 염분 용액에 잠긴 체 끈적끈적한 점막으로 보호되어 있다. 점막은 들여 마신 공기에서 2 mm 이상 되는 입자를 잡아 가두며, 점막의 면역 글로빈은 미생물들의 활동을 차단한다. 점막은 소위 점막 에스컬레이터라고 하는 섬모 운동에 의해서 계속 인두 쪽으로 밀려 올라간다. 점막이 인두까지 올라오면 목구멍으로 삼켜져 포획된 모든 미생물은 위산과 효소에 의해서 파괴된다. 이 점막 에스컬레이터에서 점막 아래쪽의 수액이 중요한 역할을 한다. 이 수액이 없으면 섬모는 점막에 갇혀서 기능이 중단되기 때문이다.

대부분 폐 조직은 얇은 교환 상피로 구성되어 있으며, 근육이 없기 때문에 흉곽과 횡격막이 펌프 작용을 한다. 흉곽과 횡격막의 근육이 수축하면 늑골과 횡격막을 움직여 흉강을 팽창시킨다. 휴식 상태에서 조용히 숨을 쉴 때는 횡격막, 늑간근, 사각근이 작용하며, 운동을 하거나 숨을 가쁘게 또는 크게 쉴 때는 가슴과 복부의 다른 근육들까지 동원된다. 들숨에서는 운동 뉴런이 횡격막과 들숨 근육의 수축을 야기하며, 휴식 상태의 숨쉬기에서 횡격막은 1.5 cm가량 내려간다. 이 횡격막의 수축으로 들숨의 60~75% 부피 변화가 이루어지고 나머지 25~40%의 부피 변화는 늑골의 운동으로 이루어진다. 외늑간근과 사각근이 수축하면 늑골이 앞으로 나오면서 위로 끌려 올라가서 흉강을 넓혀준다.

들숨과 날숨사이 짧은 휴식동안에는 폐포압이 대기압과 같으며 공기의 흐름이 중단된다. 들숨이 시작되면 흉강의 부피가 증가하는데 따라서 폐포 압이 대기압에 비해서 1 mmHg 정도 낮아 폐포 안으로 공기가 들어오기 시작한다. 흉강의 부피 증가가 공기의 흐름보다 조금 더 빠르게 이루어지면서 들숨이 중간쯤에 이르면 폐포의 압력은 최소가 된다. 이후 폐포에 공기가 계속 들어오면서 압력은 흉곽의 팽창이 멈출 때까지 증가한다. 들숨이 끝나는 시점이 되면 폐 속의 공기의 부피는 최대가 되며 폐포 압은 대기압과 같아진다.

들숨이 끝나면 들숨 근육의 운동 뉴런의 충격이 멈추면서 근육이 이완되며, 폐의 탄성 되감김으로 횡격막과 흉곽은 이완된 위치로 되돌아간다. 휴식 상태의 숨쉬기에서 날숨에는 능동적인 근수축보다는 수동적인 탄성 되꼬임이 관여하기 때문에 **수동적 날숨**(**passive expiration**)이라고 한다. 날숨에서 폐와 흉강의 부피가 감소하면 폐의 기압은 대기압보다 최대한 1 mmHg 높게 올라간다. 이에 따라서 공기는 들숨의 반대 방향으로 나가며, 폐의 공기 부피가 최소치에 이르면 호흡 주기가 끝나며 다음 숨쉬기로 들어간다.

운동중이거나 가쁜 숨쉬기를 할 때는 능동적인 날숨을 쉬어서 분당 30-40회 숨쉬기를 한다. 능동적으로 날숨을 쉴 때는 내부 늑간근과 복근이 사용되므로 이들 근육을 **날숨 근육**(**expiratory muscle**)이라고 한다. 내부 늑간근은 늑곽의 안쪽에 붙어 있으며, 그 수축으로 늑골이 안으로 들어가 흉강의 부피를 감소시킨다. 내.외늑간근은 숨쉬기에서 늑곽의 위치와 부피를 변화시키는데 있어서 서로 반대 방향으로 작용하는 길항근이다. 그러나 횡격막에는 길항근이 없다. 그러므로 능동적인 날숨에서는 복근이 내부 늑간근의 활동을 보충하여준다. 그렇기 때문에 에어로빅에서 배 운동을 할 때는 손과 어깨를 위로 들고 숨을 내어 쉬라고 한다. 그렇게 하면 복근이 운동을 하게 되므로 복근이 강화되며, 뱃살이 줄어든다.

호흡 운동을 조절하는 골격근이나 운동 뉴런에 손상이 발생하면 숨쉬기가 줄어들어 신선한 공기가 폐로 적게 들어오며, 기침을 할 수 없게 되어 결핵 등에 걸릴 가능성이 높아진다. 숨쉬기에서 운동 신경에 영향을 미치는 대표적인 질환에는 골격근 운동 신경 종판에 아세틸콜린 수용체가 파괴되어서 나타나는 **중증근무력증**(**myasthenia gravis**)과 골격근을 마비시키는 비루성 질환인 **소아마비**(**poliomyelitis**)가 있다.

앞에서 설명한 바와 같이 폐는 두 개의 흉막 사이에 있는 흉수액으로 인해 흉곽에 딱 달라붙어 있다. 이 흉수액의 압력은 호흡 주기에 따라서 변하지만 음압인 것이 정상이다. 그래야만 흉강의 부피가 늘어날 때 폐가 수동적으로 팽창하여 들숨을 쉴 수 있으며, 날숨을 쉴 때는 폐의 탄성 꼬임이 흉벽과 횡격막을 잡아당기는 힘으로 작용할 수 있다. 흉수 압은 휴식 상태의 숨쉬기에서는 -3 mmHg, 운동중일 때는 -8 mmHg까지 변한다. 이와 같이 밀봉된 흉수강에 외과적 손상 등으로 구멍이 생겨 음압이 파괴되면 폐는 진공 포장이 열린 것이나 마찬가지가 된다. 그렇게되면 음압으로 결합되어 있던 폐와 흉곽이

따로 놀게 되어 흉벽이 팽창하더라도 폐가 충분히 늘어나지 못하고 점차 오그라드는데 이를 **폐후두증** 또는 **기흉증**(pneumothorax)이라고 한다. 폐후두증은 흉수강에 선천적으로 물집이 생긴다든지, 부분적으로 폐 조직이 약화되거나 천공이 생겼을 경우에도 발생한다. 호흡에 필수적인 이 음압 상태는 골격근 수축에 의해서 유지되며, 휴식 상태의 숨쉬기에서 우리 몸의 에너지 총 소모량의 3-5%가 사용된다.

폐의 신축력을 **유연성**(compliance)이라고 한다. 유연성이 감소하면 폐를 팽창시키는데 근육이 더 많은 일을 해야 하므로 숨쉬기가 어렵게 된다. 섬유성 폐질환으로 비탄성 **흉터 조직**이 생기거나 폐포에 계면 활성제의 양이 부적절하면 폐의 유연성이 감소한다. 과거에는 폐의 유연성 감소의 원인이 탄력소 또는 탄성 섬유일 것이라고 생각되었으나 최근에는 그 원인이 공기와 폐포 사이에 얇은 수액 층이 가지는 표면 장력 때문임이 밝혀졌다. 폐는 이 수액 층의 표면 장력을 감소시킬 계면 활성제를 분비한다. 계면 활성제는 물 분자 상호 간의 결합을 파괴시키므로 표면 장력을 감소시켜 폐포의 유연성을 좋게 하여준다. 계면 활성제는 제2 폐포 세포가 합성하여 분비하며, 태생 25주면 합성이 시작되어 출생 직전인 32주면 적정 수준으로 합성이 된다. 그러나 미숙아의 경우 계면 활성제의 부족으로 호흡 장애가 발생하기도 하며, 적절한 처치를 하지 않으면 사망률이 50%에 달한다.

섬유성 폐질환(fibrotic lung disease)은 만성적인 질환으로 기도의 점액에도 잡히지 않는 미세한 먼지를 많이 마셔서 그 먼지가 폐포의 교환 상피에 쌓여서 나타나는 질환이다. 교환 상피의 먼지를 제거할 수 있는 유일한 수단은 대식세포가 그 먼지 입자를 먹어서 제거하는 것이다. 이들 식세포는 폐포를 정찰하면서 교환 상피에 들어온 먼지 입자를 먹어서 청소한다. 먹은 먼지가 유기물 입자인 경우에는 리소좀에 의해서 소화가 되지만 소화가 불가능한 물질인 경우에는 세포 내에 축적되어 염증을 일으키며 대식세포는 결합조직의 섬유아세포를 자극하는 성장 인자를 분비한다. 이에 따라서 섬유아세포는 섬유성의 흉터 조직을 만드는 콜라겐을 생산하며, 흉터 조직이 증가함에 따라 폐의 유연성이 감소하며, 심화되면 섬유성 폐질환 또는 **섬유성 낭종**이 된다. 섬유성 낭종을 야기하는 물질에는 석면, 석탄 먼지, 규소, 종이 먼지, 꽃가루 등이 있다.

천식은 기관세지의 위축과 기도 수종으로 인해서 공기 통로의 저항이 증가하여 발생하는 질환이다. 환자는 대게 숨이 가쁘다고 하며 숨을 크게 쉬면 좁아진 통로로 바람이 나오기 때문에 휘파람소리가 난다. 천식의 정도는 아주 가벼운 증세에서부터 치명적인 단계까지 있다. 천식은 염증성 질환이며 알레르기와도 관련이 있다. 천식은 온도 및 습도 변화가 심한 공기를 마시는데서 발생할 수도 있다. 세포 수준에서 기관세지 위축과 관련된 화학적 신호에는 비만세포, 대식세포, 호산성 백혈구 등이 분비하는 아세틸콜린, 히스타민, 신경성 펩티드, 류코트리엔 등이 있다. 류코트리엔은 염증 반응으로 분비되며 기관세지 위축제이다. 그러므로 천식에는 베타 아드레날린성 작용제, 항염제, 류코트리엔 길항작용제 등을 호흡기 또는 구강으로 투여한다.

폐 기능을 알아보려면 기본적으로 폐의 환기 량을 측정한다. 이는 간단하면서도 상당한 진단 가치가 있다. 천식이 있으면 기관세지가 위축되어 날숨이 다 나가기도 전에 기도가 찌그러지거나 닫혀서 **폐활량**이 적다. 또한 청진기로 숨소리를 듣는 것은 심혈관계 진찰에서 심장의 박동을 듣는 것처럼 중요한 진단법이다. 그러나 심장의 진단에 비해서 폐는 소리의 변화가 많아서 그 해석이 더 복잡하다. 일반적으로 숨소리는 공기의 흐름으로 만들어지므로 고르게 나야한다. 폐후두증으로 공기의 흐름이 감소된 상태에서는 숨소리가 작아지거나 들리지 않는다. 공기 통로 또는 폐포에 분비물이나 액체가 차 있을 경우에는 부딪는 소리, 튀는 소리, 거품소리 등 비정상적인 소리가 난다. 또한 흉막에 염증이 발생하면 숨을 쉴 때마다 염증 부위가 맞부딪치는 마찰로 인해서 긁히는 소리가 난다.

환기 효율은 폐의 환기 량과 분당 호흡수를 곱한 값으로 나타낸다. 폐의 환기 량은 폐로 들어가고 나오는 공기의 양을 나타내기는 하지만 폐포의 교환 표면에 도착하는 신선한 공기의 양을 그대로 나타내는 것으로 볼 수는 없다. 이는 우리가 숨을 쉬더라도 일부 공기는 기관과 기관지 등 공기 통로에 그대로 남아 있기 때문인데 이를 **해부학적 사공간**(**anatomical dead space**)이라고 하며 그 용적은 약 150 mL이다. 일반적인 환기에서 500 mL의 신선한 공기가 호흡기관계로 들어가면 이 사공간을 제외한 350 mL의 신선한 공기가 폐포까지 들어간다. 그러므로 환기 효율을 더욱 정밀하게 **폐포 환기량**(**alveolar ventilation**)으로 나타내어야 한다.

폐포 환기량 = 호흡률 × (1회 호흡기량 − 사공간 용적)

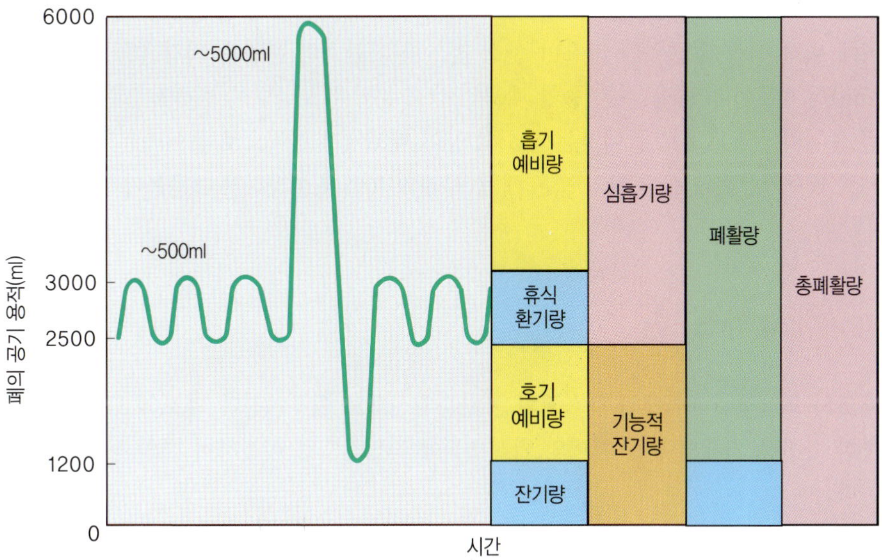

그림 15-4
폐활량

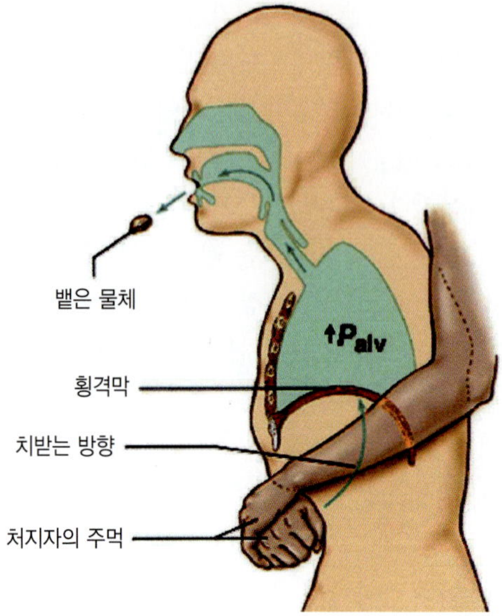

그림 15-5

기도폐색 응급 처치법

분당 폐의 호흡수가 12회, 폐의 1회 호흡기량이 500 mL, 사공간이 150 mL일 경우, 폐포의 환기량은 4200 mL/분이 된다.

폐포 환기량은 호흡률과 숨의 깊이에 따라서 크게 다르다. 폐포 환기량이 증가하면 폐포의 산소 분압은 120 mmHg까지 증가하며, 폐포의 이산화탄소 분압은 20 mmHg로 감소한다. 그러나 폐포 환기량이 크게 증가하더라도 폐포의 기체 분압은 휴식 상태의 숨쉬기에 비하여 크게 변하지 않으며 산소 및 이산화탄소의 분압은 각각 100 mmHg, 40 mmHg 정도이다. 숨을 쉬는 동안 폐포의 산소 분압은 조금밖에 변하지 않는다. 이는 한 번 숨쉬기에서 폐포로 들어가는 산소의 양이 폐포에서 혈액으로 들어가는 양 정도이며, 폐로 들어가는 신선한 공기의 양은 폐 총 부피의 10%에 불과하기 때문이다.

4. 폐에서 가스교환

폐포와 모세혈관사이에서 가스교환은 단순확산으로 이루어진다. 폐포의 모세혈관 벽을 통한 확산은 기체의 분압 차이와 확산면적에 직접적으로 비례하며 벽의 두께에 반비례한다.

정상적인 폐포의 산소 분압은 100 mmHg이며 폐동맥의 산소분압은 40 mmHg이다. 그러므로 산소는 폐포에서 모세혈관으로 운반되며, 이산화탄소는 폐포의 분압이 40

mmHg, 혈액의 분압은 46 mmHg이므로 산소와 반대 방향으로 운반된다. 산소와 이산화탄소는 모세혈관과 폐포의 두 세포층과 조직액을 지나 확산하지만 그 거리가 짧고, 이들 두 기체는 물에 녹기 때문에 빠른 속도로 교환이 이루어져 1초도 안되어 평형 상태에 도달한다. 그러므로 혈액이 폐포를 떠날 때 혈액의 산소와 이산화탄소의 분압은 폐포의 기체 분압과 똑 같다.

폐포의 산소 분압을 감소시키는 요인이 발생하면 가스교환 량이 감소할 수 있다. 폐포의 산소 분압이 낮아질 이유는 들숨의 공기가 정상인지, 또는 폐포의 환기가 적절한지에 달려 있다. 들숨의 산소 함량에 영향을 미치는 주요인 중에 하나는 고도이다. 고도가 높은 곳으로 올라갈수록 대기압이 감소하며, 그에 따라서 산소 분압도 낮아진다. 고도가 8848 m인 에베레스트 산 정상에서 대기압은 253 mmHg, 산소 분압은 53 mmHg에 불과하다. 따라서 폐포와 동맥의 산소 분압이 100 mmHg에서 53 mmHg로 내려가기 때문에 생명이 위협을 받을 정도이다. 폐포의 환기 부족으로 산소 분압이 낮아지는 것은 천식 등으로 공기 통로의 저항이 증가하거나, 폐의 유연성 감소, 약물 또는 술을 과다하게 섭취하여 중추신경계가 억압되어 환기율이 떨어지기 때문이다.

폐포의 산소 분압은 정상인데도 가스교환 후 혈액의 산소 분압이 낮은 경우에는 폐포와 모세혈관사이의 가스 교환에 문제가 있는 것이다. 이는 교환 가능한 폐포의 표면적이 감소하거나 기체의 확산 거리가 증가한 때문이다. 폐포의 면적 감소는 흡연으로 인한 폐의 손상으로 발생하는 **폐기종**이 대표적이다. 담배연기는 폐포를 자극하며 단백질 분해효소를 방출하는 대식세포를 활성화시킨다. 이 효소는 폐의 탄성 섬유를 분해하여 세포에 손상을 일으키며, 폐포의 벽을 파괴한다. 그 결과로 폐포의 수는 줄고 크기는 커져서 가스 교환 면적이 감소하며, 탄성 되감기가 잘 안되어 폐의 유연성도 감소한다. 그러나 폐는 예비 용량이 있어서 교환상피의 1/3이 손상되기까지는 동맥의 산소 분압에 그다지 큰 영향을 미치지 않는다.

폐포벽이 두꺼워져도 가스 교환이 잘 이루어지지 않는다. 섬유성 폐질환으로 흉터조직이 많아지면 폐포 벽이 두꺼워지며, 이는 기체의 확산 속도에 영향을 미친다. 또한 **폐수종(pulmonary edema)**도 폐포와 혈액간의 확산 거리를 증가시킨다. 폐는 혈압이 낮고 림프의 흐름이 잘 이루어지기 때문에 조직액이 아주 적지만 폐수종은 폐의 조직액을 과다하게 증가시키는 특징이 있다. 좌심실의 기능 또는 판막의 장애로 폐의 혈압이 올라가면 모세혈관의 압력이 높아진다. 그에 따라서 모세혈관을 빠져 나오는 액체의 량이 림프의 회수 능력을 초과하게 되면 여분의 액체가 폐 조직사이에 축적되어 수종이 되며, 이 액체가 폐포벽 사이로 세어 나와 폐포로 들어간다.

확산 거리의 증가는 물에 잘 녹는 이산화탄소보다 잘 녹지 않는 산소의 운반에 더 큰 영향을 미친다. 폐포에서 산소의 확산이 많이 잘못된 경우에는 **저산소증(hypoxia)**이 생기며 체내에 호흡성 산혈증인 **고탄산증(hypercapnia)**을 수반하는 경우가 많다.

5. 조직에서 가스교환

혈액과 조직세포 사이의 가스 확산도 압력 구배에 따라서 이루어진다. 세포는 호흡을 통하여 계속 산소를 소모하고 이산화탄소를 생성한다. 휴식 상태에서 세포 호흡으로 세포 내의 산소 분압은 40 mmHg, 이산화탄소 분압은 46 mmHg에 이른다. 체순환의 동맥 쪽 모세혈관의 산소 분압은 100 mmHg, 이산화탄소 분압은 40 mmHg이므로 모세혈관 혈장의 산소는 조직세포로, 조직세포의 이산화탄소는 혈장으로 신속하게 확산되어 정맥의 평균 산소 분압은 40 mmHg, 이산화탄소 분압은 46 mmHg가 된다.

6. 혈액의 가스 운반

적혈구의 산소 운반 단백질인 헤모글로빈(Hb)은 가스 운반에 필수적인 물질이다. 산소는 물에 잘 녹지 않기 때문에 적절한 양의 Hb가 없으면 조직 세포가 산소 결핍으로 세포 호흡을 할 수가 없다. 혈액의 산소는 혈장에 녹거나 Hb에 결합되어 운반된다. 그러나 혈장에 녹아 있는 산소의 양은 극히 적어서 동맥혈 1 L당 3 mL에 불과하다. 심장 박출량이 5 L라면 분당 15 mL의 용존 산소가 신체 조직에 운반되는데 이 정도 양은 조직의 산소 요구량에 턱없이 부족한 양이다. 휴식 상태에서 산소 소모량은 분당 250 mL이며 운동을 하게 되면 요구량이 급증한다. 그러므로 혈장에 의해서 운반되는 산소는 세포 소모량의 10%에도 못 미치며, 우리 몸은 Hb에 의해서 운반되는 산소에 크게 의존하고 있다.

일정량의 혈액에서 98% 이상의 산소가 적혈구의 Hb에 결합되어 운반된다. 정상적인 경우 혈액 1 L당 산소 함량은 200 mL이며 적혈구의 산소 함량이 197 mL이다. 그러므로

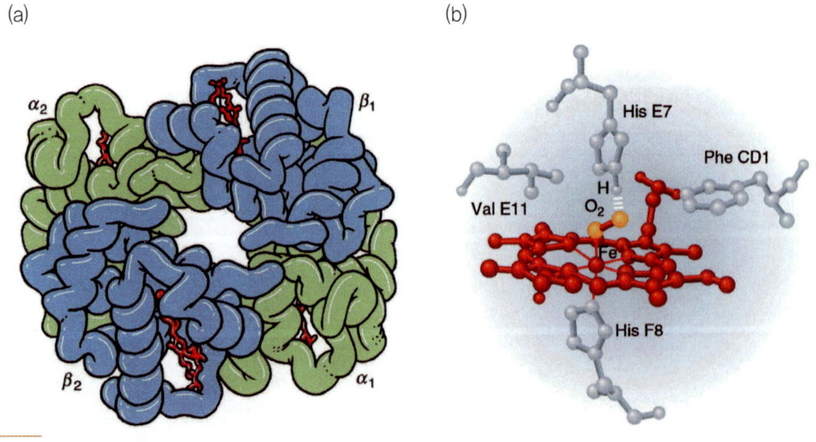

그림 15-6

헤모글로빈의 분자 모식도(a)와 헴의 산소결합(b) 모식도

심장 박출량이 분당 5 L이면 조직 세포가 소모하는 총량의 4배인 1000 mL가 배달될 수 있다.

Hb에 산소가 결합하는 양은 혈장의 산소 분압과 Hb에 산소가 결합할 수 있는 결합수의 수에 의해서 결정된다. 동맥혈 혈장의 산소 분압은 앞에서 설명한 바와 같이 공기의 조성, 폐포의 환기율, 폐포와 혈액간의 가스 교환율에 의해서 결정된다. 산소가 결합할 수 있는 결합수의 수는 혈액의 Hb 함량에 따라서 다르며, 이는 혈액의 적혈구 수와 적혈구당 Hb의 함량이 결정한다. 그러므로 과다한 출혈 등으로 적혈구의 수나 Hb의 함량을 감소시키는 병리적 소인이 있는 경우에는 산소 운반에 장애가 발생한다.

Hb가 산소 운반체로서 적절한 이유는 Hb는 4개의 글로빈 단위체로 구성되어 있으며, 각 단위체에는 산소와 결합하는 Fe를 포함하는 헴(heme)을 가지고 있다. 그래서 Hb 한 분자에는 4분자의 산소가 결합할 수 있다. 산소와 결합한 Hb를 산화 헤모글로빈 (HbO_2)이라고 한다. Hb의 Fe는 산소 이외에도 수소이온(H^+), 일산화탄소(CO_2), 수산화이온(OH^-), 시안이온(CN^-)과 결합할 수 있다. 특히 일산화탄소는 Hb에 대한 친화도가 크기 때문에 Hb와 쉽게 결합하며, 결합한 일산화탄소는 잘 해리되지 않는다. 그렇기 때문에 연탄가스나 자동차 가스의 일산화탄소에 중독되면 산소운반의 결핍으로 치명적인 상태에 이르게 된다.

Fe와 산소간의 결합은 약하기 때문에 쉽게 끊어지며, Hb와 산소의 반응은 가역적이며 다음과 같이 표시한다.

$$Hb + O_2 \rightleftarrows HbO_2$$

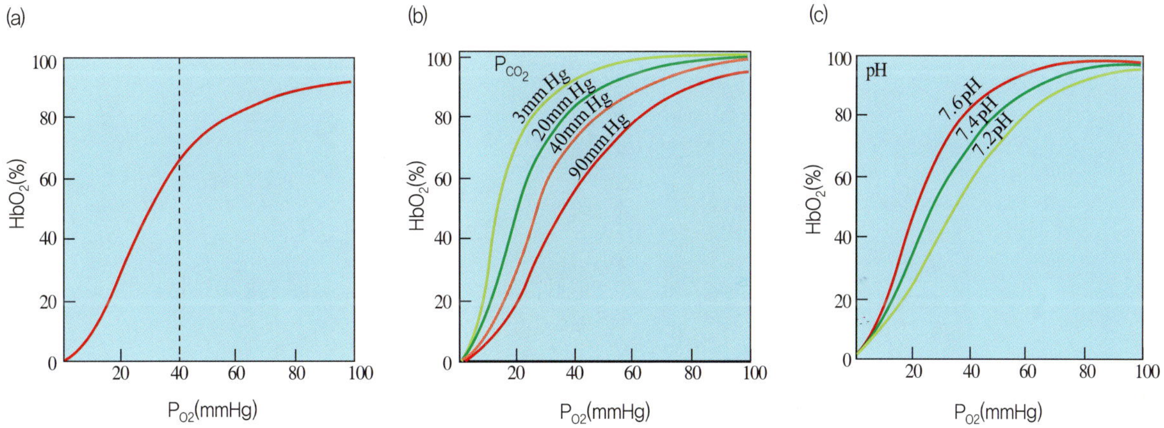

그림 15-7

Hb–O_2 포화도 곡선(a)과 이산화탄소(b) 및 pH(c)에 따른 산소의 해리 혈장의 산소는 적혈구 속으로 확산하여 들어가 Hb와 결합하며, 그로 인해서 감소된 혈장의 산소는 폐포에서 들어온다. Hbb와 O_2의 결합으로 생성된 HbO_2의 양을 총 Hb의 양에 대한 비 값(%)으로 나타낸 것을 포화도라고 한다. 산소 분압에 따라서 Hb의 포화도를 그래프로 나타내면 그림 15-7과 같은 S자형 곡선이 되는데 이를 **Hb-O_2 포화도 곡선**이라고 한다. 산소 분압이 100 mmHg인 폐포에서는 Hb의 포화도가 98%이며 조직에서는 산소 분압이 감소함에 따라서 포화도가 감소하는 만큼 산소를 유리한다. 조직의 산소 분압이 40 mmHg일 경우 포화도는 75%이므로 23%의 산소가 유리되어 혈장과 조직액을 거쳐 세포로 들어간다. 유기 호흡이 활발한 근육 조직의 산소 분압은 20 mmHg정도이므로 HbO_2의 포화도는 35%로 감소하며 더욱 많은 63%에 해당하는 산소가 유리된다.

근육에 산소 공급이 충분하지 못한 상태에서 운동을 계속하면 무기 호흡으로 젖산이 생성되며, 이 젖산이 해리되면 H^+를 내기 때문에 pH가 내려간다. 이와 같은 pH 감소는 Hb의 분자 구조에 영향을 미쳐 Hb-O_2의 결합을 약화시키기는 데 이를 **보어 효과(Bohr effect)**라고 하며, 이 보어 효과로 HbO_2로부터 더 많은 산소가 유리된다. 이밖에도 무기 호흡인 해당 과정이 촉진되면 중간 산물로 **2,3-디포스포글리세르산** (2,3-DPG)을 생성하며, 이는 Hb에 결합하여 Hb의 산소에 대한 친화도를 감소시킨다. 그러므로 HbO_2로부터 더욱 많은 산소가 유리된다. 만성적인 저산소증 환자의 적혈구에는 이 2,3-DPG가 증가하여 산소 결핍을 최대한 보충하며, 고산지대로 등산을 하거나 빈혈이 생겼을 때도 2,3-DPG 생산이 촉진되어 그나마 부족한 산소 공급을 최대한 보충해준다.

이산화탄소를 제거하는 것도 산소를 공급하는 것만큼 필수적이라고 할 수 있다. 왜냐하면 CO_2는 물에 잘 녹으며, 분압이 증가하면 체액의 pH가 교란되기 때문이다. CO_2 분압이 비정상적으로 높아지면 중추 신경계가 압박을 받아 혼수상태에 빠지며, 심하면 죽음에 이른다. 그러므로 CO_2는 폐에 의해서 신속히 제거되어야할 독성 폐기물이다. CO_2는

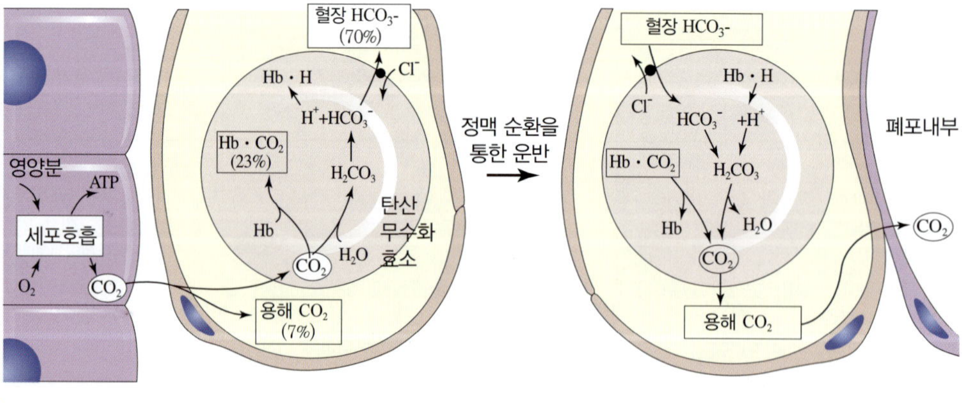

그림 15-8

이산화탄소의 운반

물에 잘 녹지만 조직 세포가 생산하는 양은 혈장에 녹을 수 있는 양을 초과한다. 정맥혈에 용해되어 운반되는 CO_2는 7%에 불과하며 나머지 93%는 확산에 의해서 적혈구로 들어간다. 거기에서 70%는 중탄산 이온(HCO_3^-)으로 전환되며, 23%는 산소가 유리된 Hb의 아미노기에 결합하여 **카바미노헤모글로빈**(Hb·CO_2)이 된다. 혈액에 의한 CO_2 운반을 요약하면 그림 15-8과 같다.

CO_2가 HCO_3^-로 전환되는 다음 반응은 두 가지의 중요한 의미를 가진다. 적혈구 속에는 CO_2를 신속하게 HCO_3^-로 전환하는 **탄산무수화효소**(**carbonic anhydrase**)가 고농도로 존재하여 다음 반응을 우측 방향으로 진행시킨다.

$$CO_2 + H_2O \overset{\text{탄산무수화효소}}{\rightleftarrows} \underset{\text{탄산}}{H_2CO_3} \rightleftarrows \underset{\text{중탄산이온}}{H^+ + HCO_3^-}$$

이 반응이 우측 방향으로 진행되려면 계속 CO_2가 유입되거나 H^+와 HCO_3^-를 제거해 주어야 한다. 그러므로 이 반응은 첫째로 CO_2가 조직 세포로부터 폐로 운반되는 수단이 되며, 둘째로 생성된 HCO_3^-는 수송체에 의해서 적혈구를 빠져나가며 혈장에서 대사 부산물로 생성된 산에 대하여 완충제의 작용을 한다. 한편 적혈구 내의 Hb는 H^+와 결합하여 Hb·H가 되므로 일종의 완충제 역할을 하여 적혈구 내의 pH 변화를 억제한다. 혈중 이산화탄소 분압이 Hb의 완충 기능을 초과할 만큼 높은 경우에는 혈장이 산성화되어 **호흡성 산혈증**(**respiratory acidosis**)을 야기한다.

정맥혈이 폐로 운반되고 나면 폐포 내의 이산화탄소 분압이 낮음으로 위의 반응이 반대로 이루어져 혈액의 이산화탄소가 폐포로 빠져나간다.

7. 환기의 조절

심장 박동과 마찬가지로 폐의 환기는 무의식적으로 리드미컬하게 이루어진다. 횡격막과 늑간근의 수축은 연수에서 나오는 일군의 뉴런의 지배하에 있으며, 이들 뉴런은 일련의 신경망을 구축하여 리드미컬한 활동을 반복한다. 그 리듬을 조절하는 세부적인 주체는 아직까지 밝혀지지 못하였으나 조절은 다음과 같이 이루어지는 것으로 보인다.

규칙적인 숨쉬기 패턴은 뇌간의 자발성 신경망에서 비롯되며, 들숨과 날숨은 연수의 호흡 뉴런을 통하여 조절된다. 그리고 뇌교의 뉴런은 환기율과 깊이에 영향을 미친다. 또한 환기는 여러 가지 화학적 요소(CO_2, O_2, H^+)와 상위 뇌 중추에 의해서 조정된다.

호흡 패턴 발생기 중추는 일생동안 자발적으로 기능을 하지만 어느 정도 수의적 뇌 중추의 조절을 받기도 한다. 연수의 호흡 뉴런은 두 곳에 핵을 두고 있다. **배측 호흡군**

(dorsal respiratory group)은 들숨 뉴런으로 구성되어 있으며 외늑간근과 횡격막의 운동을 조절한다. 그리고 **복측 호흡군**(ventral respiratory group)은 수의적인 날숨과 운동을 할 때처럼 깊은 들숨에 사용되는 근육을 조절하는 뉴런으로 구성되어 있다.

환기의 화학적 요소와 관련하여 우리 몸에는 **말초 화학적 수용기**(peripheral chemoreceptor)와 **중추 화학적 수용기**(central chemoreceptor)를 가지고 있다. 이들 화학적 수용기에 접수된 감각은 패턴 발생기 중추의 호흡 리듬에 영향을 미친다. CO_2는 환기율에 변화를 야기하는 주된 자극 원이며, 혈장의 O_2와 pH도 영향을 미친다. 혈장의 이와 같은 화학적 요소에 대한 말초 수용기에는 혈압의 반사 조절에 관여하는 압력 수용기와 마찬가지로 **경동맥 소체**(carotid body)와 **대동맥 소체**(aortic body)가 있다. 중추 화학적 수용기는 뇌척수액의 조성을 감지하며, CO_2 농도의 변화에 대하여 반응한다. 이 수용기는 호흡 뉴런과 가까이 연수의 복측 표면에 분포하고 있다.

경동맥이나 대동맥 소체의 수용기는 감각 뉴런을 통해서 뇌간으로 연결되어 있으며 연수의 조절 중추에서 그 정보가 종합된다. 그에 대하여 호흡 중추는 운동 신경을 통하여 환기를 조절하는 근육에 명령을 보낸다. 동맥의 산소 분압이 60 mmHg 이하로 내려가야만 환기가 조절되는 것으로 보아 대부분의 경우 산소는 환기 조절의 중요한 요소가 아니다. 산소 분압이 이 정도로 내려가려면 고도 3000 m에 올라갔을 때처럼 산소 분압이 낮은 경우이다. 말초 화학적 수용기는 혈장의 pH와 이산화탄소 분압에 민감하게 반응하여 환기를 조절하며, 동맥의 분압이 증가하면 이산화탄소는 쉽게 **혈액뇌장벽**(blood-brain barrier)을 통과하여 중추 화학적 수용기를 자극하여 환기율과 호흡의 깊이를 증가시킨다.

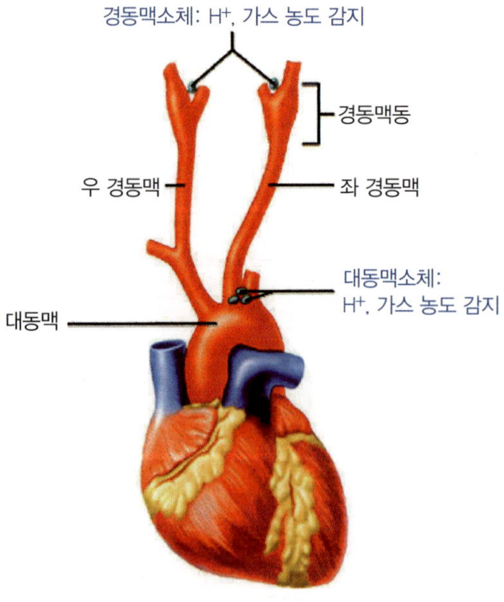

그림 15-9

환기 조절의 말초 화학적 수용기

Exercise

1. 호흡 기관계의 기능을 나열하여라.

2. 호흡에서 공기의 통로를 설명하여라.

3. 폐포의 구조와 기능을 설명하여라.

4. 호흡기 계통 질환들을 설명하여라.

5. 보어 효과를 설명하여라.

Exercise

6. 혈액에 의한 산소와 이산화탄소의 운반 메커니즘을 설명하여라.

7. 환기의 조절 메커니즘을 설명하여라.

8. 호흡의 원리와 관련하여 공기가 좋은 곳에 살아야하는 이유를 설명하여라.

참고문헌

[생존의 한계], 후란시스 아스크로프 지음, 한국동물학회 옮김, 전파과학사, 2001
[동물생리학], 강봉균 등 번역, 라이프사이언스, 2007.
[인체생리학], 강신성·안태인 대표 역자, 지코사이언스, 2008.
[인체생명과학 10판], 옮긴이 대표 안태인, 라이프사이언스, 2008.

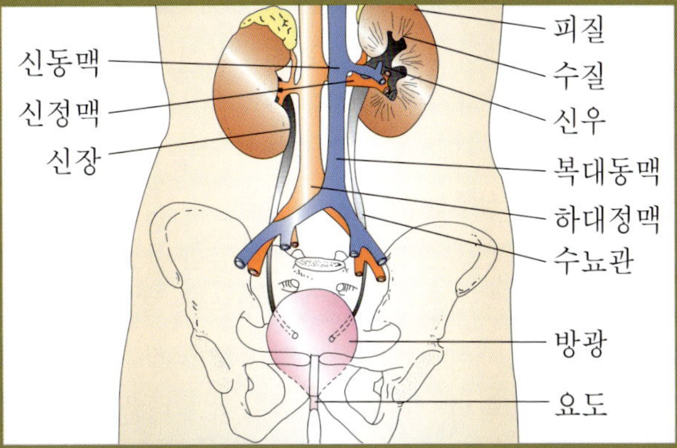

CHAPTER

16 배설과 체액의 항상성

생명활동을 하는 모든 동물들은 끊임없는 대사작용을 통하여 필요한 에너지를 얻지만, 이 과정에서 발생하는 대부분의 노폐물은 생물체에 해롭기 때문에 체내에 축척할 수 없으므로 적당한 방법으로 체외로 배출하여야 한다. 또한 원활한 대사작용을 위해서는 다량의 수분과 영양분, 무기이온 등 다양한 물질이 일정량 체내에 존재하여야만 한다. 이들 물질의 농도와 분포가 **항상성**(homeostasis)을 유지하도록 조절되고 있는데, 그 근본은 **삼투현상**이 될 것이다.

동물은 섭식을 통해 다양한 물질을 받아들이고, 물질대사로 생긴 노폐물인 질소를 포함한 배출물을 신장, 방광 등을 포함하는 **배설기관계**를 통하여 체외로 배설한다. 이와 같이 배설작용은 몸속의 유해한 질소 노폐물을 제거하는 작용이지만 질소 노폐물의 제거와 함께 여러 무기물질도 함께 배출되므로 배설작용은 체내의 수분 및 혈압조절 등 중요한 기능과 불가분의 관계에 놓여 있다. 하등 척추동물에서는 양서류의 피부와 부레, 어류의 아가미, 파충류 및 조류의 염류샘 등이 배설기관이며 인간을 포함한 고등 척추동물에서는 신장이 앞서 언급한 기능을 하는 삼투 조절기관이다. 이 장에서는 대사작용의 결과로 생긴 질소 노폐물의 생성과, 신장의 구조, 요의 생성 및 삼투 조절기관으로서의 신장의 기능에 관하여 살펴보기로 한다.

더 읽을거리 (16-1)

통풍과 수분섭취

43세 된 김씨는 최근 이틀 동안 편안히 집에서 쉬었는데도 왼쪽 굵은 발가락 마디가 쑤시고 아파서 아무 일도 할 수가 없었다. 날이 갈수록 통증이 더욱 심하고 발가락 마디에서 열이 나고 빨갛게 되어 결국 의사의 진찰을 받은 결과 관절에 요산(uric acid)의 축척으로 오는 통풍(gout)으로 진단받았다. 의사는 통풍이 악화되는 것을 방지하기 위해서 소염제를 처방하여주면서 물을 많이 마시고 술을 마시지 말라고 하였다. 통풍에는 프로베네시드와 같은 요산 배설 촉진제를 처방한다. 그러나 투약을 한지 3주가 지났을 때 이번에는 신장이 아프기 시작하여 다시 병원에 갔더니 이번에는 요 결석이 생긴 것으로 나타났다. 요 결석은 김씨가 의사의 지시를 어기고 물을 충분히 마시지 않았기 때문이다. 요 결석을 해소하려면 물을 더욱 많이 마셔서 하루에 3L의 오줌이 나오게 하여야 한다.

1. 질소 노폐물의 생성

단백질과 아미노산이 대사작용에 의해 분해되면 아미노기(-NH_2)는 탈아미노 반응에 의해 방출되거나 다른 분자로 옮겨져 제거되거나 재사용된다. 재합성에 이용되지 않는 아미노기는 질소 노폐물의 혈장 농도가 해로울 정도로 증가하는 것을 막기 위하여 물에 녹여 배설하여야 한다. 대부분의 여분의 질소는 암모니아(NH_3), 요소 또는 요산으로 배설되는데 일반적으로 질소 노폐물의 특징과 방법을 결정하는 것은 물의 이용 가능성이다. 따라서 3가지 주된 질소 배설물의 다른 성질이 동물의 배설 방식의 진화에 영향을 준 것으로 이해하고 있다.

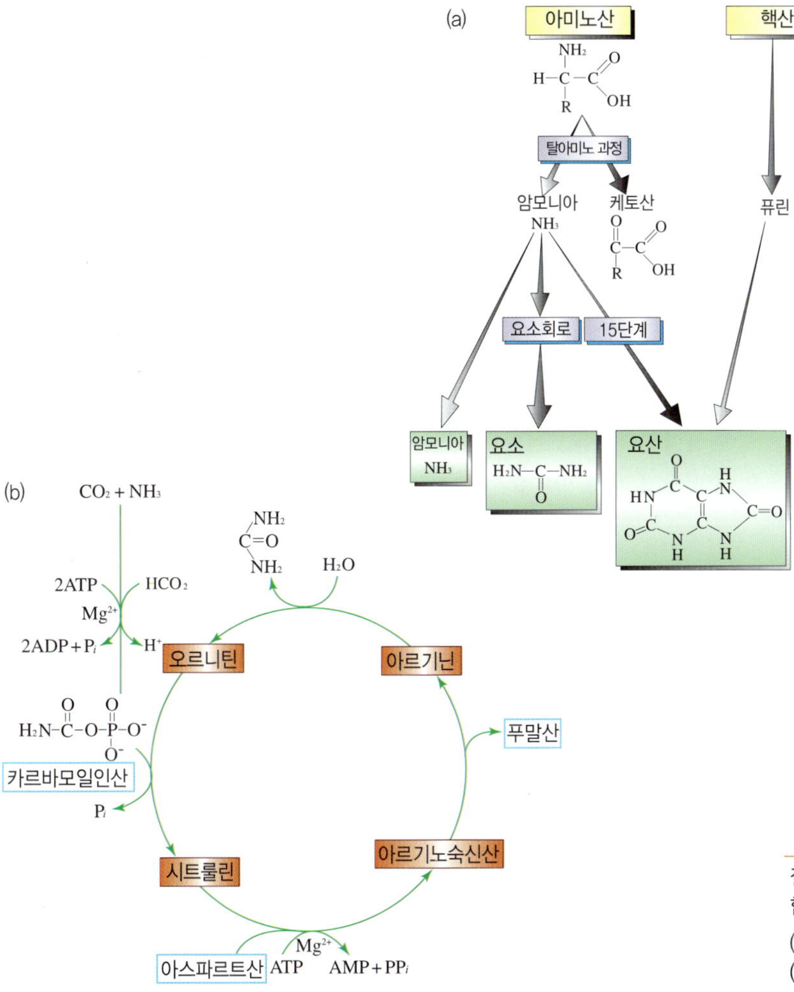

그림 16-1

질소 노폐물의 종류와 요소의 합성과정

(a) 질소 노폐물의 여러 형태

(b) 요소합성을 위한 오르니틴 회로

암모니아는 질소 노폐물 중 가장 독성이 강하기 때문에 체내에서 낮은 농도로 유지되어야 하는데 암모니아의 독성은 이온수송의 방해, 단백질의 3차 구조를 변형시키는 pH의 상승 등에 기여한다. 암모니아의 배설은 확산에 의해 일어나므로 배설 액체의 암모니아 농도가 낮게 유지되기 위해서는 많은 양의 물이 요구된다. 따라서 주위에서 흔하게 물과 접할 수 있는 환경에 살고 있는 경골어류와 수서 무척추동물 대부분이 질소 노폐물을 암모니아의 형태로 배설한다.

포유류의 조직에서 많은 아미노산의 아미노기는 글루탐산을 형성하여 간으로 운반된 다음 비독성인 글루타민으로 전환되고 다시 방출되어 혈액으로 들어가 신장 세뇨관의 세포에 의해 흡수된다. 즉 독성인 암모니아 대신 비독성인 글루타민이 신장에서 탈아미노 반응이 일어 날 때까지 혈액과 조직에 걸쳐 암모니아기의 운반체 역할을 수행하는 것이다. 세포에서 글루타민 탈아미노 반응에 의해 생성된 암모니아는 세뇨관 강으로 분비되고 H^+와 결합하여 암모니움 이온(NH_4^+)을 형성한다. 암모니움 이온은 세포막에 대해서 비투과성을 나타내므로 세뇨관 세포로 들어오지 못하고 오줌으로 배설된다.

사람을 포함한 대부분의 포유류는 질소 노폐물을 요소의 형태로 배설하는데 이는 암모니아에 비해 훨씬 독성이 약하고 훨씬 적은 양의 물이 소모되며 또한 요소 한 분자 당 2개의 질소 원자를 포함하고 있다. 요소는 간에서 **오르니틴 회로**(ornithine cycle)를 거쳐 합성되는데 2개의 아미노기와 한 분자의 이산화탄소가 오르니틴과 결합하면서 일련의 반응을 연쇄적으로 유도하여 최종적으로 오르니틴이 다시 형성됨과 동시에 요소가 합성된다.

일반적으로 요산은 물 사용이 한정되어 있는 조건에 적응된 조류와 파충류의 질소노폐물의 배설 형태이다. 세 가지 질소 노폐물 중 가장 물에 대한 용해성이 낮은 요산은 한 분자에 4개의 질소 원자를 운반할 수 있다는 장점이 있다. 사람의 경우 핵산대사의 최종 산물은 요산으로 배설하는데 이는 진화 과정에서 요산을 분해하는데 필요한 효소를 생산하는 능력을 잃어 버렸기 때문이며 요산 배설은 요소 배설의 약 1% 정도 이다.

2. 신장의 구조와 기능

사람의 신장은 횡격막과 등쪽 근육 사이에 좌우 한 쌍이 있으며 크기는 성인의 주먹 정도이고 무게는 체중의 약 1%이지만 총 심박출량의 20~25%에 해당하는 많은 양의 혈류를 공급받는다. 신장 동맥은 복측 대동맥에서 분지하여 신장에 혈액을 공급하며, 신장 정맥은 하대정맥으로 연결되어 있다. 신장에서 오줌이 생성되는 첫 단계는 혈장으로부터 물과 염분이 신장을 구성하는 **네프론**(nephron)이라는 관으로 걸러지는 것이며, 걸러진 액체는 네프론의 관속을 통과하는 동안 그 조성에 많은 변화가 발생한다. 그런 다음, 액체는 신장을 나와 **수뇨관**(ureter)을 거쳐 방광으로 들어간다. 오줌이 가득 채워질 때까지

방광은 팽창하며 그 반사 작용으로 방광이 수축하면 오줌은 요도를 통하여 몸 밖으로 나간다.

신장의 단면 구조를 보면 바깥쪽의 **피질**과 안쪽의 **수질**로 구분되며 수질의 빈 공간은 **신우**라고 한다. 신장의 피질과 수질에는 약 백만 개의 네프론이 있는데 네프론의 약 80%는 피질 속에 있으며 나머지 20%는 깊은 수질 속에 들어 있다. 네프론은 신장의 기능적 단위이며 모세혈관이 얽혀 둥근 모양을 하는 **사구체**와 관상 구조물의 **세뇨관** 두 부분으로 나누어진다. 네프론의 세뇨관은 사구체를 둘러싸고 있는 **보먼 주머니**, **근위(기부)세뇨관**, **헨레고리**, 그리고 **원위(말부)세뇨관**으로 구성되어 있다.

사구체에서 걸러져 보먼 주머니로 들어간 여과액은 근위세뇨관의 내강으로 보내진다. 근위세뇨관에서는 대부분의 재흡수가 일어나는 곳으로 이곳의 세포들은 물질수송을 위해 형태적으로 특수화되어 있다. 여과액은 근위세뇨관으로부터 헨레고리의 하행지의 수질로 운반되고 상행지의 피질로 돌아와 원위세뇨관으로 들어간다. 조류와 포유류의 신장에서만 발견되는 헨레고리는 요 농축에 있어서 중요한 역할을 한다. 원위세뇨관은 사구체의 입수 소동맥과 출수 소동맥 틈새를 지나가는데 이 조직을 **방사구체장치(juxtaglomerular apparatus)**라고 한다. 이 방사구체장치는 사구체를 지나는 혈류를 조절하는데 중요한 역할을 한다. 여러 네프론의 원위세뇨관에서 온 여과액은 하나의 **집합관**에서 합쳐지며, 집합관에 모여진 오줌은 신우를 통과한 다음 수뇨관을 통해 방광으로 들어간다.

신장이 배설 기능을 담당하고 있음은 주지의 사실이나 실제로 신장의 중요한 기능은 혈액과 조직액을 포함한 체액의 수분과 전해질 함량에 대한 항상성을 조절하는데 있다. 신장은 구강을 통한 섭취량과 소변을 통한 배설량간의 **총량적 균형(mass balance)** 원리

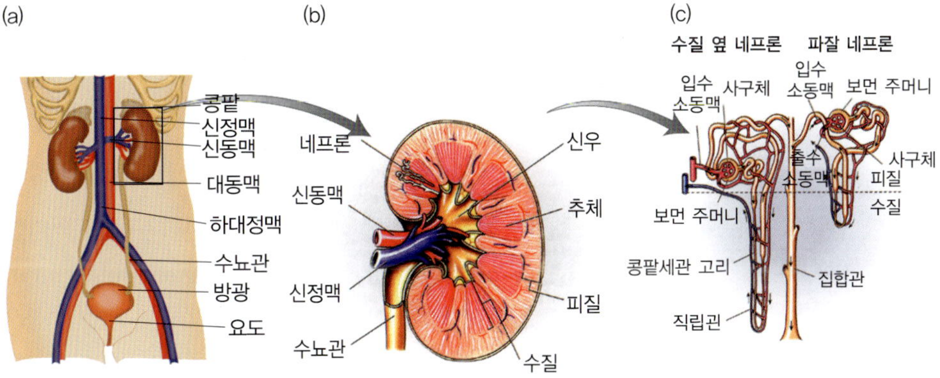

그림 16-1

(a) 사람의 배설 기관계 (b) 신장의 단면도 (c) 네프론의 구조

로 이온 농도와 수분의 균형을 취하여 항상성을 유지한다. 신장의 중요한 기능은 다음과 같은 것들이 있다.

1. **세포 외액의 부피 조절**: 세포 외액(또는 조직액)의 부피가 감소하면 혈압도 내려간다. 세포 외액의 부피와 혈압이 너무 낮으면 뇌와 다른 주요 기관에 혈액을 적절히 공급하지 못하게 된다. 신장은 심혈관계와의 통합 작용으로 혈압과 조직액의 공급이 적절한 범위에 있도록 한다.
2. **삼투 농도의 조절**: 우리 몸은 신장의 기능을 통괄하여 혈액 삼투압을 약 290mOsM (밀리 오스몰)로 유지하며 이를 벗어나면 갈증과 같은 반사 행동을 유도한다.
3. **이온 균형의 유지**: 신장은 음식물로부터 오는 이온 섭취량과 체외 배출량 사이에 균형을 유지하여 체액의 주요 이온 농도가 정상 범위에 있도록 한다.
4. **pH 항상성 조절**: 혈장의 pH는 좁은 범위에서 조절된다. 세포 외액이 지나치게 산성화되면 신장은 H^+을 제거하며, 중탄산 이온(HCO_3^-)를 회수하여 완충 기능을 하게 한다. 반대로 세포 외액이 지나치게 알카리성이 되면 중탄산 이온을 제거하고 H^+을 회수하여 pH 항상성에 주요한 역할을 한다.
5. **노폐물과 이물질의 제거**: 신장은 대사 노폐물과 약물이나 환경 독소와 같은 이물질을 제거한다. 대사 노폐물에는 근육에 대사에서 발생하는 크레아틴 같은 것이 있으며 질소 폐기물로 요소와 요산이 있다. 헤모글로빈 대사물로 우로빌리노겐(urobilinogen)은 오줌의 특징적인 노란색이 나게 한다.
6. **호르몬의 생성**: 신장은 내분비 기관은 아니지만 3가지 내분비 회로에서 중요한 역할을 한다. 신장 세포는 적혈구 생성을 조절하는 **에리트로포에틴(erythropoietin)**이라는 호르몬을 합성한다. 이외에도 염분의 평형과 혈압의 항상성에 관여하는 **레닌(rennin)**이라는 단백질 분해효소를 분비한다.

3. 사구체 여과작용과 조절

혈장으로부터 네프론의 보먼 주머니 속으로 하루에 180L(시간당 7.5L)의 액체가 걸러진다. 혈장의 총 부피가 5.5L이므로 이는 40분마다 전체 혈액이 여과된다는 것을 의미한다. 1분 동안 양쪽 신장에서 생성되는 여과액의 용량을 **사구체 여과율(glomerular filtration rate, GFR)**이라고 하는데 사람의 경우 GFR은 1분당 125mL이다. 그 중 1.5L는 오줌으로 나가고 99% 이상이 재흡수 되어 혈액으로 되돌아간다.

사구체 모세혈관의 내피세포에는 큰 구멍이 있어 신체의 다른 부위에서 발견되는 모세혈관보다 약 100배 이상의 투과성을 보여준다. 비록 사구체 모세혈관이 큰 구멍을 가지고 있다고 하지만 혈장 알부민이나 혈구를 통과시키지는 못한다. 여과액을 받아들이는 보먼 주머니는 **다리세포**(podocyte)로 되어 있는데 각 다리세포는 수천의 소족돌기를 내어 사구체 모세혈관의 내피세포를 덮고 있다. 인접한 소족사이의 작은 공간은 여과된 분자들이 보먼 주머니의 내부로 들어가기 위한 통로를 제공한다. 이와 같이 혈장으로부터 보먼 주머니로 걸러져 들어온 액체를 **원뇨**라고 하고 성분은 혈장과 거의 비슷하며 약 300mOsM의 등장액이다.

사구체의 여과 작용은 사구체 모세혈관의 정수압(55mmHg), 모세혈관 혈장에 남아 있는 단백질에 의한 교질삼투압(30mmHg), 그리고 보먼 주머니의 정수압(15mmHg) 사이의 압력차에 의해서 형성되며 순 여과압은 10mmHg이 되는 셈이다. 이처럼 작은 순 여과압에도 불구하고 신장에는 백만 개 이상의 사구체에서 빠른 속도로 여과액이 형성되

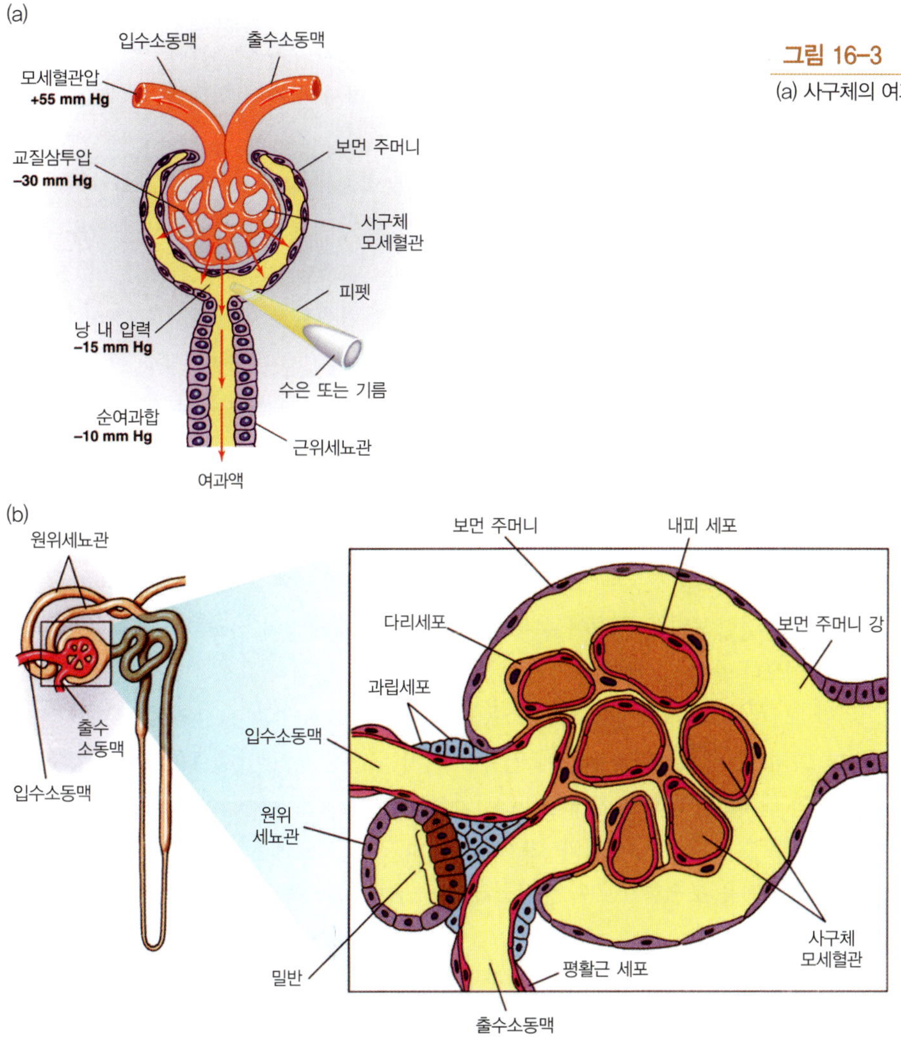

그림 16–3
(a) 사구체의 여과압 (b) 방사구체장치

며 또한 여과과정의 에너지는 심장의 수축운동으로부터 유래한다는 것은 주목할 만한 일이다.

사구체의 여과 속도는 앞에서 설명한 바와 같이 순 여과압과 보먼 주머니의 투과도에 의해서 결정되어 사구체 여과율에 영향을 미친다. 사구체 여과율은 주로 신동맥의 혈류량에 따라서 조절되는데 대부분의 조절은 입수 소동맥에서 이루어진다. 동맥혈압 변화가 70-180mmHg 범위 내에 있음에도 불구하고 사구체 여과율은 국부적인 조절 과정을 통해 자율적으로 조절되어 비교적 일정 수준이 항상 유지된다. 그 과정은 아직까지 명확히 규명되지 못하였지만 입수 소동맥의 근원성 반응(myogenic response)과 세뇨관-사구체 되먹임으로 조절되는 것으로 보인다.

입수 소동맥의 근원성 반응은 다른 소동맥의 반응과 마찬가지로 자율적 원리로 작동된다. 혈압이 올라가서 소동맥의 평활근이 늘어나면 장력에 민감한 이온 채널이 열리면서 근육 세포의 막 전위가 탈분극 되면서 수축한다. 이 혈관 수축은 혈류 저항으로 작용하여 신동맥의 혈류가 감소하며, 그에 따라 사구체의 여과압이 감소된다. 혈압이 감소한 경우에는 그 반대 작용으로 소동맥의 수축이 사라지면서 혈관이 최대한 이완되어 혈류량이 증가한다.

세뇨관-사구체 되먹임 조절은 국부적인 조절 회로의 일종이며 원위세뇨관의 액체의 흐름이 GFR에 영향을 미치는 것으로 앞에서 설명한 방사구체장치에 의해서 수행된다. 방사구체장치에는 **밀반**(macula densa)을 이루고 있는 변형된 원위세뇨관 세포와 소동맥 벽에 있는 평활근 세포가 특수하게 분화된 분비성 **과립세포**로 이루어져 있다. 과립세포는 단백질 분해효소 레닌을 분비하여 간접적으로 혈압을 변하게 하여 신장 혈류에 영향을 미친다. 밀집반은 원위세뇨관을 지나는 혈류량 변화에 반응하여 측분비 방식으로 산화질소(nitric oxide) 및 아데닌 같은 물질을 분비하여 입수 소동맥을 수축이나 이완시키는 것으로 추측된다.

신장 이외의 조절 중추도 혈압 및 혈액 양의 변화에 대한 반응으로 이와 같은 신호를 발생한다. 입수 및 출수 소동맥에는 교감신경이 분포해 있으며 노르에피네프린이 평활근의 α-수용체에 결합하면 소동맥이 수축한다. 교감신경의 활성이 적절한 경우에는 GFR에 별 영향이 없으나 출혈 또는 심한 탈수로 인해서 혈압이 급격히 감소하면 체액의 부피 보존을 위한 교감신경의 적응 반응으로 소동맥이 수축하여 GFR과 신장의 혈액 흐름을 감소시킨다. 그밖에도 소동맥의 저항에 영향을 미치는 가장 중요한 호르몬으로 강력한 혈관 수축제인 **앤지오텐신 II**(angiotensin II)와 이완제인 **프로스타글란딘**(prostagrandin)이 있다. 이 두 호르몬은 사구체와 보먼 주머니의 조직 세포에 작용하여 세포간의 틈새 크기와 여과 면적을 조절함으로써 신장혈류와 사구체 여과 속도에 영향을 미친다.

4. 세뇨관의 재흡수

사구체 여과액이 세뇨관을 따라 이동하면서 여러 가지 대사산물, 이온 및 물 등의 재흡수가 일어나 초기 여과액의 조성이 빠르게 변하게 된다. 대부분 재흡수는 근위세뇨관에서 이루어지지만 정밀하게 조절된 재흡수는 원위세뇨관에서 이루어져 항상성 유지에 필요한 이온과 수분이 선택적으로 혈장으로 되돌아간다. 그러면 왜 신장은 단순히 1%에 해당하는 양만 걸러서 배설하지 않고 180L를 걸러서 그중 99%를 재흡수하는 것일까? 여기에는 두 가지 이유가 있다. 첫째로, 많은 이물질은 사구체 모세혈관에서 걸러진 다음 재흡수되지 않는다. 따라서 여과율이 높은 것은 혈장으로부터 이와 같은 이물질을 신속하게 제거하기 위한 것이다. 둘째로, 일단 이온과 물을 거르는 것이 조절에 용이하기 때문이다. 걸러진 액체의 일부가 원위세뇨관에 이르렀을 때 항상성 유지에 필요하면 이온이나 수분을 재흡수하고 필요하지 않은 것이면 오줌으로 내보내게 되는 것이다.

근위세뇨관 속의 여과액은 염분 농도가 조직액과 같으므로 세뇨관 세포는 먼저 염분을 세뇨관 주위의 혈액으로 능동 수송하여 농도 구배를 형성한다. 이러한 펌프방식으로 여과액속의 약 70%의 Na^+이 주위의 혈관으로 재흡수되며 이에 따른 비례의 물과 Cl^- 이

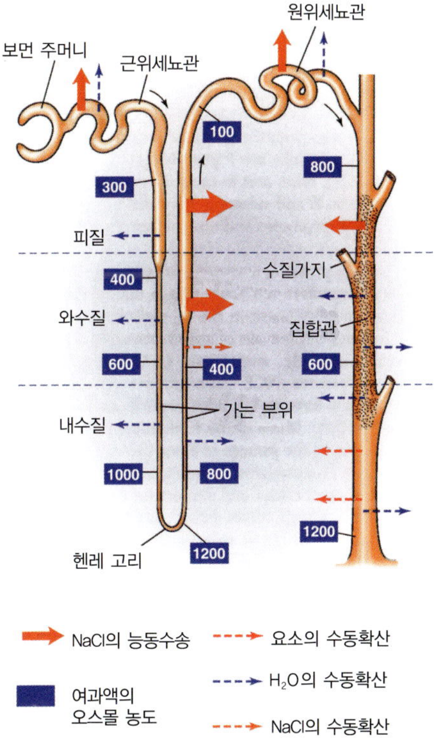

그림 16-4
세뇨관에서의 재흡수와 뇨형성 과정

온이 수동수송에 의해 이동하게 된다. 세뇨관세포의 측저막에 존재하는 나트륨 펌프에 의해서 생긴 나트륨의 전기화학적 구배가 결국 아미노산, 포도당, 기타 유기 대사물질들을 세뇨관세포의 정단막에 있는 수송체를 통한 공동수송으로 재흡수 하는 데에도 원동력으로 작용한다.

헨레고리의 하행지에서는 염을 능동적으로 수송하지 않고 수동확산에도 비투과성이지만 수분에 대해서는 투과성을 보인다. 주변의 세포 외액이 여과액에 대하여 고장액이기 때문에 수분은 삼투에 의해 세뇨관을 빠져나오며 따라서 세뇨관액의 용량은 감소하나 농도는 증가하게 된다. 수질 내 두꺼운 헨레고리의 상행지에서는 수분에 대한 투과성은 매우 낮으나 염은 세포 외액으로 능동수송에 의해 배출된다. 따라서 여과액은 피질로 올라 갈수록 더 희석되어 원위세뇨관에 들어가는 세뇨관액은 주위의 세포 외액에 비해 상대적으로 저장액(약 100mOsm)이 된다.

원위세뇨관과 집합관에서의 염분과 물의 재흡수는 삼투 농도 변화에 대한 내분비계의 반응으로 조절된다. 부신피질에서 분비되는 스테로이드 호르몬인 **알도스테론(aldosterone)**에 의해서 원위세뇨관과 집합관에서 Na^+의 재흡수가 촉진되며 이 호르몬의 분비는 혈액의 부피, 혈압 및 K^+에 의해서 조절된다. 알도스테론은 Na^+-K^+-ATPase 활성을 증가시키기 때문에 K^+ 분비의 원인이 되기도 한다.

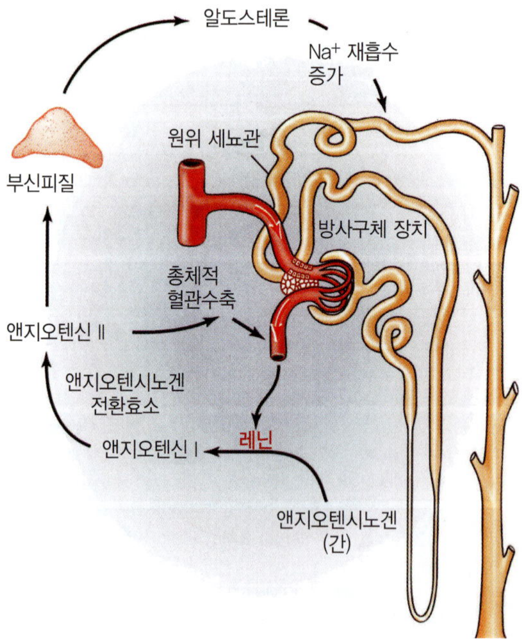

그림 16-5

레닌–앤지오텐신–알도스테론 체계에 의한 나트륨의 재흡수 조절

더 읽을거리 (16-2)

미세알부민과 병역면제

최근에 일부 연예인들과 프로야구선수들이 허위진단서에 의해 병역을 면제 받은 것이 알려져 지탄의 대상이 된 적이 있다. 그들의 허위 진단서에 표시된 병명은 거의 대부분이 신장염이거나 방광염이었다. 많은 질환들 중에서 왜 그들은 신장염이나 방광염이란 병으로 병역면제를 받고자 하였을까?

미세알부민(microalbumin)이란 하루에 30~300mg의 알부민이 신장을 통해 오줌으로 배출되어 나오는 것으로 정의되는데 이는 곧 신장이나 방광에 이상이 있다는 것을 암시해 준다. 즉, 오줌에 미세알부민이 검출되는 것은 당뇨 환자에 있어서는 신증(nephropathy)의 초기 증상으로, 비당뇨 환자에 있어서는 심혈관 질환으로부터 오는 합병증의 높은 발생 가능성을 알려주는 지표가 되기도 한다. 상대적으로 굉장히 큰 분자인 알부민은 건강한 신장의 경우에 있어서는 사구체의 모세혈관을 빠져 나올 수 없어 오줌에서 검출되지 않는다.

이와 같이 오줌에서의 알부민 검출과 질환 연관을 알고서 그들은 병역을 면제 받기 위해서 소변 검사에서 오줌을 받은 다음 그 속에 몰래 알부민을 넣었던 것이 탄로 난 것이다.

알도스테론의 분비는 혈액의 부피, 혈압 및 K^+에 더하여 **앤지오텐신 II**에 의해서 조절된다. 혈장의 K^+ 증가는 부신 피질 세포에 직접 작용하여 알도스테론의 분비를 촉진하며, 세포 외액의 삼투 농도가 증가하면 분비가 억제된다. 알도스테론이 감소하면 Na^+의 재흡수가 감소하므로 삼투 농도가 낮아진다. 그러므로 삼투 농도의 증가가 부신 피질에 미치는 직접적인 억제 효과는 탈수에 대한 중요한 신체적 반응이라고 할 수 있다.

알도스테론 방출의 주된 신호는 앤지오텐신 II이다. 앤지오텐신 II는 혈압을 유지하는 다단계 복합체인 **레닌-앤지오텐신**계의 한 요소이다. 레닌-앤지오텐신계는 그림 16-3(b)에서 설명한 바와 같이 사구체의 입수 소동맥에 있는 과립세포에 의한 레닌의 분비에서 시작한다. 레닌은 비활성인 혈장 단백질인 앤지오텐시노겐을 앤지오텐신 I으로 전환시키며, 이어서 혈액의 전환 효소와 반응하면 이로부터 앤지오텐신 II가 만들어진다. 이 앤지오텐신 II가 부신을 자극하게 되면 알도스테론이 분비되어 앞에서 설명된 과정으로 Na^+의 재흡수가 촉진된다.

혈관에서의 압력이 증가하면 심장의 심방에서는 **심방 나트륨이뇨 펩티드(atrial natriuretic**

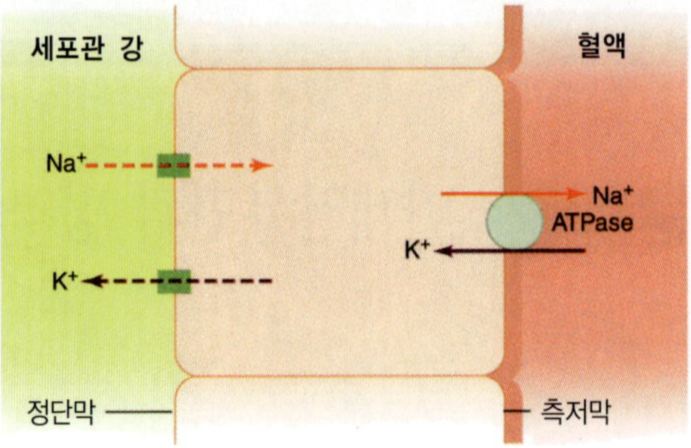

그림 16-6

원위세뇨관과 집합관에서 K^+의 분비

peptide, ANP)라는 호르몬이 분비되어 요의 생산과 Na^+의 배설을 증가시킨다. 신장은 알도스테론 작용과는 정반대로 기능하는 이 호르몬에 반응하여 사구체를 통해 혈액으로부터 여과된 염과 수분을 더 많이 배설함으로써 혈액량을 감소시킨다.

5. 세뇨관의 분비

세뇨관에서의 분비는 재흡수와 마찬가지로 막의 수송 기능에 의해서 이루어지는데 여러 이온과 노폐물이 사구체여과 외에 혈액으로부터 청소될 수 있는 또 다른 한 방법이라 할 수 있다. K^+와 H^+의 분비는 이들 이온의 항상성 조절에 중요하며 이외에도 NH_3, 유기산 및 유기 염기 등이 신장에서 분비 과정을 거쳐 배설된다.

K^+는 원위세뇨관과 집합관에서 나트륨 펌프에 의해 세포 외액으로부터 세뇨관세포로 수송된 후 정단막에 있는 통로를 통해 분비된다. 이와 같은 K^+ 분비와 Na^+ 재흡수 증가 기작은 혈액의 K^+ 농도가 증가하거나 Na^+ 농도가 감소할 때 방출되는 알도스테론에 의해 조절된다는 것을 앞에서 설명한 바 있다. 혈액의 K^+ 농도가 증가 하면 직접 부신을 자극하지만, 혈액의 Na^+ 농도가 감소하면 레닌-앤지오텐신계의 활성화를 통하여 부신을 자극한다. 따라서 Na^+ 재흡수를 자극하는 것은 알도스테론의 작용을 통한 K^+ 분비와 연결되어 있다.

원뇨가 네프론 말단까지 오면 그 성분은 보먼 주머니의 원뇨와 매우 다르다. 포도당, 아미노산, 유용 대사물질은 모두 재흡수되고 유기 폐기물만 농축된다. 오줌에 이온의 농도나 물의 함량은 건강 상태에 따라서 많은 차이가 있다. 특정 물질의 배설율은 여과율과 네프론을 지나는 동안 그 물질이 재흡수 또는 분비되는데 따라서 변한다.

신장에서 일어나는 여과, 재흡수 또는 분비 그리고 배설의 세 가지 과정은 배설 작용이 정상적으로 작동하는지 여부를 알려주는 중요한 단서를 제공해 준다. 이를테면 의사는

더 읽을거리 (16-3)

바닷새, 사람 그리고 바닷물

바닷가에 사는 새들은 수분을 얻기 위하여 바닷물을 마신다. 새는 눈의 안와 위에 있는 염류선으로부터 마신 바닷물에서 NaCl을 농축하여 콧구멍을 통하여 농축된 염분 용액을 분비한다. 이러한 방법에 의해 바닷새는 섭취한 엽분의 80%를 분비하면서 섭취한 물의 50%를 소모하며 나머지는 사용한다. 이에 반하여 사람이 바닷물을 마실 경우에는 섭취한 염분을 농축시키는 장치가 없기 때문에 염분은 체내에 농축되고 바닷물보다 더 묽은 오줌을 누게 된다. 바닷물을 마시면 탈수현상이 생기는 것은 이 때문이다.

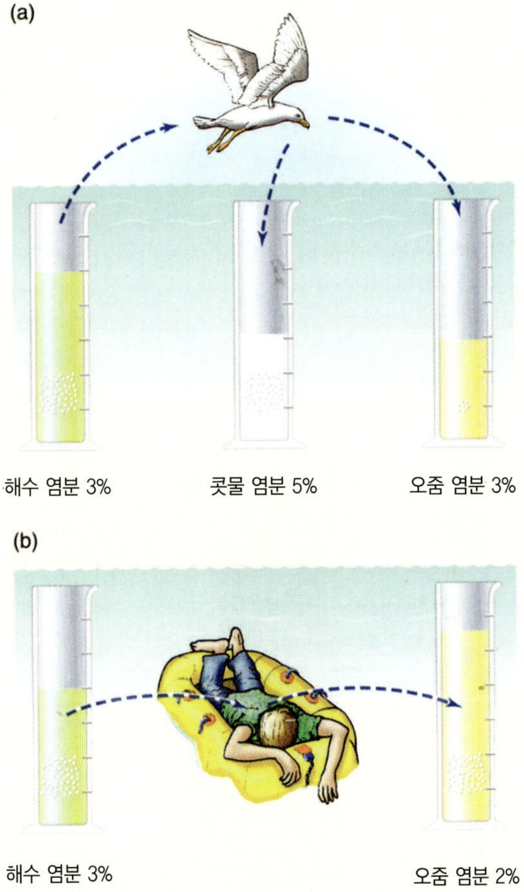

환자의 사구체 여과율을 신장 기능의 지표로 삼기도 한다. 혈장이 신장을 통과하는 동안 특정 물질이 혈액으로부터 1분 동안 소변으로 완전히 배설되는 비율을 청소율(clearance)이라고 한다. 이 혈장 청소율을 알아보기 위하여 다알리아의 뿌리에서 추출한 다당류의 일종인 이눌린(inulin)이 사용된다. 이눌린의 경우 여과는 되나 재흡수 또는 분비가 되지 않기 때문에 원뇨로 걸러진 이눌린은 100% 배설된다. 따라서 이눌린의 청소율은 GFR과 같다고 할 수 있다. 다른 약물의 청소율은 이 이눌린의 청소에 대한 비 값으로 표시할 수 있다. 특정 물질의 청소율이 이눌린에 미달된다면 그 물질은 재흡수됨을 의미하며, 반대로 이눌린의 청소율보다 높다면 그 물질은 네프론으로 분비됨을 의미한다.

신장은 오줌으로 H^+를 배설하고 HCO_3^-를 재흡수 함으로써 혈액 내의 pH를 조절한다.

6. 신장에 의한 pH 조절

사구체 여과액의 중탄산이온과 H^+ 이온 농도는 각각 25×10^{-3}mol/L과 40×10^{-9}mol/L로 혈장에서의 이온 농도와 비슷하다. 그러나 오줌에는 중탄산이온이 거의 없거나 전혀 없으며 또한 오줌의 pH는 약 6.0으로 사구체 여과액에 비하여 훨씬 높은 농도의 H^+가 존재한다. 이는 여과액이 세뇨관으로 이동하는 동안 H^+가 분비에 의하여 여과액에 더하여지고 대부분의 중탄산이온은 여과액으로부터 세뇨관으로 재흡수가 일어나야 한다는 것을 의미한다.

H^+는 사구체 여과액이 이동하는 동안 세뇨관의 전 구간에 걸쳐 여과액에 더해지기 때문에 점차적으로 산성화 된다. 근위세뇨관과 헨레고리에서 H^+는 상피세포의 정단막에 존

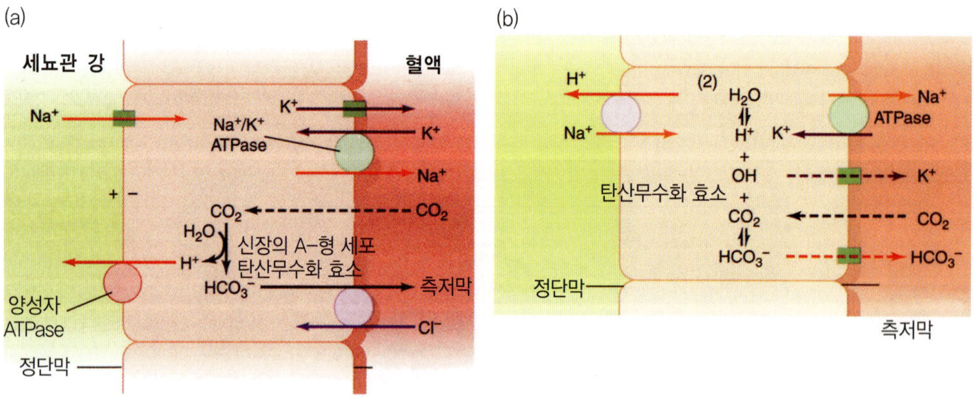

그림 16-7

세뇨관의 산 분비 과정

(a) 근위세뇨관과 헨레고리에서 Na^+/H^+ 역수송계에 의한 H^+의 분비

(b) 원위세뇨관에서 H^+-펌프에 의한 H^+분비

더 읽을거리 (16-4)

혈액투석

여러 가지 질환에 의해서 신장기능이 저하될 때 신부전이 발생한다. 신부전증은 염과 수분의 보유, 그리고 요독증(uremia)에 의한 고혈압을 일으킨다. 요소를 배설하지 못하는 문제는 혈장 H^+ 농도의 증가(산혈증)와 K^+ 농도의 증가를 수반한다. 따라서 요독증 환자나 요독증으로 진행될 위험성이 있는 환자에게는 혈액투석을 통하여 요소와 다른 노폐물들을 제거해 주어야 한다. 혈액투석은 환자의 혈액을 인공적 반투과성 막의 관을 통과하게 하면서 균형 염류용액(투석용액)과 접촉하게 하는 것이다. 요소와 노폐물 등 혈액 속에 고농도로 들어 있는 물질들은 투석용액 속으로 확산되어 나오게 된다. 만약에 혈액이 산성화 되어 있으면 중탄산이온이 공급되어 혈액의 pH도 조절도 가능하다. 혈액투석은 보통 일주일에 3번 정도 수행되며 한 번의 투석으로 50~250g의 요소를 제거할 수 있다.

재하는 Na^+/H^+ 역수송계에 의해서 세뇨관 강으로 이동한다. 세포내의 **탄산무수화 효소**(carbonic anhydrase)는 혈액으로부터 확산되어 들어온 이산화탄소에서 H^+를 생성하여 빠른 속도로 수송체에 H^+를 공급한다. 여기에서 HCO_3^-는 전기화학적 구배를 따라 측저막에 있는 이온통로를 통해 혈액으로 이동한다. 원위세뇨관에는 산의 분비를 위한 특수화된 세포가 존재하는데 이 세포의 정단면에는 H^+-펌프가 있고 측저막에는 염소/중탄산이온 역수송계가 존재한다. 각 이온들을 수송하는 수송체만 다를 뿐 근위세뇨관과 헨레고리 상피세포에서와 마찬가지로 H^+와 HCO_3^-는 각각 세뇨관 강과 세포 외액으로 이동한다. 분비된 H^+는 여과액에서 중탄산이온과 반응하여 이산화탄소와 물을 형성하고 이들은 다시 세포 내로 확산되어 들어온다. 따라서 원위세뇨관의 산분비 특수세포에서 H^+가 분비되면 이산화탄소 순환을 통해 혈액으로 순 중탄산이온이 흡수되는 결과를 가져온다.

세뇨관에서의 H^+의 분비는 여과액의 pH가 낮아짐에 따라 감소하고, 여과액의 pH가 4.5이하로 떨어지면 H^+의 분비는 중단된다. 더 많은 H^+가 분비되려면 산이 완충되어야 하는데 이 완충작용은 중탄산염, 인산염(주로 HPO_4^{-2})과 NH_3에 의해서 수행된다. 여과액으로 분비되는 H^+는 중단산염과 반응하여 이산화탄소와 물을 형성하고, HPO_4^{-2}는 $H_2PO_4^-$를, NH_3는 NH_4^+를 형성한다. $H_2PO_4^-$와 NH_4 이온은 세뇨관세포의 막을 투과하지 못하기 때문에 세포내로 들어오지 않고 소변으로 배설된다.

7. 수분 균형과 오줌 농도의 조절

물은 우리 몸에서 가장 풍부한 물질이며 17~39세 여성 체중의 50%, 남성 체중의 60%를 차지한다. 체중이 70kg인 남성이라면 42L가 물이며 그중 2/3에 해당하는 28L는 세포 속에 들어있고, 약 3L는 혈장에, 나머지 11L가 조직액이다.

하루 동안 우리가 마신 물은 매우 다양한 경로를 통하여 몸 밖으로 배출된다. 평균적으로 성인은 먹고 마시는 물의 양은 2L가 조금 넘는데, 그 대부분은 소화관에서 흡수되어 체액으로 들어간다. 하루에 정상적인 세포의 호흡 과정에서 생성되는 물 0.3L를 합하여 체액에 물의 증가량은 총 2.5L가 된다. 수분 손실의 주된 경로는 오줌이며 그 양은 하루에 약 1.5L이다. 또한 배변으로 약 100mL정도의 수분이 빠져나간다. 물은 우리 몸에서 운동을 하는 동안에 무의식중에 빠져나가기도 한다. 사람은 육상 생활에 적응해 있기 때문에 증발에 의한 수분 손실을 방지하기 위해 피부는 케라틴으로 덮여있다. 그러나 이 상피 보호 층이 있음에도 불구하고 하루에 0.9L의 물이 피부와 숨쉬기로 소모된다. 그러므로 하루에 체액으로부터 손실되는 물의 양은 2.5L로 증가하는 물의 양과 똑 같다. 이와 같은 수분 손실 경로 중에서 소변으로 배설하는 과정만 조절이 가능하다.

오줌은 정상적인 수분 손실의 주된 경로이지만 상황에 따라서는 다른 수분 손실 경로가 더 유의할 수도 있다. 이를테면 땀을 지나치게 많이 흘린다거나 유아의 수분 균형 유지에 주요 위협이라고 할 수 있는 설사와 같은 것이다. 병리적인 수분 손실은 두 가지 방면에서 항상성을 파괴한다. 세포 외액의 부피가 크게 감소하면 혈액의 부피와 혈압을 감소시키고, 그 결과 혈압을 유지하지 못하게 되면 조직은 적절한 산소를 공급받지 못한다. 땀을 많이 흘렸을 때처럼 손실된 액체가 저장액이면 몸속에 남은 염분은 체액의 삼투 농도를 상승시켜 세포의 기능을 파괴한다. 정상적인 상태에서 수분 균형은 자율적으로 이루어진다.

오줌의 농도 또는 삼투 농도는 신장에서 수분 배설의 척도라고 할 수 있다. 몸에서 과량의 수분을 제거해야 할 경우에 신장은 삼투 농도가 50mOsM 정도로 묽은 오줌을 많이 내보낸다. 이처럼 과량의 수분을 묽은 오줌으로 내보내는 것을 **이뇨**(diuresis)라고 하며, 이뇨 작용을 일으키는 약물을 이뇨제라고 한다. 반대로 신장이 수분을 보존하여야 할 경우라면 오줌의 농도가 1200mOsM로 혈액의 4배에 해당할 만큼 진하다.

신장은 원위세뇨관에서도 수분과 Na^+ 재흡수를 변화시켜 오줌 농도를 조절한다. 묽은 오줌을 만들 때 신장은 물이 삼투 현상으로 따라 들어오지 못하게 한 상태에서 염분을 재흡수 해야 하고, 이를 위해서는 염분을 수송한 세포막이 물은 통과시키지 말아야 한다. 반대로 진한 오줌을 만들려면 네프론은 물은 재흡수하더라도 염분은 재흡수 하지 말아야 한다. 그러나 물은 삼투현상에 의해서만 재흡수되며, 농도 구배가 없는 경우에 삼투현상은 결코 일어나지 않는다. 신장에는 혈관과 세뇨관이 특이하게 배치되어 피질에서 수질로 내려 갈수록 조직액의 삼투 농도가 매우 높은데 이 차이를 이용하여 오줌을 농축시키

오줌싸개와 항이뇨호르몬

오줌싸게는 잠을 자는 동안 오줌을 배설하는 것으로 초등학교 시기의 어린이들에게서 볼 수 있는 일종의 심리적 질환이다. 예전에는 오줌싸개가 심리적인 원인이 있는 것으로 생각하였으나 최근에는 대부분 오줌싸개 어린이들이 오줌을 싸는 것 때문에 심리적인 질환이 발생한다고 알려져 있다. 정상적인 어린이에서 항이뇨호르몬의 분비는 밤이면 증가하는 일주리듬을 나타내며 그 결과로 밤에는 오줌이 만들어지는 양이 적고 진하다. 그러나 오줌싸개의 경우에는 밤에도 항이뇨호르몬의 분비가 증가하지 않아서 잠자는 동안에도 오줌의 분비가 그대로 많이 이루어져 방광이 최대한 차게 되어 그 결과 자신도 모르는 사이에 방광을 비우게 된다. 이와 같은 어린이는 잠자리에 들기 전, 코에 바소프레신 유도 물질인 데스모프레신(desmopressin)을 뿌리고 자면 오줌싸개를 면할 수 있다.

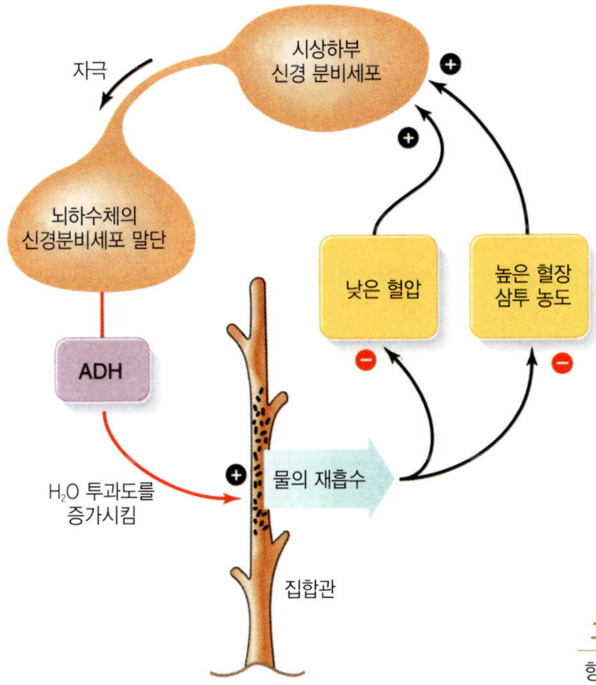

그림 16-8
항이뇨 호르몬에 의한 신장 기능의 조절

는 원리를 그림 16-4에 나타내었다.

근위세뇨관에서 재흡수는 등장액 상태에서 이루어지고, 헨레고리에 들어가는 액체는 300mOsM인데 비하여 헨레고리을 통과한 액체는 100mOsM로 저장액이다. 헨레고리의 상행지를 구성하는 세포들은 물을 통과시키지 않는다. 상행지에서 Na^+, K^+ 및 Cl^-가 세뇨관 밖으로 수송되기 때문에 남은 용액은 저장액이 된다. 이 저장액이 헨레고리를 지나 네프론의 원위세뇨관으로 들어가면 이 관의 막이 가지는 물에 대한 투과도에 따라서 오줌의 농도가 결정된다. 막이 비투과성이면 물은 관속에 그냥 있을 것이고, 집합관을 통과하는 동안 소량의 염분이 추가적으로 재흡수되면 가장 묽게 약 50mOsM 정도의 오줌이 만들어진다. 반대로 원위세뇨관과 집합관의 막이 물을 투과시키면 삼투현상으로 물은 조직액으로 최대한 재흡수되며 오줌의 삼투농도는 1200mOsM정도로 진한 오줌이 만들어진다.

그러면 집합관의 물에 대한 투과도는 어떻게 변하여 오줌의 농도를 결정하는 것일까? 그 원리는 집합관 정상부 내막 세포에 뇌하수체 후엽 호르몬인 **바소프레신**(항이뇨호르몬, ADH)이 작용하여 물의 통로인 **수공(aquaporin)**을 추가하거나 제거하기 때문이다. 항이뇨호르몬은 오줌이 묽어지는 것을 억제하여 체내에 수분을 유지하는 항이뇨호르몬이 작용하면 수공이 추가되어 삼투 현상으로 집합관 속의 물이 밖으로 빠져 나온다. 그러나 항이뇨호르몬이 없으면 수공이 없어 상피세포 안팎에 농도 구배가 있더라도 집합관은 물을 통과시키지 못하므로 묽은 오줌이 만들어진다. 집합관에서 물의 투과는 실무적인 현상이 아니라 항이뇨호르몬의 함량에 따라서 변한다.

항이뇨호르몬의 분비에 대한 자극원은 체액의 삼투농도에 의해서 감지된다. 삼투농도는 시상하부에 있는 **삼투수용기(osmoreceptor)**에 의해서 감지되는데 삼투수용기는 신장(伸張)에 민감한 감각세포들로 구성되어 있다. 삼투농도가 역치 이상으로 증가하면 활성화된다. 삼투농도의 역치는 280mOsM으로써 삼투농도가 이 역치를 초과하면 삼투수용기는 항이뇨호르몬의 방출을 자극하며 그에 따라서 신장에서 수분을 재흡수하여 삼투농도를 낮춘다. 그 다음으로 항이뇨호르몬의 방출을 자극하는 원인은 혈압과 혈액의 부피이다. 혈액의 부피를 감지하는 주된 수용기는 심방에 있는 혈압수용기이다. 혈압은 경동맥과 대동맥 소체에 있는 압력수용기에 의해서 감지되며 심장혈관계의 반응을 촉발시킨다. 혈압이나 혈액의 부피가 감소할 경우 이들 수용기는 시상하부에 신호를 보내어 항이뇨호르몬의 분비를 촉진하여 수분을 재흡수하여 체액의 부피를 증가시킨다.

Exercise

1. 여러 척추동물의 질소 노폐물의 형태를 나열하고 그와 같이 여러 노폐물 중에서 특정한 한 형태로 분비하게 되는 주된 원인이 어디에서 오는지 생각해 보라.

2. 방사구체장치의 구조에 관하여 서술하고 어떻게 이 장치가 여과속도의 조절에 작용하는지 설명하여라.

3. 사람의 신장이 최종 오줌의 조성을 만들기 위해 하는 주된 3가지 과정이 무엇인지 나열하여라.

4. 헨레고리의 하행지와 상행지의 물질에 대한 투과도를 설명하고 이것이 어떻게 오줌의 생성에 영향을 주는지 설명하여라.

5. 여과액은 원위세뇨관의 입구에서 세포 외액보다 약간 저장성이기까지 한데 어떻게 집합관을 떠나는 마지막 오줌이 고장성이 되는지 설명하여라.

Exercise

6. 신장 청소율이 의미하는 것이 무엇인지 서술하여라.

7. 배설작용에 있어서의 레닌-앤지오텐신 계의 역할을 설명하여라.

8. 신장에 의한 pH의 조절 작용에 대하여 설명하여라.

9. 근위세뇨관과 원위세뇨관에서 일어나는 H^+ 분비의 차이점을 설명하여라.

10. 바소프레신에 의한 혈압과 혈액량의 조절에 관하여 서술하여라.

참고문헌

Wright, P. A. 1995. Nitrogen excretion: Three end products, many physiological roles. J Exp. Biol. 198:273-281.

[인체생명과학], 안태인, 서울: 아카데미서적, 2004.

[동물생리학], 강봉균 등 번역, 라이프사이언스, 2007.

[인체생리학], 강신성·안태인 대표 역자, 지코사이언스, 2008.

[인체생명과학 10판], 옮긴이 대표 안태인, 라이프사이언스, 2008.

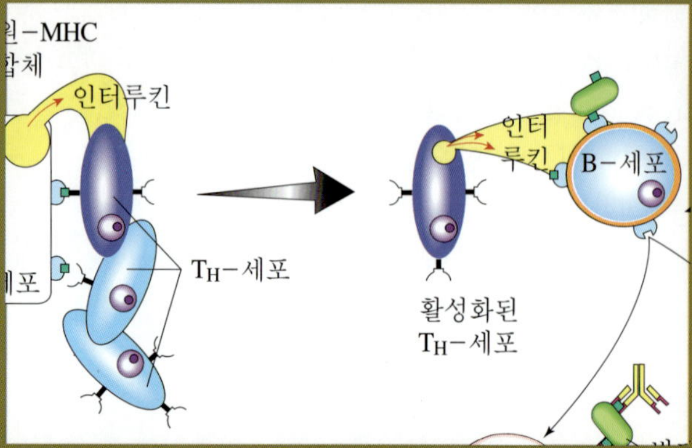

CHAPTER

17
면역과 질환의 극복

우리가 질병에 걸리지 않고 건강하게 살 수 있는 이유는 외부에서 침입하는 병원체나 병원성 물질(외부 항원)을 방어하는 한편 내부에서 일어나는 비정상적인 자신의 세포도 제거하는 기능이 있기 때문이다. 이와 같은 총체적인 방어 기능을 **면역**이라고 한다.

현대사회가 복지사회를 추구함에 따라 개인의 건강과 장수에 대한 관심이 날로 높아지고 있다. 또한 인간 평균 수명이 늘어남에 따라 예전에 심각하지 않던 병원체가 새롭게 문제를 일으키고 있으며 이에 대한 면역반응을 이해할 필요가 대두되고 있다. 면역학은 이와 같은 사람의 욕구인 건강과 장수에 필요한 질환의 극복에 대한 지식을 직접 제공할 수 있는 학문이다.

1. 면역 체계

면역은 크게 태어날 때부터 갖추고 있는 **선천성면역**(innate immunity)과 후천적으로 외부 항원이 유입된 후 유도되는 **획득면역**(acquired immunity)으로 구분된다. 선천성 면역은 비특이적으로 작용하며 일차적인 방어를 담당하지만 한 번 경험했던 항원이 기억되는 특징은 없다. 획득면역은 림프구에 의해 외부항원이 인지되며 항원 특이적으로 작용하고 기억할 수 있는 특징이 있다. 획득면역은 주로 선천성 면역을 도와주고 강화시키는 면역반응을 담당한다.

획득면역을 담당하는 림프구는 태아가 발생하는 동안 자기항원(self antigen)에 대해서는 반응을 보이지 않는 자기관용 현상을 획득한다. 그러나 때로는 이와 같은 관용 현상이 깨져 자기항원에 대한 면역반응이 일어나기도 하는데 이를 **자가면역**(autoimmunity)이라 하며 심각하면 **자가면역질환**으로 진전되기도 한다. 한편, 외부항원에 대해 민감하고 과도하게 면역반응이 일어나기도 하는데 이를 **과민성반응**이라하며 우리 몸에 부정적인 효과를 보이며, 그 한 가지 예로 **알레르기**(allergy)를 들 수 있다. 반대로, 외부항원에 대해 현저하게 면역반응이 일어나지 않는 **면역결핍** 현상이 발생하면 면역기능에 장애를 가져오며 선천적인 경우와 후천적인 경우가 있다. 이와 같이 우리 면역체계는 엄격하게 작용하고 통제되어야만 원활하게 그 고유한 방어기능을 수행할 수 있다. 이와 같이 생명현상의 특징 중 하나인 항상성 원리가 면역체계에도 중요하게 작용한다.

비특이적 면역

비특이적인 면역은 물리적, 화학적인 요소와 단백질 그리고 일부의 면역세포가 담당한다. 대표적인 물리적인 요소로는 피부를 들 수 있다. 우리 몸의 **피부**는 외부로부터 어떤 병원체도 직접 침입할 수 없도록 차단하는 훌륭한 면역 방어벽을 형성한다. 이와 같은 피부의 방어기능은 상처가 생겼을 때나 화상을 입었을 때 그 중요성을 알 수 있다. 또한 몸 안에 있는 피부는 **점액질**로 덮여 있는데 외부 항원이 상피세포에 부착하는 것을 차단하는 방어벽의 역할을 담당한다. 소화기, 호흡기, 비뇨생식기 등은 모두 점액질로 덮여 있다. 이밖에도 비강과 기관지에 존재하는 **섬모**운동, 그리고 **눈물**, **콧물**, **소변** 등은 물리적으로 외부항원을 제거하는데 관여한다. 화학적인 요소로는 **침**, 점액 등에 존재하는 **리소자임**이란 효소로 대부분의 세균을 용해시킬 수 있다. 또한 강산성을 띠는 **위액**에서는 대부분의 세균이 살아남을 수 없다. 우리 몸의 대장에는 많은 수의 **유익 세균총(normal flora)**이 살고 있는데 이 들은 병원체의 감염을 차단하는 역할을 담당하기도 한다. 그런가 하면 체액 속에 존재하는 **보체(complement)**는 항원 유입시 활성화되어 비특이적으로 세균을 죽일 수 있다. 또한 바이러스 감염시 세포가 만드는 **인터페론**은 바이러스 증식을 억제할 수 있다. 비특이적인 면역을 담당하는 세포로는 식세포, 자연살생세포, 비만세포, 등을 들 수 있다. 식작용을 담당하는 세포로는 중성백혈구와 대식세포가 있는데 이 들은 주로 염증반응이 일어나는 조직에서 세균을 식작용을 통해 제거한다. **자연살생세포(natural killer cell, NK cell)**는 감염된 세포를 죽이며 이 세포들은 우리 몸의 내부를 순찰하면서 끊임없이 생겨나는 암세포와 같은 비정상적인 세포를 죽인다. **비만세포**는 항원의 유입시 활성화되어 혈관에 있는 각종 면역성분과 세포가 혈관벽을 통과하여 염증부위로 잘 이동하도록 하는 작용을 담당한다.

특이적 면역

우리 몸에 침입하는 대부분의 병원체는 비특이적 면역체계에 의해 방어된다. 그러나 비특이적 면역만으로는 완벽하게 방어할 수가 없는 경우가 생길 수 있는데 고등동물에서는

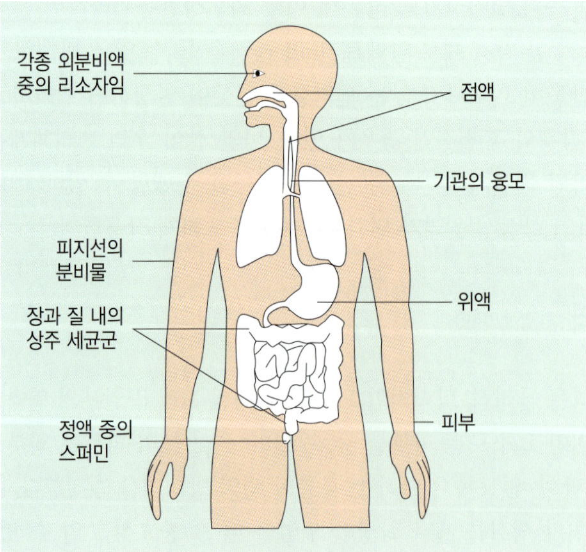

그림 17-1
사람의 비특이적 방어

이를 보완하기 위해 특이적인 면역체계가 진화되었다. 특이적 면역은 편의상 **체액성 면역**(**hum-oral immunity**)과 **세포성 면역**(**cell-mediated immunity**)로 구분하여 이해한다. 체액성 면역 성분은 수용성 당단백질인 항체이며 주로 체액과 외분비물에 존재한다. 항체는 다양한 기능을 통해 궁극적으로 침입한 외부 항원을 제거하는데 사용된다. 항체는 형질세포(plasma cell)로부터 분비되는데 이 세포는 B 림프구(B cell)로부터 유래한다. 즉 형질세포는 B 림프구가 최종적으로 분화되어 생긴 세포이며 항체를 분비하고 수명을 마친다. B 림프구는 사람의 경우 골수에 존재하는 조혈 줄기세포로부터 분화되어 만들어진다. 한편 세포성 면역은 T 림프구가 주도적으로 담당한다. T 림프구에는 크게 세 종류가 있다. 첫째, 보조 T 림프구(Th cell)는 다양한 시토카인(cytokine)을 분비하여 다른 면역세포(식세포, NK 세포, B 세포, Tc 세포)들의 증식과 분화를 관장한다. 둘째, 세포독성 T 림프구(cytotoxic T lymphocyte, Tc cell, CTL)는 감염된 세포를 특이적으로 공격한다. 마지막으로 최근들어 주목 받고 있는 조절성 T 림프구(regulatory T lymphocyte)는 다른 T 림프구의 활성을 적절하게 유지하는 역할을 담당한다. T 림프구는 가슴샘(thymus)에서 만들어지는데 골수의 조혈모세포가 이곳으로 이동하여 여기에서 T 림프구의 분화가 완성된다.

2. 체액성 면역

B 림프구는 골수에서 발생하여 항원을 인지할 수 있을 정도로 성숙하면 림프절로 이동하여 위치한다. 우리 몸에 곳곳에는 림프절이 존재하며 주변의 조직으로 침투한 항원이 림프관을 통해 이 곳으로 유입된다. 성숙한 B 림프구는 림프절의 특정부위에서 항원을 인지한다. B 림프구는 세포표면에 존재하는 항원 수용체를 통해 항원을 인지하게 되는데, 인지 단계 후에는 곧바로 활성화되어 증식한다. 궁극적으로 B 림프구는 형질세포로 분화되어 항원특이적인 항체를 분비한다. 이 과정에서 보조 T 림프구는 세포 접촉과 시토카인 분비를 통해 B 림프구의 활성, 증식, 분화를 촉진시킨다. 일부의 B 림프구는 기억 B 림프구(memory B cell)로 남아있게 되며 골수로 이동하여 오랫동안 생존하기도 한다. 분비된 항체는 순환계를 통해 적재적소로 이동하여 항원에 대처하게 되는데 이와 같이 체액 성분인 항체에 의해 주도되는 면역을 체액성 면역이라 부른다. **체액성 면역**은 주로 우리 몸 세포 밖에서 감염하는 세균들을 제거하는데 사용된다. 한편, 혈관으로 유입된 항원을 담당하는 곳은 **비장**(**spleen**)이다. 비장에는 B 림프구가 풍부하게 존재하며 비장은 면역학적으로 보면 거대 림프절과 같은 역할을 수행한다. 점막조직에도 특별히 발달된 림프조직이 있는데 이를 MALT(mucosa-associated lymphoid tissue)라 부르며 점막을 통해 들어오는 항원에 대한 특이면역을 담당한다. 특히 내장에는 **페이에르판**(**Peyer's patch**)이라는 림프조직이 존재하며 내장으로 유입된 항원은 여기에서 B 림프구에 의해

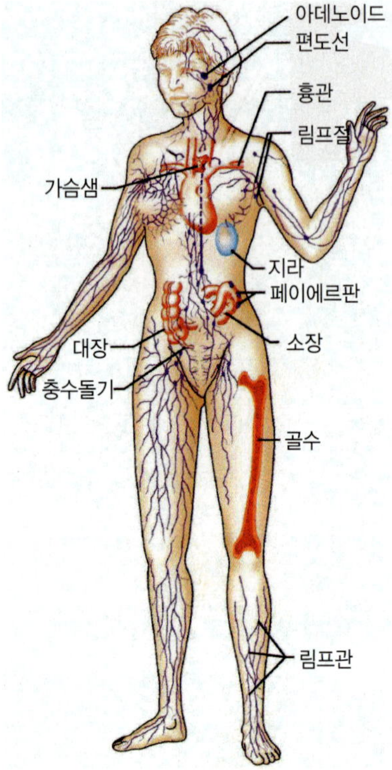

그림 17-2
사람의 림프기관

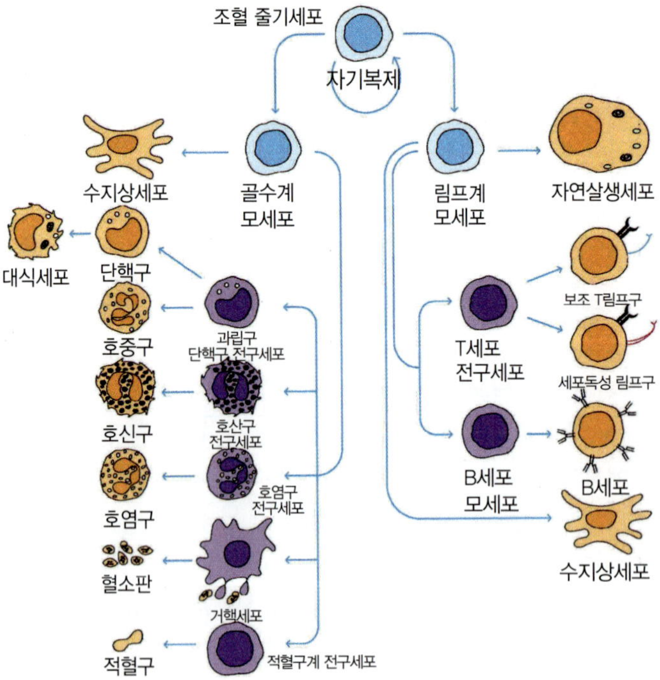

그림 17-3
조혈작용

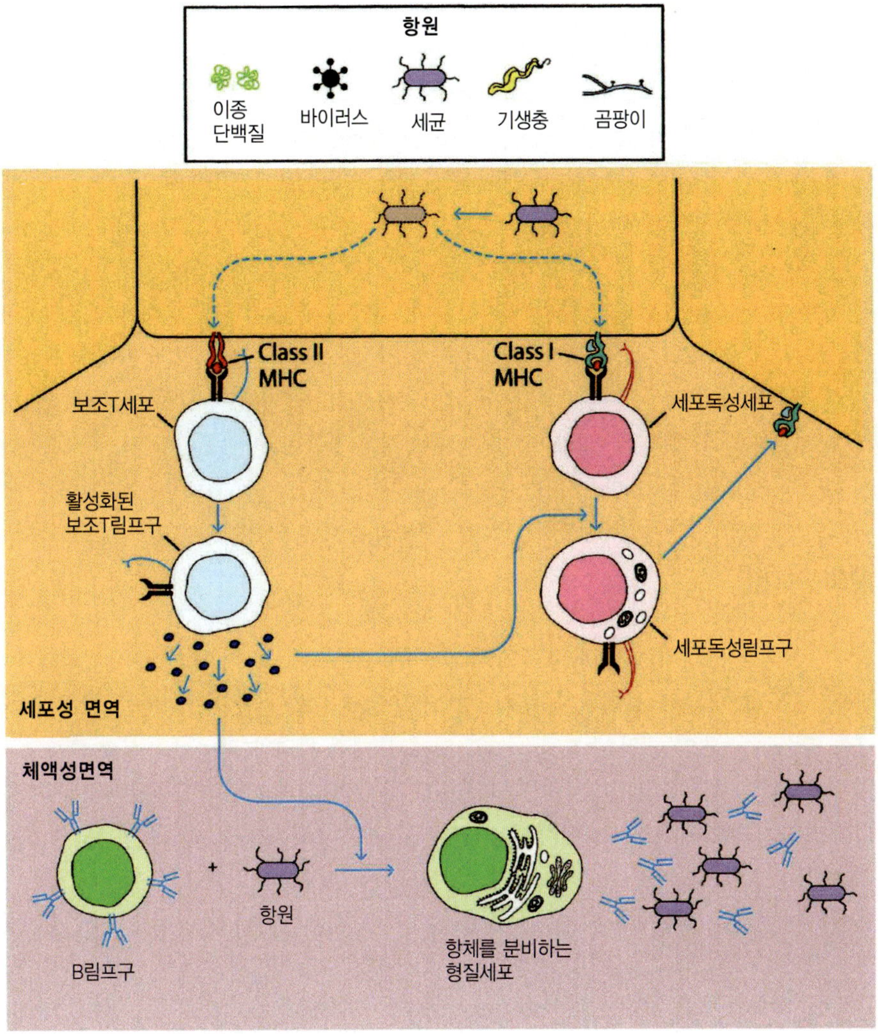

그림 17-4
세포성 면역과 체액성면역 개요

인지되며 후에 IgA 항체를 분비한다. 이 IgA 항체는 장강으로 분비되어 항원이 장 상피세포에 부착하는 단계를 일차적으로 차단하는 역할을 담당한다.

항체의 구조와 기능

항체의 기본 단위는 단량체로 무거운 사슬 2개와 가벼운 사슬 2개로 구성되어 있다. 항체는 무거운 사슬의 유형에 따라서 표 17-1과 같이 5가지로 대별되며, 이들은 각 종류별로 체내의 분포 및 기능에 차이가 있다.

IgG 항체 분자를 이루는 4개의 사슬들은 단량체를 이루며, 그림 17-5와 같이 사슬 내부와 사슬간에 이황화 결합들로 결속되어 있다. 항원 특이성이 다른 IgG 항체 분자들의 아미노산 서열을 분석 비교하여보면 무거운 사슬과 가벼운 사슬 각각에 아미노산 서열이 변하지 않는 **일정 영역**(C-영역)과 변이가 많은 **가변 영역**(V-영역)이 있다. 즉 다양한 항원을 인지하는 IgG 분자들 사이에 C-영역은 공통적이며, V-영역에만 차이가 있다. 항체 분자는 바로 이 V-영역을 통하여 항원과 결합하며, 결합된 후 C-영역을 통하여 생물학적 방어기능을 수행한다(표17-1). IgG 항체의 한 가지 기능을 소개하면 그림 17-6에 제시된 바와 같이 식세포의 식작용을 강화하는 역할이다. 항체는 항원(예, 병원성 세균)과 결합한 후 식세포 표면에 있는 항체 C-영역에 대한 수용체에 결합한다. 이렇게 되면 식세포는 항원에 대한 식작용을 강력하게 수행한다.

항체의 다양성

우리 면역체계는 얼마나 다양한 구조의 항원을 인지할 수 있을까? 이 질문은 면역학에서 오랫동안 궁금한 사항이었다. 결론부터 이야기하면 B 림프구나 T 림프구는 천문학적인 숫자의 다양한 구조의 항원 수용체를 갖고 있다. 특이적 면역의 중요한 특징의 하나는 이미 우리 몸에는 어떤 종류의 항원이 들어와도(지구상에 존재하지 않고 우주에서 유래한 항원이라 할지라도) 이를 즉시 인지할 수 있는 **항원 수용체**를 갖고 있다. 이와 같은 사실은 1980년대 토네가와 박사(S. Tonekawa, 노벨상 수상자)의 항체 유전자 발현에 대한 분자유전학적 연구에 의해 그 가능성이 확인되었다. 수정란이나, 난할을 하고 있는 배아 단계의 미분화된 세포나 골수의 줄기세포들은 다양한 항체를 생산하는데 필요한 모든 유전 정보를 가지고 있다. 항체 생산에 사용되는 유전 정보는 가벼운 사슬과 무거운 사슬

표 17-1 항체의 종류와 기능

종류	무거운 사슬	기능과 위치
IgA	α	침, 눈물, 장 분비물, 기관지 분비물, 젖 등의 분비조직에 존재하며 주로 이량체로 구성됨.
IgG	γ	혈액 및 림프액의 주요 항체; 병원균의 독성, 바이러스, 병원체를 중화; 항원과 결합하여 보체를 활성화시키고 식세포의 식작용을 강화시킴.
IgD	δ	B 림프구 표면의 항원 수용체로 사용됨.
IgE	ε	세포 표면에 분포; 기생충 감염에 대한 면역에 주요 역할 담당; 알레르기 반응을 일으키는 부정적인 역할도 함.
IgM	μ	B 림프구 표면의 항원 수용체; 혈액 및 림프액; 감염 후 초기에 합성됨; 보체를 효과적으로 활성화시키고 항원 응집능력이 큼.

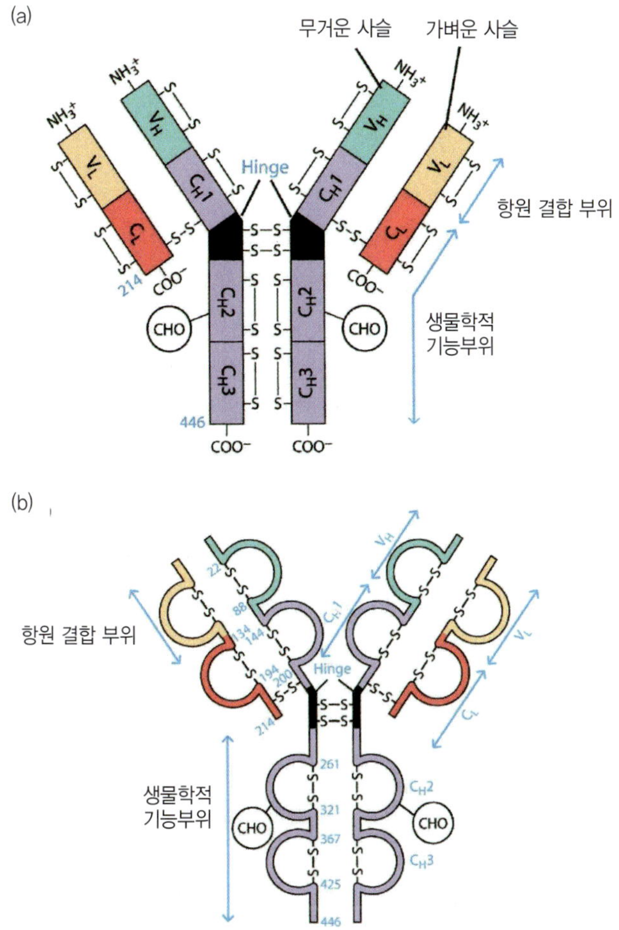

그림 17-5

항체의 구조

(a) IgG 항체의 구조
(b) 항체의 도메인 구성모식도

그림 17-6

항체에 의한 식작용 강화

정보로 나누어져 있으며 각 사슬을 합성하는데 사용되는 유전정보는 다시 수 백 가지의 V-영역, 소수의 J-영역, D-영역(무거운 사슬에만 있음), 및 십여 종의 C영역을 합성하는데 사용되는 정보로 구성되어 있다. 오로지 B 림프구에서만 DNA 수준에서 유전자의 재편성이 일어나 다양한 구조의 항체가 만들어지는데 기여한다(그림 17-7).

B 림프구 표면에 존재하는 항원 수용체는 다름 아닌 면역글로불린(Ig) 즉 항체이다. 성숙한 B 림프구의 항원 수용체는 IgM과 IgD로 구성되어 있다. 우리 몸에 어떤 항원의 침입이 이루어졌을 때에는 수많은 종류의 B 림프구 중 특정 항원을 인지하는 B 림프구만 선택되어 증식을 한다. 따라서 특정 클론의 B 림프구는 처음부터 많은 숫자를 갖고 있을 필요가 없다. 만약에 우리 몸이 수많은 종류의 B 림프구를 갖고 있으면서 동시에 각 종류마다 충분한 숫자의 세포가 유지된다면 이들을 보유할 공간문제가 생길 것이다. 이와 같은 원리를 설명할 수 있는 이론이 바로 **클론선택설**이다. 항원에 의해 선택된 B 림프구는 궁극적으로 형질세포로 되어 처음에 항원을 인지한 항원 수용체(항체)의 구조를 갖는 항체를 분비하고 난 뒤 그 수명을 다하지만 많은 수의 기억 세포를 남긴다.

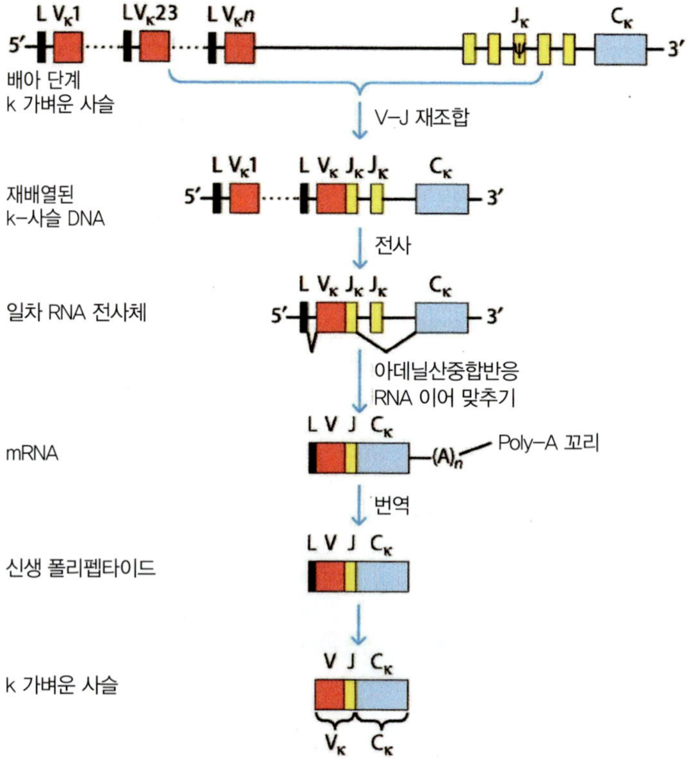

그림 17–7

항체 분자의 가벼운 사슬 유전자의 재편성

사람에게는 300여 종류의 V유전자, 5 종류의 J 유전자와 1종류의 C유전자가 있으며, 이들이 조합하여 재편되면 300×5×1=1500 종류의 가벼운 사슬을 형성할 수 있다.

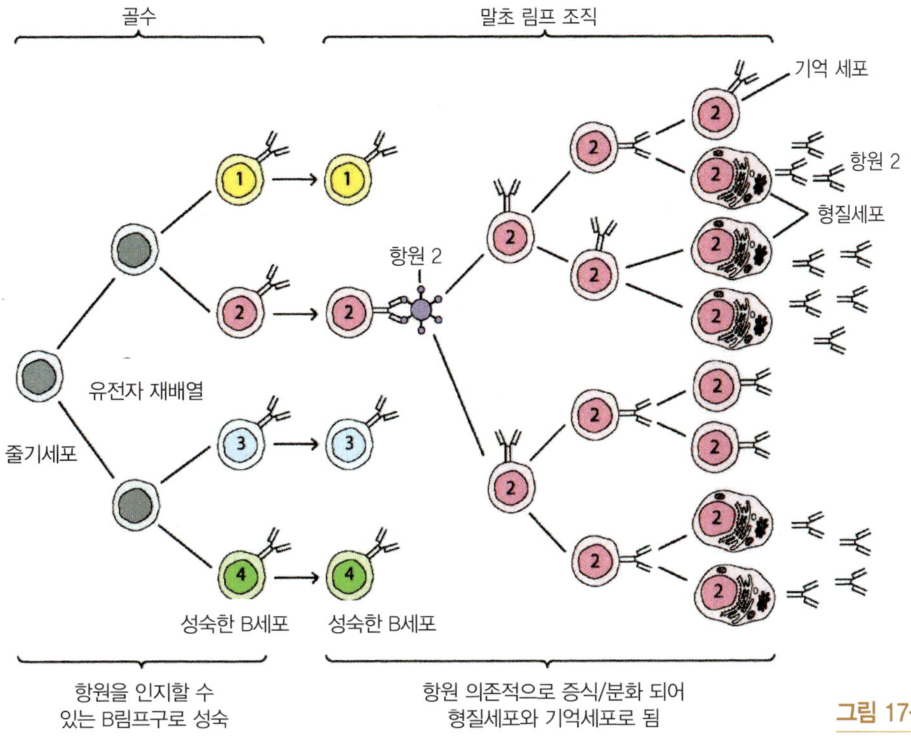

그림 17-8

B림프구의 성숙과 클론선택설

3. 세포성 면역

항원의 제시와 MHC

T 림프구는 B 림프구와 비슷하게 항원 수용체(T cell receptor, TCR)를 통해 항원을 인지한다. TCR도 항체와 유사한 구조적 특징을 갖고 있다. 즉 다양한 V-영역과 한정된 C-영역으로 구분되며, V-영역을 이루는 유전자의 다양성이 다양한 구조의 TCR을 갖도록 하는 근간이 되며 이 부위를 통해 항원을 인지한다. 그러나 T 림프구의 항원 인지는 B 림프구의 경우와는 사뭇 다르다. T 림프구는 수용성 항원을 직접 인지할 수 없고 반드시 세포표면에 제시된 항원만을 인지하는 특징이 있다. T 림프구의 TCR은 세포표면에 **주조직적합성 복합체**(MHC)와 항원이 동시에 제시되었을 경우에 그 항원을 알아내는 특징을 가지고 있다. 모든 핵을 갖고 있는 세포는 세포표면에 MHC 분자를 발현한다. MHC는 명칭에서 유추할 수 있듯이 원래 동종간의 이식 거부를 주도하는 세포표면 단백질로 알려졌다. 그런데 MHC가 T 림프구의 항원 인지에 결정적인 역할을 한다는 사실이 밝혀짐에 따라

세포성 면역의 원리를 이해할 수 있게 되었다. T 림프구는 가슴샘에서 발생하는 동안 항원의 일부와 MHC를 동시에 인지할 수 있는 기능을 획득한다. MHC는 class I과 class II로 나뉘는데 일반적으로 보조 T 림프구($CD4^+$)는 class II MHC와 항원의 일부를, 그리고 세포독성 T 림프구($CD8^+$)는 class I MHC와 항원의 일부를 동시에 인지한다.

T 림프구의 발생

가슴샘으로 유입된 T 림프구의 전구세포는 증식과 분화를 거치면서 최종적으로 T 림프구로 된다. 가슴샘에서 발생 중인 세포를 가슴샘세포(thymocyte)라 부르며 이 세포들의 세포표면에는 항체의 경우와 유사하게 다양한 항원 수용체(TCR) 유전자가 발현되어 무수한 종류의 TCR을 갖는 가슴샘세포가 나타난다. 이미 언급한 바와 같이 TCR은 MHC와 항원을 인지할 수 있는 특징을 획득해야 되는데 이과정이 가슴샘에서 이루어진다. 만약에 만들어진 TCR이 자신의 MHC를 인지하지 못 할 경우, 이와 같은 TCR을 만드는 세포는 후에 T 림프구로서의 기본 기능을 수행할 수 없기 때문에 세포자살(apoptosis)이란 과정을 통해 제거된다. 이와 같이 자신의 MHC를 인지할 수 있는 가슴샘세포를 선별하는 과정을 **긍정선택**이라 부른다. 한편, 긍정선택을 통과한 가슴샘세포 중 자가항원(self antigen)을 강하게 인지하는 것들도 역시 세포자살이란 과정을 통해 제거되는데, 이 현상을 **부정선택**이라 부르며, **자기관용**(self tolerance) 현상을 가능하게 하는 중요한 과정이다. 이 부정선택 과정에 착오가 생기면 후에 이 종류의 T 림프구들이 자가항원을 인지하여 자가면역 현상을 유발할 수 있으며 심한 경우 **자가면역질환**으로 진전되기도 한다.

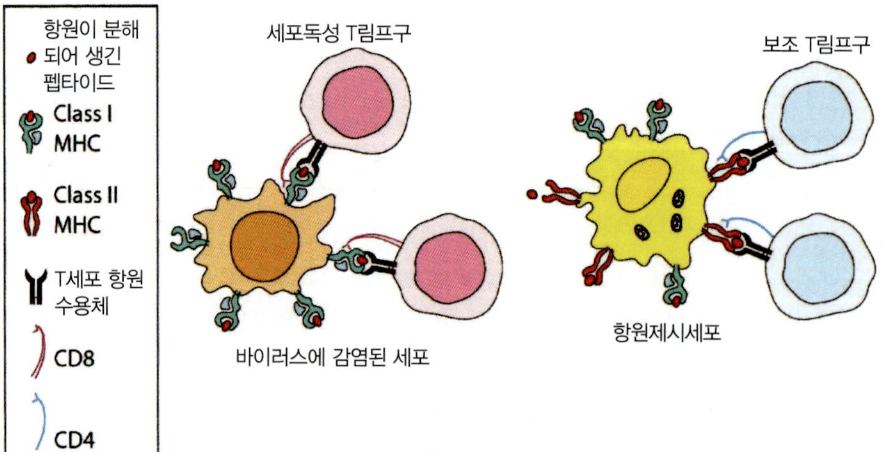

그림 17–9
림프구의 항원인지

T 림프구의 항원인지 및 기능

세포독성 T 림프구(Tc)는 주로 바이러스에 감염된 세포나 암세포들을 살해하는 기능을 가지고 있다. 일부의 경우 CD4를 가지고 있는 Tc도 있지만, 대부분의 Tc는 CD8 분자를 세포표면에 가지고 있기 때문에 MHC class I을 가지고 있는 표적세포와 반응하여 세포를 살해한다. 실제로 거의 모든 세포들이 MHC class I을 발현하고 있으므로, 어떤 세포든지 감염되거나 암세포화 되면 Tc의 표적이 될 수 있다. Tc가 자연 살생세포와 다른 점은 항원 특이적으로 작용한다는 사실이다.

보조 T 림프구(Th)는 특별한 세포들에 의해 제시된 항원만을 인지한다. 대부분의 Tc는 CD4를 갖고 있는데 이 분자는 MHC class II 분자와 결합한다. 따라서 Th는 class II 분자를 발현하는 세포만을 인지한다. class II를 표면에 발현하는 세포에는 대식세포, 수지상세포, B 림프구 등이 있는데 이 들을 **항원 제시세포**(APC)라 부른다. 세포 밖에서 형성된 항원이 APC에 들어오게 되면 세포내에서 여러 펩티드로 분해되는 과정을 거친 뒤

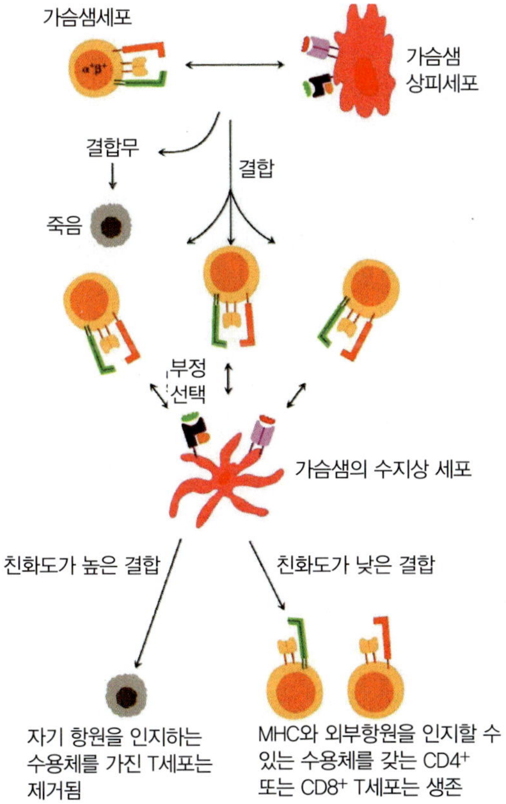

그림 17-10

가슴샘에서 림프구의 발생과정

가슴샘세포는 초기 발생 중 CD4와 CD8을 동시에 발현하는 double positive cell 단계가 있으며 이때 가슴샘 상피세포가 제시하는 MHC class I과 II를 인지하는 가슴샘세포만 설별된다(긍정선택). 다음단계에서는 가슴샘에 있는 수지상 세포가 제시하는 자가항원을 강하게 인지하는 가슴샘세포는 제거한다(부정선택). 근정 선택에 의해 림프구는 자신의 MHC를 인지할 수 있는 능력을 획득하고, 부정선택에 의해 자신의 세포는 인지하지 않는 자기관용 현상을 유지할 수 있게 된다. 이 두과정을 성공적으로 거친 가슴샘세포는 CD4를 갖는 세포(Th)나 CD8을 갖는 세포(Tc)로 되어 후에 말초 림프절로 이동하여 MHC와 외부항원을 인지할 수 있게 된다.

분해된 항원 펩티드는 class II 분자와 결합하여 세포표면에 발현된다. 이와 같은 class II 분자와 펩티드를 인지한 Th는 활성화되고, 증식되어 다양한 시토카인을 분비한다. Th는 분비된 시토카인을 통해 대부분의 면역세포들의 증식과 분화를 관장한다. 예를 들어 분비된 시토카인 중 감마 인터페론은 대식세포와 중성 백혈구를 활성화시키어 식작용을 강력하게 수행하도록 도와준다. 또한 IL-2는 Tc나 자연살생세포의 증식과 분화를 촉진시키며, IL-4는 B 림프구의 초기 활성화와 항체 합성을 유도하는 기능이 있다. 이와 같이 Th는 전반적인 면역반응에서 중추적인 역할을 담당한다.

4. 면역관련 질환

과민 반응과 알레르기

면역체계는 잠재적으로 해로운 병원체가 침입하였을 때 이를 방어하는 기능을 기본적으로 수행하지만, 항원에 대하여 과민하게 또는 과도하게 반응하면 오히려 우리 몸에 피해를 입히는 경우도 있는데 이를 **과민성 반응**이라고 한다. 알레르기와 자가면역 질환은 이

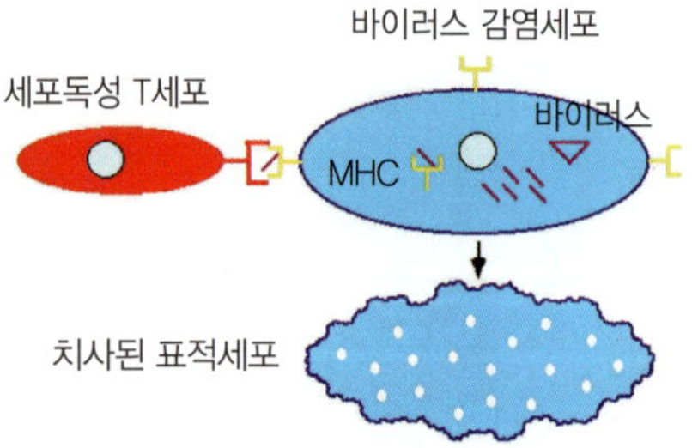

그림 17-11

세포독성 T림프구(CTL)의 작용

CTL의 항원수용체(TCR)가 감염된 세포 내에서 형성된 항원의 일부와 MHC class I 분자를 동시에 인지하게 되면 감염된 세포를 죽인다.

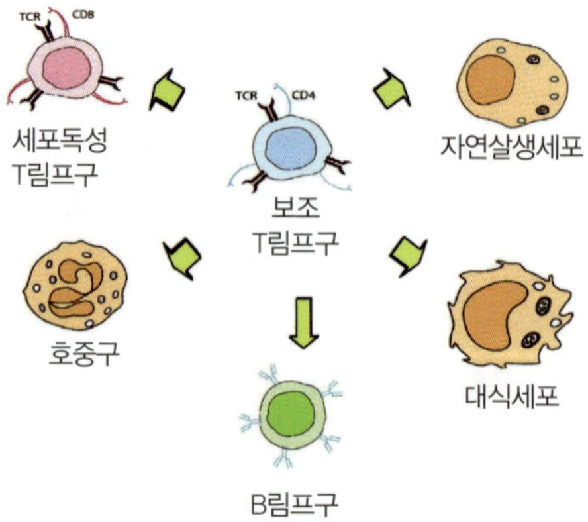

그림 17-12

보조 T림프구의 역할

보조 T림프구는 시토카인을 분비함으로써 면역세포의 증식, 분화를 촉진한다.

와 같은 과민성반응의 일종이다. **자가면역 질환**은 면역체계의 이상으로 자신의 신체 구성 물질을 항원으로 인식하여 면역 반응을 일으키기 때문에 생기는 질환이다. 즉 면역 체계의 지피지기 실패로 초래되는 질환이다. 이와 같은 자가면역 질환에는 전신홍반성 낭창, 하시모토 갑상선염, 류마티스성 관절염, 중증근무력증 등이 있다. 또한 면역 세포들이 이자의 베타세포를 파괴하여 일어나는 당뇨병과 신경세포의 축삭을 둘러싸는 미엘린초를 공격하는 다발성 경화증도 자가면역질환의 하나이다.

알레르기는 병원성이 없거나 항원성이 약한 물질에 대한 과민 반응으로 생기는 질환이다. 알레르기를 일으키는 항원은 먼지, 꽃가루, 진드기, 동물의 털, 바나나 껍질 등과 같이 매우 다양하다. 또한 어떤 사람에게는 전혀 반응을 일으키지 않으며, 과민성이 있는 경우에도 작용하는 시기나 항원이 개인간에 차이가 많다. 이와 같은 알레르기는 **IgE** 항체에 의해서 일어난다. 알레르기 항원은 대개 호흡기를 통하여 체내로 들어오며, 기관지나 코의 비강 점막의 림프조직에서 B-세포를 자극한다. 자극된 B-세포는 IgE를 생성하며,

a. 전신홍반성 낭창

b. 하시모토갑상선염

c. 류마티스 관절염

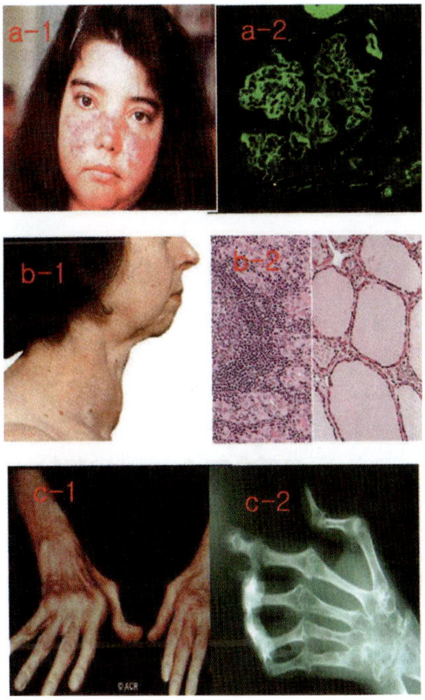

그림 17-13

자가면역질환

전신홍반성 낭창은 DNA에 대한 항체가 형성되어 커다란 복합체를 이루어 제거되지 못하고 혈관벽이나 신장의 사구체에 쌓여 있게되어 염증 반응이 유발된다. 하시모토갑상선염은 주로 T림프구가 갑상선 세포를 공격하여 염증이 일어나 세포가 파괴된다. 류마티스 관절염은 T림프구, 항체 등이 복합적으로 관절의 활액막을 공격하여 일어난다.

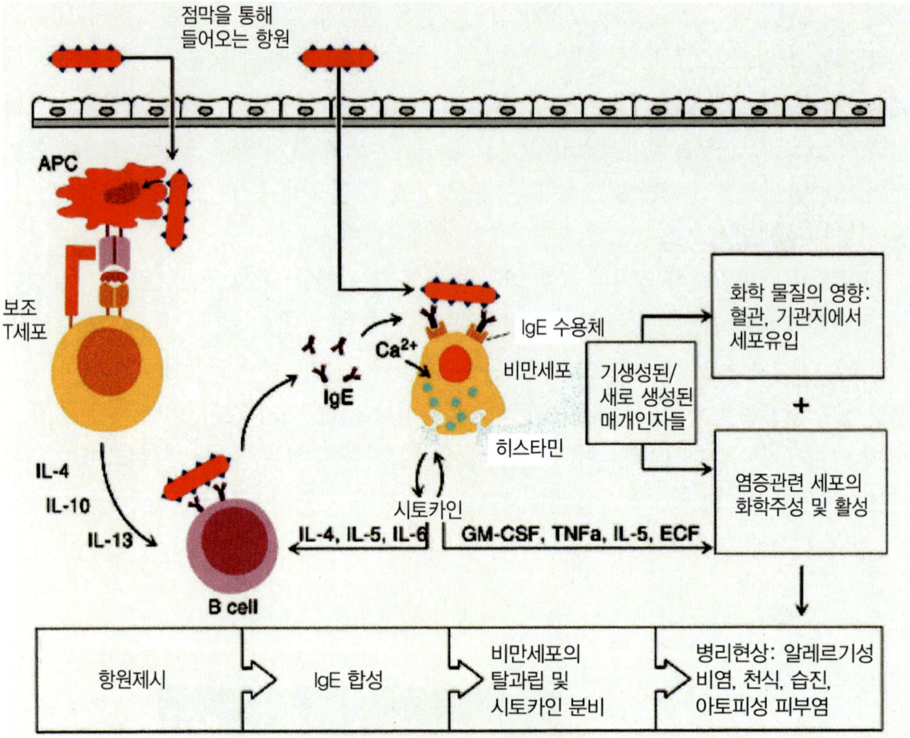

그림 17-14

알레르기 반응이 일어나는 원리
천식, 알레르기성비염, 고초열, 습진, 아토피성 피부염 등이 해당됨.

이 IgE가 비만세포의 세포막 수용체에 결합한다. 이어서 재차 동일한 항원이 체내로 들어오면 항원은 비만세포의 IgE에 결합하여 수용체를 결속시키며, 이에 자극되어서 **비만세포**는 다량의 히스타민을 포함하고 있는 세포질 과립 성분을 일시에 방출한다. 이 **히스타민**은 모세혈관을 팽창시키며, 선조직 세포를 자극하여 액체의 분비를 촉진하고 말초신경을 자극한다. 그러므로 알레르기 증세가 있는 사람은 눈이 충혈되고 재채기가 나며 콧물과 눈물이 쏟아지고 매우 신경질적이 된다. 먼지나 꽃가루 등에 대한 알레르기는 대부분의 경우 특정한 계절에 나타나므로 그 시기에 외출을 줄이면 상당히 피할 수 있으며, 항히스타민제를 주기적으로 복용하면 생활에 지장이 없다. 그러나 약을 복용하고도 술을 마시게 되면 약물이 곧바로 소변으로 배설되기 때문에 알레르기 증세가 다시 나타난다.

후천성 면역 결핍증(AIDS)

후천성 면역 결핍증은 1981년 미국 아틀란타에서 일반적인 질환에서는 볼 수 없는 희귀한 감염 및 비정상적인 증세로 사망한 환자에서 처음으로 진단되었다. 이 질병은 중앙

아프리카가 진원지로 보이는데, 1950년대에 카리브 연안을 거쳐 유럽, 미국으로 전파되었으며 지금은 세계 모든 나라에 전파되어 있다. 미국의 경우 1985년까지 14,000명에서 1987년에는 약 200만 명으로 환자 수가 늘어날 만큼 빠른 속도로 전파되고 있다. 1998년 통계에 의하면 세계적으로 580만 명의 새로운 환자가 발생하였으며, 250만 명이 사망하였고, 총 환자 수는 3340만 명에 육박하고 있다. 최근 몇 가지 방법으로 백신의 개발이 시도되고 있으나 아직까지 적절한 예방/치료법이 없는 인류의 재앙이라고 하는 질환이다.

1983년에 이 질병을 일으키는 병원체가 HIV라는 RNA 바이러스라는 것이 밝혀졌다. HIV는 아프리카의 그린원숭이에서 기원된 것으로 보이며, 수혈이나 성적 접촉, 점막을 통해서 전염된다. HIV의 유전 정보인 RNA는 단백질 피막에 싸여 있으며, 표면에는 지질막이 있다. 지질막에는 gp120과 gp41이라는 두 종류의 당단백질이 있으며, gp120은 보조T 림프구의 CD4 수용체에 특이하게 결합한다. 그리고 gp41은 바이러스의 지질막과 보조 T 림프구의 세포막 사이에 융합을 유도하는 것으로 알려져 있다.

AIDS 바이러스가 감염하였을 경우 후천적으로 발생되는 면역계의 결핍은 다음과 같이 이루어지는 것으로 보인다. 첫째로 AIDS 바이러스에 의해서 보조 T 림프구의 항원 제시용 MHC 분자에 변이가 발생하기 때문에 보조 T 림프구가 항원을 제시하더라도 Tc 림프구가 항원을 감지하지 못하여 활성화가 되지 않는다. 둘째로 보조 T 림프구가 HIV의 감염으로 자신의 MHC 수용체(TCR의 일부)에 변이가 생겨 대식세포 등 다른 세포들이 제시하는 항원을 인식하지 못함으로 면역 반응이 불발된다.

이와 같이 HIV는 면역체계에서 중추적인 역할을 수행하는 보조 T 림프구에 감염하여 전반적인 면역 기능을 저해함으로써 병원체의 방어 기능을 현격히 떨어뜨린다. 그렇기 때문에 AIDS에 감염된 환자는 HIV 자체의 독성이나 병발로 인하여 사망하는 것보다 대부분의 경우 기회주의적인 세균, 바이러스, 곰팡이, 원생동물 등에 의한 2차 감염, 그리고 종양세포에 대한 면역 반응 결핍이 원인이 되어 사망에 이르게 된다.

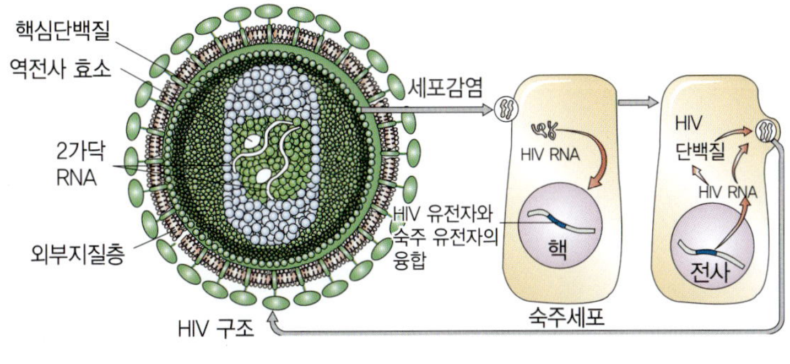

그림 17-15
HIV 바이러스의 감염과 증식

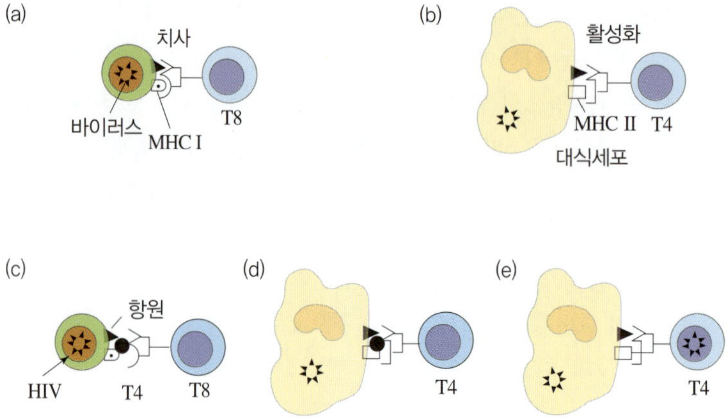

그림 17-16

HIV 에 의한 면역 결핍의 원인 모식도

(a) 바이러스가 감염하였을 때 세포독성 T8 세포는 MHC와 함께 표출된 항원을 인지하여 표출 세포를 치사하므로 비루스의 증식을 억제하며, (b) T4 세포는 항원을 인지하여 면역 반응을 활성화 시킨다. 그러나 AIDS 바이러스는 MHC에 변화를 야기하거나 (c, d), MHC의 수용체 분자에 변화를 야기하여 (e) 면역 결핍을 초래한다.

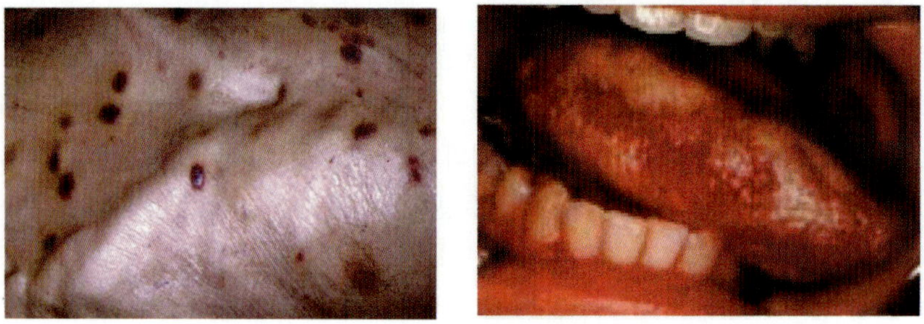

그림 17-17

AIDS 증상

Exercise

1. 비특이적 면역과 특이적 면역을 정의하고 이 면역의 상호관계에 대해 설명하여라.

2. 특이적 면역 중 체액성 면역과 세포성 면역이 담당하는 방어기능을 설명하여라.

3. 항체의 다양성이란 무엇이며 이를 가능하게 하는 원리를 설명하여라.

4. 클론 선택설의 요점을 B 림프구를 예로 들어 설명하여라.

5. 자기관용 현상이란 무엇이며 면역체계에서의 중요성에 대해 설명하여라.

6. 세포자살이 일어나는 상황과 그 원리에 대해 조사해 보여라.

Exercise

7. 식세포작용을 증진시키는 특이적 면역의 역할을 설명하여라.

8. MHC가 세포성 면역을 어떻게 매개하는지 설명하여라.

9. 자가면역 질환이 일어나는 기작을 설명하여라.

10. 알레르기 반응에서 IgE 항체가 어떤 역할을 하는지 설명하여라.

참고문헌

Goldsby RA, Kindt TJ, Osborne BA, Kuby J. Immunology 5th Ed. Publicated by Freeman. 2003.

Coico R, Sunshine G, Benjamini E. Immunology A short course 5th Ed. Publicated by Wiley-Liss. 2003.

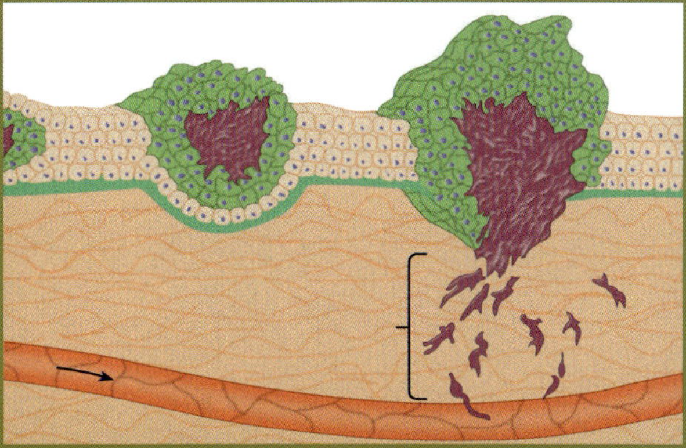

CHAPTER

18 암과 암유발 물질

과거에는 순환기 계통의 질환이 사망 원인의 으뜸이었으나 1988년 이후에는 한국에서도 암이 사망의 첫 번째 원인으로 보고되고 있다. 아직까지 암은 백신이 없고, 완전 치료가 가능한 약물도 없기 때문에 대표적인 불치병 중의 하나이다.

이와 같이 많은 사람의 생명을 위협하는 암의 정체는 무엇이며 어떻게 발생하는 것일까? 또한 암을 예방하고 극복하는 방법은 무엇일까?

1. 한국의 암발생 통계

다음은 한국인의 암 발생 실태 파악과 관련하여 2008년 보건복지부가 발표한 것으로, 1999년 이후 전국 131개 수련병원(종합병원 이상)의 신규 암 진단 건수를 분석한 자료이다. 이 기간 동안 암 발생 건수는 계속 증가 일로에 있으며 1999년 대비 암발생자는 남자에서 48%, 여자에서 76.5%가 증가하였다. 우리나라 사람들이 가장 많이 걸리는 것은 위암이고 발생 빈도로는 2위인 폐암이 가장 높은 사망률을 나타내었다. 이는 위암에 비해서 폐암의 치료가 상대적으로 어려움을 의미한다.

성별로 남자는 위(20.3%), 폐(15.1%), 대장(14.4%), 간(13.1%), 전립선(6.2%) 순으로, 여자는 갑상샘(23.5), 유방(15.1%), 위(11.2%), 자궁경부(10.6%), 대장(10.8%), 폐(6.5%), 간(4.9%) 순으로 암의 발생이 많았다.

증감 추이를 보면 위암과 자궁경부암은 감소한 반면 대장암과 전립선암이 급증하여 한국인의 암 발생 양상이 선진국형으로 바뀌고 있는 것으로 분석되었다.

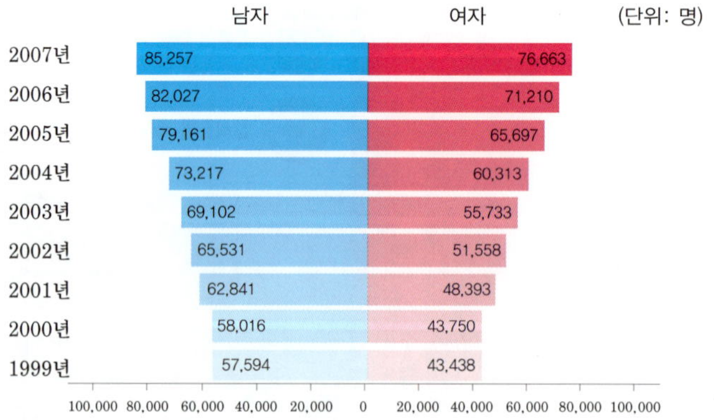

※99년 대비 암 발생자수 남자 48.0%, 여자 76.5% 증가

그림 18-1

연도별 한국인의 성별 암 발생 차수 추이

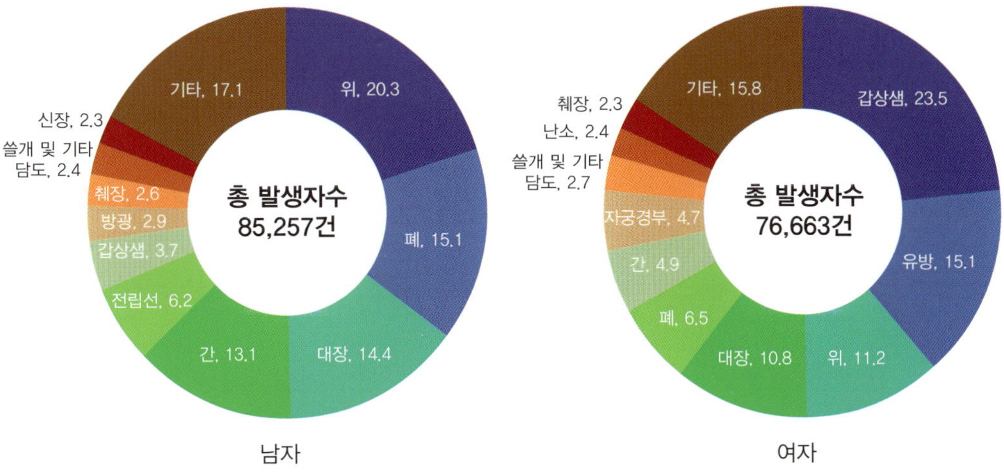

그림 18-2

2007년 한국인의 성별에 따른 장기별 암의 발생 빈도

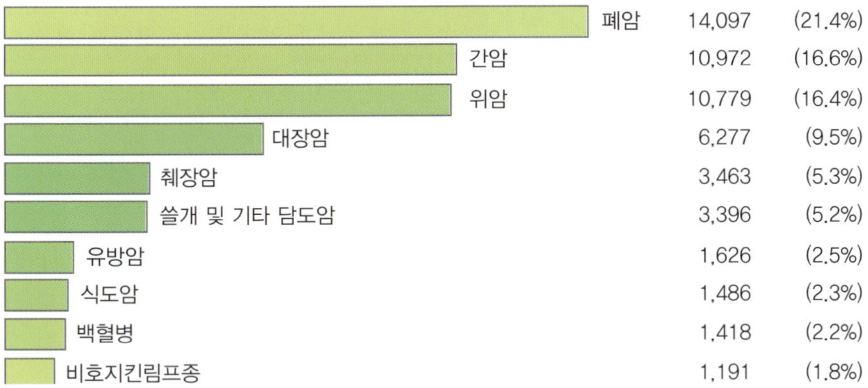

그림 18-3

2006년 한국인의 암 종류별 사망 빈도

2. 세포의 암화

암세포의 가장 큰 특징은 세포주기의 각 단계마다 설치된 확인점이 제대로 작동하지 못하여 계속적으로 증식을 거듭한다는 점이다. 그렇다면 엄격한 세포주기 조절 기능을 가진 우리 몸의 체세포들이 어떤 원인으로 이와 통제 불능의 암 세포가 되는 것일까? 체세포가 암 세포로 변하는 과정을 설명하는 가설은 돌연변이설과 암 유전자설이 있다. **돌연변이설**은 우리 몸에 들어온 화학물질 또는 물리적인 요인에 의하여 정상적인 체세포의 유전자가 돌연변이를 일으켜 원래의 기능을 상실하고 암 세포가 된다는 학설이다. 이에

비하여 **암 유전자설**은 암을 일으키는 특정 유전자가 암 발생의 원인이라고 보는 학설로, 암 유전자들이 우리가 여러 가지 질병을 경험하는 동안 바이러스와 같은 병원체를 통하여 들어와서 체세포 유전정보의 일부가 되어 있다고 추정한다. 평상시에는 이 암 유전자의 발현이 억제되어 있어서 체세포는 정상적인 기능을 수행하지만 특정 화학물질이나 물리적인 자극에 노출되면 암 유전자가 작동하여서 체세포가 암 세포로 변한다는 것이다. 최근에는 여러 바이러스에서 발암의 원인이 되는 유전자들이 밝혀졌으며, 우리 주변의 다양한 화학물질, 또는 물리적인 요인들이 이들 유전자의 발현에 영향을 미치는 것으로 보고되고 있다(그림 18-4).

암의 발생은 최소한 다음 4종류 유전자의 돌연변이와 관계가 있다. 첫째로 핵은 DNA의 복제시에 잘못된 착오를 교정할 수 있는 DNA 회복 체계를 가지고 있어서 새로 합성된 가닥의 염기서열이 주형의 서열과 일치하는지 검색하는데 이에 관련된 효소의 유전자에 돌연변이가 생기면암이 발생한다. 둘째로 유전자가 활발히 전사되려면 그 유전자 부위의 응축이 풀어져야하는데 이와 같은 염색사의 조절에 관여하는 유전자에 이상이 발생되면 암이 발생될 수 있다. 셋째로 염색체의 **말단부** 유지와 관련된 유전자에 이상이 발생되어도 세포분열의 중단이나 노화가 예정되로 진행되지 않는다. 넷째로 세포주기를 촉진하는 단백질을 생산하는 **발암원유전자**(**proto-oncogene**)나 세포주기를 억제하는 **종양억제 유전자**(**tumor-suppressor gene**)에 돌연변이가 발생하여 세포주기 조절이 망가지면 암이 발생한다. 지금까지 동정된 암유전자는 백여 종에 달한다. 인간의 암 발생과 관련하여 가장 흔하게 나타나는 유전자는 *ras* 유전자 군으로, 그 염기서열이 하나만 바뀌더라도 정상 기능을 하던 발암원유전자를 암유전자로 전환시킨다. 예를 들어 *ras*K 암유전자의 돌연변이는 폐암의 25%, 대장암의 50%, 췌장암의 90%에서 발견되며, *ras*N 암유전자는 **백혈병**, **림프종**과 관련되어 있다. 또한 갑상선암에서는 이들 두 *ras* 암유전자의 변이형이 모두 나타난다.

3. 암세포의 특성

암세포는 확인점이 작동하지 않는 상태에서 세포분열을 거듭한 결과 염색체의 수가 정상적인 체세포와 차이가 나는데 이를 **이수성**(異數性)이라 한다. 우리 몸의 정상적인 체세포는 46개의 염색체를 가지고 있으며 생식세포는 그 반수인 23개를 가지고 있어서 이를 각각 배수체(2n), 반수체(n)라고 하는데 암세포는 배수체도 반수체도 아닌 수의 염색체를 가지고 있으며 동일한 암 조직에서도 세포마다 차이가 난다. 한 예로 어느 여성의 자궁암에서 떼어낸 암세포(HeLa cell)는 70~80개의 염색체를 가지고 있다.

둘째로 암 세포는 분화된 조직 세포의 기능을 수행하지 않는다. 우리 몸에서 간세포는 해독 작용과 탄수화물 대사에서 중요한 분화된 기능을 수행하며, 근육세포는 액토미오신을 가지고 있어서 근력을 발휘한다. 그러나 간암 세포나 위암 세포는 이와 같은 분화된

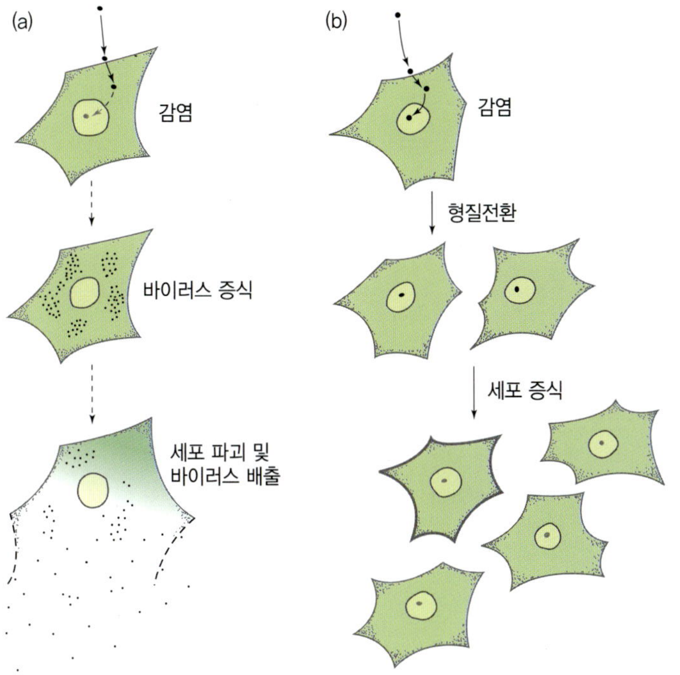

그림 18-4

종양 바이러스에 의한 체세포의 암화

종양 바이러스는 세포질 및 핵에 감염하여 (a)와 같이 증식후 숙주 세포를 파괴하고 방출되거나 (b)와 같이 숙주를 형질 전환시켜 암을 발생시킨다.

기능을 수행할 수 없어서 미분화된 세포와 다를 것이 없다. 따라서 특정 장기에 암이 생겨 조직이 커지더라도 그 장기의 기능을 수행하는데 전혀 도움이 되지 않는다.

셋째로 암세포는 자신이 합성하여 외분비한 물질에 스스로 자극되어 세포의 생장과 분열이 촉진되기 때문에 몸 밖으로 떼어내어 배양하더라도 수명 제한이 없으며 영양 공급이 원활한 조건에서는 무한히 분열한다. 또한 정상적인 세포가 주변의 다른 세포와 만나면 소위 접촉저해를 통하여 분열을 멈추는 반면, 암세포는 여러 개의 세포층으로 된 덩어리를 형성할 수 있다(그림 18-5).

넷째로 암 세포는 순환계를 타고 한 장기에서 다른 장기로 이동하는데 이를 **전이**라고 하며, 이동해 간 암세포가 다른 장기의 조직에 침입하여 증식하는 것을 **침윤**이라고 한다. 이 성질 때문에 암은 신체의 한 부위에서 발생하면 빠른 속도로 온몸의 장기로 퍼져나갈 수 있다. 그러므로 암을 조기에 발견하여 적절한 조치를 하는 것이 치료의 요체라고 할 수 있다.

다섯째로 암 세포들은 계속적인 세포분열에 필요한 영양분과 에너지를 공급 받기 위하여 암 조직에 모세혈관을 끌어들이고 주변 체세포의 영양분을 모두 빼내어 간다. 이를 위하여 암 조직 스스로 신생혈관을 만드는 효소를 분비하는데, 최근에는 이 혈관 생성 과정을 방해함으로써 암세포의 성장을 막는 치료법이 활발히 연구되고 있다.

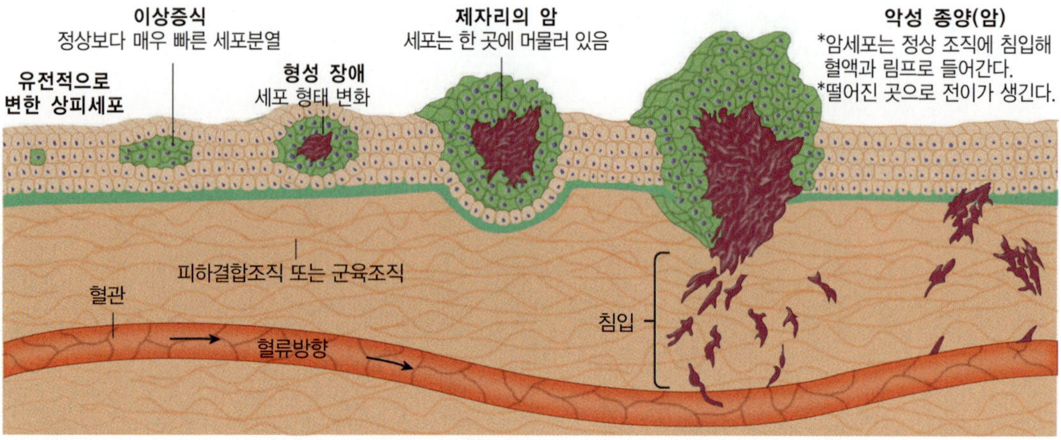

그림 18-5

암 발생의 과정: 상피세포, 기저막, 암적색 세포가 돌연변이로 계속 분열한다. 결합조직, 새로운 돌연변이 발생으로 종양화 하는 녹색세포가 생겼다. 1차 암종, 림프관, 혈관, 종양이 제자리에 있다. 그중 보라색 세포에 다음 돌연변이가 발생한다. 단백질 분해 효소 분비, 종양세포가 단백질 분해 효소의 생산으로 하부 조직을 침윤기능을 획득. 종양세포가 림프 및 혈관을 침윤한다. 전이된 종양, 림프관, 종양이 새로운 장소에서 생장하면서 악성 종양이 되었다.

더 읽을거리 (18-1)

암을 유발하는 유전자 발견

어떤 종류의 암은 환경적 요인에 의하여 상대적으로 많은 영향을 받는 반면 유전적 성향이 두드러지는 암도 있다. 유전성 암을 다른 암과 구분하는 방법은 가족이나 친척 내에 같은 종류의 암을 가진 환자가 있는지를 조사하는 것이 첫 번째 순서가 될 것이다. 유전성이 적은 암은 여러 개의 유전자에 돌연변이가 발생해야 하므로 나이가 들어 발병하는 경향이 있다. 그러나 유전성이 높은 암은 젊은 나이에 발병할 확률이 높으므로 발병 나이가 유전성 암을 진단하는 한 척도가 된다. 유전성 암을 일으키는 유전자를 찾기 위해서는 유전병을 일으키는 돌연변이 유전자가 존재하는 부위를 염색체 상에 지도화하는 것이 첫 번째 단계인데 이것을 달성하기 위하여 최근에는 연관분석법을 많이 사용한다(제 4장 참조). 즉 연관 분석법으로 암의 발생과 관련이 있는 부위를 염색체 상에 지도화한 후 그곳에 위치한 유전자들을 조사하는 것이다. 조사된 유전자 중에서 기능적으로 가장 가능성이 있는 유전자부터 돌연변이 분석에 들어가며, 환자 가계도와 일치한 돌연변이를 일으키는 유전자를 발견하면 생쥐 등의 실험동물에서 녹아웃 실험을 하여 기능을 확인한다.

4. 암의 종류

암 세포의 특성에 따라서 암은 크게 악성 종양과 양성 종양으로 구분한다. **악성 종양**은 위에 설명한 전이를 일으켜 다른 조직에 침윤해서 새로운 암을 형성한다. 이 전이 현상은 영양분 공급 및 혈액 순환이 많은 부위일수록 활발하다. 악성 종양과는 달리 전이 현상이 없으며 피막에 싸여 서서히 증식하는 종류의 암을 **양성 종양**이라고 한다. 양성 종양은 정상 조직이나 기관의 기능을 저해할 정도로 커지지 않는 이상 별다른 해가 없으며, 치명적인 부위에 발생하지 않았을 때에는 외과 수술로 완전히 치료할 수 있다.

암의 명칭은 암이 발생하는 조직에 따라서 다르게 부른다. 예를 들어 조직 또는 세포학적 근원이 상피 조직이면 **암종**(carcinoma)이라고 하며 상피 조직 중에서도 혈관이나 림프와 같은 선조직에 발생된 암을 **선암**(adenocarcinoma)이라고 한다. 결합조직이 근원인 암은 **육종**(sarcoma)이라고 하며, 소아에서 많이 발생하여 골 조직을 파괴하고 온 몸으로 전이되는 암은 **골육종**(osteogenic sarcoma), 중년 및 노년에 많이 발생하여 골수의 조혈 작용을 방해하여 빈혈을 야기하는 악성 종양은 **골수종**(myeloma), 연골이 암적 생장을 보이는 종양은 **연골육종**(chondrosarcoma)이라고 한다.

5. 발암원

우리 몸에서 암을 일으킬 수 있는 생물학적, 무생물학적 요인들을 통틀어서 발암원 또는 암 유발원이라고 한다. 발암원은 세포에 손상을 유발하여 체세포가 암세포로 전환하게 만드는데, 잘 알려진 발암원으로는 **방사선**, **유기화학물질**, **바이러스** 등이 있다.

햇빛이나 자외선등에서 나오는 자외선은 최근 피부암의 주요 원인이 되고 있다. 피부암은 백인에서 많이 발생하며 폐암의 6배 정도로 많다. 대부분 피부암은 수술로 치료가 가능하지만 **흑색종**(melanoma)은 전이가 되는 악성 종양이며, 미국의 경우 암으로 인한 사망의 1~2%를 차지한다. 피부암 발생의 근본 원인은 햇빛에 반복적으로 노출된 것 보다는 어릴 때 햇빛에 자주 노출되는 것이 더 큰 영향을 미친다고 알려져 있다.

자연 방사선 중에서는 라돈(radon) 가스가 주된 발암원이다. 극히 드물기는 하지만 주택의 환경에 따라서 집 안에 이 가스가 많이 차는 경우가 있는데, 하루에 담배 한 갑을 피우는 것에 버금가는 효과를 가진다. 집 안의 라돈 가스는 환기로 해결할 수 있다. 인공적인 방사선으로는 핵폭발 또는 핵발전소의 사고로 누출된 방사선이 매우 위험하다. 그러나 일반적으로 사람들이 가장 많이 노출되는 인공 방사선은 병원에서 사용되는 X-선이다. 따라서 불필요하거나 의학적으로 안전성이 보장되지 않은 X-선 촬영은 가급적 피하는 것이 좋다.

이밖에 담배 연기, 방부제와 색소를 비롯한 식품 첨가물, 환경 오염물질 등도 모두 발암원이 되는 유기화학물질을 포함하고 있다. 담배 연기는 폐암의 주된 원인일 뿐 아니라 구강, 후두, 방광, 신장, 췌장에도 암을 발생시킨다. 하루의 흡연량, 담배를 피운 기간, 타르 함량 등에 비례해서 발암 가능성이 높아지며 술을 함께 마실 경우 위험성이 더욱 높아진다. 음식물 중에서도 포화지방이 많고 섬유질이 적은 것들은 특히 대장, 직장, 전립선에 암을 유발하며, 비만은 대장, 신장 담낭암의 가능성을 증가시킨다. 감미료인 사카린과 같이 음식 첨가물도 많이 섭취한 경우에는 암을 유발한다. 이에 비하여 야채나 과일은 항산화제가 포함되어 있어서 자유 라디칼을 중화시켜 줌으로써 암 발생을 억제하는 효과가 있다.

벤젠, 사염화탄소와 같은 공업용 화학물질이나 염화비닐, 석면과 같은 공산품도 암을 유발할 수 있다. 살충제나 제초제에도 유기화합물이 포함되어 있어 돌연변이를 유발한다. 월남전에서 사용된 고엽제에는 디옥신(dioxin)이 포함되어 있어 림프조직, 피부, 근육 및 특정 결합조직에 암을 유발하는 것으로 밝혀졌다.

바이러스 중에서는 최소한 3종류의 DNA 바이러스가 인간에게 암을 유발시키는 것으로 밝혀져 있다. B형 간염 바이러스는 간암을, 파필로마 바이러스는 자궁경부암을, 엡스타인 바 바이러스는 림프암과 인후암을 일으킨다. 간암이 걸린 사람은 B형 간염 바이러스에 감염되어 있으며, 자궁경부암도 당초에는 성병처럼 생각하였으나 이 암에 걸린 사람 중 다수가 엡스타인 바 바이러스에 감염되어 있는 것으로 보아 암 발생과 바이러스 감염의 상관관계가 매우 높다. RNA 함유 레트로바이러스는 특히 동물에서 발암원으로 작용한다. 사람의 HTLV-1 바이러스는 T-세포성 백혈병을 발생시킨다.

암은 유전적 요인에 의하여 특정 가계에서 빈번하게 발생하는 경우도 있다. 유방암, 폐암, 대장암 같은 경우 직계 가족간에 2-3배 높은 빈도로 나타난다. 유방암은 유전성이 확정된 첫 번째 암으로 발암 유전자인 *BRCA1*의 위치가 파악되어 있다. 특히 소아에게서 발생하는 암의 경우 유전적 소인에 의한 것이 많으며, 대부분 우성 유전인 것으로 밝혀지고 있다.

우리 몸에서 암은 조직의 손상이 자주 일어나 발암원과 빈번히 접촉하거나 발암원에 노출되기 쉬운 장기에 발생하는 경우가 많다. 예를 들어 피부나 장기의 상피 조직은 항상 다양한 발암원에 노출되기 쉽다. 소화 기관 중에 구강, 식도, 위 등의 상피 조직은 뜨겁거나 짠 음식, 알코올 등에 의해서 빈번히 손상되며, 폐포를 비롯한 폐의 상피 조직은 담배 연기 등 공기에 포함된 발암원에 쉽게 노출된다. 우리 몸에서 간은 상피 조직이 아니더라도 우리가 섭취한 다양한 약물, 알코올 등을 받아들여서 해독 작용을 하기 때문에 이들 약물에 의한 손상을 받기가 쉽다. 또한 여성의 경우 자궁 내벽은 폐경기에 이르기까지 주기적으로 조직을 헐고 재생하는 과정이 반복되므로 조직 세포들이 분열을 재개했다가 다시 중단하는 일을 되풀이한다. 이 과정에서 정상적인 세포주기 조절이 조금이라도 어긋나면 암세포로 변형될 수 있는 가능성을 가지고 있다.

한편 우리들의 생활 주변에는 발암원은 아니지만 조직 세포의 손상과 암 발생을 촉진시키는 물질이나 요인도 있는데, 이들을 가리켜서 **암 촉진제**라 한다. 예를 들어 독한 술은 구강암 또는 식도암의 암 촉진제의 역할을 한다.

6. 암과 생활 습관

암의 발병 원인은 그 80% 이상이 생활 습관 또는 생활환경에서 오는 것으로 알려져 있다. 따라서 각자의 생활 습관을 개선하는 것만으로도 상당 부분 암의 공포에서 벗어날 수 있다. 흡연, 음주, 식이 요인 및 영양, 환경 공해, 직업 또는 환경으로 인한 방사선 또는 자외선 등의 피폭, 약물 등은 모두 발암원 또는 암 촉진제 역할을 하며, 이들 요인은 모두 생활 습관의 개선으로 감소하거나 피할 수 있다.

흡연은 폐 및 심장암의 제1 원인이다. 암으로 인한 사망자 총수의 30%, 그리고 폐암의 90%는 그 원인이 흡연에 있는 것으로 밝혀져 있다. 담배 연기에는 암 유발 물질인 **벤조피렌**과 **타르**를 비롯한 수백 가지의 유해 물질이 포함되어 있다. 이로 인하여 흡연은 폐암뿐만 아니라 후두, 식도, 이자, 방광, 신장, 구강암도 유발시킨다. 담배는 흡연자에게는 물론 담배 연기를 간접적으로 흡입하는 사람에게까지 영향이 있는 것으로 밝혀져 대부분의 국가에서 공공장소 흡연을 금지하고 있다.

음주는 독한 술일수록 유해하다. 술을 마시면 구강, 식도를 거쳐 위에 도달하는데 이 과정에서 독한 술일수록 높은 농도의 알코올로 인하여 각 기관의 조직 세포가 손상을 입을 가능성이 크다. 매일 알코올 함량이 높은 술(양주)을 2잔 이상 마실 경우에는 구강, 경부, 식도, 간, 유방 등에서 발암 가능성이 높아진다. 그러나 알코올의 농도가 낮다고 하여 무방한 것은 아니다. 포도주 5잔, 맥주 12잔은 각각 양주 1잔에 해당하는 잠재적 유해성을 가지고 있다. 흡연과 음주 습관을 모두 가지고 있는 경우 이들은 발암 및 암 촉진에 있어서 상승효과를 부여한다.

식생활면에서도 훈제, 절임, 통조림 등의 가공 식품은 제조 과정에서 생성된 부산물과 첨가한 방부제 또는 색소 화학물질들 중에는 인체에 유해하거나 암 촉진제로 작용하는 물질이 포함된 경우가 있는 것으로 보고되고 있다. 이외에도 육류 및 채소에 살충 및 보존 목적으로 사용한 농약 성분이 남아있을 경우 인체에 유해한 것으로 알려져 있다. 북미 지역에서는 지방질도 주요 식이 발암원 또는 암 촉진 작용이 있는 것으로 간주하고 있다. 햄, 냉동육, 튀김, 전지 우유, 크림수프, 버터, 마가린 등은 지방 함량이 많아 고지방 식품으로 분류된다. 반면 시금치, 배추, 케일과 같이 짙은 녹색을 띠는 채소에는 베타카로틴이 많이 함유되어 있으며 노란색을 띠는 호박, 살구, 당근 등에는 비타민 A의 전구물질인 레티노이드가 함유되어 있어서 암 억제제 역할을 한다. 그리고 비타민 C가 많이 함유된 귤, 딸기, 비타민 E가 함유된 식용유, 해산물, 통밀 등은 산화 방지제의 작용이 있는 것으로 알려져 있다. 이와 같은 식품은 세포 손상의 원인이 되는 산소 라디칼의 생성을 억제하는

더 읽을거리 (18-2)

공기가 너무 맑아도 위험할까?

피부암은 만성적 피부자극, 자외선 및 각종 발암성 화학물질에 노출, 바이러스감염 및 유전적 요인 등 여러 원인에 의해 발생한다. 이 중에서 특히 자외선에 대한 과다한 노출이 가장 중요한 원인으로 간주되고 있다. 일반적으로 피부암은 노년층에서 주로 발생하는데, 피부가 받은 자외선이 상당량 축적되고 암에 대한 감수성이 증가되기 때문이라고 추측해 볼 수 있다. 그러나 현대에는 생활 수준의 향상으로 인해 옥외 스포츠가 보편화되고 산업화와 환경오염 등으로 각종 유해 물질에 노출될 기회가 많아지면서 피부암의 발생이 전 연령층에서 보편화되고 있는 추세이다.

그런데 오히려 공해 없는 맑은 공기로 문제가 되고 있는 나라가 있다. 뉴질랜드는 세계에서 피부암 발병률이 가장 높은 나라인데, 뉴질랜드 국립 수자원 대기 연구소(Niwa)의 리처드 맥켄지 박사는 북미학자들과 공동으로 수행한 연구를 통하여 뉴질랜드는 맑은 공기와 얇은 오존층 때문에 위도가 비슷한 북미지역보다 피부암을 유발하는 자외선 수치가 40% 정도 더 높게 나타났다고 보고했다. 그는 공해가 많아서 햇빛의 통과를 차단하는 북미지역은 자외선의 수치도 그만큼 낮은 반면 뉴질랜드는 맑은 공기로 인해 오히려 자외선 수치가 높고, 그 결과 피부가 약한 사람들을 위험에 빠뜨리고 있다고 말했다.

효과가 있다. 또한 통밀과 같이 껍질 부분에 소화가 불가능한 섬유 성분을 포함하고 있는 섬유 식품은 직장 및 결장암을 예방해준다. 이와 같이 식생활 습관도 건강을 유지하고 암을 예방하는 데 있어서 매우 중요하지만 대부분 사람들은 이를 등한시하는 경우가 많다.

표준 체중을 20%이상 초과할 정도로 비만한 경우 암 발생 가능성이 높아지며, 운동부족인 직종에 종사하는 사람들은 결장암의 가능성이 2~3배 높아진다. 활동적인 여성은 상대적으로 유방암, 생식 기관암의 발병률이 낮다. 비만인 사람은 에스트로겐 등 호르몬 대사에 이상이 발생할 가능성이 높으며 면역 기능도 감퇴한다.

스트레스도 발암 또는 암 촉진제의 역할을 하는 것으로 생각된다. 일상생활에서 성급하고 신경질적인 사람일수록 스트레스를 많이 받는다. 내과학에서는 이와 같은 성격의 소유자를 혈액형과는 관계없이 A형 성격이라 하고, 이에 비하여 느긋한 성격의 소유자를 B형 성격이라 한다. 그러므로 일상생활에서 스스로 B형 성격을 가지도록 노력하는 것이 건강에 좋다.

더 읽을거리 (18-3)

담배가 만병통치약?

담배는 폐암을 비롯해 각종 암의 원인이 되고 심장병을 일으키는데, 담배의 니코틴이 중독을 일으키는 성분이라는 사실이 밝혀졌다. 선진국 대열에 들어서면서 건강에 관심이 높아진 우리나라에서도 최근 금연 열풍이 불고 있다. 역사에 기록된 담배의 기원은 약 500년 전으로 거슬러 올라간다. 콜럼버스가 아메리카대륙을 발견할 당시 원주민들이 나뭇잎을 여러 겹으로 말아 불을 붙여 피우는 것을 목격하고 물어보니 원주민들이 하는 말이 "이것은 신이 준 잎으로 말아서 피우면 모든 병이 낫는다."고 하였다. 콜럼버스는 귀국하면서 그 나뭇잎을 가지고가서 주위사람들에게 만병통치약으로 소개하면서 선물하였고 이것이 담배가 유럽에 전해지게 된 경위이다. 콜럼버스 이후 담배는 잊혀졌다가 1556년 리스본 주재 프랑스 대사였던 니코트가 정식으로 담배를 수입하여 유럽에서 담배가 경작되기 시작했다, 처음에는 담배가 호흡기계통의 질병치료에 탁월한 효능이 있으며 최음제로써 작용한다고 소개되어 담배가 정신과 치료요법으로 사용되기도 하였다. 또한 전 유럽을 공포로 몰아넣은 질병인 페스트를 막는데 효과가 있으며 피부병에서 효과가 있다는 소문이 돌아 한때 담배는 만병통치약으로써 유럽 전역의 상류층을 대상으로 널리 퍼지게 되었다.

이와 같이 한때는 건강 도움을 주는 식품으로 알려져 선호되던 식품이 의학과 생명과학의 발달에 의해 발암물질을 함유하고 있다는 사실이 종종 발견되고 있다. 예를 들어 고사리에 함유된 **지아미나아제**나 땅콩, 옥수수 등에 기생하는 곰팡이의 2차 대사산물인 **아플라톡신**, 설탕의 대체재로 각광 받던 **사카린**은 모두 암을 일으킬 수 있는 물질로 알려져 있다. 과학의 발달로 우리는 음식에 관하여 보다 많은 것을 배우고 건강한 삶과 수명을 누리기 위한 정보를 얻게 되었다.

Exercise

1. 종양억제유전자의 결실이 어떻게 암을 유발 하는지 설명하여라.

2. 발암원유전자가 어떻게 암을 유발 하는지 설명하여라.

3. 암도 다른 유전병과 같이 유전성이 있는지 논하여라.

4. 한국에서 발병율이 높은 암 종류를 찾아보고 그 이유를 논하여라.

5. 암 예방에 도움이 되는 생활 습관을 논하여라.

참고문헌

Chandrasekharappa C, et al (1997): Positional cloning of the gene for multiple endocrine neoplasia type 1. *Science* 276, 404–407

Fearon, E.R. (1997) Human cancer syndromes; clues to the origin and nature of cancer. *Science* 278, 1043–1050

Lewin, Benjamin. 2004. *GenesVIII.* Pearson Prentice Hall. Oncogenes and cancer.

Lewin, Benjamin. 2004. *GenesVIII.* Pearson Prentice Hall. Cell cycle and growth regulation.

Swanson GM. (1988) Cancer prevention in the workplace and natural environment. A review of etiology, research design, and methods of risk reduction. *Cancer.* 15, 1725–46.

INDEX

[ㅅ]

[ㅇ]

[ㅈ]

[ㅊ]

[ㅋ]

[ㅌ]

[ㅍ]

[ㅎ]